量子プログラミングの基礎

Mingsheng Ying 著
川辺治之 訳

共立出版

Foundations of Quantum Programming by Mingsheng Ying

Copyright © 2016 Elsevier Inc. All rights reserved.

This edition of *Foundations of Quantum Programming* by Mingsheng Ying is published by arrangement with ELSEVIER Inc. of a Delaware corporation having its principal place of business at 360 Park Avenue South, New York, NY 10010, USA
Original ISBN: 978-0-12-802306-8

Japanese language edition published by KYORITSU SHUPPAN CO., LTD.

目　次

序　*vii*

謝　辞　*ix*

I　量子プログラミングの概要と準備　*1*

1　はじめに　*3*

1.1　量子プログラミング研究のおおまかな歴史　*4*
    1.1.1　量子プログラミング言語の設計　*4*
    1.1.2　量子プログラミング言語の意味論　*5*
    1.1.3　量子プログラムの検証と解析　*5*
1.2　量子プログラミングへのアプローチ　*6*
    1.2.1　データの重ね合わせ — 古典的制御をもつ量子プログラム　*7*
    1.2.2　プログラムの重ね合わせ — 量子的制御をもつ量子プログラム　*8*
1.3　本書の構成　*9*

2　予備知識　*12*

2.1　量子力学　*13*
    2.1.1　ヒルベルト空間　*13*
    2.1.2　線形作用素　*18*
    2.1.3　ユニタリ変換　*22*
    2.1.4　量子測定　*24*
    2.1.5　ヒルベルト空間のテンソル積　*27*

2.1.6 密度作用素 *31*
2.1.7 量子操作 *34*
2.2 量子回路 *36*
 2.2.1 基本的定義 *37*
 2.2.2 1量子ビットゲート *40*
 2.2.3 制御ゲート *42*
 2.2.4 量子マルチプレクサ *44*
 2.2.5 量子ゲートの万能性 *46*
 2.2.6 回路中での測定 *48*
2.3 量子アルゴリズム *50*
 2.3.1 量子並行性と量子干渉 *50*
 2.3.2 ドイチュ–ジョザのアルゴリズム *53*
 2.3.3 グローバーの探索アルゴリズム *55*
 2.3.4 量子ウォーク *60*
 2.3.5 量子ウォーク探索アルゴリズム *64*
 2.3.6 量子フーリエ変換 *66*
 2.3.7 位相推定 *69*
2.4 文献等についての補足 *73*

II 古典的制御をもつ量子プログラム   75

3 量子プログラムの構文と意味論   77

3.1 構文 *78*
3.2 操作的意味 *82*
3.3 表示的意味 *91*
 3.3.1 意味関数の基本性質 *93*
 3.3.2 量子プログラムの意味領域 *95*
 3.3.3 ループの意味関数 *97*
 3.3.4 量子変数の変更とアクセス *100*
 3.3.5 停止確率と発散確率 *101*
 3.3.6 量子操作としての意味関数 *104*

3.4　量子プログラミングにおける古典的再帰　*106*
　　　　3.4.1　構文　*107*
　　　　3.4.2　操作的意味　*108*
　　　　3.4.3　表示的意味　*109*
　　　　3.4.4　不動点による特徴づけ　*113*
　　3.5　例を用いた説明：グローバーの量子探索　*118*
　　3.6　補題の証明　*121*
　　3.7　文献等についての補足　*126*

4　**量子プログラムの論理**　***128***
　　4.1　量子述語　*129*
　　　　4.1.1　量子最弱事前条件　*131*
　　4.2　量子プログラムのフロイド–ホーア論理　*138*
　　　　4.2.1　正当性論理式　*138*
　　　　4.2.2　量子プログラムの最弱事前条件　*143*
　　　　4.2.3　部分正当性の証明系　*152*
　　　　4.2.4　全正当性の証明系　*160*
　　　　4.2.5　例による説明：グローバーアルゴリズムの正当性　*169*
　　4.3　量子的最弱事前条件の可換性　*175*
　　4.4　文献等についての補足　*182*

5　**量子プログラムの解析**　***184***
　　5.1　量子的 while ループの停止性の解析　*185*
　　　　5.1.1　ユニタリ変換を本体とする量子的 while ループ　*185*
　　　　5.1.2　一般の量子的 while ループ　*197*
　　　　5.1.3　平均実行時間の計算例　*212*
　　5.2　量子グラフ理論　*214*
　　　　5.2.1　基本的定義　*216*
　　　　5.2.2　底強連結成分　*221*
　　　　5.2.3　状態ヒルベルト空間の分解　*227*
　　5.3　量子マルコフ連鎖の到達可能性解析　*235*
　　　　5.3.1　到達可能性確率　*235*

　　　　5.3.2　反復到達可能性確率　*237*
　　　　5.3.3　永続性確率　*242*
　　5.4　補題の証明　*245*
　　5.5　文献等についての補足　*257*

III　量子的制御をもつ量子プログラム　*259*

6　量子的場合分け文　*261*
　　6.1　古典的場合分け文から量子的場合分け文へ　*262*
　　6.2　量子的場合分け文をもつ言語 QuGCL　*266*
　　6.3　量子操作のガード付き合成　*270*
　　　　6.3.1　ユニタリ作用素のガード付き合成　*270*
　　　　6.3.2　作用素値関数　*272*
　　　　6.3.3　作用素値関数のガード付き合成　*274*
　　　　6.3.4　量子操作のガード付き合成　*278*
　　6.4　QuGCL プログラムの意味論　*281*
　　　　6.4.1　古典的状態　*281*
　　　　6.4.2　QuGCL の準古典的意味論　*283*
　　　　6.4.3　純粋量子的意味論　*286*
　　　　6.4.4　最弱事前条件の意味論　*289*
　　　　6.4.5　例　*290*
　　6.5　量子選択　*294*
　　　　6.5.1　古典的選択から確率的選択を経て量子選択へ　*294*
　　　　6.5.2　確率的選択の量子的実装　*297*
　　6.6　代数的規則　*300*
　　6.7　例による説明　*303*
　　　　6.7.1　量子ウォーク　*304*
　　　　6.7.2　量子位相推定　*308*
　　6.8　考察　*310*
　　　　6.8.1　量子操作のガード付き合成の係数　*310*
　　　　6.8.2　部分空間をガードとする量子的場合分け文　*314*

6.9　補題，命題，定理の証明　*317*
　　　6.10　文献等についての補足　*332*

7　量子的再帰　*335*
　　7.1　量子的再帰プログラムの構文　*336*
　　7.2　再帰的量子ウォーク　*340*
　　　　7.2.1　再帰的量子ウォークの仕様　*340*
　　　　7.2.2　いかにして量子的再帰式を解くか　*346*
　　7.3　第二量子化　*347*
　　　　7.3.1　多粒子状態　*348*
　　　　7.3.2　フォック空間　*352*
　　　　7.3.3　フォック空間の観測量　*357*
　　　　7.3.4　フォック空間の時間発展　*361*
　　　　7.3.5　粒子の生成と消滅　*362*
　　7.4　自由フォック空間における再帰式の解　*363*
　　　　7.4.1　自由フォック空間の作用素の意味領域　*363*
　　　　7.4.2　プログラム図式の意味汎関数　*369*
　　　　7.4.3　不動点を用いた意味論　*373*
　　　　7.4.4　構文的近似　*374*
　　7.5　対称性および反対称性の回復　*383*
　　　　7.5.1　対称化汎関数　*384*
　　　　7.5.2　量子的再帰プログラムの意味関数の対称化　*386*
　　7.6　量子的再帰の主量子系の意味論　*387*
　　7.7　例による説明：再帰的量子ウォーク　*389*
　　7.8　（量子的制御をもつ）量子的whileループ　*394*
　　7.9　文献等についての補足　*399*

IV　今後の展望　*401*

8　今後の展望　*403*
　　8.1　量子プログラムと量子機械　*404*

8.2 量子プログラミング言語の実装　*406*
8.3 関数型量子プログラミング　*407*
8.4 量子プログラムの圏論的意味論　*408*
8.5 並列量子プログラムから量子的並列性へ　*409*
8.6 量子プログラミングにおける量子もつれ　*411*
8.7 量子系のモデル検査　*412*
8.8 物理学への量子プログラミングの適用　*414*

参考文献　*416*

訳者あとがき　*432*

索　引　*434*

序

「前世紀の古典的計算機と同じように,今世紀にはおそらく量子計算機が私たちの日常生活を劇的に変えるだろう.」

　　　　　　　　　　　——2012年ノーベル物理学賞の記者発表からの抜粋

　量子計算機は,既存の計算機と比して劇的な優位性が見込まれる.今や,世界中の政府や産業界が,実用的な量子計算機の構築を期待して多額の資金を投資している.近年の急速な物理的実験の進展は,大規模で機能的な量子計算機ハードウェアが10年から20年以内に構築されるであろうという大きな期待を抱かせた.しかしながら,量子計算の素晴らしい力を現実のものとするためには,あきらかに量子計算機ハードウェアだけでは足りず,量子計算ソフトウェアもまた重要な役割を担う.今日使われているソフトウェア開発技術は,量子計算機に応用することはできない.古典的世界の性質と量子的世界の性質が本質的に異なることは,量子計算機をプログラムするための新たな技術が必要となることを意味する.

　量子プログラミングの研究は1996年には早くも始まり,この20年の間に,豊富な内容の結果がさまざまな会議で発表されたり,さまざまな学術誌で報告された.一方では,量子プログラミングは,いまだ未成熟な対象分野であり,その知識ベースは非常に断片的で分断されている.本書は,量子プログラミング分野の体系的で詳細な解説を与えることを意図している.

　量子プログラミングはいまだ発展中の領域であるから,本書では,特定の量子プログラミング言語や量子プログラミング技術に焦点を当てることはしない.それらは,この先大きな変化が生じると考えられる.その代わりとして,さまざまな言語や技術に広く用いることができる基本的な概念,手法,数学的ツールに重

点を置く．本書では，量子力学と量子計算の基本的知識から始めて，量子計算機の比類なき威力を効果的に利用することのできるさまざまな量子プログラムの構成要素や一連の量子プログラミングモデルを詳しく紹介する．さらに，量子プログラムの意味論や論理や検証解析技術を体系的に論じる．

量子計算テクノロジーに対する莫大な投資と急速な進歩により，この10年以内に量子プログラミングの刺激的な領域にますます多くの研究者が参入してくると筆者は考える．こうした研究者には研究の出発点として参考図書が必要であろう．また，ますます多くの大学で，量子プログラミングの講義が開講されるであろう．教師にとっても学生にとっても教科書が必要になる．そこで，本書を執筆するにあたって，次の二つの目標を立てた．

(i) この分野のさらなる研究の基礎を与えること．
(ii) 大学院や学部専門課程の講義の教科書として使えること．

量子プログラミングは，高度に学際的な対象領域である．初心者や，とくに学生は，通常多くの異なる対象領域の知識を要求されることに挫折しやすい．本書は，プログラミング言語に通じた人が理解しやすいよう，詳細を具体的に提示して，可能な限り自己完結するように努めた．

本書の執筆により，量子プログラミングに対する見方を体系化する機会が得られた．一方で，この対象領域についての筆者自身の理解にもとづいて，本書に含める話題を選び，題材をまとめた．そして，いくつかの重要な話題については，それについて限られた知識しかないために，本文からは除いた．その救済策として，巻末の展望の章で，これらの話題について簡単に考察した．

謝　辞

　本書は，清華大学知能技術・システム研究所の量子計算・量子情報グループおよびシドニー工科大学量子計算・知能システムセンター（QCIS）量子計算研究所における過去15年間の著者の研究から生まれたものである．そこでの同僚や学生との共同研究や議論は非常に心踊るものであった．彼ら全員に感謝したい．

　本書の草稿を精読し，有益なコメントや助言をくれた蓮尾一郎（東京大学）とユアン・フェン（シドニー工科大学）には，とくに感謝する．また，本社発刊の提案に対する匿名の査読者にも非常に感謝する．彼らからの助言は，本書の構成に非常に役立った．そして，モーガン・カウフマンの編集者や企画責任者である，スティーブ・エリオット，パニサバシー・ゴビンダラジャン，アミ・インヴェルニッツィ，リンゼイ・ローレンスにも感謝したい．

　著者の考えを自由に追求させてくれたシドニー工科大学工学・情報技術学部の量子計算・知能システムセンターにはとくに感謝する．

　量子プログラミングに関する著者の研究は，オーストラリア研究会議（ARC），中国国家自然科学基金委員会（NSFC），中国科学院（CAS）数学与系统科学研究院海外チームプログラムの支援を受けている．この組織すべてに感謝の意を表す．

I

量子プログラミングの概要と準備

1
はじめに

「(量子ソフトウェア工学という) 挑戦は，プログラマーが今日古典的なプログラムを操作するのと同じ容易さと信頼性で量子プログラムを操作できるよう，古典的なソフトウェア工学全体を作り替え，量子計算の領域に拡張することである．」

計算技術研究におけるグランド・チャレンジ
2004 年度報告書 [120] から抜粋

量子プログラミングは，これからの量子計算機をどのようにプログラムするかを研究する．その主題は，主として次の二つの問題に取り組むことである．

- 現在の計算機向きに開発されたプログラミング方法論やプログラミング技術をどのようにして量子計算機にまで拡張できるか．
- どのような種類の新しいプログラミング方法論やプログラミング技術であれば，量子計算の比類なき力を効率的に使うことができるか．

従来のプログラミングにおいて非常に成功した多くの技術は，量子計算機をプログラムするために使うと，量子系の奇妙な性質のために失敗するだろう．(たとえば，量子データの複製が作れないことや，プロセス間の量子もつれ，プログラム変数についての表明である観測 (可能) 量の非可換性など．) さらに重要であり困難なのは，量子計算の比類なき力である量子並列性をうまく利用することのできるプログラミングパラダイム，モデル，抽象化を発見することである．しかし，これらは従来のプログラミングの知識から導き出すことはできない．

1.1 量子プログラミング研究のおおまかな歴史

量子プログラミングのもっとも初期の提案は，1996 年に Knill によってなされたものである [139]．Knill は，量子ランダムアクセス機械（QRAM）モデルを導入し，量子計算の擬似コードを書くための作法一式を提案した．そこから 20 年の間に，量子プログラミングの研究は，主として次のような方向に継続して進められた．

1.1.1 量子プログラミング言語の設計

量子プログラミングの初期の研究は，量子プログラミング言語の設計に焦点が当てられた．1990 年代末から 2000 年代初期にかけて，いくつもの量子プログラミングの高級言語が定義された．たとえば，[117] により最初の量子プログラミング言語である QCL が設計され，QCL のシミュレーターも実装された．[191, 241] で提案された qGCL は，ダイクストラのガード付きコマンド言語風の量子プログラミング言語である．[39] は C++ を量子プログラミングに拡張し，C++ ライブラリの形式で実装した．[194] は，古典的制御と量子データの考えにもとづき，関数型プログラミングパラダイムにおける最初の量子プログラミング言語 QPL を定義した．[14] では，量子制御フローをもつ関数型プログラミング言語 QML が導入された．[208, 209] は，プログラムが作られるそれぞれの段階で正しさが証明されるプログラム開発技法を用いた述語論理プログラミング言語を量子プログラミングに拡張した．

近年，二つの汎用大規模量子プログラミング言語として，Quipper[106] と Scaffold[3] がそれぞれコンパイラとともに開発された．[150] は，ドメイン固有の量子プログラミング言語 QuaFL を開発した．[215] は，F# に埋め込まれた量子プログラミング言語と量子ソフトウェアアーキテクチャ LIQ $Ui|\rangle$ を設計・実装した．

1.1.2 量子プログラミング言語の意味論

プログラミング言語の形式的意味論は，その構文の裏にある言語の本質を正確かつ深く理解できるよう，厳密な数学的記述によってその言語の意味を与える．qGCL，QPL，QML などのいくつかの量子プログラミング言語では，それらが定義されたときに，その操作的意味論および表示的意味論も与えられた．

量子プログラムの述語変換意味論に対して，二つの方式が提案されている．その一つでは，量子計算は観測（測定）手続きによる確率計算に還元され，したがって，確率的プログラムのために開発された述語変換意味論を量子プログラムに適用することができる [191]．もう一つは，[70] により導入されたもので，固有値が単位区間内にあるエルミート演算子により表現される物理的観測量として量子述語を定義する．この量子述語変換意味論は，量子述語の特別なクラスである射影演算子を用いてさらに発展した [225]．射影的述語に焦点を当てることで，量子プログラムのさまざまな健全性条件を成立させるためにバーコフとフォン・ノイマンが開発した量子論理の豊富な数学的手法 [42] を使うことができる．

量子計算の意味論的技法は，言語とは独立で抽象的ないくつかの方法でも研究されてきた．[5] は，量子力学の基本的前提の圏論的定式化を提案した．これは，量子テレポーテーションなどの通信プロトコルや量子プログラムを明解に記述するのに用いることができる．

近年の進展としては，次のものもある．[115] は，[7] により圏論を用いて定式化されたジラールの相互作用の幾何学 [101] を経て，再帰をもつ関数型量子プログラミング言語の意味モデルを見つけた．[178] は，線型論理の量的意味論から構成した無限データ型と再帰をもつ関数型量子プログラミング言語の表示的意味論を発見した．[123] は，量子プログラミングにおけるブロック構造の圏論的公理化を提案した．[206] は，量子プログラムに対する等式推論の代数的意味論の枠組みを提示した．

1.1.3 量子プログラムの検証と解析

人間の直感は，量子的な世界よりも古典的な世界に順応している．この事実は，プログラマーは量子計算のプログラムを設計する際に，古典的計算機をプロ

グラムするときよりも多くの誤りを犯すであろうことを示している．したがって，量子プログラムに対する検証技術を開発することが重要になる．[30] は，量子系における情報の流れの動的論理による定式化を提示した．[50] は，バーコフとフォン・ノイマンの量子論理を量子プログラムの推論に応用する方法を導入した．[52] は，上限付き繰り返しのみを許す命令型量子プログラムに対して，フロイド・ホーア流の推論をする証明系を提案した．量子プログラムの推論のための有用な証明規則のあるものは，[82] により純粋量子プログラムに対して提案されたものである．（相対的）完全性をもつ量子プログラムの部分正当性（弱正当性）および全正当性（強正当性）に対するフロイド–ホーア論理は [221] で展開された．

プログラム解析技法は，プログラムの実装と最適化において非常に有効である．量子プログラムの停止性解析は，[227] に始まる．そこでは，ループ本体にユニタリ変換をもつ，測定にもとづく量子ループが検討された．ループ本体に量子演算をもつ，より一般的な量子ループの停止性は，量子マルコフ連鎖の意味論的モデルを用いて [234] で研究された．[234] では，確率的プログラムの性質を証明するための Sharir-Pnueli-Hart 法 [202] が，量子状態と観測量の間のシュレーディンガー–ハイゼンベルク双対性を用いることで，量子プログラムにすっきりと一般化されている．この方向での研究は [152, 153, 235, 236, 238] で続けられ，量子マルコフ決定過程の到達可能性解析にもとづいて，非決定性並列量子プログラムの停止性が研究された．また，量子プログラム解析の別の方向への研究としては，[129] によって始められた，どうすれば抽象解釈技術を量子プログラムに使うことができるかというものもある．

1.2　量子プログラミングへのアプローチ

量子プログラミングが，従来のプログラミングモデル，方法論，技法を量子の領域にまで拡張するところから始められたのは自然である．1.1 節で述べたように，命令型および関数型プログラミングは量子計算に対して一般化されていて，古典的プログラムに対するさまざまな意味論的モデル，検証，分析は量子プログラミングに適用されている．

量子プログラミングの究極の目標は，量子計算機の能力を余すところなく利用することである．よく知られているように，既存の計算機に対する量子計算機の優位性は，量子的並列性，すなわち，量子状態の重ね合わせと，そこから派生する量子もつれなどから生じる．したがって，量子プログラミングでの鍵となる問題は，いかに量子的並列性を従来のプログラミングモデルに取り込むかである．私見ではあるが，この問題は，次に述べる二種類の重ね合わせパラダイムによって，うまく取り扱うことができる．

1.2.1 データの重ね合わせ — 古典的制御をもつ量子プログラム

データ重ね合わせパラダイムの中心となる考えは，たとえば，ユニタリ変換や量子測定などの量子データを操作するために必要な新しいプログラム構成要素を導入することである．しかしながら，このようなパラダイムにおける量子プログラムの制御の流れは古典的なプログラムの制御の流れと同様である．たとえば，古典的プログラミングにおいては，プログラムの制御の流れを定義するのに使うことのできるプログラム構成要素は，条件分岐文（if ... then ... else ... fi）や，より一般的には場合分け文

$$\mathbf{if}\ (\Box i \cdot G_i \to P_i)\ \mathbf{fi} \tag{1.1}$$

である．ここで，それぞれの i に対して，サブプログラム P_i は，ブール式 G_i により保護されていて，G_i が真になるときだけ，P_i は実行される．式 (1.1) の自然な量子的拡張は，測定にもとづく次の場合分け文である．

$$\mathbf{if}\ (\Box i \cdot M[q] = m_i \to P_i)\ \mathbf{fi} \tag{1.2}$$

ここで，q は量子変数で，M は q に対して実行した測定で，そのとりうる結果は $m_i, \ldots, m_n$ である．また，それぞれの i に対して，P_i は（量子）サブプログラムである．この場合分け文は，測定 M の結果に応じて実行する命令を選択する．測定の結果が m_i であれば，それに対応する命令 P_i が実行される．これは，量子プログラミングおける古典的場合分け文と呼ぶのが適切である．なぜなら，古典的な情報，すなわち，量子測定の結果にもとづいて命令は選択されるからである．ループや再帰などの，量子プログラムの制御の流れを規定するために使われ

るほかの言語構成要素は，この場合分け文をもとにして定義することができる．

ここで定義したプログラミングパラダイムを，データ重ね合わせパラダイムと呼ぶ．なぜなら，入力されるデータやこのプログラムによって計算されるデータは量子データ，すなわち，データの重ね合わせであるが，プログラム自体は重ね合わさっていないからである．このパラダイムは，[194] の「量子データ，古典的制御」という標語によって明確に特徴づけることができる．なぜなら，プログラムのデータの流れは量子的であるが，制御の流れは古典的なままだからである．量子プログラミングの既存の研究の多くは，古典的な制御をもつ量子プログラムを扱っていて，データ重ね合わせパラダイムの中で行われている．

1.2.2 プログラムの重ね合わせ — 量子的制御をもつ量子プログラム

量子ウォークの構成 [9, 19] に触発されて，量子プログラミングにおいて場合分け文を定義する本質的に異なる方法があることが分かった [232, 233]．それは，量子「コイン」によって統制される量子的場合分け文である．

$$\mathbf{qif}\ [c](\square i \cdot |i\rangle \to P_i)\ \mathbf{fiq} \tag{1.3}$$

ここで，$\{|i\rangle\}$ は，外部の「コイン」系 c の状態を表すヒルベルト空間の正規直交基底であり，古典的情報ではなく重ね合わせることのできる量子的情報である「コイン」空間の基底状態 $|i\rangle$ に応じてサブプログラム P_i は選択される．さらに，量子選択を次のように定義できる．

$$[C]\left(\bigoplus_i |i\rangle \to P_i\right) \triangleq C[c]; \mathbf{qif}\ [c](\square i \cdot |i\rangle \to P_i)\ \mathbf{fiq} \tag{1.4}$$

直感的には，量子選択 (1.4) は，「コイン投げ」プログラム C を実行し，サブプログラム $P_1,\dots,P_n$ の実行パスの重ね合わせを作り，その後に量子的場合分け文を続ける．量子的場合分け文の実行の間に，それぞれの P_i は，$P_1,\dots,P_n$ の実行パスの重ね合わせ全体の中で，それ自体のパスに沿って実行される．この種の量子的場合分け文や量子選択をもとにして，量子的再帰などのいくつかの新しい量子プログラム構成要素を定義できる．

量子プログラミングに対するこのアプローチは，プログラム重ね合わせパラダイムと称することができる．量子的場合分け文や量子選択の定義からあきらかなように，プログラム重ね合わせパラダイムにおける量子プログラムの制御の流れは本質的に量子的である．したがって，このパラダイムは，「量子データ，量子制御」[1] という標語で特徴づけることができる．

このパラダイムが依然として開発の非常に初期の段階にあり，一連の基本的な問題はまだよく理解されていないことは否めない．一方では，これが，量子計算の比類なき力をプログラマーがさらに使いこなす手助けとなる，量子プログラミングについての新しい考え方を持ち込んだと考えている．

1.3 本書の構成

本書は，データの重ね合わせからプログラムの重ね合わせへという流れに沿ってまとめることで，量子プログラミングの理論的基礎を体系的に解説する．本書は命令型量子プログラミングに焦点を当てているが，本書で紹介した多くのアイディアや技法は，関数型量子プログラミングに一般化することもできる．

本書は4部構成になっている．

- 第Ⅰ部は，入門編である本章とその後の準備となる第2章からなる．本書を読むための前提として，量子力学および量子計算の知識とプログラミング言語理論にある程度なじみがあることが要求される．必要となる量子力学と量子計算の前提知識は，すべて第2章に含まれている．プログラミング言語理論については，[21, 158, 162, 200] のような標準的な教科書を参考にするとよい．
- 第Ⅱ部は，データ重ね合わせパラダイムにおける古典的制御をもつ量子プログラムを調べる．第Ⅱ部は三つの章からなる．第3章は，古典的制御（場合分け文，ループ，再帰）をもつ量子プログラムの構文と操作的意味論，表示的意味論を詳しく述べる．第4章は，古典的制御をもつ量子プログラムの正当性に関

---
[1] 「量子データ，量子制御」という標語は [14] で使われた．（そして，それに続く一連の論文では，ここで述べたのとはかなり異なる設計思想をもつ量子プログラムのクラスを記述するために使われた．）

する推論の論理的基礎を示す．第5章では，古典的制御をもつ量子プログラムを解析するための一連の数学的ツールやアルゴリズム技法を展開する．
- 第III部では，プログラム重ね合わせパラダイムにおける量子制御をもつ量子プログラムを調べる．第III部は二つの章からなる．第6章では，量子的場合分け文，量子選択とそれらの意味論を定義し，量子的場合分け文と量子選択を構成要素とする量子プログラムについて推論するための代数法則を定める．第7章では，量子制御をもつ再帰が，量子的場合分け文と量子選択を用いて自然に定義できることを示す．さらに，この種の量子的再帰の意味論を第二量子化によって定義する．第二量子化は，粒子の数が一定でない量子系を取り扱うための数学的枠組みである．
- 第IV部は，本書の主要部分では割愛した量子プログラミングにおけるいくつかの重要な話題を簡単に紹介し，さらなる研究のいくつかの方向性を挙げることを意図した単一の章からなる．

各章の依存関係を図1.1に示す．

- **本書を読む**：図1.1に示したように，本書は次の3通りの道筋に沿って読めるように設計されている．

  (i) 第2章 → 第3章 → 第4章．これは，主に量子プログラムの論理に関心

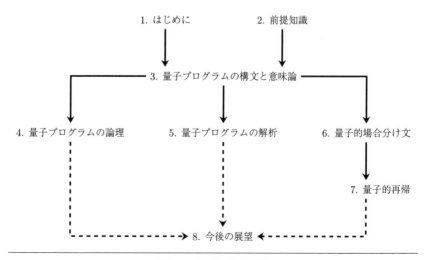

図1.1　各章の依存関係

1.3 本書の構成

のある読者のための道筋である.

(ii) 第2章 → 第3章 → 第5章. これは,量子プログラムの解析に関心のある読者のための道筋である.

(iii) 第2章 → 第3章 → 第6章 → 第7章. これは,データ重ね合わせパラダイムだけでなくプログラム重ね合わせパラダイムにおける量子プログラムの基本的な構成要素を学びたい読者のための道筋である.

もちろん,本書の最初から最後までを順に読めば,量子プログラミング分野の全体像を知ることができる.

- **本書を使って教える**:第2章と第3章をもとにして教えることで,量子プログラミングの基礎に関する短期間の講義になる.さらに,本書の第I部と第II部は,学部専門課程か大学院での1学期または2学期分の講義に使える.1学期の講義では,前述の三つの道筋のうちの最初の二つのどちらかを対象にすることができる.(プログラムの重ね合わせパラダイムにおける)量子制御をもつ量子プログラム理論は,いまだ発展の初期段階にあるので,第6章と第7章は,講義よりも連続セミナーでの議論の題材として使うのがよいだろう.
- **演習問題**:いくつかの補題や命題の証明は,演習問題として残してある.それらの多くはそれほど難しくない.関連する教材の理解を確固たるものにするために,読者はこれらすべてに挑戦してみることを勧める.
- **研究課題**:第II部と第III部のそれぞれの章末に,今後の研究におけるいくつかの課題を挙げた.
- **さらなる調査研究のための参考文献**:第2章から第7章までの最終節は,さらなる調査研究のための参考文献や読んだほうがよい文献を紹介している.アルファベット順に列挙した巻末の完全な参考文献には,この後に読んだほうがよい文献および参照した文献を含んでいる.
- **誤りを見つけたら**:本書に関するどのような意見や提案も送っていただけることに感謝する.とくに,本書に誤りを見つけたら,Mingsheng.Ying@uts.edu.au か yingmsh@tsinghua.edu.cn に送付いただきたい.

2

予備知識

この章では，本書全般で用いる量子力学と量子計算の基本概念と表記を説明する．

- もちろん，量子プログラム理論は，量子力学を基礎として構築されている．したがって，2.1節では，ヒルベルト空間による量子力学の定式化を説明する．これが，本書における数学的体系のまさに拠り所となる．
- 2.2節では量子回路を説明する．歴史的にみると，量子プログラミング言語がまだ定義される前に，いくつもの主要な量子アルゴリズムが出現した．したがって，量子回路は，通常，量子アルゴリズムを記述するための計算モデルとして扱われる．
- 2.3節では，いくつかの基本的な量子アルゴリズムを紹介する．この節の目標は，量子アルゴリズムを系統的に述べることではなく，量子プログラミングの例を示すことである．このため，いくつかの洗練された量子アルゴリズムは，この節に含まれていない．

読者が本書の核心である量子プログラミングにできるだけ速やかに進めるよう，この章は最小限に抑えるようにした．このため，本章の題材は，非常に簡単にしか提示していない．量子計算にまったくの初心者は，この章から始めることができるが，同時に，この章で述べる概念のより詳細な説明や例に関して[174]の第2, 4, 5, 6, 8章を読むことを勧める．一方，[174]のような標準的な教科書でこれらの題材に慣れ親しんだ読者は，この章では表記を確認するだけにとどめて，すぐさま次章に進むとよい．

2.1 量子力学

量子力学は，原子および素粒子規模での現象を研究する根源的な物理学の領域である．量子力学の一般的な定式化は，いくつかの基本的な仮説にもとづいて説明することができる．ここでは，量子力学の基本的仮説をうまく定式化することができる数学的枠組みを提示することで，これらの仮説を説明することにする．これらの仮説の物理学での解釈は，ごく簡単にだけ論じる．これが，量子プログラミングを把握する近道になるであろう．

2.1.1 ヒルベルト空間

通常，ヒルベルト空間は，量子系の状態空間としての役割を果たす．ヒルベルト空間は，線形空間の概念をもとにして定義する．$\mathbb{C}$ は複素数の集合を表す．それぞれの複素数 $\lambda = a + bi \in \mathbb{C}$ に対して，その共役を $\lambda^* = a - bi$ で表す．量子力学では標準的なディラック記法を採用し，$|\varphi\rangle, |\psi\rangle, \ldots$ によってベクトルを表す．

定義 2.1.1 （複素）線形空間は，次の二つの演算

- ベクトル和 $+ : \mathcal{H} \times \mathcal{H} \to \mathcal{H}$
- スカラー積 $\cdot : \mathbb{C} \times \mathcal{H} \to \mathcal{H}$

をもつ空でない集合 $\mathcal{H}$ で，これらの演算は次の条件を満たす．

(i) $+$ は交換則を満たす．すなわち，任意の $|\varphi\rangle, |\psi\rangle \in \mathcal{H}$ に対して，$|\varphi\rangle + |\psi\rangle = |\psi\rangle + |\varphi\rangle$ が成り立つ．

(ii) $+$ は結合則を満たす．すなわち，任意の $|\varphi\rangle, |\psi\rangle, |\chi\rangle \in \mathcal{H}$ に対して，$|\varphi\rangle + (|\psi\rangle + |\chi\rangle) = (|\varphi\rangle + |\psi\rangle) + |\chi\rangle$ が成り立つ．

(iii) $+$ の単位元 0 は，零ベクトルと呼ばれ，任意の $|\varphi\rangle \in \mathcal{H}$ に対して $0 + |\varphi\rangle = |\varphi\rangle$ が成り立つ．

(iv) それぞれの $|\varphi\rangle \in \mathcal{H}$ に対して，$|\varphi\rangle + (-|\varphi\rangle) = 0$ となる逆元 $-|\varphi\rangle$ が存在する．

(v) 任意の $|\varphi\rangle \in \mathcal{H}$ に対して，$1|\varphi\rangle = |\varphi\rangle$ が成り立つ．

- (vi) 任意の $|\varphi\rangle \in \mathcal{H}$ および $\lambda, \mu \in \mathbb{C}$ に対して，$\lambda(\mu|\varphi\rangle) = \lambda\mu|\varphi\rangle$ が成り立つ．
- (vii) 任意の $|\varphi\rangle \in \mathcal{H}$ および $\lambda, \mu \in \mathbb{C}$ に対して，$(\lambda + \mu)|\varphi\rangle = \lambda|\varphi\rangle + \mu|\varphi\rangle$ が成り立つ．
- (viii) 任意の $|\varphi\rangle, |\psi\rangle \in \mathcal{H}$ および $\lambda \in \mathbb{C}$ に対して，$\lambda(|\varphi\rangle + |\psi\rangle) = \lambda|\varphi\rangle + \lambda|\psi\rangle$ が成り立つ．

ヒルベルト空間を定義するためには，さらに次のものが必要になる．

定義 2.1.2 内積空間とは，内積

$$\langle \cdot | \cdot \rangle : \mathcal{H} \times \mathcal{H} \to \mathbb{C}$$

を備えた線形空間 $\mathcal{H}$ である．内積は，任意の $|\varphi\rangle, |\psi\rangle, |\psi_1\rangle, |\psi_2\rangle \in \mathcal{H}$ および任意の $\lambda_1, \lambda_2 \in \mathbb{C}$ に対して次の性質をもつ．

- (i) $\langle \varphi | \varphi \rangle \geq 0$ であり，等号は，$|\varphi\rangle = 0$ であるとき，そしてそのときに限り，成り立つ．
- (ii) $\langle \varphi | \psi \rangle = \langle \psi | \varphi \rangle^*$
- (iii) $\langle \varphi | \lambda_1 \psi_1 + \lambda_2 \psi_2 \rangle = \lambda_1 \langle \varphi | \psi_1 \rangle + \lambda_2 \langle \varphi | \psi_2 \rangle$

任意のベクトル $|\varphi\rangle, |\psi\rangle \in \mathcal{H}$ に対して，複素数 $\langle \varphi | \psi \rangle$ を，$|\varphi\rangle$ と $|\psi\rangle$ の内積という．場合によっては，$\langle \varphi | \psi \rangle$ の代わりに $(|\varphi\rangle, |\psi\rangle)$ と書くこともある．$\langle \varphi | \psi \rangle = 0$ ならば，$|\varphi\rangle$ と $|\psi\rangle$ は直交するといい，$|\varphi\rangle \perp |\psi\rangle$ と書く．ベクトル $|\psi\rangle \in \mathcal{H}$ の長さは

$$\||\psi\rangle\| = \sqrt{\langle \psi | \psi \rangle}$$

と定義する．ベクトル $|\psi\rangle$ は，$\||\psi\rangle\| = 1$ であるとき，単位ベクトルという．

極限の概念は，ベクトルの長さを用いて定義する．

定義 2.1.3 $\{|\psi_n\rangle\}$ を $\mathcal{H}$ のベクトル列とし，$|\psi\rangle \in \mathcal{H}$ とする．

- (i) 任意の $\varepsilon > 0$ に対して，ある正整数 N が存在し，すべての $m, n \geq N$ に対して $\|\psi_m - \psi_n\| < \varepsilon$ となるならば，$\{|\psi_n\rangle\}$ をコーシー列という．
- (ii) 任意の $\varepsilon > 0$ に対して，ある正整数 N が存在し，すべての $n \geq N$

に対して $\|\psi_n - \psi\| < \varepsilon$ となるならば,$|\psi\rangle$ を $\{|\psi_n\rangle\}$ の極限といい,$|\psi\rangle = \lim_{n\to\infty} |\psi_n\rangle$ と書く.

これで,ヒルベルト空間の定義を述べる準備が整った.

定義 2.1.4 ヒルベルト空間とは,完備内積空間,すなわち,そのベクトルからなる任意のコーシー列が極限をもつような内積空間である.

ヒルベルト空間の構造の理解を助ける概念として基底がある.本書では,有限次元か可算無限次元(可分)ヒルベルト空間だけを考える.

定義 2.1.5 有限個または可算無限個の単位ベクトルの族 $\{|\psi_i\rangle\}$ は,次の条件を満たすとき,$\mathcal{H}$ の正規直交基底という.

(i) $\{|\psi_i\rangle\}$ は対として直交する.すなわち,$i \neq j$ である任意の i, j に対して $|\psi_i\rangle \perp |\psi_j\rangle$ が成り立つ.

(ii) $\{|\psi_i\rangle\}$ は空間 $\mathcal{H}$ 全体を張る.すなわち,任意の $|\psi\rangle \in \mathcal{H}$ は,ある $\lambda_i \in \mathbb{C}$ および有限個の $|\psi_i\rangle$ を用いた線形結合 $|\psi\rangle = \sum_i \lambda_i |\psi_i\rangle$ で表すことができる.

任意の二つの正規直交基底のベクトルの数は等しい.この数を,$\mathcal{H}$ の次元といい,$\dim \mathcal{H}$ と表記する.とくに,正規直交基底が無限個のベクトルを含むならば,$\mathcal{H}$ は無限次元といい,$\dim \mathcal{H} = \infty$ と表記する.

量子プログラミングでは,整数などのようにデータ型が無限のときにのみ,無限次元ヒルベルト空間が必要となる.無限次元ヒルベルト空間とそれに付随する概念(たとえば,定義 2.1.3 の極限や,後述する定義 2.1.6 の閉部分空間など)を理解するのが難しければ,簡単のため,有限次元ヒルベルト空間だけを考えればよい.有限次元ヒルベルト空間は,線形代数で学んだ線形空間そのものである.そうすることで,本書の本質的な部分を埋解することができる.

$\mathcal{H}$ が有限次元であるならば,$\dim \mathcal{H} = n$ として,正規直交基底 $\{|\psi_1\rangle, |\psi_2\rangle, \ldots, |\psi_n\rangle\}$ を一つ固定すると,それぞれのベクトル $|\psi\rangle = \sum_{i=1}^n \lambda_i |\psi_i\rangle \in \mathcal{H}$ は $\mathbb{C}^n$ のベクトルとして

$$\begin{pmatrix} \lambda_1 \\ \vdots \\ \lambda_n \end{pmatrix}$$

と表すことができる.

次の部分空間の概念は,ヒルベルト空間の構造を理解する上でも重要である.

定義 2.1.6 $\mathcal{H}$ をヒルベルト空間とする.

(i) $X \subseteq \mathcal{H}$ であり,任意の $|\varphi\rangle, |\psi\rangle \in X$ および $\lambda \in \mathbb{C}$ に対して
 (a) $|\varphi\rangle + |\psi\rangle \in X$
 (b) $\lambda |\varphi\rangle \in X$
 が成り立つとき,X を $\mathcal{H}$ の部分空間という.

(ii) 任意の $X \subseteq \mathcal{H}$ に対して,X のベクトル列 $\{|\psi_n\rangle\}$ の極限 $\lim_{n\to\infty} |\psi_n\rangle$ の集合を,X の閉包 $\overline{X}$ という.

(iii) $\mathcal{H}$ の部分空間 X は,$\overline{X} = X$ であるとき,閉じているという.

任意の部分集合 $X \subseteq \mathcal{H}$ に対して,X の張る空間を次のように定義する.

$$\operatorname{span} X = \left\{ \sum_{i=1}^{n} \lambda_i |\psi_i\rangle : n \geq 0, \lambda_i \in \mathbb{C} \text{ かつ } |\psi_i\rangle \in X \ (i = 1, \ldots, n) \right\} \tag{2.1}$$

すなわち,X を含む,$\mathcal{H}$ の最小部分空間である.言い換えると,$\operatorname{span} X$ は,X で生成される $\mathcal{H}$ の部分空間である.さらに,$\overline{\operatorname{span} X}$ は,X で生成される閉部分空間である.

二つのベクトルの直交性についてはすでに定義した.ベクトルの二つの集合に対しても直交性を定義することができる.

定義 2.1.7 $\mathcal{H}$ をヒルベルト空間とする.

(i) 任意の $X, Y \subseteq \mathcal{H}$ に対して,すべての $|\varphi\rangle \in X$ および $|\psi\rangle \in Y$ について $|\varphi\rangle \perp |\psi\rangle$ が成り立つとき,X と Y は直交するといい,$X \perp Y$ と表記する.とくに,X が一元集合 $\{|\varphi\rangle\}$ の場合には,$|\varphi\rangle \perp Y$ と表記する.

(ii) $\mathcal{H}$ の閉部分空間 X の直交補空間を

$$X^{\perp} = \{|\varphi\rangle \in \mathcal{H} : |\varphi\rangle \perp X\}$$

と定義する.

直交補空間 $X^\perp$ もまた，$\mathcal{H}$ の閉部分空間であり，$\mathcal{H}$ の任意の閉部分空間 X に対して $(X^\perp)^\perp = X$ が成り立つ.

定義 2.1.8 $\mathcal{H}$ をヒルベルト空間とし，X, Y を $\mathcal{H}$ の二つの部分空間とする．このとき，
$$X \oplus Y = \{|\varphi\rangle + |\psi\rangle : |\varphi\rangle \in X \text{ かつ } |\psi\rangle \in Y\}$$
を X と Y の和という．

この定義は，$\mathcal{H}$ の三つ以上の部分空間 X_i の和 $\bigoplus_{i=1}^n X_i$ に，素直に一般化することができる．とくに，$X_i\ (1 \leq i \leq n)$ が互いに直交しているときは，$\bigoplus_{i=1}^n X_i$ を直交和という．

ここまでの準備によって，量子力学の仮説を説明することができる．

量子力学の仮説 1 閉量子系（孤立量子系）の状態空間はヒルベルト空間で表現される．そして，その系の純粋状態は，その状態空間の単位ベクトルで記述される．

しばしば，状態 $|\psi_1\rangle, \ldots, |\psi_n\rangle$ の線形結合 $|\psi\rangle = \sum_{i=1}^n \lambda_i |\psi_i\rangle$ を，重ね合わせと呼び，複素係数 λ_i を確率振幅と呼ぶ．

例 2.1.9 量子ビット（キュービット）は，量子情報においてビットに対応するものである．その状態空間は，2次元ヒルベルト空間
$$\mathcal{H}_2 = \mathbb{C}^2 = \{\alpha |0\rangle + \beta |1\rangle : \alpha, \beta \in \mathbb{C}\}$$
であり，任意の $\alpha, \alpha', \beta, \beta' \in \mathbb{C}$ に対して，$\mathcal{H}_2$ の内積は
$$(\alpha |0\rangle + \beta |1\rangle, \alpha' |0\rangle + \beta' |1\rangle) = \alpha^* \alpha' + \beta^* \beta'$$
と定義する．このとき，$\mathcal{H}_2$ の正規直交基底 $\{|0\rangle, |1\rangle\}$ を，計算基底という．ベクトル $|0\rangle, |1\rangle$ それ自体は，この基底を用いて
$$|0\rangle = \begin{pmatrix} 1 \\ 0 \end{pmatrix}, \quad |1\rangle = \begin{pmatrix} 0 \\ 1 \end{pmatrix}$$

と表される．量子ビットの状態は，$|\alpha|^2 + |\beta|^2 = 1$ となる単位ベクトル $|\psi\rangle = \alpha|0\rangle + \beta|1\rangle$ で記述される．二つのベクトル

$$|+\rangle = \frac{|0\rangle + |1\rangle}{\sqrt{2}} = \frac{1}{\sqrt{2}}\begin{pmatrix} 1 \\ 1 \end{pmatrix}, \quad |-\rangle = \frac{|0\rangle - |1\rangle}{\sqrt{2}} = \frac{1}{\sqrt{2}}\begin{pmatrix} 1 \\ -1 \end{pmatrix}$$

は，また別の正規直交基底になる．この二つのベクトルは，いずれも $|0\rangle$ と $|1\rangle$ の重ね合わせになっている．2次元ヒルベルト空間 $\mathcal{H}_2$ は，古典的なブール値データ型の量子情報版とみなすこともできる．

例 2.1.10 本書でしばしば用いるまた別のヒルベルト空間として，平方総和可能列の空間がある．

$$\mathcal{H}_\infty = \left\{ \sum_{n=-\infty}^{\infty} \alpha_n |n\rangle : \text{すべての } n \in \mathbb{Z} \text{ について } \alpha_n \in \mathbb{C} \text{ かつ } \sum_{n=-\infty}^{\infty} |\alpha_n|^2 < \infty \right\}$$

ただし，$\mathbb{Z}$ は整数の集合である．$\mathcal{H}_\infty$ の内積は，次のように定義する．

$$\left(\sum_{n=-\infty}^{\infty} \alpha_n |n\rangle, \sum_{n=-\infty}^{\infty} \alpha'_n |n\rangle \right) = \sum_{n=-\infty}^{\infty} \alpha_n^* \alpha'_n$$

このとき，$\{|n\rangle : n \in \mathbb{Z}\}$ は，正規直交基底であり，$\mathcal{H}_\infty$ は無限次元になる．このヒルベルト空間は，古典的な整数データ型の量子情報版とみなすことができる．

練習問題 2.1.11 例 2.1.9 および例 2.1.10 で定義した内積は，それぞれ定義 2.1.2 の条件 (i)–(iii) を満たすことを確認せよ．

2.1.2 線形作用素

2.1.1 節では，ヒルベルト空間を状態空間とすることで，量子系を静的に記述する方法を説明した．ここからは，どのようにして量子系を動的に記述するかを学ぶ．量子系の時間発展とすべての操作は，その状態ヒルベルト空間の線形作用素によって表現することができる．そこで，ここでは，線形作用素とその行列表現を調べる．

定義 2.1.12 $\mathcal{H}$ および $\mathcal{K}$ はヒルベルト空間とする．写像

$$A : \mathcal{H} \to \mathcal{K}$$

2.1 量子力学

は，任意の $|\varphi\rangle, |\psi\rangle \in \mathcal{H}$ と $\lambda \in \mathbb{C}$ に対して次の条件を満たすとき，（線形）作用素という．

(i) $A(|\varphi\rangle + |\psi\rangle) = A|\varphi\rangle + A|\psi\rangle$
(ii) $A(\lambda|\psi\rangle) = \lambda A|\psi\rangle$

$\mathcal{H}$ からそれ自体への作用素を $\mathcal{H}$ の作用素という．$\mathcal{H}$ のそれぞれのベクトルをそれ自体に写像する恒等作用素を $I_\mathcal{H}$ と表記し，$\mathcal{H}$ のすべてのベクトルを零ベクトルに写像するゼロ作用素を $0_\mathcal{H}$ と表記する．任意のベクトル $|\varphi\rangle, |\psi\rangle \in \mathcal{H}$ に対して，$\mathcal{H}$ におけるそれらの外積 $|\varphi\rangle\langle\psi|$ は，任意の $|\chi\rangle \in \mathcal{H}$ に対して次のように定義される作用素である．

$$(|\varphi\rangle\langle\psi|)|\chi\rangle = \langle\psi|\chi\rangle|\varphi\rangle$$

単純だが有用な作用素のクラスとして射影作用素がある．X を $\mathcal{H}$ の閉部分空間とし，$|\psi\rangle \in \mathcal{H}$ とするとき，

$$|\psi\rangle = |\psi_0\rangle + |\psi_1\rangle$$

となる $|\psi_0\rangle \in X$ と $|\psi_1\rangle \in X^\perp$ が一意に存在する．ベクトル $|\psi_0\rangle$ を $|\psi\rangle$ の X への射影といい，$|\psi_0\rangle = P_X|\psi\rangle$ と表記する．

定義 2.1.13 $\mathcal{H}$ の任意の閉部分空間 X に対して，作用素

$$P_X : \mathcal{H} \to X, \quad |\psi\rangle \mapsto P_X|\psi\rangle$$

を X への射影作用素という．

練習問題 2.1.14 $\{|\psi_i\rangle\}$ を X の正規直交基底とするとき，$P_X = \sum_i |\psi_i\rangle\langle\psi_i|$ となることを示せ．

本書全体を通じて，次のように定義される有界作用素だけを考える．

定義 2.1.15 $\mathcal{H}$ の作用素 A は，ある定数 $C \geq 0$ が存在して，すべての $|\psi\rangle \in \mathcal{H}$ に対して

$$\|A|\psi\rangle\| \leq C \cdot \||\psi\rangle\|$$

が成り立つとき，有界という．Aのノルムは，次のように定義される非負実数である．

$$\|A\| = \inf\{C \geq 0 : すべての \psi \in \mathcal{H} に対して \|A|\psi\rangle\| \leq C \cdot \|\psi\|\}$$

$\mathcal{H}$ の有界作用素の集合を $\mathcal{L}(\mathcal{H})$ と表記する．

有限次元ヒルベルト空間の作用素はすべて有界である．

作用素に対するさまざまな操作は，いくつかの作用素を組み合わせて新しい作用素を作る際に非常に有効である．任意の $A, B \in \mathcal{L}(\mathcal{H})$, $\lambda \in \mathbb{C}$, $|\psi\rangle \in \mathcal{H}$ に対して，和，スカラー積および作用素の合成は次のように自然に定義することができる．

$$(A+B)|\psi\rangle = A|\psi\rangle + B|\psi\rangle$$
$$(\lambda A)|\psi\rangle = \lambda(A|\psi\rangle)$$
$$(BA)|\psi\rangle = B(A|\psi\rangle)$$

練習問題 2.1.16 $\mathcal{L}(\mathcal{H})$ は，和とスカラー積によって線形空間になることを示せ．

正作用素や作用素間の順序と距離も定義することができる．

定義 2.1.17 作用素 $A \in \mathcal{L}(\mathcal{H})$ は，任意の状態 $|\psi\rangle \in \mathcal{H}$ に対して，$\langle\psi|A|\psi\rangle$ が非負実数となる，すなわち，$\langle\psi|A|\psi\rangle \geq 0$ であるとき，正作用素という．

定義 2.1.18 レヴナー順序 $\sqsubseteq$ を次のように定義する．任意の $A, B \in \mathcal{L}(\mathcal{H})$ に対して，$A \sqsubseteq B$ となるのは，$B - A = B + (-1)A$ が正作用素であるとき，そしてそのときに限る．

定義 2.1.19 $A, B \in \mathcal{L}(\mathcal{H})$ とする．このとき，A と B の距離を

$$d(A, B) = \sup_{|\psi\rangle} \|A|\psi\rangle - B|\psi\rangle\| \tag{2.2}$$

と定義する．ただし，$|\psi\rangle$ は $\mathcal{H}$ のすべての純粋状態（すなわち単位ベクトル）の上を動くものとする．

2.1 量子力学

作用素の行列表現:

有限次元ヒルベルト空間の作用素は，応用に非常に便利な行列表現をもつ．この項を読めば，ここまでに定義した抽象概念に対応する初等線形代数で学んだ概念と結びつき，これらの抽象概念の理解が深まるはずである．

$\{|\psi_i\rangle\}$ が $\mathcal{H}$ の正規直交基底ならば，作用素 A は，基底ベクトル $|\psi_i\rangle$ の A による像 $A|\psi_i\rangle$ によって一意に定まる．とくに，$\dim \mathcal{H} = n$ が有限で，正規直交基底 $\{|\psi_1\rangle, \ldots, |\psi_n\rangle\}$ を一つ固定すると，A は $n \times n$ 複素行列

$$A = (a_{ij})_{n \times n} = \begin{pmatrix} a_{11} & \cdots & a_{1n} \\ \vdots & \ddots & \vdots \\ a_{n1} & \cdots & a_{nn} \end{pmatrix}$$

で表現することができる．ただし，それぞれの $i, j = 1, \ldots, n$ に対して

$$a_{ij} = \langle \psi_i | A | \psi_j \rangle = (|\psi_i\rangle, A|\psi_j\rangle)$$

とする．さらに，ベクトル $|\psi\rangle = \sum_{i=1}^{n} \alpha_i |\psi_i\rangle \in \mathcal{H}$ の A による像は，行列 $A = (a_{ij})_{n \times n}$ とベクトル $|\psi\rangle$ の積

$$A|\psi\rangle = A \begin{pmatrix} \alpha_1 \\ \vdots \\ \alpha_n \end{pmatrix} = \begin{pmatrix} \beta_1 \\ \vdots \\ \beta_n \end{pmatrix}$$

によって表される．ただし，それぞれの $i = 1, \ldots, n$ について，$\beta_i = \sum_{j=1}^{n} a_{ij} \alpha_j$ とする．たとえば，$I_\mathcal{H}$ は単位行列，$0_\mathcal{H}$ は零行列になる．また，

$$|\varphi\rangle = \begin{pmatrix} \alpha_1 \\ \vdots \\ \alpha_n \end{pmatrix}, \quad |\psi\rangle = \begin{pmatrix} \beta_1 \\ \vdots \\ \beta_n \end{pmatrix}$$

とすると，それらの外積は $|\varphi\rangle\langle\psi| = (a_{ij})_{n \times n}$ になる．ただし，それぞれの $i, j = 1, \ldots, n$ について，$a_{ij} = \alpha_i \beta_j^*$ とする．本書全体を通じて，有限次元ヒルベルト空間の作用素とその行列表現を区別しないで用いる．

練習問題 2.1.20 有限次元ヒルベルト空間において，作用素の和，スカラー積，合成は，それぞれそれらの行列表現の和，スカラー積，掛け算に対応することを示せ．

2.1.3 ユニタリ変換

2.1.1 節で示した量子力学の仮説1は，量子系の静的な記述を与える．ここでは，2.1.2 節で準備した数学的道具立てによって，量子系の動的な記述を与える．

量子系の連続的な時間発展は，シュレーディンガー方程式と呼ばれる微分方程式によって与えられる．しかし，量子計算では，通常，量子系の離散的な時間発展を考える．これは，ユニタリ変換になる．任意の作用素 $A \in \mathcal{L}(\mathcal{H})$ に対して，すべての $|\varphi\rangle, |\psi\rangle \in \mathcal{H}$ について次の条件を満たす $\mathcal{H}$ の（線形）作用素 $A^\dagger$ が一意に存在することが分かる．

$$(A|\varphi\rangle, |\psi\rangle) = (|\varphi\rangle, A^\dagger |\psi\rangle)$$

この作用素 $A^\dagger$ を，A の共役作用素（随伴作用素）と呼ぶ．とくに，n 次元ヒルベルト空間の作用素の行列表現を $A = (a_{ij})_{n \times n}$ とすると，その共役作用素の行列表現は，A の転置共役

$$A^\dagger = (b_{ij})_{n \times n}$$

になる．ここで，すべての $i, j = 1, \ldots, n$ について，$b_{ij} = a_{ji}^*$ である．

定義 2.1.21 （有界）作用素 $U \in \mathcal{L}(\mathcal{H})$ は，その共役作用素が U の逆行列に等しいとき，ユニタリ変換という．

$$U^\dagger U = UU^\dagger = I_\mathcal{H}$$

任意のユニタリ変換 U は内積を保つ．すなわち，任意の $|\varphi\rangle, |\psi\rangle \in \mathcal{H}$ に対して

$$(U|\varphi\rangle, U|\psi\rangle) = \langle \varphi | \psi \rangle$$

が成り立つ．$\mathcal{H}$ が有限次元の場合は，条件 $U^\dagger U = I_\mathcal{H}$ は $UU^\dagger = I_\mathcal{H}$ と同値である．$\dim \mathcal{H} = n$ とすると，$\mathcal{H}$ のユニタリ作用素は $n \times n$ ユニタリ行列 U，すなわち，$U^\dagger U = I_n$ となる行列 U で表現される．ただし，I_n は n 次元単位行列である．

ユニタリ作用素を定義するのに有効な技法として次のものがある．

補題 2.1.22 $\mathcal{H}$ を（有限次元）ヒルベルト空間，$\mathcal{K}$ を $\mathcal{H}$ の閉部分空間とする．線形作用素 $U : \mathcal{K} \to \mathcal{H}$ が内積を保つ，すなわち，任意の $|\varphi\rangle, |\psi\rangle \in \mathcal{K}$ に対して

$$(U\ket{\varphi}, U\ket{\psi}) = \braket{\varphi|\psi}$$

が成り立つならば，$\mathcal{H}$ のユニタリ作用素 V で U の拡張となるものが存在する，すなわち，任意の $\ket{\psi} \in \mathcal{K}$ に対して $V\ket{\psi} = U\ket{\psi}$ が成り立つ．

練習問題 2.1.23 補題 2.1.22 を証明せよ．

これで，二つ目の仮説を説明する準備が整った．

量子力学の仮説 2 閉量子系（すなわち，環境との相互作用のない系）の時刻 t_0 および t における状態を，それぞれ $\ket{\psi_0}$, $\ket{\psi}$ とする．このとき，時刻 t_0 と t にだけ依存するユニタリ作用素 U によって，これらの状態の間には

$$\ket{\psi} = U\ket{\psi_0}$$

が成り立つ．

この仮説の理解が深まるように，単純な二つの例を考える．

例 2.1.24 量子ビットでもっとも頻繁に使われるユニタリ作用素の一つは，2次元ヒルベルト空間 $\mathcal{H}_2$ のアダマール変換 H である．

$$H = \frac{1}{\sqrt{2}} \begin{pmatrix} 1 & 1 \\ 1 & -1 \end{pmatrix}$$

アダマール変換は，計算基底状態 $\ket{0}$ と $\ket{1}$ の量子ビットを，それらの重ね合わせに変換する．

$$H\ket{0} = H\begin{pmatrix} 1 \\ 0 \end{pmatrix} = \frac{1}{\sqrt{2}} \begin{pmatrix} 1 \\ 1 \end{pmatrix} = \ket{+}$$

$$H\ket{1} = H\begin{pmatrix} 0 \\ 1 \end{pmatrix} = \frac{1}{\sqrt{2}} \begin{pmatrix} 1 \\ -1 \end{pmatrix} = \ket{-}$$

例 2.1.25 k を整数とする．このとき，無限次元ヒルベルト空間 $\mathcal{H}_\infty$ の k 並進作用素 T_k は，任意の $n \in \mathbb{Z}$ に対して

$$T_k\ket{n} = \ket{n+k}$$

と定義する．T_k がユニタリ作用素になることは，簡単に確かめることができる．とくに，$T_L = T_{-1}$, $T_R = T_1$ と表記する．これらは，直線上の粒子をそれぞれ左および右に1だけ移動させる．

2.2節にもほかの例がある．そこでは，量子回路中の量子論理ゲートとしてユニタリ変換が用いられている．

2.1.4 量子測定

量子系の静的および動的な記述を理解したところで，量子測定によって量子系を観測する．それは次のように定義される．

量子力学の仮説 3 状態ヒルベルト空間 $\mathcal{H}$ をもつ系の量子測定は，次の正規化条件を満たす作用素の集まり $\{M_m\} \subseteq \mathcal{L}(\mathcal{H})$ により記述される．

$$\sum_m M_m^\dagger M_m = I_\mathcal{H} \tag{2.3}$$

ここで，M_m を測定作用素と呼び，実験によって生じうる測定結果を添字 m によって表す．測定直前の量子系の状態を $|\psi\rangle$ とすると，それぞれの m に対して，測定によって結果 m が起きる確率は

$$p(m) = \|M_m |\psi\rangle\|^2 = \langle\psi|M_m^\dagger M_m|\psi\rangle \quad \text{(ボルンの規則)}$$

となり，結果が m になる場合の測定後の系の状態は

$$|\psi_m\rangle = \frac{M_m |\psi\rangle}{\sqrt{p(m)}}$$

となる．

正規化条件 (2.3) から，結果の確率をすべて合計すると $\sum_m p(m) = 1$ になることは簡単に分かる．

次の単純な例は，前述の仮説を理解する助けになるだろう．

例 2.1.26 計算基底による1量子ビットの測定は，測定作用素

$$M_0 = |0\rangle\langle 0|, \qquad M_1 = |1\rangle\langle 1|$$

で定義された2通りの結果になる．測定前の量子ビットが状態 $|\psi\rangle = \alpha\,|0\rangle + \beta\,|1\rangle$ だとすると，結果0が得られる確率は

$$p(0) = \langle\psi|\,M_0^\dagger M_0\,|\psi\rangle = \langle\psi|\,M_0\,|\psi\rangle = |\alpha|^2$$

であり，この場合の測定後の状態は

$$\frac{M_0\,|\psi\rangle}{\sqrt{p(0)}} = |0\rangle$$

になる[1]．同様にして，結果1が得られる確率は $p(1) = |\beta|^2$ であり，その場合の測定後の状態は $|1\rangle$ になる．

射影測定：

測定のうちで，とくに有用なのは，エルミート作用素とそのスペクトル分解を用いて定義されるクラスである．

定義 2.1.27 作用素 $M \in \mathcal{L}(\mathcal{H})$ は，それ自身の随伴作用素となるとき，エルミート作用素という．

$$M^\dagger = M$$

物理学では，エルミート作用素は，観測（可能）量（または可観測量，物理量）とも呼ばれる．

作用素 P が射影作用素，すなわち，$\mathcal{H}$ のある閉部分空間 X に対して $P = P_X$ となるのは，P がエルミート作用素でかつ $P^2 = P$ となるとき，そしてそのときに限ることが分かる．

量子測定は，エルミート作用素のスペクトル分解という数学概念にもとづいて，観測量から構成することができる．紙面の都合で，ここでは有限次元ヒルベルト空間 $\mathcal{H}$ のスペクトル分解だけを考える．（無限次元の場合には，もう少し数学的準備が必要になる．これについては，[182] 第 III 章 5 節を参照のこと．本書では，3.6 節で技術的な補題の証明の道具としてだけ用いる．）

---

[1] 訳注：左辺を計算すると $\frac{\alpha}{|\alpha|}|0\rangle$ になるが，係数 $\frac{\alpha}{|\alpha|}$ は絶対値が1であり，位相が異なるだけなので無視してよい．

定義 2.1.28 **(i)** 作用素 $A \in \mathcal{L}(\mathcal{H})$ の固有ベクトルとは，ある $\lambda \in \mathbb{C}$ に対して $A\ket{\psi} = \lambda\ket{\psi}$ となる非零ベクトル $\ket{\psi} \in \mathcal{H}$ のことである．ここで，λ を，$\ket{\psi}$ に対応する A の固有値という．

(ii) A の固有値の集合を，A の（点）スペクトルといい，$\mathrm{spec}(A)$ と表記する．

(iii) それぞれの固有値 $\lambda \in \mathrm{spec}(A)$ に対して，集合

$$\{\ket{\psi} \in \mathcal{H} : A\ket{\psi} = \lambda\ket{\psi}\}$$

は $\mathcal{H}$ の閉部分空間になり，λ に対応する A の固有空間と呼ばれる．

相異なる固有値 $\lambda_1 \neq \lambda_2$ に対応する固有空間は直交する．観測量（すなわちエルミート作用素）M の固有値はすべて実数になる．さらに，M は次のスペクトル分解をもつ．

$$M = \sum_{\lambda \in \mathrm{spec}(M)} \lambda P_\lambda$$

ここで，P_λ は，λ に対応する固有空間への射影作用素である．したがって，M は測定 $\{P_\lambda : \lambda \in \mathrm{spec}(M)\}$ を定義する．これは，射影測定と呼ばれる．なぜなら，測定作用素 P_λ はすべて射影作用素だからである．量子力学の仮説 3 を用いると，状態 $\ket{\psi}$ にある系を測定して結果 λ が得られる確率は

$$p(\lambda) = \bra{\psi} P_\lambda^\dagger P_\lambda \ket{\psi} = \bra{\psi} P_\lambda^2 \ket{\psi} = \bra{\psi} P_\lambda \ket{\psi} \tag{2.4}$$

になり，この場合に測定後の系の状態は

$$\frac{P_\lambda \ket{\psi}}{\sqrt{p(\lambda)}} \tag{2.5}$$

になる．とりうる結果 $\lambda \in \mathrm{spec}(M)$ はすべて実数であるから，状態 $\ket{\psi}$ における M の期待値（平均値）$\langle M \rangle_\psi$ を計算することができる．

$$\begin{aligned}
\langle M \rangle_\psi &= \sum_{\lambda \in \mathrm{spec}(M)} p(\lambda) \cdot \lambda \\
&= \sum_{\lambda \in \mathrm{spec}(M)} \lambda \bra{\psi} P_\lambda \ket{\psi} \\
&= \bra{\psi} \sum_{\lambda \in \mathrm{spec}(M)} \lambda P_\lambda \ket{\psi} \\
&= \bra{\psi} M \ket{\psi}
\end{aligned}$$

2.1 量子力学

与えられた状態 $|\psi\rangle$ に対して，確率 (2.4) と測定後の状態 (2.5) は，（M 自体というよりも）射影作用素 $\{P_\lambda\}$ だけで決まることが分かる．$\{P_\lambda\}$ は直交射影作用素の完全集合，すなわち次の条件を満たす作用素の集合であることが簡単に分かる．

(i) $\quad P_\lambda P_\delta = \begin{cases} P_\lambda & (\lambda = \delta \text{の場合}) \\ 0_\mathcal{H} & (\text{それ以外の場合}) \end{cases}$

(ii) $\quad \sum_\lambda P_\lambda = I_\mathcal{H}$

場合によっては，直交射影作用素の完全集合を，単に射影測定と呼ぶこともある．特別な場合として，状態ヒルベルト空間の正規直交基底による測定がある．この場合には，すべての i について，$P_i = |i\rangle\langle i|$ とする．例 2.1.26 は量子ビットのそのような測定である．

2.1.5 ヒルベルト空間のテンソル積

ここまでは，単一の量子系だけを考えた．この節では，二つ以上の部分量子系からどのようにして大きな複合量子系を作り上げるかを示す．複合量子系の記述は，テンソル積の概念にもとづいている．ここでは，主に有限個のヒルベルト空間の族のテンソル積を考える．

定義 2.1.29 $i = 1, \ldots, n$ に対して，$\mathcal{H}_i$ は $\{|\psi_{ij_i}\rangle\}$ を正規直交基底とするヒルベルト空間とする．要素が次の形をしている集合を $\mathcal{B}$ と表記する．

$$|\psi_{1j_1}, \ldots, \psi_{nj_n}\rangle = |\psi_{1j_1} \otimes \cdots \otimes \psi_{nj_n}\rangle = |\psi_{1j_1}\rangle \otimes \cdots \otimes |\psi_{nj_n}\rangle$$

このとき，$\mathcal{H}_i$ $(i = 1, \ldots, n)$ のテンソル積 $\bigotimes_i \mathcal{H}_i$ とは，$\mathcal{B}$ を正規直交基底とするヒルベルト空間である．

$$\bigotimes_i \mathcal{H}_i = \mathrm{span}\,\mathcal{B}$$

式 (2.1) から，$\bigotimes_i \mathcal{H}_i$ のそれぞれの要素は次の形に書くことができる．

$$\sum_{j_1, \ldots, j_n} \alpha_{j_1, \ldots, j_n} |\varphi_{1j_1}, \ldots, \varphi_{nj_n}\rangle$$

ただし，$j_1,\ldots,j_n$について，$|\varphi_{1j_1}\rangle \in \mathcal{H}_1,\ldots,|\varphi_{nj_n}\rangle \in \mathcal{H}_n$ および $\alpha_{j_1,\ldots,j_n} \in \mathbb{C}$ とする．さらに，上記のテンソル積の定義において，それぞれの因子空間 $\mathcal{H}_i$ の基底 $\{|\psi_{ij_i}\rangle\}$ の選び方は本質的ではないことが，線形性から分かる．たとえば，$|\varphi_i\rangle = \sum_{j_i} \alpha_{j_i} |\varphi_{ij_i}\rangle \in \mathcal{H}_i$ $(i=1,\ldots,n)$ とすると，

$$|\varphi_1\rangle \otimes \cdots \otimes |\varphi_n\rangle = \sum_{j_1,\ldots,j_n} \alpha_{1j_1}\cdots\alpha_{nj_n} |\varphi_{1j_1},\ldots,\varphi_{nj_n}\rangle$$

となる．$\bigotimes_i \mathcal{H}_i$ のベクトル和，スカラー積，内積は，それぞれ，$\mathcal{B}$ が正規直交基底であるという事実にもとづいて自然と定義される．

本書では，場合によって，可算無限個のヒルベルト空間からなる族のテンソル積を考える必要がある．$\{\mathcal{H}_i\}$ を可算無限個のヒルベルト空間からなる族とし，それぞれの i に対して $\{|\psi_{ij_i}\rangle\}$ を $\mathcal{H}_i$ の正規直交基底とする．そして，すべての $\mathcal{H}_i$ の基底ベクトルのテンソル積の集合を $\mathcal{B}$ と書く．

$$\mathcal{B} = \left\{\bigotimes_i |\psi_{ij_i}\rangle\right\}$$

このとき，$\mathcal{B}$ は有限集合または可算無限集合であり，ベクトル列の形で $\mathcal{B} = \{|\varphi_n\rangle : n = 0,1,\ldots\}$ と書くことができる．$\{\mathcal{H}_i\}$ のテンソル積は，$\mathcal{B}$ を正規直交基底とするヒルベルト空間として，次のようにきちんと定義することができる．

$$\bigotimes_i \mathcal{H}_i = \left\{\sum_n \alpha_n |\varphi_n\rangle : \text{すべての} n \geq 0 \text{について} \alpha_n \in \mathbb{C} \text{かつ} \sum_n |\alpha_n|^2 < \infty\right\}$$

これで，次の仮説を提示することができる．

量子力学の仮説 4 複合量子系の状態空間は，その構成要素の状態空間のテンソル積になる．

量子系 $S_1,\ldots,S_n$ がそれぞれ $\mathcal{H}_1,\ldots,\mathcal{H}_n$ を状態ヒルベルト空間とし，S を部分系 $S_1,\ldots,S_n$ から構成された量子系とする．それぞれの $1 \leq i \leq n$ において S_i が状態 $|\psi_i\rangle \in \mathcal{H}_i$ にあるとき，S は積状態 $|\psi_1,\ldots,\psi_n\rangle$ にある．さらに，S はいくつかの積状態の重ね合わせ（線形結合）状態にあることもできる．複合量子系では，量子力学におけるもっとも興味深く悩ましい現象の一つである量子もつれ（エンタングルメント）が生じる．複合量子系の状態は，構成要素系の状態の

積ではないとき，量子もつれ状態という．量子もつれの存在は，古典的世界と量子的世界の大きな違いの一つである．

例 2.1.30 n 量子ビット系の状態空間は

$$\mathcal{H}_2^{\otimes n} = \mathbb{C}^{2^n} = \left\{ \sum_{x \in \{0,1\}^n} \alpha_x |x\rangle : \text{すべての } x \in \{0,1\}^n \text{ について } \alpha_x \in \mathbb{C} \right\}$$

となる．とくに，2量子ビット系は，$|00\rangle$ や $|1\rangle |+\rangle$ などの積状態にあることもできるが，ベル状態や ERP（アインシュタイン–ポドルスキー–ローゼン）対のような量子もつれ状態にあることもできる．

$$|\beta_{00}\rangle = \frac{1}{\sqrt{2}}(|00\rangle + |11\rangle), \quad |\beta_{01}\rangle = \frac{1}{\sqrt{2}}(|01\rangle + |10\rangle)$$
$$|\beta_{10}\rangle = \frac{1}{\sqrt{2}}(|00\rangle - |11\rangle), \quad |\beta_{11}\rangle = \frac{1}{\sqrt{2}}(|01\rangle - |10\rangle)$$

もちろん，ヒルベルト空間のテンソル積もまたヒルベルト空間であるから，その（線形）作用素，ユニタリ変換，測定について述べることができる．ヒルベルト空間のテンソル積での特別な作用素のクラスを次のように定義する．

定義 2.1.31 $i = 1, \ldots, n$ に対して $A_i \in \mathcal{L}(\mathcal{H}_i)$ とする．このとき，これらのテンソル積とは，線形性と合わせて，任意の $|\varphi_i\rangle \in \mathcal{H}_i \, (i = 1, \ldots, n)$ に対して次のように定義される演算子 $\bigotimes_{i=1}^n A_i = A_1 \otimes \cdots \otimes A_n \in \mathcal{L}(\bigotimes_{i=1}^n \mathcal{H}_i)$ である．

$$(A_1 \otimes \cdots \otimes A_n)|\varphi_1, \ldots, \varphi_n\rangle = A_1 |\varphi_1\rangle \otimes \cdots \otimes A_n |\varphi_n\rangle$$

しかし，テンソル積以外の作用素も量子計算において必要不可欠である．なぜなら，それらは量子もつれを作ることができるからである．

例 2.1.32 2量子ビット系の状態ヒルベルト空間 $\mathcal{H}_2^{\otimes 2} = \mathbb{C}^4$ における制御 NOT（CNOT）作用素 C を，次のように定義する．

$$C|00\rangle = |00\rangle, \quad C|01\rangle = |01\rangle, \quad C|10\rangle = |11\rangle, \quad C|11\rangle = |10\rangle$$

また，次の 4×4 行列を用いた定義も同値である．

$$C = \begin{pmatrix} 1 & 0 & 0 & 0 \\ 0 & 1 & 0 & 0 \\ 0 & 0 & 0 & 1 \\ 0 & 0 & 1 & 0 \end{pmatrix}$$

この作用素は,積状態をもつれ状態に変換する.

$$C\ket{+}\ket{0} = \beta_{00}, \quad C\ket{+}\ket{1} = \beta_{01}, \quad C\ket{-}\ket{0} = \beta_{10}, \quad C\ket{-}\ket{1} = \beta_{11}$$

射影測定による一般の測定の実装:

2.1.4 節では量子測定の特別なクラスとして射影測定を導入した.テンソル積の概念によって,アンシラ系(測定器)を用いることを許せば,任意の量子測定は射影測定とユニタリ変換の組み合わせで実現できることが示せる.$M = \{M_m\}$ をヒルベルト空間 $\mathcal{H}$ の量子測定とする.

- 新たなヒルベルト空間 $\mathcal{H}_M = \mathrm{span}\{\ket{m}\}$ を導入し,M のとりうる結果を記録するために用いる.
- 状態 $\ket{0} \in \mathcal{H}_M$ を任意に選んで固定する.すべての $\ket{\psi} \in \mathcal{H}$ に対して,作用素

$$U_M(\ket{0}\ket{\psi}) = \sum_m \ket{m} M_m \ket{\psi}$$

を定義する.U_M が内積を保つことは簡単に確認でき,補題 2.1.22 によって,$\mathcal{H}_M \otimes \mathcal{H}$ のユニタリ作用素に拡張できる.この拡張された作用素も U_M と表記する.

- $\mathcal{H}_M \otimes \mathcal{H}$ における射影測定 $\overline{M} = \{\overline{M}_m\}$ を,すべての m に対して $\overline{M}_m = \ket{m}\bra{m} \otimes I_{\mathcal{H}}$ と定義する.

このとき,射影測定 $\overline{M}$ とユニタリ作用素 U_M を組み合わせると,測定 M は次のように実現できることが分かる.

命題 2.1.33 $\ket{\psi} \in \mathcal{H}$ を純粋状態とする.

- $\ket{\psi}$ に対して測定 M を実行するとき,結果が m となる確率を $p_M(m)$ で表し,m に対応する測定後状態を $\ket{\psi_m}$ とする.

- $|\overline{\psi}\rangle = U_M(|0\rangle |\psi\rangle)$ に対して測定 $\overline{M}$ を実行するとき，結果が m となる確率を $p_{\overline{M}}(m)$ で表し，m に対応する測定後状態を $|\overline{\psi}_m\rangle$ とする．

このとき，それぞれの m に対して，$p_{\overline{M}}(m) = p_M(m)$ および $|\overline{\psi}_m\rangle = |m\rangle |\psi_m\rangle$ が成り立つ．この後で説明する $\mathcal{H}$ の混合状態を考えた場合にも，同様の結果が成り立つ．

練習問題 2.1.34 命題 2.1.33 を証明せよ．

2.1.6 密度作用素

ここまでで，量子力学の四つの基本仮説すべてを説明した．しかし，これらは，純粋状態の場合を定式化したにすぎない．この節では，混合状態にも対応できるように，これらの仮説を拡張する．

場合によっては，量子系の状態は完全には分からず，それぞれの確率が p_i である純粋状態 $|\psi_i\rangle$ のいずれかにあることが分かる．ただし，すべての i において $|\psi_i\rangle \in \mathcal{H}$ かつ $p_i \geq 0$ であり，$\sum_i p_i = 1$ とする．この状況を取り扱う便利な考え方として，密度作用素がある．$\{(|\psi_i\rangle, p_i)\}$ を純粋状態のアンサンブル，または混合状態と呼び，その密度作用素を次のように定義する．

$$\rho = \sum_i p_i |\psi_i\rangle\langle\psi_i| \tag{2.6}$$

とくに，純粋状態 $|\psi\rangle$ を特別な混合状態 $\{(|\psi\rangle, 1)\}$ とみなすこともでき，その密度作用素は $\rho = |\psi\rangle\langle\psi|$ になる．

密度作用素は，これと等価な別のやり方で記述することもできる．

定義 2.1.35 作用素 $A \in \mathcal{L}(\mathcal{H})$ の跡 $\mathrm{tr}(A)$ を次のように定義する．

$$\mathrm{tr}(A) = \sum_i \langle\psi_i| A |\psi_i\rangle$$

ただし，$\{|\psi_i\rangle\}$ は $\mathcal{H}$ の正規直交基底とする．

$\mathrm{tr}(A)$ は基底 $\{|\psi_i\rangle\}$ の選び方によらないことが示せる．

定義 2.1.36 ヒルベルト空間 $\mathcal{H}$ において，$\mathrm{tr}(\rho) = 1$ となる正作用素 ρ（定義 2.1.17 を参照）を密度作用素という．

定義 2.1.36 によって，任意の混合状態 $\{(|\psi_i\rangle, p_i)\}$ に対して，式 (2.6) で定義された作用素 ρ は，密度作用素であることが分かる．逆に，任意の密度作用素 ρ に対して，ある混合状態 $\{(|\psi_i\rangle, p_i)\}$ で式 (2.6) を満たすものが存在する．（必ずしも一意とは限らない．）

混合状態における量子系の時間発展および測定は，密度作用素の言葉を用いると洗練された定式化が可能となる．

- 時刻 t_0 から t までの閉量子系の時間発展は，t_0 と t に依存したユニタリ作用素 U を用いて，$|\psi\rangle = U |\psi_0\rangle$ と記述されるものとする．ただし，$|\psi_0\rangle$ および $|\psi\rangle$ は，それぞれ時刻 t_0 と t における系の状態である．時刻 t_0 および t における，この量子系の混合状態の密度作用素がそれぞれ ρ_0, ρ であるとすると，次の式が成り立つ．

$$\rho = U \rho_0 U^\dagger \tag{2.7}$$

- 測定 $\{M_m\}$ を実行する直前の量子系の状態を ρ とすると，結果が m となる確率は次の式で与えられる．

$$p(m) = \mathrm{tr}\left(M_m^\dagger M_m \rho\right) \tag{2.8}$$

そして，この場合，測定後の系の状態は

$$\rho_m = \frac{M_m \rho M_m^\dagger}{p(m)} \tag{2.9}$$

になる．

練習問題 2.1.37 式 (2.6) および量子力学の仮説 1, 2 から，式 (2.7), (2.8), (2.9) を導け．

練習問題 2.1.38 M を観測量（エルミート作用素），$\{P_\lambda : \lambda \in \mathrm{spec}(M)\}$ を M によって定義された射影測定とする．混合状態 ρ における M の期待値は，次の式で与えられることを示せ．

$$\langle M \rangle_\rho = \sum_{\lambda \in \mathrm{spec}(M)} p(\lambda) \cdot \lambda = \mathrm{tr}(M\rho)$$

2.1 量子力学

縮約密度作用素:

2.1.5節で示した量子力学の仮説4によって，複合量子系を構成することができる．もちろん，複合量子系の状態空間はそれを構成する部分系の状態ヒルベルト空間のテンソル積であり，これもまたヒルベルト空間であるから，複合量子系の混合状態とその密度作用素について述べることができる．逆に，量子系の部分系の状態を特徴づける必要がしばしば生じる．しかしながら，複合量子系は純粋状態にあるが，その部分系のいくつかは混合状態とみなければならないということが起こりうる．この現象は，古典的世界と量子的世界のまた別の大きな違いである．結果として，密度作用素の考えを説明した後でなければ，複合量子系の部分系の状態を適切に記述することはできない．

定義 2.1.39 S と T は量子系で，それぞれの状態ヒルベルト空間を $\mathcal{H}_S$ および $\mathcal{H}_T$ とする．系 T 上の部分跡

$$\mathrm{tr}_T : \mathcal{L}(\mathcal{H}_S \otimes \mathcal{H}_T) \to \mathcal{L}(\mathcal{H}_S)$$

を，すべての $|\varphi\rangle, |\psi\rangle \in \mathcal{H}_S,\ |\theta\rangle, |\zeta\rangle \in \mathcal{H}_T$ に対して，

$$\mathrm{tr}_T(|\varphi\rangle\langle\psi| \otimes |\theta\rangle\langle\zeta|) = \langle\zeta|\theta\rangle \cdot |\varphi\rangle\langle\psi|$$

と線形性によって定義する．

定義 2.1.40 ρ を $\mathcal{H}_S \otimes \mathcal{H}_T$ における密度作用素とする．ρ の系 S に対する縮約密度作用素 ρ_S を，次のように定義する．

$$\rho_S = \mathrm{tr}_T(\rho)$$

直感的には，縮約密度作用素 ρ_S は，複合量子系 ST が状態 ρ であるとき，部分系 S の状態をうまく記述している．より詳細な説明については，[174] の 2.4.3 節を参照のこと．

練習問題 2.1.41 **(i)** $\mathcal{H}_A \otimes \mathcal{H}_B$ における純粋状態 $|\psi\rangle$ の縮約密度作用素 $\rho_A = \mathrm{tr}_B(|\psi\rangle\langle\psi|)$ は，どのようなときに純粋状態とならないか．
(ii) ρ を $\mathcal{H}_A \otimes \mathcal{H}_B \otimes \mathcal{H}_C$ における密度作用素とする．このとき，$\mathrm{tr}_C(\mathrm{tr}_B(\rho)) = \mathrm{tr}_{BC}(\rho)$ は成り立つか．

2.1.7 量子操作

2.1.3節で定義したユニタリ変換は，閉量子系の動的変遷を記述するのに適している．測定などを通じて外部の世界と相互作用する開量子系に対しては，その状態の変遷を記述するために，より一般的な量子操作の考え方が必要になる．

線形空間 $\mathcal{L}(\mathcal{H})$，すなわち，ヒルベルト空間 $\mathcal{H}$ の（有界）作用素空間の線形作用素は，$\mathcal{H}$ の超作用素と呼ばれる．量子操作を定義するために，まず超作用素のテンソル積の考え方を説明する．

定義 2.1.42 $\mathcal{H}$ および $\mathcal{K}$ をヒルベルト空間とする．$\mathcal{H}$ における任意の超作用素 $\mathcal{E}$ と $\mathcal{K}$ における超作用素 $\mathcal{F}$ に対して，それらのテンソル積 $\mathcal{E} \otimes \mathcal{F}$ とは，次のように定義される $\mathcal{H} \otimes \mathcal{K}$ における超作用素である．それぞれの $C \in \mathcal{L}(\mathcal{H} \otimes \mathcal{K})$ は

$$C = \sum_k \alpha_k (A_k \otimes B_k) \tag{2.10}$$

と表すことができる．ただし，すべての k に対して，$A_k \in \mathcal{L}(\mathcal{H})$ および $B_k \in \mathcal{L}(\mathcal{K})$ とする．このとき，次のように定義する．

$$(\mathcal{E} \otimes \mathcal{F})(C) = \sum_k \alpha_k (\mathcal{E}(A_k) \otimes \mathcal{F}(B_k))$$

$\mathcal{E}$ と $\mathcal{F}$ の線形性によって，$\mathcal{E} \otimes \mathcal{F}$ がうまく定義されていることが保証される．すなわち，$(\mathcal{E} \otimes \mathcal{F})(C)$ は，式 (2.10) における A_k と B_k の選び方に依存しない．

これで開量子系の動的変遷を調べる準備が整った．量子力学の仮説2の一般化として，時刻 t_0 および t の系の状態をそれぞれ ρ および ρ' とする．このとき，これらの状態は，時刻 t_0 と t にだけ依存する超作用素 $\mathcal{E}$ によって，次の式で結びつけられる．

$$\rho' = \mathcal{E}(\rho)$$

時刻 t_0 と t の間の動的変遷は，物理過程とみることができる．ρ は，変遷する前の初期状態であり，$\rho' = \mathcal{E}(\rho)$ は変遷した後の最終状態である．次の定義は，どのような超作用素が，このような過程をモデル化するのに適しているかを明らかにしている．

定義 2.1.43 ヒルベルト空間 $\mathcal{H}$ において次の条件を満たす超作用素 $\mathcal{E}$ を，$\mathcal{H}$ の量子操作という．

2.1 量子力学

(i) $\mathcal{H}$ の任意の密度作用素 ρ に対して $\mathrm{tr}[\mathcal{E}(\rho)] \leq \mathrm{tr}(\rho) = 1$ となる．

(ii) (**完全正値性**) 任意のヒルベルト空間 $\mathcal{H}_R$ に対して，A が $\mathcal{H}_R \otimes \mathcal{H}$ の正作用素ならば，$(\mathcal{I}_R \otimes \mathcal{E})(A)$ は正作用素になる．ただし，$\mathcal{I}_R$ は $\mathcal{L}(\mathcal{H}_R)$ の恒等作用素，すなわち，任意の作用素 $A \in \mathcal{L}(\mathcal{H}_R)$ に対して，$\mathcal{I}_R(A) = A$ とする．

量子操作が開放量子系の状態変換の適切な数学的モデルであるという論拠については，[174] の 8.2.4 節を参照のこと．ここでは，二つの例によって，ユニタリ変換と量子測定が特別な量子操作としてどのように取り扱われるかを示す．

例 2.1.44 U をヒルベルト空間 $\mathcal{H}$ のユニタリ変換とする．任意の密度作用素 ρ に対して

$$\mathcal{E}(\rho) = U\rho U^\dagger$$

と定義する．このとき，$\mathcal{E}$ は，$\mathcal{H}$ の量子操作である．

例 2.1.45 $M = \{M_m\}$ を $\mathcal{H}$ の量子測定とする．

(i) それぞれの m について，測定前の系の任意の状態 ρ に対して，

$$\mathcal{E}_m(\rho) = p_m \rho_m = M_m \rho M_m^\dagger$$

と定義する．ただし，p_m は結果が m となる確率であり，ρ_m は m に対応する測定後状態である．このとき，$\mathcal{E}_m$ は量子操作である．

(ii) 測定前の任意の系の状態 ρ に対して，測定の結果を無視し，測定後状態を

$$\mathcal{E}(\rho) = \sum_m \mathcal{E}_m(\rho) = \sum_m M_m \rho M_m^\dagger$$

と定義する．このとき，$\mathcal{E}$ は，$\mathcal{H}$ の量子操作である．

量子情報理論では，通信路の数学的モデルとして量子操作が広く使われてきた．本書では，量子プログラムの意味論を定義するための中心になる数学的ツールとして，量子操作を用いる．なぜなら，量子プログラムは，ユニタリ変換だけでなく，計算の途中結果や最終結果を読むために量子測定をも含みうるので，開量子系として扱うほうがよいからである．

前述の量子操作の抽象的な定義は，応用するには使いづらい．幸運なことに，次の定理は，超作用素よりもむしろ作用素の言葉によって，計算が楽になるだけでなく，系と環境の間の相互作用としての量子操作についての有用な知見を与えてくれる．

定理 2.1.46 次の三つの主張は互いに同値である．

(i) $\mathcal{E}$ はヒルベルト空間 $\mathcal{H}$ の量子操作である．

(ii) (**量子系・環境モデル**) 状態ヒルベルト空間 $\mathcal{H}_E$ をもつ環境系と，$\mathcal{H}_E \otimes \mathcal{H}$ におけるユニタリ変換 U と，$\mathcal{H}_E \otimes \mathcal{H}$ のある閉じた部分空間への射影作用素 P があり，$\mathcal{H}$ のすべての密度作用素 ρ に対して

$$\mathcal{E}(\rho) = \mathrm{tr}_E \left[PU(|e_0\rangle\langle e_0| \otimes \rho)U^\dagger P \right]$$

が成り立つ．ただし，$|e_0\rangle$ は $\mathcal{H}_E$ の固定した一つの状態である．

(iii) (**クラウス表現（作用素和表現）**) $\mathcal{H}$ における作用素の有限集合か可算無限集合 $\{E_i\}$ で，$\sum_i E_i^\dagger E_i \sqsubseteq I$ であり，かつ，$\mathcal{H}$ のすべての密度作用素 ρ に対して

$$\mathcal{E}(\rho) = \sum_i E_i \rho E_i^\dagger$$

となるものが存在する．この場合，しばしば

$$\mathcal{E} = \sum_i E_i \circ E_i^\dagger$$

と表記する．

定理 2.1.46 の証明は，かなり込み入っているのでここでは省略する．その証明は，[174] の第 8 章にある．

2.2 量子回路

前節では，量子力学の一般的枠組みを展開した．この節からは，量子系の威力をどのようにして計算に役立てるかを考える．まず，量子計算機の低レベルのモデルである量子回路から始める．

2.2.1 基本的定義

古典的計算のためのデジタル回路は,ブール変数に対して作用する論理ゲートから構成されている.量子回路は,デジタル回路の量子計算版である.大雑把にいうと,量子回路は量子(論理)ゲートからできていて,量子ゲートは2.1.3節で定義したユニタリ変換をモデルにしたものである.

記号 $p, q, q_1, q_2, \ldots$ によって量子ビット変数を表す.図にすると,これらは量子回路の中の配線と考えることができる.相異なる量子ビット変数の列 $\bar{q}$ を量子レジスタと呼ぶ.場合によっては,量子レジスタの中の変数の順序は本質的ではない.このとき,量子レジスタは,それが含む量子ビット変数の集合によって特定される.したがって,集合論的記法を用いると,量子レジスタは次のように表される.

$$p \in \bar{q}, \quad \bar{p} \subseteq \bar{q}, \quad \bar{p} \cap \bar{q}, \quad \bar{p} \cup \bar{q}, \quad \bar{p} \setminus \bar{q}$$

それぞれの量子ビット変数 q に対して,その状態ヒルベルト空間を $\mathcal{H}_q$ と表記する.$\mathcal{H}_q$ は,2次元の $\mathcal{H}_2$ と同型である.(例2.1.9を参照のこと.)さらに,量子ビット変数の集合 $V = \{q_1, \ldots, q_n\}$ や量子レジスタ $\bar{q} = q_1, \ldots, q_n$ に対して,量子ビット $q_1, \ldots, q_n$ で構成される複合量子系の状態空間を次のように表記する.

$$\mathcal{H}_V = \bigotimes_{q \in V} \mathcal{H}_q = \bigotimes_{i=1}^{n} \mathcal{H}_{q_i} = \mathcal{H}_{\bar{q}}$$

あきらかに,$\mathcal{H}_V$ は 2^n 次元になる.整数 $0 \leq x < 2^n$ は n ビットの文字列 $x_1 \cdots x_n \in \{0,1\}^n$ で次のように表せることを思い出そう.

$$x = \sum_{i=1}^{n} x_i \cdot 2^{i-1}$$

以降では,整数 x とその2進表現を区別しない.そうすると,$\mathcal{H}_V$ のそれぞれの純粋状態は

$$|\psi\rangle = \sum_{x=0}^{2^n - 1} \alpha_x |x\rangle$$

と表記することができる.ここで,$\{|x\rangle\}$ を,$\mathcal{H}_2^{\otimes n}$ の計算基底と呼ぶ.

定義 2.2.1 任意の正整数 n に対して,U が $2^n \times 2^n$ ユニタリ行列で,$\bar{q} = q_1, \ldots, q_n$ が量子レジスタならば,

$$G \equiv U[\bar{q}] \text{ または } G \equiv U[q_1, \ldots, q_n]$$

を n 量子ビットゲートと呼び,G に含まれる(量子)変数の集合を $\mathrm{qvar}(G) = \{q_1, \ldots, q_n\}$ と表記する.

量子ゲート $G \equiv U[\overline{q}]$ は,$\overline{q}$ の状態ヒルベルト空間 $\mathcal{H}_{\overline{q}}$ のユニタリ変換である.ユニタリ行列 U を,量子レジスタ $\overline{q}$ に言及せずに,量子ゲートと呼ぶことが多い.

定義 2.2.2 量子回路 C は量子ゲート列である.

$$C \equiv G_1 \cdots G_m$$

ただし,$m \geq 1$ で,$G_1, \ldots, G_m$ は量子ゲートである.C の変数の集合を

$$\mathrm{qvar}(C) = \bigcup_{i=1}^{m} \mathrm{qvar}(G_i)$$

と表記する.

定義 2.2.1 と 2.2.2 による量子ゲートと量子回路の記述は,ある部分では古典的回路のブール式に似ていて,代数的取扱いに適している.しかしながら,これらは具体的ではない.実際,量子回路は,古典的回路で一般的に行われているような図を用いて表現することができる.[174] の第 4 章には,さまざまな量子回路が図示されている.また,量子回路図を描く LaTeX のマクロパッケージが http://physics.unm.edu/CQuIC/Qcircuit/ にある.

量子回路 $C \equiv G_1 \cdots G_m$ がどのように計算するのかをみてみよう.$\mathrm{qvar}(C) = \{q_1, \ldots, q_n\}$ であり,レジスタ $\overline{r}_i$ を $\overline{q} = q_1, \ldots, q_n$ の部分列,U_i を空間 $\mathcal{H}_{\overline{r}_i}$ のユニタリ変換として,それぞれの量子ゲートを $G_i = U_i[\overline{r}_i]$ とする.

- 量子回路 C に入力される状態を $|\psi\rangle \in \mathcal{H}_{\mathrm{qvar}(C)}$ とすると,その出力は

$$C|\psi\rangle = \overline{U}_m \cdots \overline{U}_1 |\psi\rangle \tag{2.11}$$

となる.ただし,それぞれの i について,I_i は空間 $\mathcal{H}_{\overline{q}\setminus\overline{r}_i}$ における恒等作用素,$\overline{U}_i = U_i \otimes I_i$ は $\mathcal{H}_C$ における U_i の柱状拡張である.式 (2.11) におけるユニタリ作用素 $U_1, \ldots, U_m$ の適用は,量子回路 C に含まれる $G_1, \ldots, G_m$ と逆の順序になることに注意せよ.

- より一般的には,$\mathrm{qvar}(C) \subsetneq V$ を量子ビット変数の集合とすると,それぞれの状態 $|\psi\rangle \in \mathcal{H}_V$ は,$|\varphi_i\rangle \in \mathcal{H}_{\mathrm{qvar}(C)}$ と $|\zeta_i\rangle \in \mathcal{H}_{V\setminus\mathrm{qvar}(C)}$ を用いて,次の形で

表すことができる.

$$|\psi\rangle = \sum_i \alpha_i |\varphi_i\rangle |\zeta_i\rangle$$

量子回路の C のどのような入力 $|\psi\rangle$ に対しても,出力は

$$C|\psi\rangle = \sum_i \alpha_i (C|\varphi_i\rangle) |\zeta_i\rangle$$

となる.この出力は,C の線形性によってきちんと定義されている.

ここで,同じ入力に対しては常に同じ出力が得られるという量子回路の同値性を定義する.

定義 2.2.3 C_1, C_2 を量子回路とし,$V = \mathrm{qvar}(C_1) \cup \mathrm{qvar}(C_2)$ とする.任意の $|\psi\rangle \in \mathcal{H}_V$ に対して,

$$C_1 |\psi\rangle = C_2 |\psi\rangle \tag{2.12}$$

が成り立つならば,C_1 と C_2 を同値といい,$C_1 = C_2$ と表記する.

n 本の入力線と m 本の出力線をもつ古典的回路は,実際にはブール関数

$$f : \{0,1\}^n \to \{0,1\}^m$$

である.同じように,$\mathrm{qvar}(C) = \{q_1, \ldots, q_n\}$ である量子回路 C は,$\mathcal{H}_{\mathrm{qvar}(C)}$ の中のユニタリ変換,あるいは $2^n \times 2^n$ ユニタリ行列と常に同値になる.これは,式 (2.11) から,すぐに分かる.

最後に,小さな量子回路から大きな量子回路を構成するのに必要となる量子回路の合成を定義する.

定義 2.2.4 $C_1 \equiv G_1 \cdots G_m$ および $C_2 \equiv H_1 \cdots H_n$ を量子回路とする.ただし,$G_1, \ldots, G_m$ および $H_1, \ldots, H_n$ は量子ゲートである.このとき,C_1 と C_2 の合成 $C_1 C_2$ は,それぞれの量子ゲート列の連結

$$C_1 C_2 \equiv G_1 \cdots G_m H_1 \cdots H_n$$

になる.

練習問題 2.2.5

(i) $C_1 = C_2$ ならば,任意の状態 $|\psi\rangle \in \mathcal{H}_V$ と任意の $V \supseteq \mathrm{qvar}(C_1) \cup \mathrm{qvar}(C_2)$ に対して,式 (2.12) が成り立つことを証明せよ.

(ii) $C_1 = C_2$ ならば,$CC_1 = CC_2$ および $C_1C = C_2C$ であることを証明せよ.

2.2.2 1量子ビットゲート

この節のここまでで,量子ゲートと量子回路の一般的な定義を示した.ここで,いくつかの例をみてみよう.

もっとも単純な量子ゲートは,1量子ビットゲートである.1量子ビットゲートは,2×2ユニタリ行列で表現される.その一つの例は,例 2.1.24 に示したアダマールゲートである.量子計算では頻繁に用いられるまた別の 1 量子ビットゲートを次に示す.

例 2.2.6

(i) 大域位相シフト:
$$M(\alpha) = e^{i\alpha} I$$
ここで,α は実数で,
$$I = \begin{pmatrix} 1 & 0 \\ 0 & 1 \end{pmatrix}$$
は,2×2 単位行列である.

(ii) (相対) 位相シフト:
$$P(\alpha) = \begin{pmatrix} 1 & 0 \\ 0 & e^{i\alpha} \end{pmatrix}$$
ここで,α は実数である.具体的には,次のものがある.

(a) 位相ゲート:
$$S = P\left(\frac{\pi}{2}\right) = \begin{pmatrix} 1 & 0 \\ 0 & i \end{pmatrix}$$

2.2 量子回路

(b) $\pi/8$ ゲート：

$$T = P\left(\frac{\pi}{4}\right) = \begin{pmatrix} 1 & 0 \\ 0 & e^{i\pi/4} \end{pmatrix}$$

例 2.2.7 パウリ行列：

$$\sigma_x = X = \begin{pmatrix} 0 & 1 \\ 1 & 0 \end{pmatrix}, \quad \sigma_y = Y = \begin{pmatrix} 0 & -i \\ i & 0 \end{pmatrix}, \quad \sigma_z = Z = \begin{pmatrix} 1 & 0 \\ 0 & -1 \end{pmatrix}$$

あきらかに，$X|0\rangle = |1\rangle$ および $X|1\rangle = |0\rangle$ が成り立つ．したがって，パウリ行列 X は，実際には NOT ゲートである．

例 2.2.8 ブロッホ球の $\hat{x}$, $\hat{y}$, $\hat{z}$ 軸周りの回転：

$$R_x(\theta) = \cos\frac{\theta}{2}I - i\sin\frac{\theta}{2}X = \begin{pmatrix} \cos\frac{\theta}{2} & -i\sin\frac{\theta}{2} \\ -i\sin\frac{\theta}{2} & \cos\frac{\theta}{2} \end{pmatrix}$$

$$R_y(\theta) = \cos\frac{\theta}{2}I - i\sin\frac{\theta}{2}Y = \begin{pmatrix} \cos\frac{\theta}{2} & -\sin\frac{\theta}{2} \\ \sin\frac{\theta}{2} & \cos\frac{\theta}{2} \end{pmatrix}$$

$$R_z(\theta) = \cos\frac{\theta}{2}I - i\sin\frac{\theta}{2}Z = \begin{pmatrix} e^{-i\theta/2} & 0 \\ 0 & e^{i\theta/2} \end{pmatrix}$$

ここで，θ は実数である．

例 2.2.8 の量子ゲートには，美しい幾何学的解釈がある．1 量子ビット状態は，いわゆるブロッホ球のベクトルとして表すことができる．この状態に対する $R_x(\theta)$, $R_y(\theta)$, $R_z(\theta)$ の作用は，それぞれ，x, y, z 軸周りの角度 θ の回転になる．詳細については，[174] の 1.3.1 節および 4.2 節を参照のこと．任意の 1 量子ビットゲートは，回転と大域位相シフトだけからなる量子回路で表現できることが示せる．

練習問題 2.2.9 この三つの例の行列はいずれもユニタリ行列であることを証明せよ．

2.2.3 制御ゲート

実用的な量子計算をするには，1量子ビットゲートでは不十分である．ここでは，多重量子ビットゲートの重要なクラスである制御ゲートについて説明する．

制御ゲートの中でもっとも頻繁に用いられるのは例 2.1.32 で定義した CNOT 作用素である．ここでは，CNOT 作用素を別の見方で調べる．q_1, q_2 を量子ビット変数とする．このとき，$C[q_1, q_2]$ は，q_1 を制御量子ビットとし，q_2 を対象量子ビットとする 2 量子ビットゲートである．$C[q_1, q_2]$ の振る舞いは，$i_1, i_2 \in \{0, 1\}$ に対して

$$C[q_1, q_2]|i_1, i_2\rangle = |i_1, i_1 \oplus i_2\rangle$$

となる．ここで，$\oplus$ は 2 を法とする足し算，すなわち，q_1 が $|1\rangle$ であれば q_2 は反転させられ，そうでなければ q_2 はそのままである．次の例は，CNOT 量子ゲートの単純な一般化である．

例 2.2.10 U を 2×2 ユニタリ行列とする．このとき，制御 U ゲート（制御ユニタリ変換ゲート）は，$i_1, i_2 \in \{0, 1\}$ に対して次の式で定義される 2 量子ビットゲートになる．

$$C(U)[q_1, q_2]|i_1, i_2\rangle = |i_1\rangle U^{i_1}|i_2\rangle$$

その行列表現は，

$$C(U) = \begin{pmatrix} I & 0 \\ 0 & U \end{pmatrix}$$

となる．ただし，I は 2×2 単位行列である．あきらかに，$C = C(X)$，すなわち，CNOT は X がパウリ行列の場合の制御 X ゲートである．

練習問題 2.2.11 $SWAP$ は，$i_1, i_2 \in \{0, 1\}$ に対して次のように定義される 2 量子ビットゲートである．

$$SWAP[q_1, q_2]|i_1, i_2\rangle = |i_2, i_1\rangle$$

直感的には，$SWAP$ は二つの量子ビットの状態を入れ替える．$SWAP$ は，三つの CNOT ゲートにより実現できることを示せ．

$$SWAP[q_1, q_2] = C[q_1, q_2]C[q_2, q_1]C[q_1, q_2]$$

2.2 量子回路

練習問題 2.2.12 制御ゲートについての次の性質を証明せよ.

- (i) $C[p,q] = H[q]C(Z)[p,q]H[q]$
- (ii) $C(Z)[p,q] = C(Z)[q,p]$
- (iii) $H[p]H[q]C[p,q]H[p]H[q] = C[q,p]$
- (iv) $C(M(\alpha))[p,q] = P(\alpha)[p]$
- (v) $C[p,q]X[p]C[p,q] = X[p]X[q]$
- (vi) $C[p,q]Y[p]C[p,q] = Y[p]X[q]$
- (vii) $C[p,q]Z[p]C[p,q] = Z[p]$
- (viii) $C[p,q]X[q]C[p,q] = X[q]$
- (ix) $C[p,q]Y[q]C[p,q] = Z[p]Y[q]$
- (x) $C[p,q]Z[q]C[p,q] = Z[p]Z[q]$
- (xi) $C[p,q]T[p] = T[p]C[p,q]$

ここまでに挙げた制御ゲートはすべて2量子ビットゲートである. 実際には, より一般的な制御ゲートの概念を定義することができる.

定義 2.2.13 $\overline{p} = p_1, \ldots, p_m$ および $\overline{q}$ をレジスタとして, $\overline{p} \cap \overline{q} = \emptyset$ が成り立つものとする. $G = U[\overline{q}]$ が量子ゲートであるとき, 制御量子ビット $\overline{p}$ と対象量子ビット $\overline{q}$ をもつ制御ゲート $C^{(\overline{p})}(U)$ は, 状態ヒルベルト空間 $\mathcal{H}_{\overline{p} \cup \overline{q}}$ のユニタリ変換で, 任意の $\overline{t} = t_1 \cdots t_m \in \{0,1\}^m$ および $|\psi\rangle \in \mathcal{H}_{\overline{q}}$ に対して次のように定義される.

$$C^{(\overline{p})}(U)|\overline{t}\rangle|\psi\rangle = \begin{cases} |\overline{t}\rangle U|\psi\rangle & (t_1 = \cdots = t_m = 1 \text{の場合}) \\ |\overline{t}\rangle|\psi\rangle & (\text{それ以外の場合}) \end{cases}$$

次の例は, 3量子ビット制御ゲートのクラスである.

例 2.2.14 p_1, p_2, q を量子ビット変数で, U を 2×2 ユニタリ行列とする. 制御制御 U ゲート:

$$C^{(2)}(U) = C^{(p_1,p_2)}(U)$$

は, $\mathcal{H}_{p_1} \otimes \mathcal{H}_{p_2} \otimes \mathcal{H}_q$ のユニタリ変換で, $t_1, t_2 \in \{0,1\}$ と任意の $|\psi\rangle \in \mathcal{H}_q$ に対して

$$C^{(2)}(U)|t_1,t_2,\psi\rangle = \begin{cases} |t_1,t_2,\psi\rangle & (t_1=0 \text{ または } t_2=0 \text{ の場合}) \\ |t_1,t_2\rangle U|\psi\rangle & (t_1=t_2=1 \text{ の場合}) \end{cases}$$

となる．とくに，制御制御 NOT ゲートは，トフォリゲートと呼ばれる．

トフォリゲートは，古典的可逆計算に対して万能性をもち，（後述の 2.2.5 節で定義する意味で）わずかばかりの助けで，量子計算においても万能性をもつ．トフォリゲートは，量子誤り訂正においても非常に有用である．

練習問題 2.2.15 次の等式を証明せよ．この等式によって，いくつかの制御ゲートを組み合わせて一つのゲートにすることができる．

(i) $C^{(\overline{p})}(C^{(\overline{q})}(U)) = C^{(\overline{p},\overline{q})}(U)$.
(ii) $C^{(\overline{p})}(U_1)C^{(\overline{p})}(U_2) = C^{(\overline{p})}(U_1 U_2)$.

2.2.4 量子マルチプレクサ

制御ゲートをさらに一般化すると，量子マルチプレクサになる．ここでは，量子マルチプレクサとその行列表現の考え方を紹介する．

古典的計算では，もっとも簡単なマルチプレクサは，**if** ... **then** ... **else** ... というプログラム構成部品によって記述される条件分岐である．**if** に続く式が真であれば，**then** 節で規定された動作を実行し，**if** に続く式が偽であれば，**else** 節で規定された動作を実行する．条件分岐は，最初に **then** 節と **else** 節を並列に処理してから，その出力を多重化するという方法でも実現できる．

量子条件分岐は，古典的条件分岐の量子計算における類似物である．量子条件分岐は，**if** に続く条件（ブール式）を量子ビットに置き換えることで構成される．すなわち，真偽値の真および偽を，それぞれ量子ビットの基底状態 $|1\rangle$ および $|0\rangle$ で置き換えたものである．

例 2.2.16 p を量子ビット変数，$\overline{q} = q_1, \ldots, q_n$ を量子レジスタ，$C_0 = U_0[\overline{q}]$ および $C_1 = U_1[\overline{q}]$ を量子ゲートとする．このとき，量子条件分岐 $C_0 \oplus C_1$ は，最初の 1 量子ビット p を選択量子ビット，残りの n 量子ビット $\overline{q}$ をデータ量子ビッ

トとする$1+n$量子ビット$p,\overline{q}$に作用するゲートとし,$i \in \{0,1\}$および任意の$|\psi\rangle \in \mathcal{H}_{\overline{q}}$に対して次のように定義される.

$$(C_0 \oplus C_1)|i\rangle|\psi\rangle = |i\rangle U_i |\psi\rangle$$

これと同値な行列による定義は次のとおりである.

$$C_0 \oplus C_1 = \begin{pmatrix} U_0 & 0 \\ 0 & U_1 \end{pmatrix}$$

例2.2.10で定義した制御ゲートは,量子条件分岐の特別な場合で,$C(U) = I \oplus U$となる.ここで,Iは単位行列である.

古典的条件分岐と量子条件分岐の本質的な違いは,選択量子ビットが,基底状態$|0\rangle$および$|1\rangle$だけではなく,それらの重ね合わせ,すなわち,任意の状態$|\psi_0\rangle, |\psi_1\rangle \in \mathcal{H}_{\overline{q}}$および$|\alpha_0|^2 + |\alpha_1|^2 = 1$である任意の複素数$\alpha_0, \alpha_1$に対して

$$(C_0 \oplus C_1)(\alpha_0 |0\rangle|\psi_0\rangle + \alpha_1 |1\rangle|\psi_1\rangle) = \alpha_0 |0\rangle U_0 |\psi_0\rangle + \alpha_1 |1\rangle U_1 |\psi_1\rangle$$

であってもよいことである.

マルチプレクサは,条件分岐を多方分岐に一般化したものである.大雑把にいえば,マルチプレクサは,選択に用いる入力の集合に対する関数として,データ入力のあるものを出力にまわす.同じように,量子マルチプレクサ(QMUXと略記する)は,量子条件分岐を多方分岐に一般化したものである.

定義 2.2.17 $\overline{p} = p_1, \ldots, p_m$および$\overline{q} = q_1, \ldots, q_n$を量子レジスタとし,それぞれの$x \in \{0,1\}^m$に対して,$C_x = U_x[\overline{q}]$を量子ゲートとする.このとき,QMUX

$$\bigoplus_x C_x$$

は,$m+n$量子ビット$\overline{p},\overline{q}$のゲートで,最初の$m$量子ビット$\overline{p}$が選択量子ビットとなり,残りの$n$量子ビット$\overline{q}$がデータ量子ビットとなる.このゲートは,選択量子ビットのいかなる状態も保ち,選択量子ビットの状態に応じて選ばれたユニタリ変換をデータ量子ビットに対して実行する.すなわち,任意の$t \in \{0,1\}^m$および$|\psi\rangle \in \mathcal{H}_{\overline{q}}$について,

$$\left(\bigoplus_x C_x\right)|t\rangle|\psi\rangle = |t\rangle U_t |\psi\rangle$$

となる.

QMUX の行列表現は，すべてのユニタリ変換 U_i が対角線に並ぶ．

$$\bigoplus_x C_x = \bigoplus_{x=0}^{2^m-1} U_x = \begin{pmatrix} U_0 & & & \\ & U_1 & & \\ & & \ddots & \\ & & & U_{2^m-1} \end{pmatrix}$$

ここでは，整数 $0 \leq x < 2^m$ とその二進表現 $x \in \{0,1\}^m$ を同一視する．古典的マルチプレクサと QMUX の違いは，選択量子ビット $\overline{p}$ が基底状態 $|x\rangle$ の重ね合わせ，すなわち，任意の状態 $|\psi_x\rangle \in \mathcal{H}_{\overline{q}}$ $(0 \leq x < 2^m)$ と任意の $\sum_x |\alpha_x|^2 = 1$ となる複素数 α_x に対して

$$\left(\bigoplus_x C_x\right)\left(\sum_{x=0}^{2^m-1} \alpha_x |x\rangle |\psi_x\rangle\right) = \sum_{x=0}^{2^m-1} \alpha_x |x\rangle U_x |\psi_x\rangle$$

であってもよいことである．あきらかに，定義 2.2.13 で定義した制御ゲート $C^{(\overline{p})}(U)$ は QMUX の特別な場合である．

$$C^{(\overline{p})}(U) = I \oplus \cdots \oplus I \oplus U$$

ただし，和をとる最初の $2^m - 1$ 個の I は，U と同じ次元の単位行列である．

練習問題 2.2.18 量子マルチプレクサの拡大性を証明せよ．

$$\left(\bigoplus_x C_x\right)\left(\bigoplus_x D_x\right) = \bigoplus_x (C_x D_x)$$

次節では，量子ウォークにおける QMUX の簡単な応用を示す．QMUX と量子プログラムの構成部品である量子的場合分け文の密接な関係は，第 6 章で明らかになる．QMUX は，量子回路の合成にうまく利用されてきた（[201] を参照のこと）．そして，量子プログラムのコンパイルにも有用になるであろう．

2.2.5 量子ゲートの万能性

この節のここまでで，さまざまな量子ゲートの重要なクラスを説明してきた．

すると，量子計算にはこれらで十分なのかという問いが自然と生じる．この節は，この問いに答えることにあてる．

この問いをより深く理解するために，まず，古典的計算において対応する問いを考える．それぞれの $n \geq 0$ に対して，n 項ブール関数は 2^{2^n} 種類ある．すべてを合わせると，無限に多くのブール関数がある．しかしながら，万能性をもつ，論理ゲートの小さな集合がある．すなわち，それらによってすべてのブール関数を生成することができる．$\{\text{NOT}, \text{AND}\}$ や $\{\text{NOT}, \text{OR}\}$ はその一例である．万能性の概念は，量子計算にも簡単に一般化することができる．

定義 2.2.19 ユニタリ行列の集合 Ω は，それからすべてのユニタリ行列を生成することができるならば，万能という．すなわち，任意の正整数 n と任意の $2^n \times 2^n$ ユニタリ行列 U に対して，Ω に属するユニタリ行列によって定義される量子ゲートから構成された回路 C で，$\text{qvar}(C) = \{q_1, \ldots, q_n\}$ とするとき，

$$U[q_1, \ldots, q_n] = C$$

となるものが存在する．（回路の同値性は，定義 2.2.3 で定義した．）

量子ゲートの万能集合のうちもっとも単純なものの一つを次に挙げる．

定理 2.2.20 CNOT ゲートと全 1 量子ビットゲートを合わせると万能になる．

前述の古典的なゲートの万能集合はどれも有限集合である．しかしながら，定理 2.2.20 で示した量子ゲートの万能集合は無限集合である．実際，ユニタリ作用素の集合は連続濃度であるから，非可算無限集合になる．したがって，量子ゲートの有限集合によって任意のユニタリ作用素を正確に実現するのは不可能である．このことから，定義 2.2.19 で導入した厳密な万能性ではなく，近似的な万能性を考えなければならない．

定義 2.2.21 ユニタリ行列の集合 Ω は，任意のユニタリ作用素 U と任意の $\varepsilon > 0$ に対して，Ω に属するユニタリ行列によって定義されるゲートから構成された回路 C で，$\text{qvar}(C) = \{q_1, \ldots, q_n\}$ とするとき，次の式が成り立つようなものがあれば，近似的万能という．

$$d(U[q_1, \ldots, q_n], C) < \varepsilon$$

ここで，距離 d は，式 (2.2) で定義される．

次の二つは，よく知られたゲートの近似的万能集合である．

定理 2.2.22 次のゲートの二つの集合は近似的万能である．

(i) アダマールゲート H，$\pi/8$ ゲート T，CNOT ゲート C
(ii) アダマールゲート H，位相ゲート S，CNOT ゲート C，トフォリゲート
（例 2.2.14 を参照のこと）

定理 2.2.20 および 2.2.22 の証明は省略する．これらの証明は [174]，4.5 節にある．

2.2.6　回路中での測定

2.2.5 節で示した万能性定理によって，任意の量子計算は，2.2.2 節および 2.2.3 節で示した基本的な量子ゲートから構成された量子回路によって実行することができる．しかし，通常，量子回路の出力は，量子状態であり，外部から直接観測することはできない．計算の結果を読み出すためには，回路の最後で測定を実行しなければならない．したがって，場合によっては，量子回路の概念を拡張した，測定付き量子回路を考える必要がある．

2.1.4 節で示したように，アンシラ量子ビットを使うことを許せば，射影測定だけが使えればよい．さらに，その回路が n 個の量子ビット変数を含んでいれば，計算基底 $\{|x\rangle : x \in \{0,1\}^n\}$ で測定できれば十分である．なぜなら，これらの量子ビットの任意の正規直交基底は，計算基底にユニタリ変換をほどこして得られるからである．

実際には，量子測定は，計算の最後でだけ使われるのではない．量子測定は計算の途中段階でもしばしば実行され，その測定の結果は，計算のその後の段階を条件分岐制御するために用いられる．しかし，[174] では，次のように明確に指摘された．

- 遅延測定の原理：測定は，常に量子回路の途中段階から量子回路の最後に移動させることができる．測定の結果が回路のいかなる段階で使われるとしても，

2.2 量子回路

その古典的制御演算を量子条件分岐演算で置き換えることができる.

練習問題 2.2.23 遅延測定の原理を厳密に述べ,そして証明せよ.そのためには,次のような段階を踏めばよい.

(i) 形式的には,測定付き量子回路(mQC と略記する)を次のように帰納的に定義することができる.

　(a) それぞれの量子ゲートは mQC である.

　(b) $\overline{q}$ を量子レジスタ,$M = \{M_m\} = \{M_{m_1}, M_{m_2}, \ldots, M_{m_n}\}$ を $\mathcal{H}_{\overline{q}}$ での量子測定,それぞれの m について C_m を $\overline{q} \cap \mathrm{qvar}(C_m) = \emptyset$ であるような mQC とすると,

$$\mathbf{if}\ (\Box m \cdot M[\overline{q}] = m \to C_m)\ \mathbf{fi} \equiv \begin{array}{l}\mathbf{if}\ M[\overline{q}] = m_1 \to C_{m_1} \\ \quad\Box \quad\quad m_2 \to C_{m_2} \\ \quad\quad\quad \ldots\ldots \\ \quad\Box \quad\quad m_n \to C_{m_n} \\ \mathbf{fi}\end{array} \quad (2.13)$$

も mQC になる.

　(c) C_1 と C_2 がともに mQC ならば,$C_1 C_2$ も mQC である.

直感的には,式 (2.13) は,$\overline{q}$ で測定 M を実行し,それに続く計算をその測定の結果にもとづいて選択することを意味する.測定の結果が m であれば,それに対応する回路 C_m へと進む.

(ii) 量子回路の間の同値性(定義 2.2.3)を mQC の場合に一般化せよ.

(iii) 任意の mQC C に対して,(測定なしの)量子回路 C' と量子測定 $M[\overline{q}]$ があり,$C = C' M[\overline{q}]$ (同値)が成り立つことを示せ.

第 (ii) 項から条件 $\overline{q} \cap \mathrm{qvar}(C_m) = \emptyset$ を除くと,測定された量子ビットの測定後状態はその後の計算で使うことができる.この場合にも,遅延測定の原理は成り立つだろうか.

2.3 量子アルゴリズム

前節で述べた測定付き量子回路によって，量子計算の完全な（しかし低レベルの）モデルが与えられる．1990年初期以来，その古典計算版を高速化するさまざまな量子アルゴリズムが発見されてきた．一部は歴史的経緯により，そして一部はその時点では使いやすい量子プログラミング言語がなかったため，これらの量子アルゴリズムはすべて量子回路のモデルとして記述された．

この節では，いくつかの興味深い量子アルゴリズムを挙げる．その狙いは，この後の章で述べる量子プログラムの構成部品の例を示すことであり，量子アルゴリズムを詳細に論じることではない．できるだけ速やかに本書の核心に進みたいのであれば，まずはこの節を読み飛ばして，直接第3章に進んでもよい．もちろん，この後の章で，この節で示した量子アルゴリズムをプログラムするような例を理解したくなったら，ここに戻ってくる必要があるだろう．

2.3.1 量子並行性と量子干渉

量子アルゴリズムを設計するための基本的な二つの技術から始めよう．その二つは，量子並行性と量子干渉である．これらは，量子計算機が古典的計算機をしのぐことができるようにするための二つの鍵となる要素である．

量子並行性：

量子並行性は，簡単な例によって分かりやすく説明することができる．次の n 項ブール関数を考える．

$$f : \{0,1\}^n \to \{0,1\}$$

やりたいことは，相異なる $x \in \{0,1\}^n$ の値に対して $f(x)$ を同時に評価することである．古典的な並行性では，この仕事はほぼ次のように考えることができる．それぞれが同じ関数 f を計算する複数の回路を構築し，相異なる入力 x に対して，それらの回路を同時に実行する．これとは対照的に，任意の $x \in \{0,1\}^n$ と $y \in \{0,1\}$ に対して次のユニタリ変換を実現する量子回路を一つだけ構築すればよい．

$$U_f : |x,y\rangle \to |x, y \oplus f(x)\rangle \tag{2.14}$$

2.3 量子アルゴリズム

あきらかに,ユニタリ作用素 U_f は,ブール関数 f から生成されている.この回路は $n+1$ 量子ビットで構成され,先頭の n 量子ビットは「データ」用レジスタに,末尾の1量子ビットは「結果」レジスタになる.f を計算する古典的回路が与えられたとき,それと同程度の複雑さをもつ,U_f を実現する量子回路を構成できることが証明できる.

練習問題 2.3.1 U_f は次のようなマルチプレクサ(定義2.2.17を参照)であることを示せ.

$$U_f = \bigoplus_x U_{f,x}$$

ここで,先頭の n 量子ビットは選択量子ビットとして使われ,それぞれの $x \in \{0,1\}^n$ について,$U_{f,x}$ は末尾の1量子ビット $y \in \{0,1\}$ に対して次の式で定義されるユニタリ作用素である.

$$U_{f,x} |y\rangle = |y \oplus f(x)\rangle$$

すなわち,$U_{f,x}$ は,$f(x) = 0$ ならば I (恒等作用素)で,$f(x) = 1$ ならば X (NOTゲート)になる.

量子並行性によって,すべての入力 $x \in \{0,1\}^n$ に対して $f(x)$ を同時に評価する仕事がどのように達成されるかは,次の手順によって示される.

- 次のようにして,データレジスタの 2^n 個の基底状態の等振幅の重ね合わせが n 個のアダマールゲートだけから非常に効率的に作られる.

$$|0\rangle^{\otimes n} \stackrel{H^{\otimes n}}{\to} |\psi\rangle \triangleq \frac{1}{\sqrt{2^n}} \sum_{x \in \{0,1\}^n} |x\rangle$$

ここで,$|0\rangle^{\otimes n} = |0\rangle \otimes \cdots \otimes |0\rangle$ (n 個の $|0\rangle$ のテンソル積),$H^{\otimes n} = H \otimes \cdots \otimes H$ (n 個の H のテンソル積)である.

- ユニタリ変換 U_f を状態 $|\psi\rangle$ にあるデータレジスタと状態 $|0\rangle$ にある結果レジスタに適用すると,次の結果が得られる.

$$|\psi\rangle |0\rangle = \frac{1}{\sqrt{2^n}} \sum_{x \in \{0,1\}^n} |x, 0\rangle \stackrel{U_f}{\to} \frac{1}{\sqrt{2^n}} \sum_{x \in \{0,1\}^n} |x, f(x)\rangle \quad (2.15)$$

上記の式では，ユニタリ変換 U_f は，1 度だけしか実行されていないが，その式の右辺にはすべての $x \in \{0,1\}^n$ に対する $f(x)$ についての情報が含まれていることに注意せよ．ある意味で，2^n 個の x の値に対して $f(x)$ は同時に評価されたのである．

しかしながら，量子計算機が古典的計算機をしのぐためには，量子並行性だけでは十分ではない．実際，式 (2.15) の右辺にある状態から情報を取り出すためには，それに測定を実行しなければならない．たとえば，計算基底 $\{|x\rangle : x \in \{0,1\}^n\}$ による測定をデータレジスタに実行すると，結果レジスタには（確率 $1/2^n$ で）一つの x の値についての $f(x)$ だけしか得られず，すべての $x \in \{0,1\}^n$ に対する $f(x)$ を同時に得ることはできない．すると，情報を取り出すのにこのような素朴な方法を用いるのであれば，古典的計算機に対する量子計算機の優位性はない．

量子干渉：

量子計算を真に有用なものとするためには，量子系の別の特徴である量子干渉と組み合わせなければならない．たとえば，式 (2.15) の右辺が特別な場合であるような次の重ね合わせを考えよう．

$$\sum_x \alpha_x |x, f(x)\rangle$$

すでに述べたように，計算基底でデータレジスタを直接測定すると，x の単一の値に対する $f(x)$ についての局所的な情報しか得られない．しかし，最初にデータレジスタにユニタリ作用素 U を実行すれば，もとの重ね合わせは

$$U\left(\sum_x \alpha_x |x, f(x)\rangle\right) = \sum_x \alpha_x \left(\sum_{x'} U_{x'x} |x', f(x)\rangle\right)$$
$$= \sum_{x'} \left[|x'\rangle \otimes \left(\sum_x \alpha_x U_{x'x} |f(x)\rangle\right)\right]$$

に変換される．ただし，$U_{x'x} = \langle x'| U |x\rangle$ である．これを計算基底で測定すると，すべての $x \in \{0,1\}^n$ に対する $f(x)$ についての大域的情報が得られる．この大域的情報は，x' のある単一の値に対する

$$\sum_x \alpha_x U_{x'x} |f(x)\rangle$$

に存在する．ある意味で，このユニタリ変換Uによって，xのさまざまな値に対する$f(x)$についての情報を統合できるのである．ユニタリ変換の後の基底での測定は，本質的に，異なる基底での測定であることに注意されたい．したがって，期待する大域的情報を取り出すためには，適切な基底を選んで測定を実行することが重要である．

2.3.2 ドイチュ–ジョザのアルゴリズム

2.3.1節の一般的な議論では，実際に量子並行性と量子干渉が何かおもしろい計算問題を解く助けになることを納得するには至らないだろう．しかしながら，量子並行性と量子干渉の組み合わせによる威力は，次の問題を解くドイチュ–ジョザのアルゴリズムをみればよく分かる．

- ドイチュの問題：与えられたブール関数 $f: \{0,1\}^n \to \{0,1\}$ が定数か，あるいは均斉かのいずれかであることが分かっている．均斉とは，すべての可能なxのうちのちょうど半分で$f(x)$は0に等しくなり，残りの半分で$f(x)$は1に等しくなることである．この$f(x)$が定数か，あるいは均斉かを求めよ．

このアルゴリズムを図2.1に示した．このアルゴリズムでは，式(2.14)に従って関数fによって決まるユニタリ作用素U_fが，量子オラクルとして使われていることを重視すべきである．

この量子アルゴリズムを理解するには，その設計にあるいくつかの鍵となるアイディアを注意深くみる必要がある．

- 第2段階で，結果レジスタ（末尾の量子ビット）を，式(2.15)にあるような状態$|0\rangle$ではなく，状態$|-\rangle = H|1\rangle$にうまい具合に初期化している．この特殊な初期化は，しばしば位相キックバックと呼ばれる．

$$U_f |x, -\rangle = |x\rangle \otimes (-1)^{f(x)} |-\rangle$$
$$= (-1)^{f(x)} |x, -\rangle$$

これによって，結果レジスタの位相だけが1から$(-1)^{f(x)}$に変わり，データレジスタの先頭へと移動させることができる．
- 第3段階で，量子オラクルU_fを適用するときに量子並行性が生じる．

○ 入力：式 (2.14) で定義されるユニタリ作用素 U_f を実現する量子オラクル
○ 出力：f が定数であるとき，そしてそのときに限り，0
○ 実行：U_f の 1 回の適用．常に成功．
○ 処理：

1. $|0\rangle^{\otimes n}|1\rangle$
2. $\overset{H^{\otimes(n+1)}}{\to} \dfrac{1}{\sqrt{2^n}} \sum_{x\in\{0,1\}^n} |x\rangle|-\rangle$
3. $\overset{U_f}{\to} \dfrac{1}{\sqrt{2^n}} \sum_x (-1)^{f(x)}|x\rangle|-\rangle$
4. $H^{\otimes n}$ を先頭の n 量子ビットに $\to$ $\sum_z \dfrac{\sum_x (-1)^{x\cdot z+f(x)}}{2^n}|z\rangle|-\rangle$
5. 計算基底により先頭の n 量子ビットを測定 $\to$ z

図 2.1 ドイチュージョザのアルゴリズム

- 第 4 段階で量子干渉が使われている．n 個のアダマールゲートがデータレジスタ（先頭の n 量子ビット）に作用して次のようになる．

$$\begin{aligned}
&H^{\otimes n}\left(\dfrac{1}{\sqrt{2^n}}\sum_x |x\rangle \otimes (-1)^{f(x)}|-\rangle\right) \\
&= \dfrac{1}{\sqrt{2^n}}\sum_x \left(H^{\otimes n}|x\rangle \otimes (-1)^{f(x)}|-\rangle\right) \\
&= \dfrac{1}{2^n}\sum_x \left(\sum_z (-1)^{x\cdot z}|z\rangle \otimes (-1)^{f(x)}|-\rangle\right) \\
&= \dfrac{1}{2^n}\sum_z \left[\left(\sum_x (-1)^{x\cdot z+f(x)}\right)|z\rangle \otimes |-\rangle\right]
\end{aligned} \qquad (2.16)$$

- 第 5 段階で，計算基底 $\{|z\rangle : z\in\{0,1\}^n\}$ でデータレジスタを測定する．結果が $z=0$ （すなわち，$|z\rangle=|0\rangle^{\otimes n}$）となる確率は，次のようになる．

$$\dfrac{1}{2^n}\left|\sum_x (-1)^{f(x)}\right|^2 = \begin{cases} 1 & (f \text{ が定数の場合}) \\ 0 & (f \text{ が均斉の場合}) \end{cases}$$

f が均斉のときには，$|0\rangle^{\otimes n}$ の確率振幅に対する正負の寄与が相殺されるのは興味深い．

練習問題 2.3.2 式 (2.16) で使われている，任意の $x \in \{0,1\}^n$ に対して次の等式が成り立つことを証明せよ．

$$H^{\otimes n}|x\rangle = \frac{1}{\sqrt{2^n}}\sum_{z\in\{0,1\}^n}(-1)^{x\cdot z}|z\rangle$$

ただし，$x = x_1, \ldots, x_n,\ z = z_1, \ldots, z_n$ とするとき，

$$x \cdot z = \sum_{i=1}^{n} x_i z_i$$

とする．

最後に，ドイチュの問題における，古典的計算とドイチュ–ジョザのアルゴリズムの問い合わせ複雑性を簡単に比較しておく．決定性古典的アルゴリズムでは，f が定数か均斉かが確定するまで，$x \in \{0,1\}^n$ の値を繰り返し選択して $f(x)$ を計算し続けなければならない．したがって，古典的アルゴリズムでは，f の評価は $2^{n-1}+1$ 回必要となる．一方，ドイチュ–ジョザのアルゴリズムでは，第 3 段階で U_f を 1 度実行するだけである．

2.3.3 グローバーの探索アルゴリズム

ドイチュ–ジョザのアルゴリズムは，量子アルゴリズムの設計においていくつかの鍵となるアイディアをどう使えばよいかを示しているが，これによって解かれる問題はいくぶん人工的である．この節では，広い範囲の実用的な応用に非常に有効な量子アルゴリズムを紹介する．それは，次のような問題を解くグローバーのアルゴリズムである．

- 探索問題：課題は整数 $0, 1, \ldots, N-1$ で索引付けられた N 件の要素から構成されたデータベース全体を探索することである．簡単のため，$N = 2^n$ と仮定し，索引は n ビットに格納できるものとする．また，この問題には，$1 \leq M \leq N/2$ を満たすちょうど M 件の解があるものとする．

ドイチュ–ジョザのアルゴリズムと同じように，量子オラクルを使用する．この量子オラクルは，この探索問題の解を認識する能力のあるブラックボックスで

ある.形式的には,関数 $f: \{0, 1, \ldots, N-1\} \to \{0, 1\}$ を次のように定義する.

$$f(x) = \begin{cases} 1 & (x\text{ が解の場合}) \\ 0 & (\text{それ以外の場合}) \end{cases}$$

$\mathcal{H}_2$ を1量子ビットの状態ヒルベルト空間として,

$$\mathcal{H}_N = \mathcal{H}_2^{\otimes n} = \mathrm{span}\{|0\rangle, |1\rangle, \ldots, |N-1\rangle\}$$

と書くことにする.このとき,量子オラクルは,$x \in \{0, 1, \ldots, N-1\}$ および $q \in \{0, 1\}$ に対して次のように定義される $\mathcal{H}_N \otimes \mathcal{H}_2$ のユニタリ作用素 $O = U_f$ と考えることができる.

$$O|x, q\rangle = U_f |x, q\rangle = |x\rangle |q \oplus f(x)\rangle \tag{2.17}$$

ここで,$|x\rangle$ は索引レジスタ,$|q\rangle$ は x が解の場合には反転し,そうでなければそのままにされるオラクル量子ビットとする.とくに,この量子オラクルは位相キックバックの性質をもつ.

$$|x, -\rangle \xrightarrow{O} (-1)^{f(x)} |x, -\rangle$$

すると,オラクル量子ビットが初期状態で $|-\rangle$ であれば,探索アルゴリズム実行中はずっと $|-\rangle$ のままであるから,省略することができる.つまり,単に

$$|x\rangle \xrightarrow{O} (-1)^{f(x)} |x\rangle \tag{2.18}$$

と書くことができる.

グローバー回転:

グローバーのアルゴリズムの鍵となるサブルーチンの一つはグローバー回転と呼ばれる.グローバー回転は,図2.2に示すような4段階からなる.

グローバー回転が実際に何を行っているかをみてみよう.図2.2の処理で定義されたユニタリ変換,すなわち,第1段階から第4段階までの作用素の合成を G と表記する.第1段階で用いられた量子オラクル O は,式 (2.18) で定義された ($\mathcal{H}_N \otimes \mathcal{H}_2$ ではなく) 空間 $\mathcal{H}_N$ のユニタリ作用素とも考えられることに注意す

2.3 量子アルゴリズム

○ 処理：
1. 量子オラクル O の適用
2. アダマール変換 $H^{\otimes n}$ の適用
3. 条件付き位相シフトの実行：

$$|0\rangle \to |0\rangle$$
$$|x\rangle \to -|x\rangle \quad (x \neq 0 \text{ の場合})$$

4. アダマール変換 $H^{\otimes n}$ の適用

図 2.2 グローバー回転

る．第 3 段階の条件付き位相シフトを，空間 $\mathcal{H}_N$ の基底 $\{|0\rangle, |1\rangle, \ldots, |N-1\rangle\}$ によって定義する．次の補題は，グローバー回転を実装する量子回路のユニタリ作用素を表している．

補題 2.3.3 $G = (2|\psi\rangle\langle\psi| - I)O$ が成り立つ．ただし，

$$|\psi\rangle = \frac{1}{\sqrt{N}} \sum_{x=0}^{N-1} |x\rangle$$

は $\mathcal{H}_N$ の等振幅の重ね合わせである．

練習問題 2.3.4 補題 2.3.3 を証明せよ．

ここまでの記述だけから，作用素 G が回転を表すということを想像するのはそう簡単ではない．幾何学的な表現を用いると，グローバー回転をより理解するための助けになる．空間 $\mathcal{H}_N$ の二つのベクトル

$$|\alpha\rangle = \frac{1}{\sqrt{N-M}} \sum_{x : \text{解でない}} |x\rangle$$
$$|\beta\rangle = \frac{1}{\sqrt{M}} \sum_{x : \text{解}} |x\rangle$$

を考える．ベクトル $|\alpha\rangle$ と $|\beta\rangle$ は，あきらかに直交する．角度 θ を

$$\cos\frac{\theta}{2} = \sqrt{\frac{N-M}{N}} \quad \left(0 \leq \frac{\theta}{2} \leq \frac{\pi}{2}\right)$$

○ 入力: 式 (2.17) で定義される量子オラクル O
○ 出力: 解 x
○ 実行: $O(\sqrt{N})$ 回の演算．確率 $\Theta(1)$ で成功．
○ 処理:

1. $|0\rangle^{\otimes n} |1\rangle$
2. $\overset{H^{\otimes(n+1)}}{\to} \dfrac{1}{\sqrt{2^n}} \displaystyle\sum_{x=0}^{2^n-1} |x\rangle |-\rangle = \left(\cos\dfrac{\theta}{2} |\alpha\rangle + \sin\dfrac{\theta}{2} |\beta\rangle\right) |-\rangle$
3. $\overset{G^k を先頭の n 量子ビットに}{\to} \left[\cos\left(\dfrac{2k+1}{2}\theta\right) |\alpha\rangle + \sin\left(\dfrac{2k+1}{2}\theta\right) |\beta\rangle\right] |-\rangle$
4. $\overset{計算基底により先頭の n 量子ビットを測定}{\to} |x\rangle$

図 **2.3** グローバーの探索アルゴリズム

と定義すると，補題 2.3.3 の等振幅の重ね合わせは，次のように表すことができる．

$$|\psi\rangle = \cos\frac{\theta}{2} |\alpha\rangle + \sin\frac{\theta}{2} |\beta\rangle$$

さらに，次の補題が成り立つ．

補題 2.3.5 $G(\cos\delta |\alpha\rangle + \sin\delta |\beta\rangle) = \cos(\theta+\delta) |\alpha\rangle + \sin(\theta+\delta) |\beta\rangle$.

直感的には，グローバー作用素 G は，$|\alpha\rangle$ と $|\beta\rangle$ が張る 2 次元空間における角度 θ の回転である．任意の実数 δ に対して，点 $(\cos\delta, \sin\delta)$ によって，ベクトル $\cos\delta |\alpha\rangle + \sin\delta |\beta\rangle$ を表す．すると，補題 2.3.5 によって，G の作用は次の写像と考えられる．

$$(\cos\delta, \sin\delta) \overset{G}{\to} (\cos(\theta+\delta), \sin(\theta+\delta))$$

練習問題 2.3.6 補題 2.3.5 を証明せよ．

グローバーのアルゴリズム:

サブルーチンとしてグローバー回転を用いることで，量子探索アルゴリズムは図 2.3 のように記述できる．

図 2.3 の k は整数定数であることに注意せよ．k の適切な値はこの後に決める．

2.3 量子アルゴリズム

効率分析:

この探索問題は,古典的な計算機では,ほぼ N/M 回の演算が必要であることが分かる.グローバーのアルゴリズムの第3段階では,G を何回繰り返す必要があるかをみてみよう.第2段階で索引レジスタ(すなわち,先頭の n 量子ビット)は状態

$$|\psi\rangle = \sqrt{\frac{N-M}{N}}|\alpha\rangle + \sqrt{\frac{M}{N}}|\beta\rangle$$

として準備される.したがって,$\arccos\sqrt{\frac{M}{N}}$ ラジアンの回転で,索引レジスタは $|\psi\rangle$ から $|\beta\rangle$ になる.補題 2.3.5 は,グローバー作用素 G が角度 θ の回転であることを主張している.k を実数

$$\frac{\arccos\sqrt{\frac{M}{N}}}{\theta}$$

にもっとも近い整数とすると,

$$k \leq \left\lceil \frac{\arccos\sqrt{\frac{M}{N}}}{\theta} \right\rceil \leq \left\lceil \frac{\pi}{2\theta} \right\rceil$$

が成り立つ.なぜなら,$\arccos\sqrt{\frac{M}{N}} \leq \frac{\pi}{2}$ であるからである.この結果,k は区間 $\left[\frac{\pi}{2\theta}-1, \frac{\pi}{2\theta}\right]$ に含まれる正整数である.$M \leq \frac{N}{2}$ という仮定から,

$$\frac{\theta}{2} \geq \sin\frac{\theta}{2} = \sqrt{\frac{M}{N}}$$

および $k \leq \left\lceil \frac{\pi}{4}\sqrt{\frac{N}{M}} \right\rceil$,すなわち $k = O(\sqrt{N})$ が成り立つ.一方,k の定義から

$$\left| k - \frac{\arccos\sqrt{\frac{M}{N}}}{\theta} \right| \leq \frac{1}{2}$$

が得られる.これから

$$\arccos\sqrt{\frac{M}{N}} \leq \frac{2k+1}{2}\theta \leq \theta + \arccos\sqrt{\frac{M}{N}}$$

が導かれる.$\cos\frac{\theta}{2} = \sqrt{\frac{N-M}{N}}$ であることから,$\arccos\sqrt{\frac{M}{N}} = \frac{\pi}{2} - \frac{\theta}{2}$ および

$$\frac{\pi}{2} - \frac{\theta}{2} \leq \frac{2k+1}{2}\theta \leq \frac{\pi}{2} + \frac{\theta}{2}$$

となる．こうして，$M \leq \frac{N}{2}$ であることから，成功の確率について

$$\Pr(\text{success}) = \sin^2\left(\frac{2k+1}{2}\theta\right) \geq \cos^2\frac{\theta}{2} = \frac{N-M}{N} \geq \frac{1}{2}$$

すなわち，$\Pr(\text{success}) = \Theta(1)$ が成り立つ．とくに，$M \ll N$ ならば，成功の確率は非常に高い．

ここまでの導出を要約すると次のようになる．グローバーのアルゴリズムは，$k = O(\sqrt{N})$ 回のうちに成功する確率 $O(1)$ で解 x を見つけることができる．

2.3.4　量子ウォーク

2.3.2節では，ドイチュ–ジョザのアルゴリズムやグローバーの探索アルゴリズムの設計に量子並行性と量子干渉の威力をどのように利用できるかを示した．つぎに，ドイチュ–ジョザのアルゴリズムやグローバーのアルゴリズムとはかなり異なった設計のアイディアを用いる量子アルゴリズムのクラスを考えよう．このアルゴリズムのクラスは，量子ウォークの考え方にもとづいて開発された．量子ウォークは，ランダムウォーク（乱歩，酔歩）の量子計算版である．

1次元量子ウォーク：

もっとも単純なランダムウォークは，整数 $\mathbb{Z} = \{\ldots, -2, -1, 0, 1, 2, \ldots\}$ によって頂点が表される，離散的な直線上を粒子が移動する1次元のランダムウォークである．このランダムウォークの1歩は，「コイン」を投げた結果によって，粒子は左か右に1単位だけ移動する．1次元のランダムウォークの量子版は，次のように定義されるアダマールウォークである．

例 2.3.7　アダマールウォークの状態ヒルベルト空間は，$\mathcal{H}_d \otimes \mathcal{H}_p$ である．ここで

- $\mathcal{H}_d = \text{span}\{|L\rangle, |R\rangle\}$ は方向空間と呼ばれる2次元ヒルベルト空間で，$|L\rangle$ および $|R\rangle$ は，それぞれ左向きおよび右向きを表す．
- $\mathcal{H}_p = \text{span}\{|n\rangle : n \in \mathbb{Z}\}$ は無限次元ヒルベルト空間で，$|n\rangle$ は整数 n の印をつけた頂点を表す．

また，空でない集合 X に対して，span X は，式 (2.1) に従って定義される．アダマールウォークの 1 歩は，ユニタリ作用素

$$W = T(H \otimes I_{\mathcal{H}_p})$$

によって表現される．ここで，移動 T は，すべての $n \in \mathbb{Z}$ に対して

$$T|L, n\rangle = |L, n-1\rangle, \quad T|R, n\rangle = |R, n+1\rangle$$

と定義される $\mathcal{H}_d \otimes \mathcal{H}_p$ のユニタリ作用素で，H は方向空間 $\mathcal{H}_d$ のアダマール変換，$I_{\mathcal{H}_p}$ は位置空間 $\mathcal{H}_p$ の恒等作用素である．アダマールウォークは，作用素 W を繰り返し適用することで記述される．

練習問題 2.3.8 位置空間 $\mathcal{H}_p$ の左移動作用素 T_L および右移動作用素 T_R を，任意の $n \in \mathbb{Z}$ に対して

$$T_L|n\rangle = |n-1\rangle, \quad T_R|n\rangle = |n+1\rangle$$

と定義する．このとき，移動作用素 T は，方向変数 d を選択量子ビットとする条件分岐 $T_L \oplus T_R$ になる．（例 2.2.16 を参照のこと．）

アダマールウォークは，1 次元のランダムウォークを真似て定義されたが，その振る舞いのいくつかはかなり異なる．

- 移動作用素 T は次のように説明することができる．方向量子系の状態が $|L\rangle$ であれば，移動点は位置 n から $n-1$ に動き，$|R\rangle$ であれば，移動点は位置 n から $n+1$ に動く．これはランダムウォークとよく似ているようにみえるが，量子ウォークでは，方向は $|L\rangle$ と $|R\rangle$ の重ね合わせになりうるので，直感的には，移動点は左と右へ同時に動くことがある．
- ランダムウォークでは，「コイン」の静的な振る舞いだけを規定すればよい．たとえば，偏りのない「コイン」を投げると，表と裏のでる確率は等しく $\frac{1}{2}$ である．しかしながら，量子ウォークでは，この静的振る舞いの背後にある「コイン」の動的振る舞いを明示的に定義しなければならない．たとえば，アダマール変換 H は，偏りのない「コイン」の量子的実現とみることができるが，次の 2×2 ユニタリ行列も同じようにみることができる．（そのほかにも多数ある．）

$$C = \frac{1}{\sqrt{2}} \begin{pmatrix} 1 & i \\ i & 1 \end{pmatrix}$$

- 量子ウォークにおいては，量子干渉が発生しうる．たとえば，アダマールウォークが状態 $|L\rangle |0\rangle$ から始まったとしよう．このとき，次のようになる．

$$\begin{aligned}
|L\rangle |0\rangle &\xrightarrow{H} \frac{1}{\sqrt{2}}(|L\rangle + |R\rangle) |0\rangle \\
&\xrightarrow{T} \frac{1}{\sqrt{2}}(|L\rangle |-1\rangle + |R\rangle |1\rangle) \\
&\xrightarrow{H} \frac{1}{2}\left[(|L\rangle + |R\rangle) |-1\rangle + (|L\rangle - |R\rangle) |1\rangle\right] \\
&\xrightarrow{T} \frac{1}{2}(|L\rangle |-2\rangle + |R\rangle |0\rangle + |L\rangle |0\rangle - |R\rangle |2\rangle) \\
&\xrightarrow{H} \frac{1}{2\sqrt{2}}[(|L\rangle + |R\rangle) |-2\rangle + (|L\rangle - |R\rangle) |0\rangle \\
&\qquad + (|L\rangle + |R\rangle) |0\rangle - (|L\rangle - |R\rangle) |2\rangle]
\end{aligned} \quad (2.19)$$

ここで，$-|R\rangle |0\rangle$ と $|R\rangle |0\rangle$ は，位相のずれにより相殺される．

グラフ上の量子ウォーク：

　グラフ上のランダムウォークは，アルゴリズムの設計と解析で広く用いられているランダムウォークのクラスである．$G = (V, E)$ を，n 正則有向グラフ，すなわちそれぞれの頂点には n 個の隣接頂点があるグラフとする．このとき，それぞれの辺に 1 から n までの自然数のラベルをつけ，それぞれの頂点から出ていく有向辺のラベルが 1 から n までの並び替えになるようにする．こうすると，それぞれの頂点 v において，v の i 番目の隣接頂点 v_i は，ラベルが i の辺で v とつながる頂点と定義される．G 上のランダムウォークを次のように定義する．G の頂点 v は，そのランダムウォークの状態を表し，それぞれの状態 v において，v からその隣接頂点へはある確率で動くものとする．このようなランダムウォークの量子版を考えることができ，それは次のように定式化できる．

例 2.3.9 n 正則グラフ $G = (V, E)$ 上の量子ウォークの状態ヒルベルト空間は，$\mathcal{H}_d \otimes \mathcal{H}_p$ である．ここで，

- $\mathcal{H}_d = \mathrm{span}\{|i\rangle\}_{i=1}^n$ は n 次元ヒルベルト空間である．ここで，向き付け「コイン」と呼ばれる補助的な量子系を導入し，その状態空間を $\mathcal{H}_d$ とする．それぞ

れの $1 \leq i \leq n$ について，状態 $|i\rangle$ は，i 番目の方向を表すために用いる．空間 $\mathcal{H}_d$ は，「コイン空間」と呼ばれる．
- $\mathcal{H}_p = \mathrm{span}\{|v\rangle\}_{v \in V}$ は位置ヒルベルト空間である．グラフのそれぞれの頂点 v に対して，$\mathcal{H}_p$ の基底状態 $|v\rangle$ がある．

シフト S は，$\mathcal{H}_d \otimes \mathcal{H}_p$ の作用素であり，任意の $1 \leq i \leq n$ と $v \in V$ に対して次のように定義される．

$$S|i,v\rangle = |i\rangle|v_i\rangle$$

ただし，v_i は，v の i 番目の隣接頂点である．直感的には，それぞれの i に対して，「コイン」の状態が $|i\rangle$ であれば，移動点は i 番目の方向に移動する．もちろん，「コイン」は状態 $|i\rangle$ $(1 \leq i \leq n)$ の重ね合わせにもなりえるので，移動点はすべての方向に同時に移動する．

ここで，「コイン」空間 $\mathcal{H}_d$ のユニタリ作用素 C（これを「コイン投げ作用素」と呼ぶ．）を一つ決めると，グラフ G 上のコインによる量子ウォークの 1 歩は，このユニタリ作用素によって次のようにモデル化することができる．

$$W = S(C \otimes I_{\mathcal{H}_p}) \tag{2.20}$$

ただし，$I_{\mathcal{H}_p}$ は位置空間 $\mathcal{H}_p$ の恒等作用素とする．たとえば，偏りのない「コイン」は，「コイン投げ作用素」として次の離散フーリエ変換を選ぶことで実現できる．

$$FT = \frac{1}{\sqrt{n}} \begin{pmatrix} 1 & 1 & 1 & \cdots & 1 \\ 1 & \omega & \omega^2 & \cdots & \omega^{n-1} \\ 1 & \omega^2 & \omega^4 & \cdots & \omega^{2(n-1)} \\ \vdots & \vdots & \vdots & \ddots & \vdots \\ 1 & \omega^{n-1} & \omega^{(n-1)2} & \cdots & \omega^{(n-1)(n-1)} \end{pmatrix} \tag{2.21}$$

ただし $\omega = \exp(2\pi i/n)$ とする．作用素 FT はそれぞれの方向を，測定後にそれらが等しい確率 $\frac{1}{n}$ で得られるような方向の重ね合わせに写像する．そして，この量子ウォークは 1 歩分の作用素 W の繰り返しになる．

練習問題 2.3.10 それぞれの $1 \leq i \leq n$ について，位置空間 $\mathcal{H}_V$ のシフト作用素 S_i を，任意の $v \in V$ に対して

$$S_i|v\rangle = |v_i\rangle$$

と定義する．ただし，v_i は，v の i 番目の隣接頂点を表す．選択変数が 1 量子ビットだけでなく任意の量子変数も許すように，量子マルチプレクサ（QMUX）の概念をわずかばかり拡張すると，例 2.3.9 のシフト作用素 S は，方向 d を選択変数とする QMUX$\bigoplus_i S_i$ になる．

場合によっては，量子ウォークにおける量子作用（たとえば量子干渉）は，大幅な高速化になりうることが分かっている．たとえば，量子効果によって，量子ウォークはランダムウォークに比べて，ある頂点から別の頂点に達するのにかなり高速になる．

2.3.5 量子ウォーク探索アルゴリズム

2.3.4 節の最後に指摘した量子的な高速化を，古典的なアルゴリズムをしのぐ量子アルゴリズムの設計に生かすことができるだろうか．この項では，2.3.3 節で検討した探索問題を解くための，そのようなアルゴリズムを示す．

$N = 2^n$ 件の要素から構成されたデータベースで，それぞれの要素は，n ビット文字列 $x = x_1 \cdots x_n \in \{0,1\}^n$ で符号化されているものとする．2.3.3 節では，M 件の解があることを前提としたが，ここでは，$M = 1$ の特別な場合だけを考える．したがって，課題は，唯一の目的の要素（解）x^* を見つけることである．この項の探索アルゴリズムは，n 次元超立方体上の量子ウォークにもとづいている．n 次元超立方体は，$N = 2^n$ 個の頂点をもつグラフで，それぞれの頂点が要素 x に対応する．二つの頂点 x と y は，それらの文字列が 1 ビットだけ異なる，すなわち，

$$\text{ある } d \text{ について } x_d \neq y_d \text{ であり，} i \neq d \text{ ならば } x_i = y_i$$

であれば，辺で結ばれている．これは，x と y の違いが，ある 1 ビットだけの反転ということである．こうして，n 次元超立方体の 2^n 個のすべての頂点の次数は n，すなわち，ほかの n 個の頂点と結ばれている．

例 2.3.9 の特別な場合として，n 次元超立方体上の量子ウォークは，次のように記述される．

- 状態ヒルベルト空間は $\mathcal{H}_d \otimes \mathcal{H}_p$ である．ただし，$\mathcal{H}_d = \text{span}\{|1\rangle, \ldots, |n\rangle\}$，

2.3 量子アルゴリズム

$$\mathcal{H}_p = \mathcal{H}_2^{\otimes n} = \mathrm{span}\{|x\rangle : x \in \{0,1\}^n\}$$

そして，$\mathcal{H}_2$ は 1 量子ビットの状態空間である．

- シフト作用素 S は，$|d,x\rangle$ を $|d, x \oplus e_d\rangle$ に移す．（x の第 d ビットを反転させる．）ただし，$e_d = 0\cdots 010\cdots 0$（$d$ 番目のビットは 1 で残りはすべて 0）は，n 次元超立方体の d 番目の基底ベクトルである．形式的には，

$$S = \sum_{d=1}^{n} \sum_{x \in \{0,1\}^n} |d, x \oplus e_d\rangle\langle d, x|$$

と定義される．ただし，$\oplus$ は，2 を法とした成分ごとの足し算である．

- 「コイン投げ」作用素 C は，量子オラクルなしのグローバー回転を用いる．（補題 2.3.3 を参照のこと．）

$$C = 2|\psi_d\rangle\langle\psi_d| - I$$

ただし，I は $\mathcal{H}_d$ の恒等作用素，$|\psi_d\rangle$ は n 方向すべての等振幅の重ね合わせ

$$|\psi_d\rangle = \frac{1}{\sqrt{n}} \sum_{d=1}^{n} |d\rangle$$

である．

グローバーのアルゴリズムと同じように，目的の要素 x^* を判別することのできる量子オラクルが提供される．このオラクルは，C の摂動

$$D = C \otimes \sum_{x \neq x^*} |x\rangle\langle x| + C' \otimes |x^*\rangle\langle x^*| \tag{2.22}$$

を用いて実現されているものとする．ここで，C' は，$\mathcal{H}_d$ のユニタリ作用素とする．直感的には，このオラクルは，目的の要素に対応する位置以外では，もとの「コイン投げ」作用素 C を方向量子系に適用するが，目的の要素 x^* には，特別な「コイン」の振る舞い C' を適用することで印をつける．

ここで，探索アルゴリズムは次のように動作する．

- 量子計算機をすべての方向とすべての位置の等振幅の重ね合わせ $|\psi_0\rangle = |\psi_d\rangle \otimes |\psi_p\rangle$ で初期化する．ただし，

$$|\psi_p\rangle = \frac{1}{\sqrt{N}} \sum_{x \in \{0,1\}^n} |x\rangle$$

とする．

- 摂動された1歩分の作用素

$$W' = SD = W - S\left[(C - C') \otimes |x^*\rangle\langle x^*|\right]$$

を $t = \left\lceil \frac{\pi}{2}\sqrt{N} \right\rceil$ 回適用する．ここで，W は，式 (2.20) で定義される1歩分の作用素である．
- 量子計算機の状態を $|d, x\rangle$ 基底で測定する．

このアルゴリズムで使われる「コイン投げ」作用素 D と，例 2.3.9 のもとの「コイン投げ」作用素 C（より正確には，$C \otimes I$）には際立った違いがある．作用素 C は，方向空間にだけ作用し，したがって位置にはよらない．しかしながら，D は，$C \otimes I$ から目的の要素 x^* に印をつける C' で修正して得られたもので，式 (2.22) からもあきらかなように位置に依存している．

$C' = -I$ の場合には，このアルゴリズムは確率 $\frac{1}{2} - O(\frac{1}{n})$ で目的の要素を見つけ，このアルゴリズムを一定の回数繰り返すことでいくらでも小さな誤差率で目的の要素が見つかることが証明されている．このアルゴリズムの効率分析は，複雑であるため，ここでは述べないが，原論文 [203] にそれをみることができる．

この量子ウォークにもとづく探索アルゴリズムと 2.3.3 節で紹介したグローバーの探索アルゴリズムを詳細に比べてみることを勧める．

2.3.6　量子フーリエ変換

また別の重要な量子アルゴリズムのクラスとして，量子フーリエ変換にもとづくものがある．離散フーリエ変換は，複素数 $x_0, \ldots, x_{N-1}$ のベクトルを入力とし，複素数 $y_0, \ldots, y_{N-1}$ のベクトルを出力する．すなわち，それぞれの $0 \leq j < N$ に対して

$$y_k = \frac{1}{\sqrt{N}} \sum_{j=0}^{N-1} e^{2\pi ijk/N} x_j \tag{2.23}$$

と定義されることを思い出そう．量子フーリエ変換は，離散フーリエ変換の量子計算版である．

定義 2.3.11　正規直交基底 $|0\rangle, \ldots, |N-1\rangle$ に関する量子フーリエ変換を，

2.3 量子アルゴリズム

$$FT : |j\rangle \to \frac{1}{\sqrt{N}} \sum_{k=0}^{N-1} e^{2\pi ijk/N} |k\rangle$$

によって定義する．

より一般的には，N 次元ヒルベルト空間における一般の状態に関する量子フーリエ変換は次の式で与えられる．

$$FT : \sum_{j=0}^{N-1} x_j |j\rangle \to \sum_{k=0}^{N-1} y_k |k\rangle$$

ただし，振幅 $y_0, \ldots, y_{N-1}$ は，振幅 $x_0, \ldots, x_{N-1}$ を離散フーリエ変換 (2.23) したものである．量子フーリエ変換の行列表現は，式 (2.21) で与えられる．

命題 2.3.12 量子フーリエ変換 FT はユニタリ変換である．

練習問題 2.3.13 命題 2.3.12 を証明せよ．

量子フーリエ変換の回路:

1量子ビットゲートおよび2量子ビットゲートによる量子フーリエ変換 FT の実装は，次の命題とその証明の中で提示する．

命題 2.3.14 $N = 2^n$ とする．このとき，量子フーリエ変換は n 個のアダマールゲートと

$$\frac{n(n-1)}{2} + 3 \left\lfloor \frac{n}{2} \right\rfloor$$

個の制御ゲートからなる量子回路で実装できる．

証明: 命題で述べた条件を満たす量子回路を明示的に構成することでこの命題を証明する．通常，二進表現を用いて

- $j_1 j_2 \cdots j_n$ は

$$j = j_1 2^{n-1} + j_2 2^{n-2} + \cdots + j_n 2^0$$

を表す．

- 任意の $k \geq 1$ に対して，$0.j_k j_{k+1} \cdots j_n$ は

$$\frac{j_k}{2} + \frac{j_{k+1}}{2^2} + \cdots + \frac{j_n}{2^{n-k+1}}$$

を表す.

このとき,命題は次の3段階で証明することができる.

(i) 2.2節で示した表記を用いると,次の回路を設計する.

$$D \equiv H[q_1]C(R_2)[q_2,q_1]\cdots C(R_n)[q_n,q_1]H[q_2]C(R_2)[q_3,q_2]$$
$$\cdots C(R_{n-1})[q_n,q_2]\cdots H[q_{n-1}]C(R_2)[q_n,q_{n-1}]H[q_n] \quad (2.24)$$

ただし,$k=2,\ldots,n$について,R_kは位相シフト

$$R_k = P\left(\frac{2\pi}{2^k}\right) = \begin{pmatrix} 1 & 0 \\ 0 & e^{2\pi i/2^k} \end{pmatrix}$$

である.(例2.2.6を参照のこと.)回路 (2.24) に,$|j\rangle = |j_1 \cdots j_n\rangle$ を入力すると,その出力は,機械的な計算により

$$\frac{1}{\sqrt{2^n}}(|0\rangle + e^{2\pi i 0.j_1\cdots j_n}|1\rangle)\cdots(|0\rangle + e^{2\pi i 0.j_n}|1\rangle) \quad (2.25)$$

となる.

(ii) $N=2^n$の場合には,量子フーリエ変換は次のように書き換えられることが分かる.

$$\begin{aligned}
|j\rangle &\to \frac{1}{\sqrt{2^n}} \sum_{k=0}^{2^n-1} e^{2\pi ijk/2^n}|k\rangle \\
&= \frac{1}{\sqrt{2^n}} \sum_{k_1=0}^{1}\cdots\sum_{k_n=0}^{1} e^{2\pi ij(k_1\cdot 2^{n-1}+\cdots+k_n\cdot 2^0)/2^n}|k_1\cdots k_n\rangle \\
&= \frac{1}{\sqrt{2^n}}\left(\sum_{k_1=0}^{1} e^{2\pi ijk_1/2^1}|k_1\rangle\right)\cdots\left(\sum_{k_n=0}^{1} e^{2\pi ijk_n/2^n}|k_n\rangle\right) \\
&= \frac{1}{\sqrt{2^n}}\left(|0\rangle + e^{2\pi i 0.j_n}|1\rangle\right)\cdots\left(|0\rangle + e^{2\pi i 0.j_1\cdots j_n}|1\rangle\right)
\end{aligned} \quad (2.26)$$

(iii) 最後に,式 (2.26) と (2.25) を比較すると,回路 (2.24) の最後に $\lfloor \frac{n}{2} \rfloor$ 個の SWAP ゲートを追加すると量子ビットの順序が逆転し,量子フーリエ変換になることが分かる.それぞれの SWAP ゲートは,3 個の CNOT ゲートを用いて達成できることが知られている.(練習問題 2.2.11 を参照のこと.)

□

2.3.7 位相推定

それでは,2.3.6節で定義した量子フーリエ変換がどのように位相推定のアルゴリズムに使われるかを説明しよう.位相推定の量子アルゴリズムは,次のような問題を解く.

- 位相推定:ユニタリ作用素 U は固有値が $e^{2\pi i \varphi}$ の固有ベクトル $|u\rangle$ をもつ.ただし,φ の値は分かっていない.目標は,この位相 φ を推定することである.

位相推定アルゴリズムを図2.4に示した.このアルゴリズムは次の二つのレジスタを使用する.

- t 量子ビット $q_1,\ldots,q_t$ は,すべて状態 $|0\rangle$ に初期化される.
- U を適用する量子系 p は,状態 $|u\rangle$ に初期化される.

2.2節で説明した表記を用いると,このアルゴリズムの回路は,次のように書くことができる.

$$D \equiv E \cdot FT^\dagger[q_1,\ldots,q_t] \tag{2.27}$$

ただし,$C(\cdot)$ を制御ゲート(定義2.2.13)として,

$$E \equiv H[q_1]\cdots H[q_{t-2}]H[q_{t-1}]H[q_t]$$
$$C(U^{2^0})[q_t,p]C(U^{2^1})[q_{t-1},p]C(U^{2^2})[q_{t-2},p]\cdots C(U^{2^{t-1}})[q_1,p]$$

であり,$FT^\dagger$ は FT の量子逆フーリエ変換で,命題2.3.14の証明で与えた FT の回路を逆転させて得られる.

あきらかに,回路 (2.27) は $O(t^2)$ 個のアダマールゲートおよび制御ゲートと,$j=0,1,\ldots,t-1$ についてのオラクル U^{2^j} の1回ずつの呼び出しを組み合わせたもので構成されている.さらに,

$$E|0\rangle_{q_1}\cdots|0\rangle_{q_{t-2}}|0\rangle_{q_{t-1}}|0\rangle_{q_t}|u\rangle_p = \frac{1}{\sqrt{2^t}}(|0\rangle + e^{2\pi i \varphi \cdot 2^{t-1}}|1\rangle)$$
$$\cdots(|0\rangle + e^{2\pi i \varphi \cdot 2^2}|1\rangle)(|0\rangle + e^{2\pi i \varphi \cdot 2^1}|1\rangle)(|0\rangle + e^{2\pi i \varphi \cdot 2^0}|1\rangle)|u\rangle$$
$$= \frac{1}{\sqrt{2^t}}\left(\sum_{k=0}^{2^t-1} e^{2\pi i \varphi k}|k\rangle\right)|u\rangle$$

$$\tag{2.28}$$

であることが分かる.

○ 入力：
  (i) $j = 0, 1, \ldots, t-1$ に対して制御 U^{2^j} 作用素を実行するオラクル
  (ii) $|0\rangle$ に初期化された t 量子ビット
  (iii) 固有値が $e^{2\pi i \varphi}$ である U の固有ベクトル $|u\rangle$
  ただし，
  $$t = n + \left\lceil \log\left(2 + \frac{1}{2\varepsilon}\right) \right\rceil$$
  とする．
○ 出力：φ の n ビット近似 $\widetilde{\varphi} = m$
○ 実行：$O(t^2)$ 回の演算と，それぞれのオラクルの 1 回ずつの呼び出し．少なくとも $1 - \varepsilon$ の確率で成功．
○ 処理：

1. $|0\rangle^{\otimes t} |u\rangle \xrightarrow{H^{\otimes t}\text{を先頭の } t \text{量子ビットに}} \frac{1}{\sqrt{2^t}} \sum_{j=0}^{2^t-1} |j\rangle |u\rangle$

2. $\xrightarrow{\text{オラクル}} \frac{1}{\sqrt{2^t}} \sum_{j=0}^{2^t-1} |j\rangle U^j |u\rangle = \frac{1}{\sqrt{2^t}} \sum_{j=0}^{2^t-1} e^{2\pi i j \varphi} |j\rangle |u\rangle$

3. $\xrightarrow{FT^\dagger} \frac{1}{\sqrt{2^t}} \sum_{j=0}^{2^t-1} e^{2\pi i j \varphi} \left(\frac{1}{\sqrt{2^t}} \sum_{k=0}^{2^t-1} e^{-2\pi i j k / 2^t} |k\rangle \right) |u\rangle$
   $= \sum_{k=0}^{2^t-1} \alpha_k |k\rangle |u\rangle$

4. $\xrightarrow{\text{先頭の } t \text{量子ビットを測定}} |m\rangle |u\rangle$

ただし，
$$\alpha_k = \frac{1}{2^t} \sum_{j=0}^{2^t-1} e^{2\pi i j (\varphi - k/2^t)} = \frac{1}{2^t} \left[\frac{1 - e^{2\pi i (2^t \varphi - k)}}{1 - e^{2\pi i (\varphi - k/2^t)}} \right]$$
とする．

図 **2.4** 位相推定

2.3 量子アルゴリズム

特別な場合：

このアルゴリズムがうまくいく理由を理解するために，まず，φ がちょうど t ビットで表される特別な場合を考えてみよう．

$$\varphi = 0.\varphi_1\varphi_2\varphi_3\cdots\varphi_t$$

このとき，式 (2.28) は次のように書き直せる．

$$E\,|0\rangle\cdots|0\rangle\,|0\rangle\,|0\rangle\,|u\rangle = \frac{1}{\sqrt{2^t}}\left(|0\rangle + e^{2\pi i 0.\varphi_t}|1\rangle\right)\cdots\left(|0\rangle + e^{2\pi i 0.\varphi_3\cdots\varphi_t}|1\rangle\right)$$
$$\left(|0\rangle + e^{2\pi i 0.\varphi_2\varphi_3\cdots\varphi_t}|1\rangle\right)\left(|0\rangle + e^{2\pi i 0.\varphi_1\varphi_2\varphi_3\cdots\varphi_t}|1\rangle\right)|u\rangle \quad (2.29)$$

さらに，式 (2.27) および (2.26) から，

$$C\,|0\rangle\cdots|0\rangle\,|0\rangle\,|0\rangle\,|u\rangle = FT^\dagger\left(E\,|0\rangle\cdots|0\rangle\,|0\rangle\,|0\rangle\right)|u\rangle$$
$$= |\varphi_1\varphi_2\varphi_3\cdots\varphi_t\rangle\,|u\rangle$$

が得られる．

効率分析：

ここまでの特別な場合についての考察によって，このアルゴリズムが正しい理由のヒントになったはずだ．これで，一般の場合を考える準備が整った．$0 \le b < 2^t$ を，$b/2^t = 0.b_1\cdots b_t$ が φ の最良の t ビット近似で φ を超えないものとする．すなわち

$$\frac{b}{2^t} \le \varphi < \frac{b}{2^t} + \frac{1}{2^t}$$

である．近似の誤差を $\delta = \varphi - b/2^t$ とする．すると，あきらかに $0 \le \delta < 1/2^t$ である．すべての θ に対して $|1 - e^{i\theta}| \le 2$ であるから

$$|\alpha_k| \le \frac{1}{2^{t-1}|1 - e^{2\pi i(\varphi - k)/2^t}|}$$

に注意して，任意の $-2^{t-1} < l \le 2^{t-1}$ に対して $\beta_l = \alpha_{(b+l \mod 2^t)}$ とすると，

$$|\beta_l| \le \frac{1}{2^{t-1}|1 - e^{2\pi i(\delta - l/2^t)}|} \le \frac{1}{2|l - 2^t\delta|}$$

が成り立つ．なぜなら

(i) $-\pi \leq \theta \leq \pi$ ならば, $|1 - e^{i\theta}| \geq \frac{2|\theta|}{\pi}$ であり,

(ii) $-\frac{1}{2} \leq \delta - \frac{l}{2^t} \leq \frac{1}{2}$

となるからである. 最後の測定の結果が m であったとする. このとき, 正整数 d に対して, 次の式が成り立つ.

$$\begin{aligned}
\Pr(|m - b| > d) &= \sum_{m : |m-b| > d} |\alpha_m|^2 \\
&= \sum_{-2^{t-1} < l \leq -(d+1)} |\beta_l|^2 + \sum_{d+1 \leq l \leq 2^{t-1}} |\beta_l|^2 \\
&\leq \frac{1}{4} \left[\sum_{l=-2^{t-1}+1}^{-(d+1)} \frac{1}{(l - 2^t \delta)^2} + \sum_{l=d+1}^{2^{t-1}} \frac{1}{(l - 2^t \delta)^2} \right] \\
&\leq \frac{1}{4} \left[\sum_{l=-2^{t-1}+1}^{-(d+1)} \frac{1}{l^2} + \sum_{l=d+1}^{2^{t-1}} \frac{1}{(l-1)^2} \right] \quad (0 \leq 2^t \delta < 1 \text{ であることに注意}) \\
&\leq \frac{1}{2} \sum_{l=d}^{2^{t-1}} \frac{1}{l^2} \\
&\leq \frac{1}{2} \int_{d-1}^{2^{t-1}} \frac{dl}{l^2} \leq \frac{1}{2(d-1)}
\end{aligned}$$

φ を 2^{-n} の精度で近似し, 成功の確率を少なくとも $1 - \varepsilon$ にしたいのであれば, $d = 2^{t-n} - 1$ として, $\frac{1}{2(d-1)} \leq \varepsilon$ が成り立てばよい. このことから,

$$t \geq T \triangleq n + \left\lceil \log\left(\frac{1}{2\varepsilon} + 2\right) \right\rceil$$

であり, 位相推定アルゴリズムにおいて $t = T$ 量子ビットを使用することができる.

式 (2.27) でここまでに導出したことと命題 2.3.14 を組み合わせると, 次の結論が得られる. 図 2.4 に示したアルゴリズムは,

$$n + \left\lceil \log\left(\frac{1}{2\varepsilon} + 2\right) \right\rceil$$

個の量子ビットを用いて, $O(t^2)$ 回以内に少なくとも成功確率 $1 - \varepsilon$ で, 位相 φ の n ビットの近似を計算する.

位相推定アルゴリズムは, 素因数分解の有名なショアのアルゴリズム [204] や連立一次方程式に対するハロー–ハシディム–ロイドのアルゴリズム [112] を含め

て，重要な量子アルゴリズムのクラスにおいて鍵となる処理である．この二つのアルゴリズムの詳細な説明は，本書の範囲を超えている．

2.4 文献等についての補足

- **量子力学**：2.1節で提示した量子力学の題材は，標準的なものであり，量子力学のどんな（専門的）教科書でも述べられている．
- **量子回路**：2.2節の一部は，[34]と[174]の第4章にもとづいている．2.2.4節の量子マルチプレクサは，[201]で導入された．量子ゲートと量子回路の記法は，練習問題2.2.23の測定付き量子回路の考え方と合わせて，[226]からもってきた．

  2.2節は，量子回路の基礎の簡単な紹介である．量子回路は，[34]以降，大きな研究領域に発展してきた．とくに，近年，量子回路の合成（大きなユニタリ行列の分解）と最適化を含む量子回路の研究は，量子プログラミング言語のコンパイルという応用により，非常に活発になった．詳細な考察は，8.2節を参照のこと．量子回路の合成と最適化は，それに対応する古典的回路での問題に比べてかなり難しいことに言及しておく．

- **量子アルゴリズム**：2.3.1節から2.3.3節，2.3.6節および2.3.7節の説明の大部分は，[174]の1.4節，5.1節，5.2節，6.1節に準拠している．2.3.4節の1次元量子ウォークおよびグラフ上の量子ウォークは，それぞれ[9]および[19]で定義された．2.3.5節で示したアルゴリズムは，[203]で提案されたものである．

  量子アルゴリズムは，ショアの因数分解アルゴリズムおよびグローバーの探索アルゴリズムが発見されて以来，もっとも活発な研究領域の一つになった．初期の主要な3種類の量子アルゴリズムであるショアのアルゴリズム，グローバーのアルゴリズム，量子シミュレーション[154]と，その変形[174]は，今でもその量子的な特徴をもっともよく表したアルゴリズムである．[205]は，量子アルゴリズムのクラスがほとんど見つかっていないことの理由として2通りの説明を挙げ，新しい量子アルゴリズムの発見につながるかもしれない研究の方向をいくつか示した．それらにもとづいた量子ウォークおよび量子アルゴリズムに関する多数の論文が，この10年間に発表された．網羅的な概説につい

ては，[18, 192, 214] を参照のこと．量子アルゴリズムの近年の飛躍的進歩として，連立 1 次方程式に対するハロー–ハシディム–ロイドのアルゴリズムがある [112]．これは，過去 2, 3 年の量子機械学習アルゴリズム [156, 157, 184] の活発な研究につながった．この方向での研究についての興味深い論考については，[2] を参照のこと．

II

古典的制御をもつ
量子プログラム

3

量子プログラムの構文と意味論

　2.3節では，非常に低レベルのモデルである量子回路におけるいくつかの量子アルゴリズムを提示した．量子計算機のための高水準プログラミング言語はどのように設計・実装できるだろうか．この章以降では，量子プログラミングの基礎を系統的に展開する．

　第1段階として，量子計算機をプログラミングするために，古典的プログラミング言語をいかに直接的に拡張するかをみてみよう．1.1節および1.2節で指摘したように，この問題は，量子プログラミングの初期の研究での中心的な関心事であった．この章では，古典的プログラムを単純に量子的に一般化したクラスである，古典的制御をもつ量子プログラムを調べる．これは，データ重ね合わせパラダイムのプログラムである．量子プログラムのこのクラスの設計思想は，1.2.1節で簡単に紹介した．これらのプログラムの制御フローは，のちほど簡単に論じる．

　この章は三つの部分に分かれている．

- while言語は，多くの古典的プログラミング言語の「中核」を構成している．この章の第1部では，while言語の量子的拡張を導入する．第1部は3.1節から3.3節までである．3.1節では，量子的while言語の構文を定義する．3.2節および3.3節では，それぞれ，その操作的意味および表示的意味を提示する．その途中で，量子的while言語のループの表示的意味の特徴づけに必要な量子的な領域理論を簡単に準備する．量子的領域のいくつかの補題の長い証明は，見通しをよくするために章末の3.6節にまとめた．
- 第2部は3.4節で，（古典的な制御をもつ）再帰的量子プログラムを追加して量子的while言語を拡張する．そして，再帰的量子プログラム

の操作的意味および表示的意味を定義する．ここで，表示的意味を扱うためにも，量子的な領域理論が必要になる．
- 第3部は3.5節で，この章で定義した言語によって，グローバーの量子探索がいかにしてプログラムされるかを例示する．

3.1 構文

この節では，古典的 while 言語の量子的拡張の構文を定義する．古典的 while プログラムは次の文法で生成される．

$$S ::= \mathbf{skip} \mid u := t \mid S_1; S_2$$
$$\mid \mathbf{if}\ b\ \mathbf{then}\ S_1\ \mathbf{else}\ S_2\ \mathbf{fi}$$
$$\mid \mathbf{while}\ b\ \mathbf{do}\ S\ \mathbf{od}$$

ここで，S, S_1, S_2 はプログラム，u は変数，t は式，b はブール式である．直感的には，while プログラムは次のように実行される．

- 文 **skip** は，何もしないで停止する．
- 代入文 $u := t$ は，変数 u に式 t の値を代入する．
- 逐次合成 $S_1; S_2$ は，まず S_1 を実行し，S_1 が停止したら S_2 を実行する．
- 条件文 **if** b **then** S_1 **else** S_2 **fi** は，まずブール式 b を評価し，その値が真であれば，S_1 が実行される．そうでなければ，S_2 が実行される．条件文は次のような場合分け文に一般化することができる．

$$\begin{array}{ll} \mathbf{if} & G_1 \to S_1 \\ \square & G_2 \to S_2 \\ & \ldots\ldots \\ \square & G_n \to S_n \\ \mathbf{fi} & \end{array} \quad (3.1)$$

場合分け文は，次のように略記することもある．

$$\mathbf{if}\ (\square i \cdot G_i \to S_i)\ \mathbf{fi}$$

ここで，$G_1, G_2, \ldots, G_n$ はガードと呼ばれるブール式で，$S_1, S_2, \ldots, S_n$ はプログラムである．場合分け文はまずガードを評価する．G_i が真であれば，それに対応する部分プログラム S_i が実行される．
- while ループ while b do S od では，まずループガード b が評価される．その値が偽であれば，ループはすぐさま停止する．そうでなければ，ループ本体 S が実行され，S が停止したら，この処理全体が繰り返される．

ここで，この while 言語を量子プログラミングに使えるように拡張する．まず，量子的 while 言語の語彙を決める．

- 量子変数の可算無限集合 $qVar$．記号 $q, q', q_0, q_1, q_2, \ldots$ は，量子変数上を動くメタ変数として用いられる．
- それぞれの量子変数 $q \in qVar$ には型 $\mathcal{H}_q$ があり，それは q で表される量子系の状態ヒルベルト空間である．簡単のために，ここでは次の 2 種類の基本型だけを考える．

$$\textbf{Boolean} = \mathcal{H}_2, \quad \textbf{integer} = \mathcal{H}_\infty$$

古典的計算において型 **Boolean** および **integer** によって表される集合は，それぞれ $\mathcal{H}_2$ および $\mathcal{H}_\infty$ の計算基底にほかならないことに注意せよ．（例 2.1.9 および 2.1.10 を参照のこと．）この章で提示する主要な結果は，ほかのデータ型の場合にも簡単に一般化することができる．

量子レジスタは，相異なる量子変数の有限個の並びである．（2.2 節で述べた量子レジスタの定義に対して，ここでは，量子ビット変数以外の量子変数も含むことができるように少し一般化している．）量子レジスタ $\overline{q} = q_1, \ldots, q_n$ の状態ヒルベルト空間は，$\overline{q}$ に現れる量子変数の状態空間のテンソル積である．

$$\mathcal{H}_{\overline{q}} = \bigotimes_{i=1}^{n} \mathcal{H}_{q_i}$$

必要に応じて，$|\psi\rangle$ が量子変数 q_i の状態である，すなわち，$|\psi\rangle$ が $\mathcal{H}_{q_i}$ に含まれることが分かるように，$|\psi\rangle_{q_i}$ と表記する．すると，$|\psi\rangle_{q_i}\langle\varphi|$ は，q_i の状態 $|\psi\rangle$ と $|\varphi\rangle$ の外積を表し，$|\psi_1\rangle_{q_1} \cdots |\psi_n\rangle_{q_n}$ は，すべての $1 \leq i \leq n$ について q_i が状態 $|\psi_i\rangle$ であるような $\mathcal{H}_{\overline{q}}$ の状態を表す．

これらの要素を用いると，量子的 while 言語のプログラムを定義することがで

きる.

定義 3.1.1 量子プログラムは次の構文規則により生成される.

$$S ::= \mathbf{skip} \mid q := |0\rangle \mid \overline{q} := U[\overline{q}] \mid S_1; S_2$$
$$\mid \mathbf{if}\ (\Box m \cdot M[\overline{q}] = m \to S_m)\ \mathbf{fi} \qquad (3.2)$$
$$\mid \mathbf{while}\ M[\overline{q}] = 1\ \mathbf{do}\ S\ \mathbf{od}$$

この定義は,詳細に説明する必要がある.

- 古典的 while 言語と同じく,**skip** 文は,何も行わずに直ちに停止する.
- 初期化文 $q := |0\rangle$ は,量子変数 q を基底状態 $|0\rangle$ にする.任意の純粋状態 $|\psi\rangle \in \mathcal{H}_q$ に対して,$\mathcal{H}_q$ のユニタリ作用素 U で $|\psi\rangle = U|0\rangle$ となるものがもちろんある.したがって,量子系 q は,この初期化文とユニタリ変換 $q := U[q]$ によって,状態 $|\psi\rangle$ にすることができる.
- 文 $\overline{q} := U[\overline{q}]$ は,量子レジスタ $\overline{q}$ に対してユニタリ変換 U を実行する.$\overline{q}$ に含まれない量子変数の状態に変化はない.
- 逐次合成は,古典的 while 言語の逐次合成と同様である.
- プログラム構成要素

$$\begin{aligned}\mathbf{if}\ (\Box m \cdot M[\overline{q}] = m \to S_m)\ \mathbf{fi} \equiv\ &\mathbf{if}\ M[\overline{q}] = m_1 \to S_{m_1}\\ &\Box \qquad\quad m_2 \to S_{m_2}\\ &\quad \cdots\cdots\\ &\Box \qquad\quad m_n \to S_{m_n}\\ &\mathbf{fi}\end{aligned} \qquad (3.3)$$

は,古典的場合分け文 (3.1) の量子的一般化である.文 (3.1) の実行の最初のステップは,ガード G_i が成り立つかどうかを調べることであった.しかしながら,量子力学の仮説 3 (2.1.4 節) に従えば,量子系についての情報を取得するためには,それに対して測定を実行することになる.すると,文 (3.3) の実行においては,量子レジスタ $\overline{q}$ に対して量子測定

$$M = \{M_m\} = \{M_{m_1}, M_{m_2}, \ldots, M_{m_n}\}$$

が実行され,その測定の結果に従って,次に実行すべきサブプログラム S_m が選択されることになる.測定にもとづく場合分け文 (3.3) と古典的場合分け文

の本質的な違いは，プログラム変数の状態が，後者ではガードを調べた後でも変わらないのに対して，前者では測定を実行した後では変わっていることである．
- 文

$$\text{while } M[\bar{q}] = 1 \text{ do } S \text{ od} \qquad (3.4)$$

は，古典的ループ while b do S od の量子的一般化である．量子レジスタ $\bar{q}$ についての情報を取得するために，それに対して測定 M を実行する．測定 $M = \{M_0, M_1\}$ は，とりうる結果は 0（偽）と 1（真）の二つだけであるような正否測定である．結果 0 が観測されれば，プログラムは停止し，結果 1 が観測されれば，サブプログラム S を実行し，さらにこの処理を繰り返す．量子的ループ (3.4) と古典的ループの違いは，古典的ループのループガード b はプログラム変数の状態を変えないのに対して，量子的ループではそうはならないことだけである．

古典的制御フロー：

今や，この章の初めに述べたように，量子的 while 言語のプログラムの制御フローは古典的であることを説明するのにちょうどよいところだろう．プログラムの制御フローは，そのプログラムを実行する順序であることを思い出してほしい．量子的 while 言語では，場合分け文 (3.3) とループ (3.4) の2種類の文しかない．それらの実行は，二つ以上の経路のどちらに従うかを選択することで決まる．場合分け文 (3.3) は，測定 M の結果に従って，実行する命令が選択される．結果が m_i であれば，対応する命令 S_{m_i} が実行される．量子測定の結果は古典的な情報であるから，場合分け文 (3.3) の制御フローは古典的である．同じ論拠によって，ループ (3.4) の制御フローも古典的であることが分かる．

1.2.2 節で指摘したように，量子的制御フローをもつプログラムを定義することも可能である．プログラムの量子的制御フローは，古典的制御フローよりも理解するのが格段に難しく，それは第6章および第7章の主題である．

プログラム変数：

この節を終えるまえに，後で必要となる量子変数の集合を定義しておく．

定義 3.1.2 量子プログラム S における量子変数の集合 $\mathrm{qvar}(S)$ を，次のように帰納的に定義する．

- **(i)** $S \equiv \mathbf{skip}$ ならば，$\mathrm{qvar}(S) = \emptyset$ とする．
- **(ii)** $S \equiv q := |0\rangle$ ならば，$\mathrm{qvar}(S) = q$ とする．
- **(iii)** $S \equiv \overline{q} := U[\overline{q}]$ ならば，$\mathrm{qvar}(S) = \overline{q}$ とする．
- **(iv)** $S \equiv S_1; S_2$ ならば，$\mathrm{qvar}(S) = \mathrm{qvar}(S_1) \cup \mathrm{qvar}(S_2)$ とする．
- **(v)** $S \equiv \mathbf{if}\ (\square m \cdot M[\overline{q}] = m \to S_m)\ \mathbf{fi}$ ならば，

$$\mathrm{qvar}(S) = \overline{q} \cup \bigcup_m \mathrm{qvar}(S_m)$$

とする．

- **(vi)** $S \equiv \mathbf{while}\ M[\overline{q}] = 1\ \mathbf{do}\ S\ \mathbf{od}$ ならば，$\mathrm{qvar}(S) = \overline{q} \cup \mathrm{qvar}(S)$ とする．

3.2 操作的意味

前節では，量子的 **while** プログラムの構文を定義した．この節では，量子的 **while** 言語の操作的意味を定義する．まず，いくつかの表記を導入する．

- ヒルベルト空間 $\mathcal{H}$ の正作用素 ρ は，$\mathrm{tr}(\rho) \leq 1$ であれば，部分密度作用素という．すると，密度作用素（定義 2.1.36）は，$\mathrm{tr}(\rho) = 1$ となる部分密度作用素である．$\mathcal{H}$ の部分密度作用素の集合を $\mathcal{D}(\mathcal{H})$ と表記する．量子的プログラム理論では，部分密度作用素は非常に有用な概念である．なぜなら，ループ（あるいは，より一般的には，再帰）をもつプログラムは，ある確率で停止しないかもしれず，その出力は部分密度作用素であるが必ずしも密度作用素とは限らないからである．
- すべての量子変数の状態ヒルベルト空間のテンソル積を $\mathcal{H}_{\mathrm{all}}$ と表記する．

$$\mathcal{H}_{\mathrm{all}} = \bigotimes_{q \in qVar} \mathcal{H}_q$$

- $\overline{q} = q_1, \ldots, q_n$ を量子レジスタとする．$\overline{q}$ の状態ヒルベルト空間 $\mathcal{H}_{\overline{q}}$ の作用素 A は，$\mathcal{H}_{\mathrm{all}}$ での柱状拡張 $A \otimes I$ をもつ．ここで，I は，$\overline{q}$ に含まれない量子変

数の状態ヒルベルト空間

$$\bigotimes_{q \in qVar \setminus \overline{q}} \mathcal{H}_q$$

の恒等作用素である．以降では，文脈から容易に分かり，混同の恐れがないときには，この柱状拡張を単に A と書く．

- 何も行わずに停止する空プログラムを表すのに E を用いる．

古典的プログラム理論と同様に，量子プログラムの実行は，計算状況間の遷移によってきちんと記述することができる．

定義 3.2.1 （量子的）計算状況とは，対 $\langle S, \rho \rangle$ のことである．ここで，

(i) S は，量子プログラム，または，空プログラム E であり，

(ii) $\rho \in \mathcal{D}(\mathcal{H}_{\text{all}})$ は，$\mathcal{H}_{\text{all}}$ の部分密度作用素で，量子変数の（大域的）状態を表すのに用いられる．

計算状況の間の遷移

$$\langle S, \rho \rangle \to \langle S', \rho' \rangle$$

により，量子プログラム S を状態 ρ において 1 ステップ実行した後では，量子変数の状態は ρ' になり，S のうちまだ実行すべき残りの部分が S' であることを表す．とくに，$S' = E$ ならば，S は状態 ρ' で停止する．

定義 3.2.2 量子プログラムの操作的意味とは，図 3.1 の遷移規則で定義された計算状況の間の遷移関係 $\to$ のことである．

ここまでに定義した操作的意味（すなわち，関係 $\to$）は，図 3.1 の規則を満たす計算状況の間の最小の遷移関係と考えるべきである．あきらかに，遷移規則 (IN), (UT), (IF), (L0), (L1) は，量子力学の仮説によって定められている．第 2 章でみたように，量子計算においては測定から常に確率が生じる．しかし，量子プログラムの操作的意味は，確率的遷移関係ではなく通常の遷移関係 $\to$ であることに注意すべきである．この遷移規則の理解の助けになるように，いくつか補足しておく．

- 規則 (UT) の遷移後の計算状況の記号 U は，$\mathcal{H}_{\text{all}}$ における U の柱状拡張であ

(SK) $$\overline{\langle \mathbf{skip}, \rho \rangle \to \langle E, \rho \rangle}$$

(IN) $$\overline{\langle q := |0\rangle, \rho \rangle \to \langle E, \rho_0^q \rangle}$$

ただし,

$$\rho_0^q = \begin{cases} |0\rangle_q \langle 0| \rho |0\rangle_q \langle 0| + |0\rangle_q \langle 1| \rho |1\rangle_q \langle 0| & (type(q) = \mathbf{Boolean} \text{ の場合}) \\ \sum_{n=-\infty}^{\infty} |0\rangle_q \langle n| \rho |n\rangle_q \langle 0| & (type(q) = \mathbf{integer} \text{ の場合}) \end{cases}$$

とする.

(UT) $$\overline{\langle \overline{q} := U[\overline{\rho}], \rho \rangle \to \langle E, U\rho U^\dagger \rangle}$$

(SC) $$\frac{\langle S_1, \rho \rangle \to \langle S_1', \rho' \rangle}{\langle S_1; S_2, \rho \rangle \to \langle S_1'; S_2, \rho' \rangle}$$

ただし, $E; S_2 = S_2$ という省略を用いる.

測定 $M = \{M_m\}$ のそれぞれのとりうる結果 m に対して

(IF) $$\overline{\langle \mathbf{if} \ (\Box m \cdot M[\overline{q}] = m \to S_m) \ \mathbf{fi}, \rho \rangle \to \langle S_m, M_m \rho M_m^\dagger \rangle}$$

(L0) $$\overline{\langle \mathbf{while} \ M[\overline{q}] = 1 \ \mathbf{do} \ S \ \mathbf{od}, \rho \rangle \to \langle E, M_0 \rho M_0^\dagger \rangle}$$

(L1) $$\overline{\langle \mathbf{while} \ M[\overline{q}] = 1 \ \mathbf{do} \ S \ \mathbf{od}, \rho \rangle \to \langle S; \mathbf{while} \ M[\overline{q}] = 1 \ \mathbf{do} \ S \ \mathbf{od}, M_1 \rho M_1^\dagger \rangle}$$

図 3.1 量子的 while プログラムの遷移規則

る. 測定とループの規則 (IF), (L0), (L1) についても同様である.

- 規則 (IF) において, 結果 m は確率

$$p_m = \mathrm{tr}(M_m \rho M_m^\dagger)$$

で観測され, その場合, 測定後の状態は

3.2 操作的意味

$$\rho_m = M_m \rho M_m^\dagger / p_m$$

になる．したがって，規則 (IF) の自然な表現は確率的遷移

$$\overline{\langle \textbf{if } (\Box m \cdot M[\overline{q}] = m \to S_m) \textbf{ fi}, \rho \rangle \stackrel{p_m}{\to} \langle S_m, \rho_m \rangle}$$

になる．しかしながら，確率 p_m と密度作用素 ρ_m をまとめて部分密度作用素と考えると

$$M_m \rho M_m^\dagger = p_m \rho_m$$

となって，この規則は，通常の（確率的でない）遷移として表すことができる．
- 同じように，規則 (L0) と (L1) も，測定の結果が 0 および 1 になる確率は，それぞれ

$$p_0 = \text{tr}(M_0 \rho M_0^\dagger), \quad p_1 = \text{tr}(M_1 \rho M_1^\dagger)$$

である．そして，結果が 0 のときには，状態は ρ から $M_0 \rho M_0^\dagger / p_0$ になり，結果が 1 のときには，$M_1 \rho M_1^\dagger / p_1$ になる．これらの確率と測定後の状態は，部分密度作用素に含まれていると考えると，規則 (L0) と (L1) は，確率的遷移ではなく，通常の遷移として述べることができる．

ここまでの考察から，確率と測定後状態を組み合わせて表すことによって，操作的意味 → を非確率的遷移関係として定義できることが分かる．

純粋状態の遷移規則：

図 3.1 の遷移規則は，密度作用素の言語で述べられていた．次節でみるように，この一般的な状況設定によって，表示的意味をきれいに定式化することができる．しかしながら，通常，純粋状態は応用において有用であることが多い．そこで，この遷移規則の純粋状態版を図 3.2 に示す．純粋状態の規則において，計算状況は

$$\langle S, |\psi\rangle \rangle$$

という対で表される．ここで，S は量子プログラム，または空プログラム E であり，$|\psi\rangle$ は $\mathcal{H}_{\text{all}}$ の純粋状態である．すでに述べたように，図 3.1 の遷移はすべて非確率的である．しかしながら，規則 (IF′), (L0′), (L1′) は確率的で，次の形式

(SK′) $$\overline{\langle \mathbf{skip}, |\psi\rangle\rangle \to \langle E, |\psi\rangle\rangle}$$

(UT′) $$\overline{\langle \overline{q} := U[\overline{q}], |\psi\rangle\rangle \to \langle E, U|\psi\rangle\rangle}$$

(SC′) $$\frac{\langle S_1, |\psi\rangle\rangle \xrightarrow{p} \langle S_1', |\psi'\rangle\rangle}{\langle S_1; S_2, |\psi\rangle\rangle \xrightarrow{p} \langle S_1'; S_2, |\psi'\rangle\rangle}$$

ただし，$E; S_2 = S_2$ という省略を用いる．

測定 $M = \{M_m\}$ のそれぞれのとりうる結果 m に対して

(IF′) $$\overline{\langle \mathbf{if}\ (\Box m \cdot M[\overline{q}] = m \to S_m)\ \mathbf{fi}, |\psi\rangle\rangle \xrightarrow{\|M_m|\psi\rangle\|^2} \langle S_m, \frac{M_m|\psi\rangle}{\|M_m|\psi\rangle\|}\rangle}$$

(L0′) $$\overline{\langle \mathbf{while}\ M[\overline{q}] = 1\ \mathbf{do}\ S\ \mathbf{od}, |\psi\rangle\rangle \xrightarrow{\|M_0|\psi\rangle\|^2} \langle E, \frac{M_0|\psi\rangle}{\|M_0|\psi\rangle\|}\rangle}$$

(L1′) $$\overline{\langle \mathbf{while}\ M[\overline{q}] = 1\ \mathbf{do}\ S\ \mathbf{od}, |\psi\rangle\rangle \xrightarrow{\|M_1|\psi\rangle\|^2} \langle S; \mathbf{while}\ M[\overline{q}] = 1\ \mathbf{do}\ S\ \mathbf{od}, \frac{M_1|\psi\rangle}{\|M_1|\psi\rangle\|}\rangle}$$

図 3.2 純粋状態の量子的 while プログラムの遷移規則

をとる．

$$\langle S, |\psi\rangle\rangle \xrightarrow{p} \langle S', |\psi'\rangle\rangle$$

確率 $p = 1$ の場合には，この遷移を

$$\langle S, |\psi\rangle\rangle \to \langle S', |\psi'\rangle\rangle$$

と略記する．もちろん，図 3.2 の規則は，それぞれ図 3.1 の対応する規則の特別な場合である．逆に，混合状態（純粋状態のアンサンブル）と密度作用素の間の対応を用いると，図 3.1 の規則は，図 3.2 の対応する規則から導くことができる．

図 3.2 には，初期化規則 (IN) の純粋状態版が含まれていないことに気づいただろうか．実際には，規則 (IN) の純粋状態版はない．なぜなら，初期化によって純粋状態から混合状態に移ってしまうことができるからである．初期化 $q := |0\rangle$ は，局所変数 q の状態を純粋状態 $|0\rangle$ に変えるが，ほかの変数への副作

用により，すべての変数 $qVar$ の大域的状態 $|\psi\rangle \in \mathcal{H}_{\mathrm{all}}$ を混合状態に遷移させるかもしれないのである．規則 (IN) をもっと明確に理解するために，例として $type(q) = \mathbf{integer}$ の場合をみてみよう．

例 3.2.3

(i) まず，ρ が純粋状態，すなわち，ある $|\psi\rangle \in \mathcal{H}_{\mathrm{all}}$ に対して $\rho = |\psi\rangle\langle\psi|$ である場合を考える．$|\psi\rangle$ は次のように表すことができる．

$$|\psi\rangle = \sum_k \alpha_k |\psi_k\rangle$$

ただし，すべての $|\psi_k\rangle$ は積状態，具体的には

$$|\psi_k\rangle = \bigotimes_{p \in qVar} |\psi_{kp}\rangle$$

であるものとする．このとき，

$$\rho = \sum_{k,l} \alpha_k \alpha_l^* |\psi_k\rangle\langle\psi_l|$$

となる．初期化 $q := |0\rangle$ の後では，状態は

$$\begin{aligned}
\rho_0^q &= \sum_{n=-\infty}^{\infty} |0\rangle_q \langle n| \rho |n\rangle_q \langle 0| \\
&= \sum_{k,l} \alpha_k \alpha_l^* \left(\sum_{n=-\infty}^{\infty} |0\rangle_q \langle n| |\psi_k\rangle\langle\psi_l| |n\rangle_q \langle 0| \right) \\
&= \sum_{k,l} \alpha_k \alpha_l^* \left(\sum_{n=-\infty}^{\infty} \langle\psi_{lq}|n\rangle \langle n|\psi_{kq}\rangle \right) \left(|0\rangle_q\langle 0| \otimes \bigotimes_{p \neq q} |\psi_{kp}\rangle\langle\psi_{lp}| \right) \\
&= \sum_{k,l} \alpha_k \alpha_l^* \langle\psi_{lq}|\psi_{kq}\rangle \left(|0\rangle_q\langle 0| \otimes \bigotimes_{p \neq q} |\psi_{kp}\rangle\langle\psi_{lp}| \right) \\
&= |0\rangle_q\langle 0| \otimes \left(\sum_{k,l} \alpha_k \alpha_l^* \langle\psi_{lq}|\psi_{kq}\rangle \bigotimes_{p \neq q} |\psi_{kp}\rangle\langle\psi_{lp}| \right)
\end{aligned}$$

(3.5)

になる．ρ が純粋状態であるとしても，ρ_0^q は必ずしも純粋状態ではないことはあきらかである．

(ii) 一般に,ρ は混合状態 $\{(p_i, |\psi_i\rangle)\}$ から生成されたもの,すなわち

$$\rho = \sum_i p_i |\psi_i\rangle\langle\psi_i|$$

であるとする.それぞれの i について,$\rho_i = |\psi_i\rangle\langle\psi_i|$ とし,これが初期化によって ρ_{i0}^q になると仮定する.純粋状態の場合の考察により,ρ_{i0}^q は次の形式で表すことができる.

$$\rho_{i0}^q = |0\rangle_q\langle 0| \otimes \left(\sum_k \alpha_{ik} |\varphi_{ik}\rangle\langle\varphi_{ik}|\right)$$

ここで,すべての k について,$|\varphi_{ik}\rangle \in \mathcal{H}_{qVar\setminus\{q\}}$ である.このとき,初期化によって ρ は

$$\begin{aligned}
\rho_0^q &= \sum_{n=-\infty}^{\infty} |0\rangle_q\langle n| \rho |n\rangle_q\langle 0| \\
&= \sum_i p_i \left(\sum_{n=-\infty}^{\infty} |0\rangle_q\langle n| \rho_i |n\rangle_q\langle 0|\right) \\
&= |0\rangle_q\langle 0| \otimes \left(\sum_{i,k} p_i \alpha_{ik} |\varphi_{ik}\rangle\langle\varphi_{ik}|\right)
\end{aligned} \quad (3.6)$$

になる.

式 (3.5) および (3.6) から,量子変数 q の状態を $|0\rangle$ にしても,ほかの量子変数の状態は変わらないことが分かる.

練習問題 3.2.4 式 (3.5) の ρ_0^q が純粋状態であるための必要十分条件を求めよ.(ヒント:密度作用素 ρ は,$\mathrm{tr}(\rho^2) = 1$ であるとき,そしてそのときに限り,純粋状態である.[174] 練習問題 2.71 を参照のこと.)

量子プログラムの計算:

ここで,量子プログラムの計算の概念は,計算状況の遷移を用いて自然に定義することができる.

定義 3.2.5 S を量子プログラムとし,$\rho \in \mathcal{D}(\mathcal{H}_{\mathrm{all}})$ とする.

(i) ρ から始まる S の遷移の系列は,次の形式の計算状況の有限列または無限列である.

$$\langle S, \rho \rangle \to \langle S_1, \rho_1 \rangle \to \cdots \to \langle S_n, \rho_n \rangle \to \langle S_{n+1}, \rho_{n+1} \rangle \to \cdots$$

ただし,(有限列の場合の最後の n を除く)すべての n について,$\rho_n \neq 0$ である.

(ii) この列をさらに延長することができないならば,これを ρ から始まる S の計算と呼ぶ.

- **(a)** S の計算が有限列で,最後の計算状況が $\langle E, \rho' \rangle$ であるとき,S の計算は ρ' で停止するという.
- **(b)** S の計算が無限列ならば,S の計算は発散するという.さらに,ρ から始まる発散する計算があるならば,S は ρ から発散しうるという.

この定義の説明のために,簡単な例をみてみよう.

例 3.2.6 $type(q_1) = \textbf{Boolean}$ および $type(q_2) = \textbf{integer}$ とする.次のプログラムを考える.

$$\begin{aligned}
S \equiv\ & q_1 := |0\rangle\,;q_2 := |0\rangle\,;q_1 := H[q_1]; q_2 := q_2 + 7; \\
& \textbf{if } M[q_1] = 0 \to S_1 \\
& \quad \Box \qquad\quad\ 1 \to S_2 \\
& \textbf{fi}
\end{aligned}$$

ただし,

- H はアダマール変換で,$q_2 := q_2 + 7$ は,T_7 を例 2.1.25 で定義した変換作用素として,

$$q_2 := T_7[q_2]$$

を書き換えたものである.

- M は,$\mathcal{H}_2$ の計算基底 $|0\rangle$,$|1\rangle$ による測定,すなわち,$M = \{M_0, M_1\}$,$M_0 = |0\rangle\langle 0|$,$M_1 = |1\rangle\langle 1|$ である.

- $S_1 \equiv \textbf{skip}$

- $S_2 \equiv \textbf{while } N[q_2] = 1 \textbf{ do } q_1 := X[q_1] \textbf{ od}$ において,X はパウリ行列(すなわち NOT ゲート),$N = \{N_0, N_1\}$,

$$N_0 = \sum_{n=-\infty}^{0} |n\rangle\langle n|, \qquad N_1 = \sum_{n=1}^{\infty} |n\rangle\langle n|$$

である.

$$\rho = |1\rangle_{q_1}\langle 1| \otimes |-1\rangle_{q_2}\langle -1| \otimes \rho_0 \text{ および}$$

$$\rho_0 = \bigotimes_{q \neq q_1, q_2} |0\rangle_q \langle 0|$$

とするとき,ρ から始まる S の計算は,

$$\langle S, \rho \rangle \to \langle q_2 := |0\rangle; q_1 := H[q_1]; q_2 := q_2 + 7; \mathbf{if} \ldots \mathbf{fi}, \rho_1 \rangle$$
$$\to \langle q_1 := H[q_1]; q_2 := q_2 + 7; \mathbf{if} \ldots \mathbf{fi}, \rho_2 \rangle$$
$$\to \langle q_2 := q_2 + 7; \mathbf{if} \ldots \mathbf{fi}, \rho_3 \rangle$$
$$\to \langle \mathbf{if} \ldots \mathbf{fi}, \rho_4 \rangle$$
$$\to \begin{cases} \langle S_1, \rho_5 \rangle \to \langle E, \rho_5 \rangle \\ \langle S_2, \rho_6 \rangle \end{cases}$$

$$\langle S_2, \rho_6 \rangle \to \langle q_1 := X[q_1]; S_2, \rho_6 \rangle$$
$$\to \langle S_2, \rho_5 \rangle$$
$$\to \cdots$$
$$\to \langle q_1 := X[q_1]; S_2, \rho_6 \rangle \quad (2n-1 \text{ 回の遷移により})$$
$$\to \langle S_2, \rho_5 \rangle$$
$$\to \cdots$$

となる.ただし,

$$\rho_1 = |0\rangle_{q_1}\langle 0| \otimes |-1\rangle_{q_2}\langle -1| \otimes \rho_0$$
$$\rho_2 = |0\rangle_{q_1}\langle 0| \otimes |0\rangle_{q_2}\langle 0| \otimes \rho_0$$
$$\rho_3 = |+\rangle_{q_1}\langle +| \otimes |0\rangle_{q_2}\langle 0| \otimes \rho_0$$
$$\rho_4 = |+\rangle_{q_1}\langle +| \otimes |7\rangle_{q_2}\langle 7| \otimes \rho_0$$
$$\rho_5 = \frac{1}{2} |0\rangle_{q_1}\langle 0| \otimes |7\rangle_{q_2}\langle 7| \otimes \rho_0$$
$$\rho_6 = \frac{1}{2} |1\rangle_{q_1}\langle 1| \otimes |7\rangle_{q_2}\langle 7| \otimes \rho_0$$

である.したがって,S は ρ から発散しうる.S_2 には,

$$\langle S_2, \rho_6 \rangle \to \langle E, 0_{\mathcal{H}_{\mathrm{all}}} \rangle$$

という遷移もあるが,遷移後の計算状況の部分密度作用素がゼロ作用素であるような遷移は取り除いていることに注意せよ.

非決定性：

この節を終えるにあたって，古典的 while プログラムと量子的 while プログラムの操作的意味の興味深い差異を考察しよう．古典的 while プログラムは，与えられた状態から始まる計算はただ一つだけである決定性プログラムの典型的なクラスである．（ここで，条件文 if ... then ... else だけなく，場合分け文 (3.1) も含めるならば，ガード $G_1, G_2, \ldots, G_n$ は互いに重なり合わないことを前提とする．）しかしながら，量子的 while プログラムでは，もはやそのような決定性をもたないことが，この例から分かる．なぜなら，文 if $(\square m \cdot M[\overline{q}] = m \to S_m)$ fi や while $M[\overline{q}] = 1$ do S od での測定において蓋然性が導入されているからである．本質的には，定義 3.2.2 で与えられる量子プログラムの操作的意味 → は，確率的遷移関係である．しかしながら，確率を部分密度作用素に組み入れた後では，蓋然性は，遷移規則 (IF), (L0), (L2) の非決定性として現れる．それゆえ，操作的意味 → は，非決定性遷移関係として理解されるべきである．

3.3 表示的意味

前節では，量子プログラムの操作的意味を定義した．このとき，これをもとにして，もっと正確にいえば，定義 3.2.5 で導入した計算の概念にもとづいて表示的意味を定義することができる．量子プログラムの表示的意味は，部分密度作用素をそれ自体に写像する意味関数である．直感的には，任意の量子プログラム S に対して，S の意味関数は，S が停止するすべての計算の結果を一括りにしたものである．

計算状況 $\langle S', \rho' \rangle$ が，$\langle S, \rho \rangle$ から n 段階の遷移関係 → を経て到達することができる．すなわち，計算状況 $\langle S_1, \rho_1 \rangle, \ldots, \langle S_{n-1}, \rho_{n-1} \rangle$ で，

$$\langle S, \rho \rangle \to \langle S_1, \rho_1 \rangle \to \cdots \to \langle S_{n-1}, \rho_{n-1} \rangle \to \langle S', \rho' \rangle$$

となるとき，

$$\langle S, \rho \rangle \to^n \langle S', \rho' \rangle$$

と表記する．さらに，→* によって，→ の反射的推移閉包を表す．すなわち，

$$\langle S, \rho \rangle \to^* \langle S', \rho' \rangle$$

であるのは,ある $n \geq 0$ に対して,$\langle S, \rho \rangle \to^n \langle S', \rho' \rangle$ となるとき,そしてそのときに限る.

定義 3.3.1 S を量子プログラムとする.S の意味関数

$$[\![S]\!] : \mathcal{D}(\mathcal{H}_{\mathrm{all}}) \to \mathcal{D}(\mathcal{H}_{\mathrm{all}})$$

を,すべての $\rho \in \mathcal{D}(\mathcal{H}_{\mathrm{all}})$ について,次の式で定義する.

$$[\![S]\!](\rho) = \sum \{\!|\rho' : \langle S, \rho \rangle \to^* \langle E, \rho' \rangle |\!\} \tag{3.7}$$

ただし,$\{\!|\cdot|\!\}$ は多重集合,すなわち,同じ要素を複数個含むことを許す(一般化された)集合である.

式 (3.7) において,通常の集合ではなく多重集合を用いる理由は,前節の規則 (IF), (L0), (L1) から分かるように,同じ部分密度作用素が相異なる計算経路から得られるかもしれないからである.次の簡単な例は,そのような場合を分かりやすく示している.

例 3.3.2 $type(q) = \mathbf{Boolean}$ として,次のプログラムを考える.

$$S \equiv q := |0\rangle\,; q := H[q]; \mathbf{if}\ M[q] = 0 \to S_0$$
$$\square \qquad 1 \to S_1$$
$$\mathbf{fi}$$

ただし,

- M は 1 量子ビットの状態空間 $\mathcal{H}_2$ の計算基底 $|0\rangle$, $|1\rangle$ による測定である.
- $S_0 \equiv q := I[q]$ および $S_1 \equiv q := X[q]$ において,I と X はそれぞれ恒等作用素と NOT ゲートである.

$\rho = |0\rangle_{\mathrm{all}}\langle 0|$ とする.ただし,

$$|0\rangle_{\mathrm{all}} = \bigotimes_{q \in qVar} |0\rangle_q$$

である．このとき，ρ から始まる S の計算は

$$\langle S, \rho \rangle \to \langle q := H[q]; \mathbf{if} \ldots \mathbf{fi}, \rho \rangle$$
$$\to \langle \mathbf{if} \ldots \mathbf{fi}, |+\rangle_q \langle +| \otimes \bigotimes_{p \neq q} |0\rangle_p \langle 0| \rangle$$
$$\to \begin{cases} \langle S_0, \frac{1}{2} |0\rangle_q \langle 0| \otimes \bigotimes_{p \neq q} |0\rangle_p \langle 0| \rangle \to \langle E, \frac{1}{2}\rho \rangle \\ \langle S_1, \frac{1}{2} |1\rangle_q \langle 1| \otimes \bigotimes_{p \neq q} |0\rangle_p \langle 0| \rangle \to \langle E, \frac{1}{2}\rho \rangle \end{cases}$$

となる．したがって，

$$[\![S]\!](\rho) = \frac{1}{2}\rho + \frac{1}{2}\rho = \rho$$

が得られる．

3.3.1 意味関数の基本性質

古典的プログラム理論と同じように，操作的意味は，量子プログラムの実行を記述するのに便利である．一方，表示的意味は，量子プログラムの数学的性質を研究するのに適している．ここで，量子プログラムについて論証するのに役立つ，意味関数のいくつかの基本的性質をあきらかにしておく．

まず，任意の量子プログラムの意味関数は線形であることを示す．

補題 3.3.3（線形性） $\rho_1, \rho_2 \in \mathcal{D}(\mathcal{H}_{\mathrm{all}})$ とし，$\lambda_1, \lambda_2 \geq 0$ とする．$\lambda_1 \rho_1 + \lambda_2 \rho_2 \in \mathcal{D}(\mathcal{H}_{\mathrm{all}})$ であるとき，任意の量子プログラム S に対して

$$[\![S]\!](\lambda_1 \rho_1 + \lambda_2 \rho_2) = \lambda_1 [\![S]\!](\rho_1) + \lambda_2 [\![S]\!](\rho_2)$$

が成り立つ．

証明： S の構造に関する数学的帰納法によって，次の事実を証明することができる．

- 主張：$\langle S, \rho_1 \rangle \to \langle S', \rho_1' \rangle$ かつ $\langle S, \rho_2 \rangle \to \langle S', \rho_2' \rangle$ ならば，

$$\langle S, \lambda_1 \rho_1 + \lambda_2 \rho_2 \rangle \to \langle S', \lambda_1 \rho_1' + \lambda_2 \rho_2' \rangle$$

が成り立つ．

これから，すぐに補題の主張を導くことができる． □

練習問題 3.3.4 補題 3.3.3 の証明中の主張を証明せよ．

つぎに，while ループを除く量子プログラムの意味関数の構造的表現を示す．量子的ループの意味関数の表現は，束論における数学的道具立てが必要であるため，次の 3.3.2 節で必要な準備をした後，3.3.3 節において示す．

命題 3.3.5（構造的表現）

(i)　$[\![\mathbf{skip}]\!](\rho) = \rho$

(ii)　(a) $type(q) = \mathbf{Boolean}$ の場合は，

$$[\![q := |0\rangle]\!](\rho) = |0\rangle_q \langle 0| \rho |0\rangle_q \langle 0| + |0\rangle_q \langle 1| \rho |1\rangle_q \langle 0|$$

となる．

(b) $type(q) = \mathbf{integer}$ の場合は，

$$[\![q := |0\rangle]\!](\rho) = \sum_{n=-\infty}^{\infty} |0\rangle_q \langle n| \rho |n\rangle_q \langle 0|$$

となる．

(iii)　$[\![\overline{q} := U[\overline{q}]]\!](\rho) = U\rho U^\dagger$

(iv)　$[\![S_1; S_2]\!](\rho) = [\![S_2]\!]([\![S_1]\!](\rho))$

(v)　$[\![\mathbf{if}\ (\square m \cdot M[\overline{q}] = m \to S_m)\ \mathbf{fi}]\!](\rho) = \sum_m [\![S_m]\!](M_m \rho M_m^\dagger)$

証明:　(i), (ii), (iii) は自明である．

(iv) は，補題 3.3.3 と規則 (SC) を用いると

$$
\begin{aligned}
[\![S_2]\!]([\![S_1]\!](\rho)) &= [\![S_2]\!]\left(\sum \{\!|\rho_1 : \langle S_1, \rho\rangle \to^* \langle E, \rho_1\rangle |\!\}\right) \\
&= \sum \{\!|[\![S_2]\!](\rho_1) : \langle S_1, \rho\rangle \to^* \langle E, \rho_1\rangle |\!\} \\
&= \sum \left\{\!\left|\sum \{\!|\rho' : \langle S_2, \rho_1\rangle \to^* \langle E, \rho'\rangle |\!\} : \langle S_1, \rho\rangle \to^* \langle E, \rho_1\rangle \right|\!\right\} \\
&= \sum \{\!|\rho' : \langle S_1, \rho\rangle \to^* \langle E, \rho_1\rangle \text{ かつ } \langle S_2, \rho_1\rangle \to^* \langle E, \rho'\rangle |\!\} \\
&= \sum \{\!|\rho' : \langle S_1; S_2, \rho\rangle \to^* \langle E, \rho'\rangle |\!\} \\
&= [\![S_1; S_2]\!](\rho)
\end{aligned}
$$

が得られる．

(v) は,規則 (IF) より直ちに得られる. □

3.3.2 量子プログラムの意味領域

量子的 while ループの意味関数の表現を提示するためには,まず,それに向かって進む道の地ならしをしなければならない.この節では,部分密度作用素と量子操作の意味領域を調べる.この節で提示する定義と補題は,3.4 節や第 7 章でも用いる.

束論の基礎:

まず,束論の前提知識を復習する.

定義 3.3.6 半順序とは,対 $(L, \sqsubseteq)$ で,L は空でない集合,$\sqsubseteq$ は次の条件を満たす L 上の 2 項関係である.

(i) 反射則:すべての $x \in L$ に対して,$x \sqsubseteq x$ が成り立つ.
(ii) 反対称則:すべての $x, y \in L$ に対して,$x \sqsubseteq y$ かつ $y \sqsubseteq x$ ならば $x = y$ が成り立つ.
(iii) 推移則:すべての $x, y, z \in L$ に対して,$x \sqsubseteq y$ かつ $y \sqsubseteq z$ ならば,$x \sqsubseteq z$ が成り立つ.

定義 3.3.7 $(L, \sqsubseteq)$ を半順序とする.

(i) 元 $x \in L$ は,すべての $y \in L$ に対して $x \sqsubseteq y$ であるとき,L の最小元という.通常,最小元は 0 と表記する.
(ii) 元 $x \in L$ は,すべての $x \in X \subseteq L$ に対して $y \sqsubseteq x$ となるとき,X の上界という.
(iii) x は,次の条件を満たすとき,X の上限(最小上界)といい,$x = \bigsqcup X$ と表記する.
　　(a) x は X の上界である.
　　(b) X の任意の上界 y に対して,$x \sqsubseteq y$ が成り立つ.

X が列 $\{x_n\}_{n=0}^{\infty}$ である場合の $\bigsqcup X$ を，$\bigsqcup_{n=0}^{\infty} x_n$ または $\bigsqcup_n x_n$ と書くことが多い．

定義 3.3.8 完備半順序（CPO）は，次の条件を満たす半順序 $(L, \sqsubseteq)$ である．

(i) 最小元 0 をもつ．

(ii) L の任意の増大列 $\{x_n\}$，すなわち，

$$x_0 \sqsubseteq \cdots \sqsubseteq x_n \sqsubseteq x_{n+1} \sqsubseteq \cdots$$

に対して，$\bigsqcup_{n=0}^{\infty} x_n$ が存在する．

定義 3.3.9 $(L, \sqsubseteq)$ を CPO とする．このとき，L からそれ自体への関数 f は，L の任意の増大列 $\{x_n\}$ に対して，次の条件を満たすとき，連続という．

$$f\left(\bigsqcup_n x_n\right) = \bigsqcup_n f(x_n)$$

次の定理は，ループと再帰プログラムの意味論を記述するために，プログラム理論では広く使われている．

定理 3.3.10（ナスター–タルスキ） $(L, \sqsubseteq)$ を CPO とし，関数 $f : L \to L$ は連続であるとする．このとき，f は，最小不動点

$$\mu f = \bigsqcup_{n=0}^{\infty} f^{(n)}(0)$$

（すなわち，$f(\mu f) = \mu f$ であり，$f(x) = x$ ならば $\mu f \sqsubseteq x$ が成り立つ）をもつ．ただし，

$$\begin{cases} f^{(0)}(0) = 0 \\ f^{(n+1)}(0) = f(f^{(n)}(0)) \quad (n \geq 0) \end{cases}$$

とする．

練習問題 3.3.11 定理 3.3.10 を証明せよ．

部分密度作用素の意味領域：

それでは，量子的 while ループの表現に必要となる量子的対象の束論的構造を考える．実際には，2 階層の量子的対象を扱う必要がある．低レベルの対象は

部分密度作用素である．$\mathcal{H}$ を任意のヒルベルト空間とする．部分密度作用素の集合 $\mathcal{D}(\mathcal{H})$ に対する半順序は，すでに定義 2.1.18 で導入した．そこでは，レヴナー順序を次のように定義したことを思い出そう．任意の作用素 $A, B \in L(\mathcal{H})$ に対して，$B - A$ が正作用素ならば，$A \sqsubseteq B$ とする．レヴナー順序 $\sqsubseteq$ を入れた $\mathcal{D}(\mathcal{H})$ は，次のような束論的性質をもつ．

補題 3.3.12 $(\mathcal{D}(\mathcal{H}), \sqsubseteq)$ は，ゼロ作用素 $0_{\mathcal{H}}$ を最小元とする CPO である．

量子操作の意味領域：

つぎに，量子操作の束論的構造を考える．（定義 2.1.43 を参照のこと．）

補題 3.3.13 ヒルベルト空間 $\mathcal{H}$ のそれぞれの量子操作は，$(\mathcal{D}(\mathcal{H}), \sqsubseteq)$ からそれ自体への連続関数である．

ヒルベルト空間 $\mathcal{H}$ の量子操作の集合を $\mathcal{QO}(\mathcal{H})$ と表記する．量子操作は，部分密度作用素よりも上位レベルの量子オブジェクトのクラスであると考える．なぜなら，$\mathcal{D}(\mathcal{H}) \subseteq \mathcal{L}(\mathcal{H})$ であるのに対して，$\mathcal{QO}(\mathcal{H}) \subseteq \mathcal{L}(\mathcal{L}(\mathcal{H}))$ であるからである．

作用素の間のレヴナー順序から，自然に量子操作の間の半順序が導かれる．任意の $E, F \in \mathcal{QO}(\mathcal{H})$ に対して，

$$E \sqsubseteq F \Leftrightarrow \text{すべての} \rho \in \mathcal{D}(\mathcal{H}) \text{に対して} E(\rho) \sqsubseteq F(\rho)$$

が成り立つ．ある意味で，レヴナー順序を低レベルの対象 $\mathcal{D}(\mathcal{H})$ から高レベルの対象 $\mathcal{QO}(\mathcal{H})$ に持ち上げたといえる．

補題 3.3.14 $(\mathcal{QO}(\mathcal{H}), \sqsubseteq)$ は CPO である．

補題 3.3.12, 3.3.13, 3.3.14 の証明はかなり込み入っている．これらの証明は，見通しをよくするために 3.6 節にまわす．

3.3.3 ループの意味関数

これで，有限の構文的近似の意味関数の極限として量子的 **while** ループが表せ

ることを示す準備ができた．このためには，いくつかの概念を追加する必要がある．abort は量子プログラムで，その意味関数は，任意の $\rho \in \mathcal{D}(\mathcal{H})$ に対して

$$[\![\mathbf{abort}]\!](\rho) = 0_{\mathcal{H}_{\mathrm{all}}}$$

となる．直感的には，プログラム abort が停止することの保証はまったくされていない．たとえば，q を量子変数，$M_{\mathrm{trivial}} = \{M_0 = 0_{\mathcal{H}_q}, M_1 = I_{\mathcal{H}_q}\}$ を状態空間 $\mathcal{H}_q$ の自明な測定として，

$$\mathbf{abort} \equiv \mathbf{while}\ M_{\mathrm{trivial}}[q] = 1\ \mathbf{do}\ \mathbf{skip}\ \mathbf{od}$$

とすることができる．プログラム abort は，量子的ループの構文的近似を帰納的に定義する際の土台になる．

定義 3.3.15 次の量子的ループを考える．

$$\mathbf{while} \equiv \mathbf{while}\ M[\overline{q}] = 1\ \mathbf{do}\ S\ \mathbf{od} \tag{3.8}$$

任意の整数 $k \geq 0$ に対して，while の k 次構文的近似 $\mathbf{while}^{(k)}$ を，次のように帰納的に定義する．

$$\begin{cases} \mathbf{while}^{(0)} \equiv \mathbf{abort} \\ \mathbf{while}^{(k+1)} \equiv \mathbf{if}\ M[\overline{q}] = 0 \to \mathbf{skip} \\ \qquad\qquad\quad \square \qquad 1 \to S; \mathbf{while}^{(k)} \quad (k \geq 0) \\ \qquad\qquad\quad \mathbf{fi} \end{cases}$$

このとき，量子的 while ループの意味関数は次のように表現される．

命題 3.3.16 while を量子的ループ (3.8) とする．このとき，

$$[\![\mathbf{while}]\!] = \bigsqcup_{k=0}^{\infty} [\![\mathbf{while}^{(k)}]\!]$$

となる．ただし，すべての $k \geq 0$ について，$\mathbf{while}^{(k)}$ は，while の k 次構文的近似とし，演算 $\bigsqcup$ は，量子操作の上限，すなわち，CPO $(\mathcal{QO}(\mathcal{H}_{\mathrm{all}}), \sqsubseteq)$ における最小上界とする．

3.3 表示的意味

証明: $i = 0, 1$ について,次の補助作用素

$$\mathcal{E}_i : \mathcal{D}(\mathcal{H}_{\text{all}}) \to \mathcal{D}(\mathcal{H}_{\text{all}})$$

を導入し,任意の $\rho \in \mathcal{D}(\mathcal{H})$ に対して,$\mathcal{E}_i(\rho) = M_i \rho M_i^\dagger$ と定義する.

まず,任意の $k \geq 1$ について次の式が成り立つことを k に関する数学的帰納法で示す.

$$[\![\mathbf{while}^{(k)}]\!](\rho) = \sum_{n=0}^{k-1} [\mathcal{E}_0 \circ ([\![S]\!] \circ \mathcal{E}_1)^n](\rho)$$

この等式中の記号 $\circ$ は,量子操作の合成を表す.すなわち,量子操作 $\mathcal{E}$ と $\mathcal{F}$ の合成 $\mathcal{F} \circ \mathcal{E}$ は,任意の $\rho \in \mathcal{D}(\mathcal{H})$ に対して $(\mathcal{F} \circ \mathcal{E})(\rho) = \mathcal{F}(\mathcal{E}(\rho))$ と定義する. $k = 1$ の場合は自明である.命題 3.3.5 (i), (iv), (v) および $k-1$ の場合の帰納法の仮定から

$$\begin{aligned}
[\![\mathbf{while}^{(k)}]\!](\rho) &= [\![\mathbf{skip}]\!](\mathcal{E}_0(\rho)) + [\![S; \mathbf{while}^{(k-1)}]\!](\mathcal{E}_1(\rho)) \\
&= \mathcal{E}_0(\rho) + [\![\mathbf{while}^{(k-1)}]\!](([\![S]\!] \circ \mathcal{E}_1)(\rho)) \\
&= \mathcal{E}_0(\rho) + \sum_{n=0}^{k-2} [\mathcal{E}_0 \circ ([\![S]\!] \circ \mathcal{E}_1)^n](([\![S]\!] \circ \mathcal{E}_1)(\rho)) \\
&= \sum_{n=0}^{k-1} [\mathcal{E}_0 \circ ([\![S]\!] \circ \mathcal{E}_1)^n](\rho)
\end{aligned} \tag{3.9}$$

が得られる.

つぎに,

$$\begin{aligned}
[\![\mathbf{while}]\!](\rho) &= \sum \{\!|\rho' : \langle \mathbf{while}, \rho \rangle \to^* \langle E, \rho' \rangle |\!\} \\
&= \sum_{k=1}^{\infty} \sum \{\!|\rho' : \langle \mathbf{while}, \rho \rangle \to^k \langle E, \rho' \rangle |\!\}
\end{aligned}$$

であるから,任意の $k \geq 1$ に対して,次の式が成り立つことを示せば十分である.

$$\sum \{\!|\rho' : \langle \mathbf{while}, \rho \rangle \to^k \langle E, \rho' \rangle |\!\} = \left[\mathcal{E}_0 \circ ([\![S]\!] \circ \mathcal{E}_1)^{k-1} \right](\rho)$$

k に関する数学的帰納法を用いてこの等式を証明するのは難しくない. □

この命題から,量子的ループの意味関数を不動点によって特徴づけられる.

系 3.3.17 while を量子的ループ (3.8) とする．このとき，任意の $\rho \in \mathcal{D}(\mathcal{H}_{\mathrm{all}})$ に対して，次の式が成り立つ．

$$[\![\mathbf{while}]\!](\rho) = M_0 \rho M_0^\dagger + [\![\mathbf{while}]\!]([\![S]\!](M_1 \rho M_1^\dagger))$$

証明： 命題 3.3.16 と式 (3.9) から直ちに示すことができる． □

3.3.4 量子変数の変更とアクセス

プログラムの挙動を理解する上で重要な関心事の一つは，そのプログラムの実行に際して，プログラム変数の状態がどのように変更され，またプログラム変数がどのようにアクセスされるかを観測することである．ここまでに調べた意味関数の最初の応用として，量子プログラムに対するこの問題に取り組もう．

表現を簡単にするために，次のような略記法を導入する．$X \subseteq qVar$ を量子変数の集合とする．任意の作用素 $A \in \mathcal{L}(\mathcal{H}_{\mathrm{all}})$ に対して

$$\mathrm{tr}_X(A) = \mathrm{tr}_{\bigotimes_{q \in X} \mathcal{H}_q}(A)$$

と表記する．ここで，$\mathrm{tr}_{\bigotimes_{q \in X} \mathcal{H}_q}$ は，系 $\bigotimes_{q \in X} \mathcal{H}_q$ 上の部分跡である．（定義 2.1.39）このとき，次の命題が成り立つ．

命題 3.3.18

(i) $\mathrm{tr}([\![S]\!](\rho)) = \mathrm{tr}(\rho)$ であれば，$\mathrm{tr}_{\mathrm{qvar}(S)}([\![S]\!](\rho)) = \mathrm{tr}_{\mathrm{qvar}(S)}(\rho)$ となる．

(ii)

$$\mathrm{tr}_{qVar \setminus \mathrm{qvar}(S)}(\rho_1) = \mathrm{tr}_{qVar \setminus \mathrm{qvar}(S)}(\rho_2)$$

が成り立つならば，

$$\mathrm{tr}_{qVar \setminus \mathrm{qvar}(S)}([\![S]\!](\rho_1)) = \mathrm{tr}_{qVar \setminus \mathrm{qvar}(S)}([\![S]\!](\rho_2))$$

が成り立つ．

定義 2.1.39 から，すべての量子変数の大域的状態が ρ であるとき，$\mathrm{tr}_X(\rho)$ は X に含まない量子変数の状態を記述していることを思い出そう．すると，直感的には，命題 3.3.18 は次のように説明することができる．

- 命題 3.3.18(i) は，プログラム S を実行した後の $\mathrm{qvar}(S)$ に含まれない量子変数の状態は S を実行する前の状態と同じであることを示している．これは，プログラム S が，$\mathrm{qvar}(S)$ に含まれる変数だけを変更しうることを意味する．
- 命題 3.3.18(ii) は，二つの入力状態 ρ_1 と ρ_2 が $\mathrm{qvar}(S)$ に含まれる量子変数において一致するならば，ρ_1 および ρ_2 それぞれから始めたときの S の計算結果において，これらの量子変数の状態は一致することを示している．言い換えると，ρ_1 を入力とするプログラム S の出力が，ρ_2 を入力とするプログラム S の出力と一致しなければ，ρ_1 と ρ_2 は，$\mathrm{qvar}(S)$ に制限したときに異なっていなければならない．これは，プログラム S が高々 $\mathrm{qvar}(S)$ に含まれる変数にだけアクセスすることを意味する．

練習問題 3.3.19 命題 3.3.18 を証明せよ．（ヒント：命題 3.3.5 および 3.3.16 で示した意味関数の表現を用いよ．）

3.3.5 停止確率と発散確率

プログラムの挙動についてのまた別の重要な関心事として，そのプログラムの停止がある．量子プログラムにおけるこの問題を，意味関数が量子変数の部分密度作用素の跡を増加させないことを示す次の命題にもとづいてまず検討する．

命題 3.3.20 任意の量子プログラム S と任意の部分密度作用素 $\rho \in \mathcal{D}(\mathcal{H}_{\mathrm{all}})$ に対して，次の式が成り立つ．

$$\mathrm{tr}(\llbracket S \rrbracket(\rho)) \leq \mathrm{tr}(\rho)$$

証明： S の構造に関する数学的帰納法によって証明を進める．

(i) $S \equiv \mathbf{skip}$ の場合：自明である．
(ii) $S \equiv q := |0\rangle$ の場合：$type(q) = \mathbf{integer}$ ならば，等式 $\mathrm{tr}(AB) = \mathrm{tr}(BA)$ を用いると，次の式が得られる．

$$\mathrm{tr}(\llbracket S \rrbracket(\rho)) = \sum_{n=-\infty}^{\infty} \mathrm{tr}(|0\rangle_q \langle n| \rho |n\rangle_q \langle 0|)$$

$$= \sum_{n=-\infty}^{\infty} \mathrm{tr}(_q\langle 0|0\rangle_q \langle n| \rho |n\rangle_q)$$

$$= \mathrm{tr}\left(\left(\sum_{n=-\infty}^{\infty} |n\rangle_q \langle n|\right)\rho\right) = \mathrm{tr}(\rho)$$

$type(q) = \mathbf{Boolean}$ のときも，同様にして証明することができる．

(iii) $S \equiv \overline{q} := U[\overline{q}]$ の場合：このとき，次の式が成り立つ．

$$\mathrm{tr}(\llbracket S \rrbracket(\rho)) = \mathrm{tr}\left(U\rho U^\dagger\right) = \mathrm{tr}\left(U^\dagger U \rho\right) = \mathrm{tr}(\rho)$$

(iv) $S \equiv S_1; S_2$ の場合：S_1 および S_2 における帰納法の仮定から，次の式が得られる．

$$\mathrm{tr}(\llbracket S \rrbracket(\rho)) = \mathrm{tr}(\llbracket S_2 \rrbracket(\llbracket S_1 \rrbracket(\rho)))$$
$$\leq \mathrm{tr}(\llbracket S_1 \rrbracket(\rho))$$
$$\leq \mathrm{tr}(\rho)$$

(v) $S \equiv \mathbf{if}\ (\square m \cdot M[\overline{q}] = m \to S_m)\ \mathbf{fi}$ の場合：帰納法の仮定から次の式が得られる．

$$\mathrm{tr}(\llbracket S \rrbracket(\rho)) = \sum_m \mathrm{tr}\left(\llbracket S_m \rrbracket \left(M_m \rho M_m^\dagger\right)\right)$$
$$\leq \sum_m \mathrm{tr}\left(M_m \rho M_m^\dagger\right)$$
$$= \mathrm{tr}\left(\left(\sum_m M_m^\dagger M_m\right)\rho\right) = \mathrm{tr}(\rho)$$

(vi) $S \equiv \mathbf{while}\ M[\overline{q}] = 1\ \mathbf{do}\ S'\ \mathbf{od}$ の場合：定義 3.3.15 の $(\mathbf{while})^n$ の S を S' で置き換えて得られる文を $(\mathbf{while}')^n$ と書くことにすると，命題 3.3.16 によって，任意の $n \geq 0$ に対して，次の式を示せば十分である．

$$\mathrm{tr}\left(\llbracket (\mathbf{while}')^n \rrbracket(\rho)\right) \leq \mathrm{tr}(\rho)$$

これは，n に関する数学的帰納法によって示すことができる．$n = 0$ の場合は自明である．n と S' における帰納法の仮定によって，

3.3 表示的意味

$$\mathrm{tr}(\llbracket(\mathbf{while}')^{n+1}\rrbracket(\rho)) = \mathrm{tr}(M_0\rho M_0^\dagger) + \mathrm{tr}(\llbracket(\mathbf{while}')^n\rrbracket(\llbracket S'\rrbracket(M_1\rho M_1^\dagger)))$$
$$\leq \mathrm{tr}(M_0\rho M_0^\dagger) + \mathrm{tr}(\llbracket S'\rrbracket(M_1\rho M_1^\dagger))$$
$$\leq \mathrm{tr}(M_0\rho M_0^\dagger) + \mathrm{tr}(M_1\rho M_1^\dagger)$$
$$= \mathrm{tr}((M_0^\dagger M_0 + M_1^\dagger M_1)\rho)$$
$$= \mathrm{tr}(\rho)$$

が成り立つ． □

直感的には，$\mathrm{tr}(\llbracket S\rrbracket(\rho))$ は，状態 ρ から始めたとき，プログラム S が停止する確率である．命題 3.3.20 の証明から，$\mathrm{tr}(\llbracket S\rrbracket(\rho)) < \mathrm{tr}(\rho)$ が起こるプログラム構成要素は，S の中のループだけであることが分かる．したがって，

$$\mathrm{tr}(\rho) - \mathrm{tr}(\llbracket S\rrbracket(\rho))$$

は，入力状態 ρ からプログラム S が発散する確率である．次の例でも，このことがよく分かる．

例 3.3.21 $type(q) = \mathbf{integer}$ とし，

$$M_0 = \sum_{n=1}^{\infty} \sqrt{\frac{n-1}{2n}} (|n\rangle\langle n| + |-n\rangle\langle -n|)$$
$$M_1 = |0\rangle\langle 0| + \sum_{n=1}^{\infty} \sqrt{\frac{n+1}{2n}} (|n\rangle\langle n| + |-n\rangle\langle -n|)$$

とする．このとき，$M = \{M_0, M_1\}$ は，状態ヒルベルト空間 $\mathcal{H}_q$ の正否測定である．（M は射影測定ではないことに注意しよう．）次のプログラムを考える．

$$\mathbf{while} \equiv \mathbf{while}\ M[q] = 1\ \mathbf{do}\ q := q+1\ \mathbf{od}$$

ここで

$$\rho_0 = \bigotimes_{p \neq q} |0\rangle_p \langle 0|$$

に対して，$\rho = |0\rangle_q \langle 0| \otimes \rho_0$ とすると，いくらかの計算により

$$\llbracket(\mathbf{while})^n\rrbracket(\rho) = \begin{cases} 0_{\mathcal{H}_{\mathrm{all}}} & (n=0,1,2 \text{ の場合}) \\ \dfrac{1}{2}\left(\sum_{k=2}^{n-1} \dfrac{k-1}{k!} |k\rangle_q \langle k|\right) \otimes \rho_0 & (n \geq 3 \text{ の場合}) \end{cases}$$

$$[\![\mathbf{while}]\!](\rho) = \frac{1}{2}\left(\sum_{n=2}^{\infty}\frac{n-1}{n!}|n\rangle_q\langle n|\right)\otimes\rho_0$$

が得られ，したがって，次の式が成り立つ．

$$\mathrm{tr}([\![\mathbf{while}]\!](\rho)) = \frac{1}{2}\sum_{n=2}^{\infty}\frac{n-1}{n!} = \frac{1}{2}$$

これは，ρ を入力とするプログラム while は，確率 $1/2$ で停止し，確率 $1/2$ で発散することを意味する．

量子プログラムの停止性については，第5章でさらに系統的に調べる．

3.3.6 量子操作としての意味関数

この節の締めくくりとして，量子プログラムと量子操作（2.1.7節）の関係をあきらかにしておく．

量子プログラムの意味関数は，$\mathcal{H}_{\mathrm{all}}$ の部分密度作用素からそれ自体への写像として定義された．V を qVar の部分集合とする．$\mathcal{H}_{\mathrm{all}}$ の量子操作 $\mathcal{E}$ が，$\mathcal{H}_V = \bigotimes_{q\in V}\mathcal{H}_q$ の量子操作の柱状拡張，すなわち $\mathcal{I}$ を $\mathcal{H}_{q\mathrm{Var}\setminus V}$ の恒等量子操作として，

$$\mathcal{E} = \mathcal{F}\otimes\mathcal{I}$$

が成り立つならば，常に $\mathcal{E}$ を $\mathcal{F}$ と同一視し，$\mathcal{E}$ を $\mathcal{H}_V$ の量子操作とみることができる．この記法のもとで，次の命題が成り立つ．

命題 3.3.22 任意の量子プログラム S に対して，その意味関数 $[\![S]\!]$ は $\mathcal{H}_{\mathrm{qvar}(S)}$ の量子操作である．

証明： S の構造に関する数学的帰納法を用いて証明することができる．S がループでない場合は，定理 2.1.46(iii) と命題 3.3.5 から導くことができる．S がループの場合は，命題 3.3.16 と補題 3.3.14 から導くことができる． $\square$

逆に，すべての量子操作は量子プログラムでモデル化できるかどうか知りたくなるだろう．この問いに答えるために，まず，局所量子変数の概念を導入する．

定義 3.3.23 S を量子プログラムとし，q を量子変数列とする．このとき，

3.3 表示的意味

(i) $\overline{q}$ を局所変数とする S のブロック命令を次のように定義する．

$$\textbf{begin local } \overline{q} : S \textbf{ end} \tag{3.10}$$

(ii) ブロック命令の量子変数を次のように定義する．

$$\text{qvar}(\textbf{begin local } \overline{q} : S \textbf{ end}) = \text{qvar}(S) \setminus \overline{q}$$

(iii) ブロック命令の表示的意味は，$\mathcal{H}_{\text{qvar}(S)}$ から $\mathcal{H}_{\text{qvar}(S) \setminus \overline{q}}$ への量子操作であり，任意の密度作用素 $\rho \in \mathcal{D}(\mathcal{H}_{\text{qvar}(S)})$ に対して次のように定義する．

$$[\![\textbf{begin local } \overline{q} : S \textbf{ end}]\!](\rho) = \text{tr}_{\mathcal{H}_{\overline{q}}}([\![S]\!](\rho)) \tag{3.11}$$

ただし，$\text{tr}_{\mathcal{H}_{\overline{q}}}$ は，$\mathcal{H}_{\overline{q}}$ 上の部分跡（定義2.1.39）を表す．

ブロック命令 (3.10) の直感的な意味は，プログラム S の中で初期化されることになる $\overline{q}$ を局所変数とする環境で，S を実行するということである．S の実行後，局所変数 $\overline{q}$ で表される補助的な量子系は破棄される．これが，ブロック命令の表示的意味の定義式 (3.11) で，$\mathcal{H}_{\overline{q}}$ 上の跡がとられている理由である．式 (3.11) は，$\mathcal{H}_{\text{qvar}(S)} \setminus \overline{q}$ の部分密度作用素であることに注意する．

以降では，ブロック命令は量子プログラムとみなすことにする．このとき，前述の問いに対して肯定的に答えることができる．次の命題は，本質的に，定理 2.1.46(ii) を量子プログラムの言葉で言い直したものである．

命題 3.3.24 $qVar$ の任意の有限部分集合 V および $\mathcal{H}_V$ の任意の量子操作 $\mathcal{E}$ に対して，量子プログラム（より正確には，ブロック命令）S で，$[\![S]\!] = \mathcal{E}$ となるものが存在する．

証明： 定理 2.1.46(ii) によって，

(i) 量子変数 $\overline{p} \subseteq qVar \setminus \overline{q}$
(ii) $\mathcal{H}_{\overline{p} \cup \overline{q}}$ のユニタリ変換 U
(iii) $\mathcal{H}_{\overline{p} \cup \overline{q}}$ の閉部分空間上への射影 P
(iv) $\mathcal{H}_{\overline{p}}$ の状態 $|e_0\rangle$

が存在して，任意の $\rho \in \mathcal{D}(\mathcal{H}_{\overline{q}})$ に対して

$$\mathcal{E}(\rho) = \text{tr}_{\mathcal{H}_{\overline{p}}} \left(P U (|e_0\rangle\langle e_0| \otimes \rho) U^\dagger P \right)$$

が成り立つ．あきらかに，$\mathcal{H}_{\overline{p}}$ のユニタリ作用素 U_0 で

$$|e_0\rangle = U_0 |0\rangle_{\overline{p}}$$

となるものが見つかる．ここで，$|0\rangle_{\overline{p}} = |0\rangle \cdots |0\rangle$（$\overline{p}$ のすべての量子変数を $|0\rangle$ で初期化）とする．一方，

$$M = \{M_0 = P, M_1 = I - P\}$$

は，$\mathcal{H}_{\overline{p} \cup \overline{q}}$ の正否測定である．ただし，$\mathcal{H}_{\overline{p} \cup \overline{q}}$ の恒等作用素とする．ここで，次のように S を決めると，$[\![S]\!] = \mathcal{E}$ が簡単に確認できる．

$S \equiv \mathbf{begin\ local}\ \overline{p} : \overline{p} := |0\rangle_{\overline{p}}; \overline{p} := U_0[\overline{p}]; \overline{p} \cup \overline{q} := U[\overline{p} \cup \overline{q}];$
　　　$\mathbf{if}\ M[\overline{p} \cup \overline{q}] = 0 \to \mathbf{skip}$
　　　　$\square\ \ \ \ \ \ \ \ \ \ \ \ \ \ \ \ \ \ \ 1 \to \mathbf{abort}$
　　　$\mathbf{fi}$
　$\mathbf{end}$ □

3.4　量子プログラミングにおける古典的再帰

　再帰の考え方によって，数多くの似たようなコードで個別に規定することなく反復作業をプログラミングできるようになった．前節では，量子的 while ループというプログラム構成部品を提供することによって，量子計算において再帰の特別な場合である繰り返しを実装する while 言語の量子的拡張を調べた．再帰手続きの一般的形態は，古典的プログラミングでも広く使われている．関数を直接または間接にそれ自体を使って定義することができる再帰は，繰り返しよりも強力な技法を提供する．この節では，量子計算の手続きがそれ自体を呼び出せるようにするために，量子的 while 言語に再帰の一般的概念を追加する．

　この節で検討する再帰の概念は，**量子プログラミングにおける古典的再帰**と呼ぶのが適切である．なぜなら，制御フローは古典的である，より正確には，制御は，量子測定の結果によって決定されるからである．量子的制御を伴う再帰の概念は，第 7 章で導入する．混乱を避けるために，古典的制御による再帰を含む量

子プログラムを**再帰的量子プログラム**と呼び,量子的制御による再帰を含む量子プログラムは**量子的再帰プログラム**と呼ぶことにする.3.3.2節で準備した数学的技法を用いることにより,この節で提示する再帰的量子プログラムの理論は,古典的再帰プログラム理論のおおよそ素直な一般化になっている.しかしながら,第7章でみることになる,量子的再帰プログラムの扱いは,これに比べてかなり難しく,この節で用いる考えとは根本的に異なるアイディアが必要になる.

3.4.1 構文

まず,再帰的量子プログラムの構文を定義する.再帰的量子プログラムの語彙は,量子的 while プログラムの語彙に,$X, X_1, X_2, \ldots$ の範囲を動く手続き識別子の集合を加えたものである.

量子プログラム図式を,量子的 while プログラムを一般化して,手続き識別子を含められるようにしたものと定義する.形式的には,次のように定義される.

定義 3.4.1 量子プログラム図式は,次の構文で生成される.

$$\begin{aligned}
S ::= &\ X \mid \mathbf{skip} \mid q := |0\rangle \mid \bar{q} := U[\bar{q}] \mid S_1; S_2 \\
& \mid \mathbf{if}\ (\square m \cdot M[\bar{q}] = m \to S_m)\ \mathbf{fi} \\
& \mid \mathbf{while}\ M[\bar{q}] = 1\ \mathbf{do}\ S\ \mathbf{od}
\end{aligned} \quad (3.12)$$

構文 (3.2) と (3.12) の違いは,後者には手続き識別子 X が追加されたことだけである.プログラム図式 S が,高々,手続き識別子 $X_1, \ldots, X_n$ だけを含むとき,

$$S \equiv S[X_1, \ldots, X_n]$$

と表記する.

古典的プログラミングと同じように,量子プログラム図式の手続き識別子は,通常,手続き呼び出しによって呼び出されるサブプログラムとして使われる.手続き識別子を,次のように定義される宣言によって規定する.

定義 3.4.2 $X_1, \ldots, X_n$ を,相異なる手続き識別子とする.$X_1, \ldots, X_n$ の宣言は,次のような式の集まりである.

$$D : \begin{cases} X_1 \Leftarrow S_1 \\ \quad \cdots\cdots \\ X_n \Leftarrow S_n \end{cases} \tag{3.13}$$

ここで, すべての $1 \leq i \leq n$ について, $S_i \equiv S_i[X_1, \ldots, X_n]$ は量子プログラム図式である.

ここで, この節の鍵となる概念を導入する.

定義 3.4.3 再帰的量子プログラムは, 次のものから構成される.

(i) 主文とよばれる量子プログラム図式 $S \equiv S[X_1, \ldots, X_n]$
(ii) $X_1, \ldots, X_n$ の宣言 D

3.4.2 操作的意味

再帰的量子プログラムは, 量子プログラム図式と, それに含まれる手続き識別子の宣言を合わせたものである. したがって, まず, 与えられた宣言に関する量子プログラム図式の操作的意味を定義する. このためには, 3.2節で定義した計算状況の概念を一般化する必要がある.

定義 3.4.4

(i) S は, 量子プログラム図式または空プログラム E
(ii) $\rho \in \mathcal{D}(\mathcal{H}_{\text{all}})$ は, $\mathcal{H}_{\text{all}}$ の部分密度作用素

とするとき, 計算状況は, これらの対 $\langle S, \rho \rangle$ である.

この定義は, S がプログラムだけでなくプログラム図式であることを許す点を除いて, 定義3.2.1と同じである. ここで, 定義3.2.2で定義した量子プログラムの操作的意味は, 量子プログラム図式の場合に簡単に一般化することができる.

定義 3.4.5 宣言 D が与えられたとき, D に関する量子プログラム図式の操作的意味は, 図3.1の遷移規則と図3.3の再帰の規則を合わせて定義される計算状況の間の遷移関係 $\to_D$ である.

(REC) $\dfrac{}{\langle X_i, \rho\rangle \to_D \langle S_i, \rho\rangle}$ ($X_i \Leftarrow S_i$ が宣言 D に含まれる場合)

図 3.3 再帰的量子プログラムの遷移規則

もちろん，この定義を用いるときには，計算状況にプログラム図式が現れてもよいように，図 3.1 の規則を拡張する．また，遷移関係の記号 $\to$ は $\to_D$ で置き換える．古典的プログラミングと同じように，図 3.3 の規則 (REC) によって，実行時の手続き呼び出しは呼び出しの場所にその手続きの本体（のコピー）が挿入されるように扱われる．

3.4.3 表示的意味

3.4.2 節で述べた操作的意味にもとづき，定義 3.2.5 と 3.3.1 を素直に拡張して，量子プログラム図式の表示的意味を簡単に定義することができる．

定義 3.4.6 宣言 D が与えられたとき，任意の量子プログラム図式 S に対して，D に関する意味関数を，写像

$$[\![S \mid D]\!] : \mathcal{D}(\mathcal{H}_{\text{all}}) \to \mathcal{D}(\mathcal{H}_{\text{all}})$$

で，任意の $\rho \in \mathcal{D}(\mathcal{H}_{\text{all}})$ について

$$[\![S \mid D]\!](\rho) = \sum \{\!|\rho' : \langle S, \rho\rangle \to_D^* \langle \mathcal{E}, \rho'\rangle |\!\}$$

と定義する．ただし，$\to_D^*$ は，$\to_D$ の反射的推移閉包である．

再帰的量子プログラムが，主文 S と宣言 D で構成されているとする．この再帰的量子プログラムの表示的意味を $[\![S \mid D]\!]$ と定義する．あきらかに，S がプログラム（すなわち，手続き識別子を含まないプログラム図式）ならば，$[\![S \mid D]\!]$ は D によらず，定義 3.3.1 と一致する．また，この場合には，$[\![S \mid D]\!]$ を $[\![S]\!]$ と略記することができる．

例 3.4.7 次の宣言を考える．

$$D : \begin{cases} X_1 \Leftarrow S_1 \\ X_2 \Leftarrow S_2 \end{cases}$$

ここで,

$$S_1 \equiv \textbf{if } M[q] = 0 \to q := H[q]; X_2$$
$$\square \quad 1 \to \textbf{skip}$$
$$\textbf{fi}$$
$$S_2 \equiv \textbf{if } N[q] = 0 \to q := Z[q]; X_1$$
$$\square \quad 1 \to \textbf{skip}$$
$$\textbf{fi}$$

とし, q は 1 量子ビット変数, M は計算基底 $|0\rangle$ と $|1\rangle$ による測定, N は $|+\rangle$ と $|-\rangle$ による測定, すなわち

$$M = \{M_0 = |0\rangle\langle 0|, M_1 = |1\rangle\langle 1|\}$$
$$N = \{N_0 = |+\rangle\langle +|, N_1 = |-\rangle\langle -|\}$$

とする. このとき, 宣言 D をもつ再帰的量子プログラム X_1 の $\rho = |+\rangle\langle +|$ から始まる計算は,

$$\langle X_1, \rho \rangle \to_D \langle S_1, \rho \rangle$$
$$\to_D \begin{cases} \langle q := H[q]; X_2, \frac{1}{2}|0\rangle\langle 0| \rangle \to_D \langle X_2, \frac{1}{2}\rho \rangle \\ \langle \textbf{skip}, \frac{1}{2}|1\rangle\langle 1| \rangle \to_D \langle E, \frac{1}{2}|1\rangle\langle 1| \rangle \end{cases}$$

となる. ただし,

$$\langle X_2, \frac{1}{2}\rho \rangle \to_D \langle S_2, \frac{1}{2}\rho \rangle \to_D \langle q := Z[q]; X_1, \frac{1}{2}\rho \rangle \to_D \langle X_1, \frac{1}{2}|-\rangle\langle -| \rangle \to_D \cdots$$

であり,

$$[\![X_1 \mid D]\!](\rho) = \sum_{n=1}^{\infty} \frac{1}{2^n} |1\rangle\langle 1| = |1\rangle\langle 1|$$

が得られる.

一般の再帰プログラムのさまざまな性質を調べる前に, 前節で論じた量子的 **while** ループが, いかにして再帰的量子プログラムの特別な場合として扱うことができるかをみておこう. 次の量子的ループを考える.

$$\textbf{while} \equiv \textbf{while } M[\overline{q}] = 1 \textbf{ do } S \textbf{ od}$$

ここで,S は(手続き識別子を含まない)量子プログラムである. X を,次の宣言 D による手続き識別子とする.

$$X \Leftarrow \textbf{if } M[\overline{q}] = 0 \rightarrow \textbf{skip}$$
$$\square \qquad\quad 1 \rightarrow S; X$$
$$\textbf{fi}$$

このとき,量子的ループ **while** は,実際には,X を主文とする再帰的量子プログラムと等価になる.

練習問題 3.4.8 $[\![\textbf{while}]\!] = [\![X \mid D]\!]$ を示せ.

再帰的量子プログラムの意味関数の基本性質:

それでは,再帰的量子プログラムの意味関数のいくつかの基本性質を示そう.次の命題は,宣言に関する量子プログラム図式に対する命題 3.3.5 と 3.3.16 の一般化である.

命題 3.4.9 D を (3.13) で与えられた宣言とする. このとき,任意の $\rho \in \mathcal{D}(\mathcal{H}_{\text{all}})$ に対して,次の各項が成り立つ.

(i) $[\![X \mid D]\!](\rho) = \begin{cases} 0_{\mathcal{H}_{\text{all}}} & (X \notin \{X_1, \ldots, X_n\} \text{ の場合}) \\ [\![S_i \mid D]\!](\rho) & (X = X_i (1 \leq i \leq n) \text{ の場合}) \end{cases}$

(ii) S が **skip**,初期化,ユニタリ変換のときは,$[\![S \mid D]\!](\rho) = [\![S]\!](\rho)$ となる.

(iii) $[\![T_1; T_2 \mid D]\!](\rho) = [\![T_2 \mid D]\!]([\![T_1 \mid D]\!](\rho))$

(iv) $[\![\textbf{if } (\square m \cdot M[\overline{q}] = m \rightarrow T_m) \textbf{ fi} \mid D]\!](\rho) = \sum_m [\![T_m \mid D]\!] (M_m \rho M_m^\dagger)$

(v) $[\![\textbf{while } M[\overline{q}] = 1 \textbf{ do } S \textbf{ od} \mid D]\!](\rho) = \bigsqcup_{k=0}^{\infty} [\![\textbf{while}^{(k)} \mid D]\!](\rho)$ となる. ただし,すべての整数 $k \geq 0$ について,$\textbf{while}^{(k)}$ は,ループの k 次構文的近似(定義 3.3.15)である.

証明: 命題 3.3.5 や 3.3.16 と同じように証明することができる. □

命題 3.4.9(v) は,再帰的量子プログラムの表示的意味を構文的近似の言葉で表現できるように,さらに一般化することができる.

定義 3.4.10 主文が $S \equiv S[X_1,\ldots,X_m]$ で，宣言が (3.13) で与えられる再帰的量子プログラムを考える．任意の整数 $k \geq 0$ に対して，D に関する S の k 次構文的近似 $S_D^{(k)}$ を，次のように帰納的に定義する．

$$\begin{cases} S_D^{(0)} \equiv \mathbf{abort} \\ S_D^{(k+1)} \equiv S[S_{1D}^{(k)}/X_1,\ldots,S_{nD}^{(k)}/X_n] \quad (k \geq 0) \end{cases} \tag{3.14}$$

ただし，**abort** は 3.3.3 節で与えたものとし，

$$S[P_1/X_1,\ldots,P_n/X_n]$$

は，S 中の $X_1,\ldots,X_n$ をそれぞれ $P_1,\ldots,P_n$ で同時に置き換えた結果を表す．

この定義は，任意のプログラム図式 S に対して，k に関する帰納法によって与えられることに注意しよう．したがって，式 (3.14) の $S_{1D}^{(k)},\ldots,S_{nD}^{(k)}$ は，k に関する帰納法の仮定によってすでに定義されているものとする．あきらかに，すべての $k \geq 0$ について，$S_D^{(k)}$ は（手続き識別子を含まない）プログラムである．次の補題は，プログラムの意味論を定義するときに用いられる代入と宣言の関係を明確にする．

補題 3.4.11 D を (3.13) で与えられる宣言とする．このとき，任意のプログラム図式 S に対して，次の各項が成り立つ．

(i) $[\![S \mid D]\!] = [\![S[S_1/X_1,\ldots,S_n/X_n] \mid D]\!]$
(ii) 任意の整数 $k \geq 0$ に対して，

$$D^{(k)} = \begin{cases} X_1 \Leftarrow S_{1D}^{(k)} \\ \ldots\ldots \\ X_n \Leftarrow S_{nD}^{(k)} \end{cases}$$

とすると，$[\![S_D^{(k+1)}]\!] = [\![S \mid D^{(k)}]\!]$ が成り立つ．

証明：

(i) S の構造に関する数学的帰納法を命題 3.4.9 を組み合わせて証明することができる．

(ii) (i) から次の式が成り立つ.

$$[\![S \mid D^{(k)}]\!] = [\![S[S_{1D}^{(k)}/X_1, \ldots, S_{nD}^{(k)}/X_n] \mid D^{(k)}]\!]$$
$$= [\![S[S_{1D}^{(k)}/X_1, \ldots, S_{nD}^{(k)}/X_n]]\!]$$
$$= [\![S_D^{(k+1)}]\!]$$

□

この補題をもとにして，再帰プログラムの意味関数を構文的近似によって表現することができる．

命題 3.4.12 D を宣言とする任意の再帰プログラム S に対して，次の式が成り立つ．

$$[\![S \mid D]\!] = \bigsqcup_{k=0}^{\infty} [\![S_D^{(k)}]\!]$$

証明： 任意の $\rho \in \mathcal{D}(\mathcal{H}_{\mathrm{all}})$ に対して，次の式が成り立つことを示せばよい．

$$[\![S \mid D]\!](\rho) = \bigsqcup_{k=0}^{\infty} [\![S_D^{(k)}]\!](\rho)$$

これは，任意の整数 $r, k \geq 0$ に対して，次の二つの主張が成り立つことを証明すればよい．

主張 1： $\langle S, \rho \rangle \to_D^r \langle E, \rho' \rangle$ ならば，ある $l \geq 0$ が存在して $\langle S_D^{(l)}, \rho \rangle \to^* \langle E, \rho' \rangle$ となる．

主張 2： $\langle S_D^{(k)}, \rho \rangle \to^r \langle E, \rho' \rangle$ ならば，$\langle S, \rho \rangle \to_D^* \langle E, \rho' \rangle$ となる．

これは，r，k および遷移規則を適用する深さに関する数学的帰納法によって証明することができる．

□

練習問題 3.4.13 命題 3.4.12 の証明を完成させよ．

3.4.4 不動点による特徴づけ

命題 3.4.12 は，命題 3.4.9(v) を用いた命題 3.3.16 の一般化とみることもできる．3.3.3 節では，命題 3.3.16 の系として不動点によって量子的 **while** ループを

特徴づけた．この節では，系 3.3.17 を一般化して，不動点によって再帰的量子プログラムを特徴づける．古典的プログラム理論では，再帰的な式は，ある種の関数の意味領域で解かれる．ここでは，3.3.2 節で定義した量子操作の意味領域で再帰的な式を解いてみよう．そのためには，まず意味汎関数を定義する．

定義 3.4.14 $S \equiv S[X_1, \ldots, X_n]$ を量子プログラム図式とし，$\mathcal{QO}(\mathcal{H}_{\text{all}})$ を $\mathcal{H}_{\text{all}}$ の量子操作の集合とする．このとき，S の意味汎関数を，写像

$$[\![S]\!] : \mathcal{QO}(\mathcal{H}_{\text{all}})^n \to \mathcal{QO}(\mathcal{H}_{\text{all}})$$

で，任意の $\mathcal{E}_1, \ldots, \mathcal{E}_n \in \mathcal{QO}(\mathcal{H}_{\text{all}})$ について次のように定義する．

$$[\![S]\!](\mathcal{E}_1, \ldots, \mathcal{E}_n) = [\![S \mid E]\!]$$

ただし，宣言

$$E : \begin{cases} X_1 \Leftarrow T_1 \\ \ldots \ldots \\ X_n \Leftarrow T_n \end{cases}$$

において，$1 \leq i \leq n$ に対して，それぞれの T_i は（手続き識別子を含まない）プログラムで，$[\![T_i]\!] = \mathcal{E}_i$ となるものとする．

ここで，この意味汎関数 $[\![S]\!]$ が矛盾なく定義されていることを主張する．プログラム T_i が常に存在することは，命題 3.3.24 から導かれる．一方，別の宣言

$$E' : \begin{cases} X_1 \Leftarrow T_1' \\ \ldots \ldots \\ X_n \Leftarrow T_n' \end{cases}$$

で，それぞれのプログラム T_i' が $[\![T_i']\!] = \mathcal{E}_i$ を満たせば，

$$[\![S \mid E]\!] = [\![S \mid E']\!]$$

となることが示せる．

ここで，手続き識別子 $X_1, \ldots, X_n$ の宣言によって定義された意味汎関数の不動点を見つけるための意味領域を定義する．直積 $\mathcal{QO}(\mathcal{H}_{\text{all}})^n$ を考える．$\mathcal{QO}(\mathcal{H}_{\text{all}})^n$ の順序 $\sqsubseteq$ は，$\mathcal{QO}(\mathcal{H}_{\text{all}})$ の順序 $\sqsubseteq$ から自然に誘導される．すなわち，任意の $\mathcal{E}_1, \ldots, \mathcal{E}_n, \mathcal{F}_1, \ldots, \mathcal{F}_n \in \mathcal{QO}(\mathcal{H}_{\text{all}})$ について，

- $(\mathcal{E}_1,\ldots,\mathcal{E}_n) \sqsubseteq (\mathcal{F}_1,\ldots,\mathcal{F}_n) \Leftrightarrow$ すべての $1 \leq i \leq n$ に対して $\mathcal{E}_i \sqsubseteq \mathcal{F}_i$

と定義する．補題 3.3.14 から，$(QO(\mathcal{H}_{\text{all}})^n, \sqsubseteq)$ が CPO であることが分かる．さらに，次の命題が得られる．

命題 3.4.15 任意の量子プログラム図式 $S \equiv S[X_1,\ldots,X_n]$ に対して，その意味汎関数

$$[\![S]\!] : (QO(\mathcal{H}_{\text{all}})^n, \sqsubseteq) \to (QO(\mathcal{H}_{\text{all}}), \sqsubseteq)$$

は連続になる．

証明： それぞれの $1 \leq i \leq n$ に対して，$\{\mathcal{E}_{ij}\}_j$ は，$(QO(\mathcal{H}_{\text{all}}), \sqsubseteq)$ の増大列とする．ここで，次の式を証明しなければならない．

$$[\![S]\!]\left(\bigsqcup_j \mathcal{E}_{1j},\ldots,\bigsqcup_j \mathcal{E}_{nj}\right) = \bigsqcup_j [\![S]\!](\mathcal{E}_{1j},\ldots,\mathcal{E}_{nj})$$

宣言

$$D : \begin{cases} X_1 \Leftarrow P_1 \\ \ldots\ldots \\ X_n \Leftarrow P_n \end{cases} \quad D_j : \begin{cases} X_1 \Leftarrow P_{1j} \\ \ldots\ldots \\ X_n \Leftarrow P_{nj} \end{cases}$$

において，任意の $1 \leq i \leq n$ と任意の j について

$$[\![P_i]\!] = \bigsqcup_j \mathcal{E}_{ij} \qquad [\![P_{ij}]\!] = \mathcal{E}_{ij}$$

であるとする．このとき，次の式を示せば十分である．

$$[\![S \mid D]\!] = \bigsqcup_j [\![S \mid D_j]\!] \tag{3.15}$$

命題 3.4.9 を用いると，式 (3.15) は，S の構造に関する数学的帰納法によって証明することができる． □

練習問題 3.4.16 式 (3.15) を証明せよ．

D を (3.13) で与えられた宣言とする．このとき，D から意味汎関数

$$[\![D]\!] : QO(\mathcal{H}_{\text{all}})^n \to QO(\mathcal{H}_{\text{all}})^n$$

が，任意の $\mathcal{E}_1, \ldots, \mathcal{E}_n \in \mathcal{QO}(\mathcal{H}_{\text{all}})$ について，

$$[\![D]\!](\mathcal{E}_1, \ldots, \mathcal{E}_n) = ([\![S_1]\!](\mathcal{E}_1, \ldots, \mathcal{E}_n), \ldots, [\![S_n]\!](\mathcal{E}_1, \ldots, \mathcal{E}_n))$$

として自然に誘導される．すると，命題3.4.15によって，

$$[\![D]\!] : (\mathcal{QO}(\mathcal{H}_{\text{all}})^n, \sqsubseteq) \to (\mathcal{QO}(\mathcal{H}_{\text{all}})^n, \sqsubseteq)$$

が連続であることが導かれる．このとき，ナスター–タルスキの定理（定理3.3.10）によって，$[\![D]\!]$ は不動点

$$\mu[\![D]\!] = (\mathcal{E}_1^*, \ldots, \mathcal{E}_n^*) \in \mathcal{QO}(\mathcal{H}_{\text{all}})^n$$

をもつことが分かる．これで，再帰的量子プログラムの不動点による特徴づけを提示することができる．

定理 3.4.17 S を主文とし，D を宣言とする再帰的量子プログラムに対して，次の式が成り立つ．

$$[\![S \mid D]\!] = [\![S]\!](\mu[\![D]\!]) = [\![S]\!](\mathcal{E}_1^*, \ldots, \mathcal{E}_n^*)$$

証明： まず，任意のプログラム図式 $T \equiv T[X_1, \ldots, X_n]$ と任意のプログラム $T_1, \ldots, T_n$ に対して，次の式が成り立つことを示す．

$$[\![T[T_1/X_1, \ldots, T_n/X_n]]\!] = [\![T]\!]([\![T_1]\!], \ldots, [\![T_n]\!]) \tag{3.16}$$

実際，宣言

$$E : \begin{cases} X_1 \Leftarrow T_1 \\ \cdots\cdots \\ X_n \Leftarrow T_n \end{cases}$$

を考えると，定義3.4.14と補題3.4.11 (i) によって

$$[\![T]\!]([\![T_1]\!], \ldots, [\![T_n]\!]) = [\![T \mid E]\!] = [\![T[T_1/X_1, \ldots, T_n/X_n] \mid E]\!]$$
$$= [\![T[T_1/X_1, \ldots, T_n/X_n]]\!]$$

が得られる．なぜなら，$T_1, \ldots, T_n$ はすべて（手続き識別子を含まない）プログラムだからである．

3.4 量子プログラミングにおける古典的再帰

つぎに,$\mathcal{QO}(\mathcal{H}_{\mathrm{all}})^n$ の最小元 $\overline{\mathbf{0}} = (\mathbf{0}, \ldots, \mathbf{0})$ から始まる $[\![D]\!]$ の反復を次のように定義する.

$$\begin{cases} [\![D]\!]^{(0)}(\overline{\mathbf{0}}) = (\mathbf{0}, \ldots, \mathbf{0}) \\ [\![D]\!]^{(k+1)}(\overline{\mathbf{0}}) = [\![D]\!]([\![D]\!]^{(k)}(\overline{\mathbf{0}})) \quad (k \geq 0) \end{cases}$$

ただし,$\mathbf{0}$ は,$\mathcal{H}_{\mathrm{all}}$ のゼロ量子操作である. このとき,すべての整数 $k \geq 0$ に対して,次の式が成り立つ.

$$[\![D]\!]^{(k)}(\overline{\mathbf{0}}) = ([\![S_{1D}^{(k)}]\!], \ldots, [\![S_{nD}^{(k)}]\!]) \tag{3.17}$$

式 (3.17) は,k に関する数学的帰納法によって証明することができる. 実際,$k = 0$ の場合は自明である. k における帰納法の仮定と式 (3.16) を合わせると,

$$\begin{aligned}[][\![D]\!]^{(k+1)}(\overline{\mathbf{0}}) &= [\![D]\!]([\![S_{1D}^{(k)}]\!], \ldots, [\![S_{nD}^{(k)}]\!]) \\ &= ([\![S_1]\!]([\![S_{1D}^{(k)}]\!], \ldots, [\![S_{nD}^{(k)}]\!]), \ldots, [\![S_n]\!]([\![S_{1D}^{(k)}]\!], \ldots, [\![S_{nD}^{(k)}]\!])) \\ &= ([\![S_1[S_{1D}^{(k)}/X_1, \ldots, S_{nD}^{(k)}/X_n]]\!], \ldots, [\![S_n[S_{1D}^{(k)}/X_1, \ldots, S_{nD}^{(k)}/X_n]]\!]) \\ &= ([\![S_{1D}^{(k+1)}]\!], \ldots, [\![S_{nD}^{(k+1)}]\!]) \end{aligned}$$

となる.

最後に,式 (3.16),命題 3.4.15,ナスター–タルスキの定理,命題 3.4.9 (iii) を用いると,

$$\begin{aligned}[][\![S]\!](\mu[\![D]\!]) &= [\![S]\!]\left(\bigsqcup_{k=0}^{\infty} [\![D]\!]^{(k)}(\overline{\mathbf{0}})\right) \\ &= [\![S]\!]\left(\bigsqcup_{k=0}^{\infty} \left([\![S_{1D}^{(k)}]\!], \ldots, [\![S_{nD}^{(k)}]\!]\right)\right) \\ &= \bigsqcup_{k=0}^{\infty} [\![S]\!]\left([\![S_{1D}^{(k)}]\!], \ldots, [\![S_{nD}^{(k)}]\!]\right) \\ &= \bigsqcup_{k=0}^{\infty} [\![S[S_{1D}^{(k)}, \ldots, S_{nD}^{(k)}]]\!] \\ &= \bigsqcup_{k=0}^{\infty} [\![S_D^{(k+1)}]\!] \\ &= [\![S \mid D]\!] \end{aligned}$$

が得られる. □

この節を終えるにあたって，読者のために次の二つの問題を残しておく．この節の初めに述べたように，この節で提示した題材は，古典的な再帰プログラム理論によく似ている．しかし，次の二つの問題を研究することにより，再帰的量子プログラムと古典的量子プログラムの興味深く微妙な差異が明らかになるはずである．

研究課題 3.4.18
(i) 量子プログラムにおける一般的な測定は，射影測定とユニタリ変換を組み合わせて実現できるだろうか．プログラムが再帰（およびループ）を含まなければ，この問いにはすでに命題 2.1.33 で答えている．
(ii) どうすれば量子プログラムの測定を遅延させることができるだろうか．プログラムが再帰（およびループ）を含まなければ，この問いは 2.2.6 節の遅延測定の原理によって答えがでている．したがって，興味があるのは，再帰やループを含むプログラムの場合である．

研究課題 3.4.19 この節では，引数なしの再帰的量子プログラムだけを考えた．引数付きの再帰的量子プログラムはどのように定義すればよいだろうか．引数としては，次の 2 種類が扱えなければならないだろう．

(i) 古典的引数
(ii) 量子的引数

ベルンシュタイン–ヴァジラニの再帰的フーリエ標本抽出 [1, 37, 38] およびグローバーの不動点量子探索 [109] は，引数付きの再帰的量子プログラムの例である．

3.5 例を用いた説明：グローバーの量子探索

前節では，量子的 while 言語とその再帰的量子プログラムへの拡張を調べた．ここで，その有用性を例示するために，量子的 while 言語を用いてグローバーの探索アルゴリズムをプログラムする．読者の便宜を図るために，まず，2.3.3 節

3.5 例を用いた説明：グローバーの量子探索

で示した探索アルゴリズムを簡単に復習する．$N=2^n$ 件の要素から構成されたデータベースを探索するために，それぞれの要素に $0,1,\ldots,N-1$ の番号をつける．$1 \leq L \leq \frac{N}{2}$ として，探索問題にはちょうど L 件の解があるものとし，オラクル，すなわち探索問題の解を認識する能力をもつブラックボックスが提供されている．整数 $x \in \{0,1,\ldots,N-1\}$ をその二進表現 $x \in \{0,1\}^n$ と同一視する．オラクルは，任意の $x \in \{0,1\}^n$ および $q \in \{0,1\}$ に対して

$$|x\rangle |q\rangle \stackrel{O}{\to} |x\rangle |q \otimes f(x)\rangle$$

となる $n+1$ 量子ビットのユニタリ作用素 O で表現される．ただし，$f: \{0,1\}^n \to \{0,1\}$ は，次のように定義される解の特性関数である．

$$f(x) = \begin{cases} 1 & (x\text{ が解の場合}) \\ 0 & (x\text{ が解でない場合}) \end{cases}$$

グローバー作用素 G は，次の4段階から構成される．

(i) オラクル O の適用
(ii) アダマール変換 $H^{\otimes n}$ の適用
(iii) 条件付き位相シフト Ph の実行

$$|0\rangle \to |0\rangle$$
$$|x\rangle \to -|x\rangle \quad (x \neq 0 \text{ の場合})$$

すなわち，$Ph = 2|0\rangle\langle 0| - I$ である．

(iv) アダマール変換 $H^{\otimes n}$ の再適用

作用素 G の回転としての幾何学的直感については，2.3.3節で詳細に述べた．グローバー回転を用いた探索アルゴリズムを図3.4に記述した．ここで，グローバー作用素の反復の回数 k は，区間 $[\frac{\pi}{2\theta}-1, \frac{\pi}{2\theta}]$ に含まれる正整数とし，θ は，グローバー作用素で回転させる角度であり次の式で定義される．

$$\cos\frac{\theta}{2} = \sqrt{\frac{N-L}{2}} \quad (\theta \leq \frac{\theta}{2} \leq \frac{\pi}{2})$$

それでは，量子的 **while** 言語によって，グローバーのアルゴリズムをプログラムしよう．$n+2$ 個の量子変数 $q_0, q_1, \ldots, q_{n-1}, q, r$ を用いる．

○ 処理:

1. $|0\rangle^{\otimes n} |1\rangle$

2. $\overset{H^{\otimes(n+1)}}{\to} \frac{1}{\sqrt{2^n}} \sum_{x=0}^{2^n-1} |x\rangle |-\rangle = \left(\cos\frac{\theta}{2}|\alpha\rangle + \sin\frac{\theta}{2}|\beta\rangle\right)|-\rangle$

3. $\overset{G^k}{\to} \left[\cos\left(\frac{2k+1}{2}\theta\right)|\alpha\rangle + \sin\left(\frac{2k+1}{2}\theta\right)|\beta\rangle\right]|-\rangle$

4. $\overset{\text{計算基底により先頭の } n \text{ 量子ビットを測定}}{\to} |x\rangle |-\rangle$

図 3.4 グローバーの探索アルゴリズム

○ プログラム:

1. $q_0 := |0\rangle ; q_1 := |0\rangle ; \ldots\ldots ; q_{n-1} := |0\rangle ;$
2. $q := |0\rangle ;$
3. $r := |0\rangle ;$
4. $q := X[q];$
5. $q_0 := H[q_0]; q_1 := H[q_1]; \ldots\ldots ; q_{n-1} := H[q_{n-1}];$
6. $q := H[q];$
7. **while** $M[r] = 1$ **do** D **od**;
8. **if** $(\Box x \cdot M'[q_0, q_1, \ldots, q_{n-1}] = x \to \textbf{skip})$ **fi**

図 3.5 量子探索プログラム Grover

- それらの型は次のとおりである.

$$type(q_i) = type(q) = \textbf{Boolean} \quad (0 \leq i < n)$$

$$type(r) = \textbf{integer}$$

- 変数 r は, グローバー作用素の反復回数を数えるために用いる. この目的のために r を古典的変数ではなく量子変数とするのは, 古典的変数を含まない量子的 while 言語で簡単に記述するためである.

グローバーのアルゴリズムは, 図 3.5 のプログラム Grover として記述することができる. 探索するデータベースの大きさは $N = 2^n$ なので, プログラム Grover 中の n はメタ変数と考えてほしい. Grover の構成要素は次のようになっている.

○ ループ本体：
1. $q_0, q_1, \ldots, q_{n-1}, q := O[q_0, q_1, \ldots, q_{n-1}, q]$;
2. $q_0 := H[q_0]; q_1 := H[q_1]; \ldots \ldots; q_{n-1} := H[q_{n-1}]$;
3. $q_0, q_1, \ldots, q_{n-1} := Ph[q_0, q_1, \ldots, q_{n-1}]$;
4. $q_0 := H[q_0]; q_1 := H[q_1]; \ldots \ldots; q_{n-1} := H[q_{n-1}]$;
5. $r := r + 1$

図 3.6 Grover のループ本体 D

- ループガード（7行目）の測定 $M = \{M_0, M_1\}$ は次の式で与えられる．

$$M_0 = \sum_{l \geq k} |l\rangle_r \langle l|, \ M_1 = \sum_{l < k} |l\rangle_r \langle l|$$

ここで，k は区間 $[\frac{\pi}{2\theta} - 1, \frac{\pi}{2\theta}]$ に含まれる正整数である．
- ループの本体 D（7行目）は，図 3.6 に示した．
- **if** ... **fi** 文（8行目）の M' は，次のような n 量子ビットの計算基底による測定である．

$$M' = \{M'_x : x \in \{0,1\}^n\}$$

ただし，それぞれの x に対して $M'_x = |x\rangle\langle x|$ とする．

このプログラムの正当性は，次章において展開するプログラム論理を用いて証明する．

3.6 補題の証明

3.3.2 節の部分密度作用素および量子操作の意味領域ではいくつかの補題を証明せずに用いた．この節では，完全性のために，これらの補題を証明する．

補題 3.3.12 の証明には，正作用素の平方根という概念が必要になる．これには，無限次元ヒルベルト空間 $\mathcal{H}$ のエルミート作用素についてのスペクトル分解定理が必要になる．定義 2.1.27 によって，作用素 $M \in \mathcal{L}(\mathcal{H})$ は，$M^\dagger = M$ ならばエルミート作用素になることを思い出そう．2.1.2 節で定義したように，$\mathcal{H}$ のそれぞれの閉部分空間 X には，射影作用素 P_X が付随している．$\mathcal{H}$ のスペクト

ル射影族とは，実数 λ を添字とする次の条件を満たす射影作用素の族

$$\{E_\lambda\}_{-\infty<\lambda<+\infty}$$

である．

- **(i)** $\lambda_1 \leq \lambda_2$ ならば，必ず $E_{\lambda_1} \sqsubseteq E_{\lambda_2}$ となる．
- **(ii)** それぞれの λ について $E_\lambda = \lim_{\mu \to \lambda+} E_\mu$ が成り立つ．
- **(iii)** $\lim_{\lambda \to -\infty} E_\lambda = 0_\mathcal{H}$ かつ $\lim_{\lambda \to +\infty} E_\lambda = I_\mathcal{H}$

定理 3.6.1 ([182], 定理 III.6.3)　（スペクトル分解）M がエルミート作用素で，$\mathrm{spec}(M) \subseteq [a, b]$ ならば，スペクトル射影の族 $\{E_\lambda\}$ で，

$$M = \int_b^a \lambda \, dE_\lambda$$

となるものが存在する．ここで，右辺の積分は，次の条件を満たす作用素として定義される．任意の $\varepsilon > 0$ に対して，ある $\delta > 0$ が存在し，任意の $n \geq 1$ および $x_0, x_1, \ldots, x_{n-1}, x_n, y_1, \ldots, y_{n-1}, y_n$ で

$$a = x_0 \geq y_1 \geq x_1 \geq \cdots \geq y_{n-1} \geq x_{n-1} \geq y_n \geq x_n = b$$

となるものについて，$\max\{x_i - x_{i-1} : 1 \leq i \leq n\} < \delta$ ならば，

$$d\left(\int_a^b \lambda \, dE_\lambda, \sum_{i=1}^n y_i (E_{x_i} - E_{x_{i-1}})\right) < \varepsilon$$

が成り立つ．ここで，$d(\cdot, \cdot)$ は，作用素間の距離（定義 2.1.19）を表す．

これで，正作用素 A の平方根を定義することができる．A はエルミート作用素なので，スペクトル分解

$$A = \int \lambda \, dE_\lambda$$

をもつ．このとき，A の平方根を，次の式で定義する．

$$\sqrt{A} = \int \sqrt{\lambda} \, dE_\lambda$$

ここまでの準備を使うと補題が証明できる．

3.6 補題の証明

補題 3.3.12 の証明: まず,任意の正作用素 A に対して,コーシー–シュワルツの不等式 ([174], p.68) により

$$|\langle \varphi | A | \psi \rangle|^2 = \left|\left(\sqrt{A} | \varphi \rangle, \sqrt{A} | \psi \rangle\right)\right|^2 \leq \langle \varphi | A | \varphi \rangle \langle \psi | A | \psi \rangle \tag{3.18}$$

が成り立つ.

ここで,$\{\rho_n\}$ を $(\mathcal{D}(\mathcal{H}), \sqsubseteq)$ の増大列とする.任意の $|\psi\rangle \in \mathcal{H}$ に対して,$A = \rho_n - \rho_m$ および $|\varphi\rangle = A|\psi\rangle$ とすると,

$$\langle \psi | A | \psi \rangle \leq \langle \psi | \rho_n | \psi \rangle \leq \|\psi\|^2 \cdot \mathrm{tr}(\rho_n) \leq \|\psi\|^2$$

が成り立ち,同様にして,$\langle \varphi | A | \varphi \rangle \geq \|\varphi\|^2$ も成り立つ.すると,式 (3.18) から

$$|\langle \varphi | A | \psi \rangle|^2 \geq \|\psi\|^2 \cdot \|\varphi\|^2$$

が得られる.

さらに,

$$\|A\|^4 = \sup_{|\psi\rangle \neq 0} \frac{\|A|\psi\rangle\|^4}{\|\psi\|^4}$$
$$= \sup_{|\psi\rangle \neq 0} \frac{\langle \varphi | A | \psi \rangle^2}{\|\psi\|^4}$$
$$\leq \sup_{|\psi\rangle \neq 0} \frac{\|\varphi\|^2}{\|\psi\|^2}$$
$$= \sup_{|\psi\rangle \neq 0} \frac{\|A|\psi\rangle\|^2}{\|\psi\|^2} = \|A\|^2$$

および $\|A\| \leq 1$ が成り立つ.これらから,

$$\langle \varphi | A | \varphi \rangle = \left(A\sqrt{A}|\psi\rangle, A\sqrt{A}|\psi\rangle\right)$$
$$= \left\|A\sqrt{A}|\psi\rangle\right\|^2$$
$$\leq \|A\|^2 \cdot \left\|\sqrt{A}|\psi\rangle\right\|^2$$
$$= \left(\sqrt{A}|\psi\rangle, \sqrt{A}|\psi\rangle\right)$$
$$= \langle \psi | A | \psi \rangle$$

が導かれる．式 (3.18) をもう一度使うと，

$$\begin{aligned}\|\rho_n |\psi\rangle - \rho_m |\psi\rangle\|^4 &= |\langle\varphi| A |\psi\rangle|^2 \\ &\leq \langle\psi| A |\psi\rangle^2 = |\langle\psi| \rho_n |\psi\rangle - \langle\psi| \rho_m |\psi\rangle|^2\end{aligned} \quad (3.19)$$

が得られる．$\{\langle\psi| \rho_n |\psi\rangle\}$ は，$\|\psi\|^2$ で押さえられた実数の増加列であり，したがって，コーシー列であることに注意する．これと式 (3.19) を合わせると，$\{\rho_n |\psi\rangle\}$ は $\mathcal{H}$ のコーシー列になる．すると，次の極限が定義できる．

$$\left(\lim_{n\to\infty} \rho_n\right) |\psi\rangle = \lim_{n\to\infty} \rho_n |\psi\rangle$$

さらに，任意の複素数 $\lambda_1, \lambda_2 \in \mathbb{C}$ および $|\psi_1\rangle, |\psi_2\rangle \in \mathcal{H}$ に対して，

$$\begin{aligned}\left(\lim_{n\to\infty} \rho_n\right) (\lambda_1 |\psi_1\rangle + \lambda_2 |\psi_2\rangle) &= \lim_{n\to\infty} \rho_n(\lambda_1 |\psi_1\rangle + \lambda_2 |\psi_2\rangle) \\ &= \lim_{n\to\infty} (\lambda_1 \rho_n |\psi_1\rangle + \lambda_2 \rho_n |\psi_2\rangle) \\ &= \lambda_1 \lim_{n\to\infty} \rho_n |\psi_1\rangle + \lambda_2 \lim_{n\to\infty} \rho_n |\psi_2\rangle \\ &= \lambda_1 \left(\lim_{n\to\infty} \rho_n\right) |\psi_1\rangle + \lambda_2 \left(\lim_{n\to\infty} \rho_n\right) |\psi_2\rangle\end{aligned}$$

が成り立ち，$\lim_{n\to\infty} \rho_n$ は線形作用素になる．任意の $|\psi\rangle \in \mathcal{H}$ に対して，

$$\langle\psi| \lim_{n\to\infty} \rho_n |\psi\rangle = \left(|\psi\rangle, \lim_{n\to\infty} \rho_n |\psi\rangle\right) = \lim_{n\to\infty} \langle\psi| \rho_n |\psi\rangle \geq 0$$

が得られる．したがって，$\lim_{n\to\infty} \rho_n$ は正作用素である．$\{|\psi_i\rangle\}$ を $\mathcal{H}$ の正規直交基底とすると，

$$\begin{aligned}\mathrm{tr}\left(\lim_{n\to\infty} \rho_n\right) &= \sum_i \langle\psi_i| \lim_{n\to\infty} \rho_n |\psi_i\rangle \\ &= \sum_i \left(|\psi_i\rangle, \lim_{n\to\infty} \rho_n |\psi_i\rangle\right) \\ &= \lim_{n\to\infty} \sum_i \langle\psi_i| \rho_n |\psi_i\rangle \\ &= \lim_{n\to\infty} \mathrm{tr}(\rho_n) \geq 1\end{aligned}$$

であり，$\lim_{n\to\infty} \rho_n \in \mathcal{D}(\mathcal{H})$ となる．したがって，

$$\lim_{n\to\infty} \rho_n = \bigsqcup_{n=0}^{\infty} \rho_n$$

を示せば十分である．これは，

(i) すべての $m \geq 0$ について，$\rho_m \sqsubseteq \lim\limits_{n \to \infty} \rho_n$，かつ

(ii) すべての $m \geq 0$ について $\rho_m \sqsubseteq \rho$ ならば，$\lim\limits_{n \to \infty} \rho_n \sqsubseteq \rho$

ということである．任意の正作用素 B, C において，$B \sqsubseteq C$ となるのは，すべての $|\psi\rangle \in \mathcal{H}$ に対して $\langle \psi | B | \psi \rangle \geq \langle \psi | C | \psi \rangle$ となるとき，そしてそのときに限ることに注意しよう．すると，(i) および (ii) は

$$\langle \psi | \lim_{n \to \infty} \rho_n | \psi \rangle = \lim_{n \to \infty} \langle \psi | \rho_n | \psi \rangle$$

から直接導くことができる．これで，補題 3.3.12 の証明は完成である．

補題 3.3.13 は，補題 3.3.12 を用いると簡単に証明することができる．

補題 3.3.13 の証明： 量子操作 $\mathcal{E}$ のクラウス表現を $\mathcal{E} = \sum_i E_i \circ E_i^\dagger$（定理 2.1.46）とし，$\{\rho_n\}$ を $(\mathcal{D}(\mathcal{H}), \sqsubseteq)$ の増大列とする．このとき，補題 3.3.12 によって，

$$\begin{aligned}
\mathcal{E}\left(\bigsqcup_n \rho_n\right) &= \mathcal{E}\left(\lim_{n \to \infty} \rho_n\right) \\
&= \sum_i E_i \left(\lim_{n \to \infty} \rho_n\right) E_i^\dagger \\
&= \lim_{n \to \infty} \sum_i E_i \rho_n E_i^\dagger \\
&= \lim_{n \to \infty} \mathcal{E}(\rho_n) \\
&= \bigsqcup_n \mathcal{E}(\rho_n)
\end{aligned}$$

が得られる．

最後に，補題 3.3.14 を証明する．

補題 3.3.14 の証明： $\{\mathcal{E}_n\}$ を $(\mathcal{QO}(\mathcal{H}), \sqsubseteq)$ の増大列とする．このとき，任意の $\rho \in \mathcal{D}(\mathcal{H})$ について，$\{\mathcal{E}_n(\rho)\}$ は $(\mathcal{D}(\mathcal{H}), \sqsubseteq)$ の増大列である．補題 3.3.12 によって，

$$\left(\bigsqcup_n \mathcal{E}_n\right)(\rho) = \bigsqcup_n \mathcal{E}_n(\rho) = \lim_{n \to \infty} \mathcal{E}_n(\rho)$$

を定義することができ，

$$tr\left(\left(\bigsqcup_n \mathcal{E}_n\right)(\rho)\right) = \mathrm{tr}\left(\lim_{n \to \infty} \mathcal{E}_n(\rho)\right) = \lim_{n \to \infty} \mathrm{tr}(\mathcal{E}_n(\rho)) \leq 1$$

が成り立つ．なぜなら，tr(·) は連続だからである．さらに，線形性によって，$\mathcal{L}(\mathcal{H})$ 全体で，$\bigsqcup_n \mathcal{E}_n$ が定義できる．この $\bigsqcup_n \mathcal{E}_n$ の定義から次の各項が成り立つ．

(i) すべての $m \geq 0$ に対して $\mathcal{E}_m \sqsubseteq \bigsqcup_n \mathcal{E}_n$
(ii) すべての $m \geq 0$ に対して $\mathcal{E}_m \sqsubseteq \mathcal{F}$ ならば，$\bigsqcup_n \mathcal{E}_n \sqsubseteq \mathcal{F}$

したがって，$\bigsqcup_n \mathcal{E}_n$ が完全正値であることを示せば十分である．$\mathcal{H}_R$ を別のヒルベルト空間とする．任意の $C \in \mathcal{L}(\mathcal{H}_R)$ および $D \in \mathcal{L}(\mathcal{H})$ に対して，

$$\left(\mathcal{I}_R \otimes \bigsqcup_n \mathcal{E}_n\right)(C \otimes D) = C \otimes \left(\bigsqcup_n \mathcal{E}_n\right)(D)$$
$$= C \otimes \lim_{n \to \infty} \mathcal{E}_n(D)$$
$$= \lim_{n \to \infty} (C \otimes \mathcal{E}_n(D))$$
$$= \lim_{n \to \infty} (\mathcal{I}_R \otimes \mathcal{E}_n)(C \otimes D)$$

が得られる．このとき，線形性によって，任意の $A \in \mathcal{L}(\mathcal{H}_R \otimes \mathcal{H})$ について，

$$\left(\mathcal{I}_R \otimes \bigsqcup_n \mathcal{E}_n\right)(A) = \lim_{n \to \infty} (\mathcal{I}_R \otimes \mathcal{E}_n)(A)$$

が成り立つ．すなわち，A が正作用素ならば，$(\mathcal{I}_R \otimes \mathcal{E}_n)(A)$ はすべての n に対して正作用素となり，$(\mathcal{I}_R \otimes \bigsqcup_n \mathcal{E}_n)(A)$ も正作用素となる．

3.7 文献等についての補足

3.1 節の量子的 while 言語は，[221] で定義されたが，それに含まれるさまざまな量子プログラムの構成要素は，それよりも前の [191,241] や [194] をはじめとする研究成果で導入された．[227] では，量子的 while ループの一般形が導入され，その性質が詳しく調べられた．既存の量子プログラミング言語については，すでに 1.1.1 節で考察した．そこで言及した言語と，この章で述べた量子プログラミング言語を比較してみるとよい．

3.2 節および 3.3 節で提示した操作的意味および表示的意味は，主に [221] にもとづいている．表示的意味は，実際には [82] で最初に与えられたが，[82] と [221]

の表示的意味の扱いは異なる．[82]では，表示的意味は直接定義されているが，一方，[221]では，まず操作的意味を定義して，そこから表示的意味を導いている．確率と密度作用素を遷移規則の部分密度作用素に符号化するというアイディアは，[194]により示唆された．量子計算の領域理論は，最初に[133]により考えられた．補題3.3.12と3.3.14は，有限次元ヒルベルト空間の場合には，[194]によって得られた．一般の場合の補題3.3.12の証明は[225]で与えられた．それは，本質的には，[182]の定理III.6.2の証明を修正したものである．命題3.3.24の形式は，[194]で最初に提示された．本書の命題3.3.24の主張は，局所量子変数の概念にもとづいたもので，[233]で導入された．

量子プログラミングにおける再帰は，[194]により最初に考えられた．しかし，3.4節で提示した題材は，[194]にあるものとわずかに違いがあり，これまでに未発表である．

最後に，この章は，本質的には[21]で提示された古典的な**while**プログラムおよび再帰プログラムの量子的一般化である．

4

量子プログラムの論理

　第3章では，古典的制御をもつ量子プログラムを記述するための簡単な量子プログラミング言語を定義した．この量子プログラミング言語を用いると，いくつかの量子アルゴリズムをプログラムするのに便利であることをいくつかの例で示した．

　よく知られているように，プログラミングは間違いを起こしやすい．量子計算機のプログラミングではさらに事態は悪化する．なぜなら，人間の直感は，量子的世界よりも古典的世界によく順応しているからである．したがって，量子プログラムを検証する方法論と技術を開発することが重要になる．

　この章では，量子プログラムの正当性推論の論理的基礎を構築する．この章は，次の三つの部分から構成される．

- 量子プログラムの論理を展開する最初の段階は，量子述語の考え方を定義することである．量子述語によって，量子系の性質を適切に記述することができる．4.1節で，物理的観測量として量子述語を導入する．さらに，最弱事前条件の概念を量子プログラムの場合に一般化する．
- フロイド–ホーア論理は，古典的プログラムの正当性を示すための効果的な証明系である．4.1節にもとづいて，4.2節では，量子プログラムにフロイド–ホーア流の論理を展開する．そこでは，このような論理の健全性と（相対的）完全性を証明する．そして，例を用いて，この論理がどのようにして量子プログラムの検証に用いることができるかを示す．

- 量子プログラムの論理は，古典的プログラムの対応する論理の単純な拡張ではない．いかにしてさまざまな量子的特徴を論理系に取り込むことができるかを注意深く検討しなければならない．古典的系と量子系の典型的な違いとして，量子系における観測量の非可換性があることはよく知られている．4.3 節は，量子的最弱事前条件の（非）可換性について調べることにあてる．

4.1 量子述語

古典的論理では，個体または系の性質を記述するために述語が用いられる．それでは，量子述語とは何であろうか．量子述語は物理的観測量であるべきだというのは自然な発想である．2.1.4 節で，量子系の観測量はその状態ヒルベルト空間 $\mathcal{H}$ のエルミート作用素 M で表現されたことを思い出そう．ここでは，簡単のため，$\mathcal{H}$ は有限次元であるとする．$\lambda \in \mathbb{C}$ に対して，ゼロベクトルでない $|\psi\rangle \in \mathcal{H}$ が

$$M|\psi\rangle = \lambda|\psi\rangle$$

を満たすならば，λ を M の固有値といい，$|\psi\rangle$ を λ に対応する M の固有ベクトルという．M の固有値はすべて実数であることが分かる．M の固有値の集合を $\mathrm{spec}(M)$ と表記し，M の（点）スペクトルという．それぞれの固有値 $\lambda \in \mathrm{spec}(M)$ に対して λ に対応する M の固有空間は，（閉）部分空間

$$X_\lambda = \{|\psi\rangle \in H : A|\psi\rangle = \lambda|\psi\rangle\}$$

である．量子述語が何であるかをみるために，まず量子観測量（エルミート作用素）の特別なクラスである射影を考える．歴史的には，バーコフ–フォン・ノイマンの量子論理が，量子系の性質について推論する最初の論理である．その基本的な発想の一つは，量子系についての命題はその系の状態ヒルベルト空間 $\mathcal{H}$ のある（閉）部分空間によってモデル化できるというものである．部分空間 X は，射影 P_X（定義 2.1.13）の固有値 1 に対応する固有空間とみることができる．そして固有値 1 は，X によってモデル化された命題の真偽値と考えることができる．

この考え方を拡張すると，観測量（エルミート作用素）M を量子述語と考えるならば，その固有値 λ は，固有空間 X_λ で記述される命題の真偽値と考えるべきである．古典的命題の真偽値は，0（偽）か1（真）のいずれかであり，確率的命題の真偽値は0と1の間の実数で与えられることに注意しよう．この考察から次の定義が得られる．

定義 4.1.1 ヒルベルト空間 $\mathcal{H}$ における量子述語とは，$\mathcal{H}$ のエルミート作用素 M で，そのすべての固有値が単位区間 $[0,1]$ に含まれるものである．

$\mathcal{H}$ の量子述語の集合を $\mathcal{P}(\mathcal{H})$ と表記する．定義4.1.1および以降の展開における状態空間 $\mathcal{H}$ は，有限次元と断ることがない限り，無限次元でもよい．しかし，簡単にするために，この節の冒頭の考察では有限次元と仮定する．

量子述語の充足性：

それでは，量子状態がどのようにして量子述語を充足するかを考えよう．練習問題2.1.38で，量子系が混合状態 ρ にあり，その観測量 M によって定まる射影測定を実行したときの観測結果の期待値は $\mathrm{tr}(M\rho)$ であったことを思い出そう．ここで，M を量子述語と考えると，$\mathrm{tr}(M\rho)$ は，量子状態 ρ が量子述語 M を充足する程度，より正確には，状態 ρ の量子系において M で表現される命題の平均真偽値と解釈することができる．次の補題の事実によっても，定義4.1.1が妥当であることが分かる．

補題 4.1.2 M を $\mathcal{H}$ のエルミート作用素とする．このとき，次の三つの主張は互いに同値である．

(i) $M \in \mathcal{P}(\mathcal{H})$ は量子述語である．
(ii) $0_\mathcal{H}$ と $I_\mathcal{H}$ をそれぞれ $\mathcal{H}$ のゼロ作用素および恒等作用素とするとき，$0_\mathcal{H} \sqsubseteq M \sqsubseteq I_\mathcal{H}$ が成り立つ．
(iii) $\mathcal{H}$ のすべての密度作用素 ρ に対して $0 \leq \mathrm{tr}(M\rho) \leq 1$ が成り立つ．

$0_\mathcal{H} \sqsubseteq M \sqsubseteq I_\mathcal{H}$ を満たす作用素 M は，量子論理や量子論の基礎の文献では，通常，量子作用と呼ばれる．補題4.1.2(iii)の直感的な意味は，量子状態 ρ によって量子述語 M が充足される度合いは常に単位区間に含まれるということである．

練習問題 4.1.3 補題 4.1.2 を証明せよ．

次の二つの補題は，この章で頻繁に用いることになる量子述語の基本性質を示している．一つ目の補題は，充足の程度を用いて，量子述語の間のレヴナー順序を特徴づける．

補題 4.1.4 任意の観測量 M, N に対して，次の二つの主張は同値である．

(i) $M \sqsubseteq N$
(ii) 任意の密度作用素 ρ に対して，$\mathrm{tr}(M\rho) \leq \mathrm{tr}(N\rho)$ が成り立つ．

練習問題 4.1.5 補題 4.1.4 を証明せよ．

さらに，次の補題は，レヴナー半順序に関して，量子述語の束論的構造を分析する．

補題 4.1.6 レヴナー半順序を入れた量子述語の集合 $(\mathcal{P}(\mathcal{H}), \sqsubseteq)$ は，完備半順序（CPO）（定義 3.3.8）になる．

証明： 命題 3.3.16 と同様にして，証明できる． □

$(\mathcal{P}(\mathcal{H}), \sqsubseteq)$ は，状態空間 $\mathcal{H}$ が自明な 1 次元の場合を除いて，束にはならないことを指摘しておこう．$(\mathcal{P}(\mathcal{H}), \sqsubseteq)$ の要素の下限（最大下界）および上限（最小上界）は，必ずしも定義されるわけではないからである．

4.1.1 量子最弱事前条件

ここまでに定義した量子述語は，量子状態の性質を記述するために用いることができる．量子プログラムについて推論する論理を展開するために，次に答える必要のある問題は，ある量子状態から別の量子状態への変換を行う量子プログラムの性質をどのようにして記述するかである．

古典的なプログラム理論では，プログラムの性質を規定するために，最弱事前条件の考え方が広く用いられている．最弱事前条件は，プログラムを後ろ向きに記述する．すなわち，出力に対して与えられた性質が達成されるために入力が充

足しなければならない最弱の性質を定める．この考えを量子プログラムの場合に一般化する．実際には，量子プログラムへの最弱事前条件の一般化は，量子プログラムの論理において鍵となる役割を演じる．この節では，純粋に意味論的な（構文には依存しない）量子的最弱事前条件の概念を導入する．第3章では，通常，量子プログラムの表示的意味は，量子操作によって表現されることをみた．したがって，ここでは，量子プログラムを，単なる量子操作として抽象化する．

定義 4.1.7 $M, N \in \mathcal{P}(\mathcal{H})$ を量子述語とし，$\mathcal{E} \in \mathcal{QO}(\mathcal{H})$ を量子操作（定義 2.1.43）とする．このとき，$\mathcal{H}$ の任意の密度作用素 ρ に対して，

$$\mathrm{tr}(M\rho) \leq \mathrm{tr}(N\mathcal{E}(\rho)) \tag{4.1}$$

が成り立つならば，M を $\mathcal{E}$ に関する N の事前条件といい，$\{M\}\mathcal{E}\{N\}$ と表記する．

条件 (4.1) の直感的な意味は，$\mathrm{tr}(M\rho)$ は状態 ρ における量子述語 M の真偽値の期待値であるという，量子状態と量子述語の充足関係の解釈から直接的に得られる．より正確にいうと，不等式 (4.1) は，状態 ρ が述語 M を充足するならば，ρ から変換 $\mathcal{E}$ を行った後の状態は述語 N を充足するという主張の確率論的拡張とみることもできる．

定義 4.1.8 $M \in \mathcal{P}(\mathcal{H})$ を量子述語，$\mathcal{E} \in \mathcal{QO}(\mathcal{H})$ を量子操作とする．このとき，$\mathcal{E}$ に関する M の最弱事前条件とは，次の条件を満たす量子述語 $\mathrm{wp}(\mathcal{E})(M)$ である．

(i) $\{\mathrm{wp}(\mathcal{E})(M)\}\mathcal{E}\{M\}$
(ii) すべての量子述語 N に対して，$\{N\}\mathcal{E}\{M\}$ は $N \sqsubseteq \mathrm{wp}(\mathcal{E})(M)$ を含意する．ここで，$\sqsubseteq$ はレヴナー順序を表す．

直感的には，条件 (i) は $\mathrm{wp}(\mathcal{E})(M)$ が $\mathcal{E}$ に関する M の事前条件であることを表しており，条件 (ii) は，N が M の事前条件であるならば $\mathrm{wp}(\mathcal{E})(M)$ は N よりも弱いことを表している．

この量子的最弱事前条件の抽象的定義は，応用として簡単に使うことができないことが多い．したがって，量子的最弱事前条件の明示的な表現を見つけること

4.1 量子述語

が望ましい．定理 2.1.46 から，量子操作には，クラウス表現と量子系・環境モデルという使い勝手のよい 2 通りの表現があることがわかっている．量子プログラムの（表示的）意味論をこれら 2 通りの形式のいずれかで表現すれば，最弱事前条件もまた洗練された表現の恩恵を受ける．まず，クラウス表現を考えよう．

命題 4.1.9 量子操作 $\mathcal{E} \in \mathcal{QO}(\mathcal{H})$ が，作用素の集合 $\{E_i\}$ によって，すべての密度作用素 ρ に対して次のように表現されているとする．

$$\mathcal{E}(\rho) = \sum_i E_i \rho E_i^\dagger$$

このとき，それぞれの述語 $M \in \mathcal{P}(\mathcal{H})$ に対して，

$$\mathrm{wp}(\mathcal{E})(M) = \sum_i E_i^\dagger M E_i \tag{4.2}$$

が成り立つ．

証明： 定義 4.1.8 の条件 (ii) から，最弱事前条件 $\mathrm{wp}(\mathcal{E})(M)$ は存在すれば一意であることが分かる．したがって，式 (4.2) で与えられる $\mathrm{wp}(\mathcal{E})(M)$ が定義 4.1.8 の二つの条件を満たすことを確認しさえすればよい．

(i) $\mathcal{H}$ の任意の作用素 A, B に対して $\mathrm{tr}(AB) = \mathrm{tr}(BA)$ であるから，$\mathcal{H}$ の任意の密度作用素 ρ に対して

$$\begin{aligned}
\mathrm{tr}(\mathrm{wp}(\mathcal{E})(M)\rho) &= \mathrm{tr}\left(\left(\sum_i E_i^\dagger M E_i\right)\rho\right) \\
&= \sum_i \mathrm{tr}(E_i^\dagger M E_i \rho) \\
&= \sum_i \mathrm{tr}(M E_i \rho E_i^\dagger) \\
&= \mathrm{tr}\left(M \left(\sum_i E_i \rho E_i^\dagger\right)\right) \\
&= \mathrm{tr}(M\mathcal{E}(\rho))
\end{aligned} \tag{4.3}$$

となる．したがって，$\{\mathrm{wp}(\mathcal{E})(M)\}\mathcal{E}\{M\}$ が成り立つ．

(ii) すべての ρ に対して $\mathrm{tr}(M\rho) \leq \mathrm{tr}(N\rho)$ であるとき，そしてそのときに限り，$M \sqsubseteq N$ であることは分かっている．したがって，$\{N\}\mathcal{E}\{M\}$ なら

ば，任意の密度作用素 ρ に対して

$$\mathrm{tr}(N\rho) \leq \mathrm{tr}(M\mathcal{E}(\rho)) = \mathrm{tr}(\mathrm{wp}(\mathcal{E})(M)\rho)$$

が成り立つ．このことから，すぐさま $N \sqsubseteq \mathrm{wp}(\mathcal{E})(M)$ を導くことができる． □

系・環境モデルによって，量子プログラムの表示的意味 $\mathcal{E}$ が，$\mathcal{H}$ のすべての密度作用素 ρ に対して

$$\mathcal{E}(\rho) = \mathrm{tr}_E \left(PU(|e_0\rangle\langle e_0| \otimes \rho)U^\dagger P \right) \tag{4.4}$$

とした場合の $\mathrm{wp}(\mathcal{E})$ の本質的な特徴づけも与えることができる．ここで，E は状態ヒルベルト空間 $\mathcal{H}_E$ をもつ環境系，U は $\mathcal{H}_E \otimes \mathcal{H}$ のユニタリ変換，P はある閉部分空間 $\mathcal{H}_E \otimes \mathcal{H}$ 上への射影作用素，$|e_0\rangle$ は $\mathcal{H}_E$ で固定した状態である．

命題 4.1.10 量子操作 $\mathcal{E}$ が式 (4.4) で与えられているとき，任意の $M \in \mathcal{P}(\mathcal{H})$ に対して

$$\mathrm{wp}(\mathcal{E})(M) = \langle e_0| U^\dagger P(M \otimes I_E)PU |e_0\rangle$$

が成り立つ．ここで，I_E は環境系の状態空間 H_E の恒等作用素である．

証明： $\{|e_k\rangle\}$ を H_E の正規直交基底とする．このとき，

$$\mathcal{E}(\rho) = \sum_k \langle e_k| PU |e_0\rangle \rho \langle e_0| U^\dagger P |e_k\rangle$$

が成り立ち，命題 4.1.9 を用いると

$$\begin{aligned}\mathrm{wp}(\mathcal{E})(M) &= \sum_k \langle e_0| U^\dagger P |e_k\rangle M \langle e_k| PU |e_0\rangle \\ &= \langle e_0| U^\dagger P \left(\sum_k |e_k\rangle M \langle e_k|\right) PU |e_0\rangle\end{aligned}$$

が得られる．$\{|e_k\rangle\}$ は H_E の正規直交基底であり，M は $\mathcal{H}$ の作用素であるから

$$\sum_k |e_k\rangle M \langle e_k| = M \otimes \left(\sum_k |e_k\rangle\langle e_k|\right) = M \otimes I_E$$

となることに注意する．これで証明は完成である． □

シュレーディンガー–ハイゼンベルク双対性:

古典的プログラム理論と同様,量子プログラムの表示的意味 $\mathcal{E}$ は,次のような前向き状態変換である.

$$\mathcal{E} : \mathcal{D}(\mathcal{H}) \to \mathcal{D}(\mathcal{H})$$
$$\rho \mapsto \mathcal{E}(\rho) \quad (\rho \in \mathcal{D}(\mathcal{H}))$$

ここで,$\mathcal{D}(\mathcal{H})$ は $\mathcal{H}$ の部分密度作用素,すなわち,跡が 1 以下の正作用素の集合を表す.一方,最弱事前条件の概念は,次のような後ろ向き量子述語変換である.

$$\mathrm{wp}(\mathcal{E}) : \mathcal{P}(\mathcal{H}) \to \mathcal{P}(\mathcal{H})$$
$$M \mapsto \mathrm{wp}(\mathcal{E})(M) \quad (M \in \mathcal{P}(\mathcal{H}))$$

これらは,量子プログラムに対する相補的な二つの見方を提供する.

前向きと後ろ向きの意味論の双対性は,古典的プログラムを扱うために広範囲に利用されてきた.これは,量子プログラムの研究においても,同じく有用であろう.さらに,量子プログラムとその最弱事前条件の関係は,物理学の観点から考えることさえできる.それは,(密度作用素で記述された)量子状態と(エルミート作用素で記述された)量子観測量の間のシュレーディンガー–ハイゼンベルク双対性(図 4.1)である.

定義 4.1.11 $\mathcal{E}$ は(部分)密度作用素を(部分)密度作用素に写像する量子操作とし,$\mathcal{E}^*$ はエルミート作用素をエルミート作用素に写像する量子操作とする.任意の(部分)密度作用素 ρ と任意のエルミート作用素に対して,

$$(双対性) \quad \mathrm{tr}[M\mathcal{E}(\rho)] = \mathrm{tr}[\mathcal{E}^*(M)\rho] \tag{4.5}$$

が成り立つならば,$\mathcal{E}$ と $\mathcal{E}^*$ は(シュレーディンガー–ハイゼンベルク)双対であるという.

この定義から,量子操作 $\mathcal{E}$ の双対 $\mathcal{E}^*$ は,存在すれば一意であることが導かれる.

次の命題は,プログラム理論における最弱事前条件の概念は,物理学におけるシュレーディンガー–ハイゼンベルク双対性と一致することを示している.

$$\rho \Vdash \mathcal{E}^*(M)$$
$$\mathcal{E}\downarrow \quad \uparrow \mathcal{E}^*$$
$$\mathcal{E}(\rho) \Vdash M$$

写像 $\rho \mapsto \mathcal{E}(\rho)$ はシュレーディンガー描像，写像 $M \mapsto \mathcal{E}^*(M)$ はハイゼンベルク描像である．記号 $\Vdash$ は，充足関係を表す．すなわち，$\mathrm{tr}(M\rho) = \mathrm{Pr}(\rho \Vdash M)$（$\rho$ が M を充足する確率）となる．

図 4.1 シュレーディンガー–ハイゼンベルク双対性

命題 4.1.12 任意の量子操作 $\mathcal{E} \in \mathcal{QO}(\mathcal{H})$ とその最弱事前条件 $\mathrm{wp}(\mathcal{E})$ は互いに双対となる．

証明： 式 (4.3) からすぐさま得られる． □

この節を終えるにあたって，量子的最弱事前条件のいくつかの基本的な代数的性質を次の命題として挙げておく．

命題 4.1.13 $\lambda \geq 0$ および $E, F \in \mathcal{QO}(\mathcal{H})$ とし，$\{\mathcal{E}_n\}$ は $\mathcal{QO}(\mathcal{H})$ の増大列とする．このとき，次の各項が成り立つ．

(i) $\lambda \mathcal{E} \in \mathcal{QO}(\mathcal{H})$ ならば，$\mathrm{wp}(\lambda \mathcal{E}) = \lambda \mathrm{wp}(\mathcal{E})$ となる．
(ii) $\mathcal{E} + \mathcal{F} \in \mathcal{QO}(\mathcal{H})$ ならば，$\mathrm{wp}(\mathcal{E} + \mathcal{F}) = \mathrm{wp}(\mathcal{E}) + \mathrm{wp}(\mathcal{F})$ となる．
(iii) $\mathrm{wp}(\mathcal{E} \circ \mathcal{F}) = \mathrm{wp}(\mathcal{F}) \circ \mathrm{wp}(\mathcal{E})$ となる．
(iv) $\mathrm{wp}(\bigsqcup_{n=0}^{\infty} \mathcal{E}_n) = \bigsqcup_{n=0}^{\infty} \mathrm{wp}(\mathcal{E}_n)$ となる．ここで，$\bigsqcup_{n=0}^{\infty} \mathrm{wp}(\mathcal{E}_n)$ は，任意の $M \in \mathcal{P}(\mathcal{H})$ に対して次のように定義する．

$$\left(\bigsqcup_{n=0}^{\infty} \mathrm{wp}(\mathcal{E}_n)\right)(M) \triangleq \bigsqcup_{n=0}^{\infty} \mathrm{wp}(\mathcal{E}_n)(M)$$

証明： (i) および (ii) は，命題 4.1.9 からすぐに導かれる．

(iii) $\{L\}\mathcal{E}\{M\}$ および $\{M\}\mathcal{F}\{N\}$ から $\{L\}\mathcal{E} \circ \mathcal{F}\{N\}$ となることは簡単に分かる．したがって，

$$\{\mathrm{wp}(\mathcal{E}(\mathrm{wp}(\mathcal{F})(M)))\}\mathcal{E} \circ \mathcal{F}\{M\}$$

が成り立つ．一方，$\{N\}\mathcal{E}\circ\mathcal{F}\{M\}$ であるならば，$N \sqsubseteq \mathrm{wp}(\mathcal{E})(\mathrm{wp}(\mathcal{F})(M))$ となることを示さなければならない．実際には，任意の密度作用素 ρ に対

して，式 (4.3) から

$$\operatorname{tr}(N\rho) \leq \operatorname{tr}(M(\mathcal{E} \circ \mathcal{F})(\rho)) = \operatorname{tr}(M\mathcal{F}(\mathcal{E}(\rho)))$$
$$= \operatorname{tr}(\operatorname{wp}(\mathcal{F})(M)\mathcal{E}(\rho))$$
$$= \operatorname{tr}(\operatorname{wp}(\mathcal{E})(\operatorname{wp}(\mathcal{F})(M))\rho)$$

となる．したがって，

$$\operatorname{wp}(\mathcal{E} \circ \mathcal{F})(M) = \operatorname{wp}(\mathcal{E})(\operatorname{wp}(\mathcal{F})(M)) = (\operatorname{wp}(\mathcal{F}) \circ \operatorname{wp}(\mathcal{E}))(M)$$

が得られる．

(iv) まず，次の二つの等式

$$M\left(\bigsqcup_{n=0}^{\infty} M_n\right) = \lim_{n \to \infty} M M_n$$
$$\operatorname{tr}\left(\bigsqcup_{n=0}^{\infty} M_n\right) = \bigsqcup_{n=0}^{\infty} \operatorname{tr}(M_n)$$

は，CPO $(\mathcal{P}(\mathcal{H}), \sqsubseteq)$ の $\bigsqcup$ の定義からすぐさま得られることに注意する．このとき，

$$\left\{\bigsqcup_{n=0}^{\infty} \operatorname{wp}(\mathcal{E}_n)(M)\right\} \bigsqcup_{n=0}^{\infty} \mathcal{E}_n\{M\}$$

を証明することができる．実際，任意の $\rho \in \mathcal{D}(\mathcal{H})$ に対して

$$\operatorname{tr}\left(\bigsqcup_{n=0}^{\infty} \operatorname{wp}(\mathcal{E}_n)(M)\rho\right) = \bigsqcup_{n=0}^{\infty} \operatorname{tr}(\operatorname{wp}(\mathcal{E}_n)(M)\rho)$$
$$\leq \bigsqcup_{n=0}^{\infty} \operatorname{tr}(M\mathcal{E}_n(\rho))$$
$$= \operatorname{tr}\left(\lim_{n \to \infty} M\mathcal{E}_n(\rho)\right)$$
$$= \operatorname{tr}\left(M\left(\bigsqcup_{n=0}^{\infty} \mathcal{E}_n\right)(\rho)\right)$$

となる．つぎに，$\{N\} \bigsqcup_{n=0}^{\infty} \mathcal{E}_n\{M\}$ は $N \sqsubseteq \bigsqcup_{n=0}^{\infty} \operatorname{wp}(\mathcal{E}_n)(M)$ を含意することを示す．それには，任意の密度演算子 ρ に対して

$$\operatorname{tr}(N\rho) \leq \operatorname{tr}\left(M\left(\bigsqcup_{n=0}^{\infty} \mathcal{E}_n\right)(\rho)\right)$$

$$= \text{tr}\left(\lim_{n\to\infty} M\mathcal{E}_n(\rho)\right)$$
$$= \bigsqcup_{n=0}^{\infty} \text{tr}(M\mathcal{E}_n(\rho))$$
$$= \bigsqcup_{n=0}^{\infty} \text{tr}(\text{wp}(\mathcal{E}_n)(M)\rho)$$
$$= \text{tr}\left(\left(\bigsqcup_{n=0}^{\infty} \text{wp}(\mathcal{E}_n)\right)(M)\rho\right)$$

となることに注意すればよい.こうして,

$$\text{wp}\left(\bigsqcup_{n=0}^{\infty} \mathcal{E}_n\right)(M) = \bigsqcup_{n=0}^{\infty} \text{wp}(\mathcal{E}_n)(M)$$

が成り立つ. □

4.2 量子プログラムのフロイド-ホーア論理

フロイド-ホーア論理は,プログラムの正当性を推論するために古典的プログラミング方法論で広く使われている論理系である.フロイド-ホーア論理は,事前条件と事後条件によって定義された推論規則の集合で構成される.

前節では,量子操作によってモデル化された抽象量子プログラムに対して,量子述語と最弱事前条件の概念を導入した.これにもとづいて,この節では,3.1節で導入した **while** 言語の量子プログラムの正当性を推論するフロイド-ホーア流の論理を提示する.

4.2.1 正当性論理式

古典的なフロイド-ホーア論理では,プログラムの正当性は,プログラムの入力状態を記述する述語と出力状態を記述する述語から構成されるホーア式(ホーアの三つ組)で表現される.ホーア式の考えは,量子プログラムに対しても素直に一般化することができる.

$qVar$ を,3.1 節で定義した **while** 言語の量子変数の集合とする.任意の集合 $X \subseteq qVar$ に対して,X に含まれる量子変数から構成される系の状態ヒルベルト空間を

$$\mathcal{H}_X = \bigotimes_{q \in X} \mathcal{H}_q$$

と表記する.ここで,$\mathcal{H}_q$ は,量子変数 q の状態空間である.また,

$$\mathcal{H}_{\text{all}} = \bigotimes_{q \in qVar} \mathcal{H}_q$$

とする.前節で,$\mathcal{H}_X$ の量子述語は,$\mathcal{H}_X$ のエルミート作用素 P で,$0_{\mathcal{H}_X} \sqsubseteq P \sqsubseteq I_{\mathcal{H}_X}$ となるものであったことを思い出そう.$\mathcal{H}_X$ の量子述語の集合を $\mathcal{P}(\mathcal{H}_X)$ と表記する.

定義 4.2.1 正当性論理式は次の形の式である.

$$\{P\}S\{Q\}$$

ここで,S は量子プログラム,$P, Q \in \mathcal{P}(\mathcal{H}_{\text{all}})$ は $\mathcal{H}_{\text{all}}$ の量子述語である.量子述語 P は正当性論理式の事前条件と呼ばれ,Q は正当性論理式の事後条件と呼ばれる.

古典的プログラムのフロイド–ホーア論理では,ホーア式 $\{P\}S\{Q\}$ の P と Q はそれぞれ一階述語論理式である.ホーア式 $\{P\}S\{Q\}$ は,プログラムの 2 種類の正当性を記述するために用いることができる.

- 部分正当性(弱正当性):プログラム S への入力が事前条件 P を充足するならば,S は停止しないか,または停止したときの状態は事後条件 Q を充足する.
- 全正当性(強正当性):プログラム S への入力が事前条件 P を充足するならば,S は停止して,そのときの状態は事後条件 Q を充足する.

量子プログラムに対するホーア式も外見は古典的な場合と同じであるが,量子プログラムの場合の事前条件 P と事後条件 Q は,それぞれ量子述語,すなわちエルミート作用素で表現された観測量になる.$\mathcal{H}_X$ の部分密度作用素,すなわち跡が 1 以下の正作用素の集合を $\mathcal{D}(\mathcal{H}_X)$ と表記する.直感的には,任意の量子述語 $P \in \mathcal{P}(\mathcal{H}_X)$ と状態 $\rho \in \mathcal{D}(\mathcal{H}_X)$ に対して,$\text{tr}(P\rho)$ は,述語 P が状態 ρ を充足す

る確率を表す．古典的プログラム理論と同じように，正当性論理式は，次の2通りに解釈することができる．

定義 4.2.2

(i) 正当性論理式 $\{P\}S\{Q\}$ は，任意の $\rho \in \mathcal{D}(\mathcal{H}_{\text{all}})$ に対して

$$\text{tr}(P\rho) \leq \text{tr}(Q[\![S]\!](\rho)) \tag{4.6}$$

が成り立つならば，全正当性の意味で真となり，

$$\Vdash_{\text{tot}} \{P\}S\{Q\}$$

と表記する．ただし，$[\![S]\!]$ は S の意味関数（定義3.3.1）である．

(ii) 正当性論理式 $\{P\}S\{Q\}$ は，任意の $\rho \in \mathcal{D}(\mathcal{H}_{\text{all}})$ に対して

$$\text{tr}(P\rho) \leq \text{tr}(Q[\![S]\!](\rho)) + [\text{tr}(\rho) - \text{tr}([\![S]\!](\rho))] \tag{4.7}$$

が成り立つならば，部分正当性の意味で真となり，

$$\Vdash_{\text{par}} \{P\}S\{Q\}$$

と表記する．

この定義の全正当性の不等式 (4.6) の直感的意味は次のようになる．

- 入力 ρ が量子述語 P を充足する確率は，入力 ρ に対して量子プログラム S が停止してその出力 $[\![S]\!](\rho)$ が量子述語 Q を充足する確率よりも大きくない．

定義 4.1.7 よりあきらかなように，$\Vdash_{\text{tot}} \{P\}S\{Q\}$ は，P が量子操作 $[\![S]\!]$ に関して Q の事前条件であること，すなわち，

$$\{P\}[\![S]\!]\{Q\}$$

の言い換えにすぎない．また，$\text{tr}(\rho) - \text{tr}([\![S]\!](\rho))$ は，入力 ρ に対して量子プログラム S が発散する確率であることに注意すると，部分正当性の不等式 (4.7) の直感的意味は，次のようになる．

- 入力 ρ が量子述語 P を充足するならば，入力 ρ に対して量子プログラム S が停止してその出力 $[\![S]\!](\rho)$ が量子述語 Q を充足するか，または S は発散する．

この定義をよりよく理解するために，簡単な例を調べよう．この例は，全正当性と部分正当性の違いを明確に示している．

例 4.2.3 $type(q) = \mathbf{Boolean}$ として，次のプログラムを考える．

$$S \equiv \mathbf{while}\ M[q] = 1\ \mathbf{do}\ q := \sigma_z[q]\ \mathbf{od}$$

ただし，$M_0 = |0\rangle\langle 0|$, $M_1 = |1\rangle\langle 1|$ であり，σ_z はパウリ行列とする．$|\psi\rangle = \alpha|0\rangle + \beta|1\rangle \in \mathcal{H}_2$ および $P' \in \mathcal{P}(\mathcal{H}_{qVar\setminus\{q\}})$ に対して

$$P = |\psi\rangle_q\langle\psi| \otimes P'$$

とすると，

(i) $\beta \neq 0$ かつ $P' \neq 0_{\mathcal{H}_{qVar\setminus\{q\}}}$ ならば，全正当性

$$\Vdash_{\mathrm{tot}} \{P\}S\{|0\rangle_q\langle 0| \otimes P'\}$$

は成り立たないことが分かる．実際，

$$\rho = |\psi\rangle_q\langle\psi| \otimes I_{\mathcal{H}_{qVar\setminus\{q\}}}$$

としてみる．ただし，表記を簡単にするために，ρ は正規化していない．このとき，

$$[\![S]\!](\rho) = |\alpha|^2 |0\rangle_q\langle 0| \otimes I_{\mathcal{H}_{qVar\setminus\{q\}}}$$

であり，

$$\mathrm{tr}(P\rho) = \mathrm{tr}(P') > |\alpha|^2 \mathrm{tr}(P') = \mathrm{tr}((|0\rangle_q\langle 0| \otimes P')[\![S]\!](\rho))$$

となる．

(ii) 部分正当性

$$\Vdash_{\mathrm{par}} \{P\}S\{|0\rangle_q\langle 0| \otimes P'\}$$

すなわち，

$$\mathrm{tr}(P\rho) \leq \mathrm{tr}((|0\rangle_q\langle 0| \otimes P')[\![S]\!](\rho)) + [\mathrm{tr}(\rho) - \mathrm{tr}([\![S]\!](\rho))] \tag{4.8}$$

は成り立つ．ここでは，$\mathcal{H}_{qVar\setminus\{q\}}$ の部分密度作用素の特別なクラス

$$\rho = |\varphi\rangle_q \langle\varphi| \otimes \rho'$$

だけを考える．ただし，$|\varphi\rangle = a|0\rangle + b|1\rangle \in \mathcal{H}_2$ および $\rho' \in \mathcal{D}(\mathcal{H}_{qVar\setminus\{q\}})$ とする．機械的な計算により，

$$[\![S]\!](\rho) = |a|^2 |0\rangle_q \langle 0| \otimes \rho'$$

であり，

$$\begin{aligned}
\mathrm{tr}(P\rho) &= |\langle\varphi|\varphi\rangle|^2 \mathrm{tr}(P'\rho') \\
&\leq |a|^2 \mathrm{tr}(P'\rho') + [\mathrm{tr}(\rho') - |a|^2 \mathrm{tr}(\rho')] \\
&= \mathrm{tr}((|0\rangle_q\langle 0| \otimes P')[\![S]\!](\rho)) + [\mathrm{tr}(\rho) - \mathrm{tr}([\![S]\!](\rho))]
\end{aligned}$$

となる．

練習問題 4.2.4 すべての $\rho \in \mathcal{D}(\mathcal{H}_{\mathrm{all}})$ に対して，不等式 (4.8) が成り立つことを証明せよ．

次の命題は，全正当性論理式および部分正当性論理式の基本的な性質を示している．

命題 4.2.5

(i) $\Vdash_{\mathrm{tot}} PSQ$ ならば，$\Vdash_{\mathrm{par}} PSQ$ が成り立つ．

(ii) 任意の量子プログラム S および任意の $P, Q \in \mathcal{P}(\mathcal{H}_{\mathrm{all}})$ に対して，

$$\Vdash_{\mathrm{tot}} \{0_{\mathcal{H}_{\mathrm{all}}}\} S\{Q\}, \qquad \Vdash_{\mathrm{par}} \{P\} S\{I_{\mathcal{H}_{\mathrm{all}}}\}$$

が成り立つ．

(iii) (線形性) $\lambda_1 P_1 + \lambda_2 P_2, \lambda_1 Q_1 + \lambda_2 Q_2 \in \mathcal{P}(\mathcal{H}_{\mathrm{all}})$ となる任意の $P_1, P_2, Q_1, Q_2 \in \mathcal{P}(\mathcal{H}_{\mathrm{all}})$ および $\lambda_1, \lambda_2 \geq 0$ に対して，

$$\Vdash_{\mathrm{tot}} \{P_i\} S\{Q_i\} \qquad (i = 1, 2)$$

ならば

$$\Vdash_{\mathrm{tot}} \{\lambda_1 P_1 + \lambda_2 P_2\} S\{\lambda_1 Q_1 + \lambda_2 Q_2\}$$

が成り立つ．$\lambda_1 + \lambda_2 = 1$ ならば，同じことが部分正当性についても成り立つ．

証明： 定義からすぐさま導くことができる． □

4.2.2 量子プログラムの最弱事前条件

4.1.1 節において，（量子プログラムの表示的意味として）一般的な量子操作に対する最弱事前条件を定義した．この節では，構文論においてそれに対応するもの，具体的には，3.1 節で定義した while 言語で書かれた量子プログラムの最弱事前条件を考える．古典的なフロイド–ホーア論理の場合と同じく，量子プログラムに対する最弱事前条件と最弱自由事前条件は，それぞれ全正当性と部分正当性に対応して定義することができる．これらは，量子プログラムのフロイド–ホーア論理の（相対的）完全性を証明する上で鍵となる役割を演じる．

定義 4.2.6 S を量子的 while プログラム，$P \in \mathcal{P}(\mathcal{H}_{\text{all}})$ を $\mathcal{H}_{\text{all}}$ の量子述語とする．

(i) P に関する S の最弱事前条件は，次の条件を満たす量子述語 $\text{wp}.S.P \in \mathcal{P}(\mathcal{H}_{\text{all}})$ である．

  (a) $\Vdash_{\text{tot}} \{\text{wp}.S.P\} S \{P\}$

  (b) 量子述語 $Q \in \mathcal{P}(\mathcal{H}_{\text{all}})$ で $\Vdash_{\text{tot}} \{Q\} S \{P\}$ が成り立つならば，$Q \sqsubseteq \text{wp}.S.P$ となる．

(ii) P に関する S の最弱自由事前条件は，次の条件を満たす量子述語 $\text{wlp}.S.P \in \mathcal{P}(\mathcal{H}_{\text{all}})$ である．

  (a) $\Vdash_{\text{par}} \{\text{wlp}.S.P\} S \{P\}$

  (b) 量子述語 $Q \in \mathcal{P}(\mathcal{H}_{\text{all}})$ で $\Vdash_{\text{par}} \{Q\} S \{P\}$ が成り立つならば，$Q \sqsubseteq \text{wlp}.S.P$ となる．

この定義と定義 4.1.8 を比較すると，この二つの定義が等しい，すなわち

$$\text{wp}.S.P = \text{wp}(\llbracket S \rrbracket)(P) \tag{4.9}$$

であることが分かる．この等式の左辺は，プログラム S を用いて直接的に与えられている一方，右辺は，S の意味論を用いて与えられていることに注意しよう．次の二つの命題は，量子的 **while** 言語で書かれたプログラムに対し，それぞれ最弱事前条件と最弱自由事前条件の明示的な表現を与える．これらは，量子的フロイド–ホーア論理の全正当性および部分正当性の完全性の証明で本質的に用いられる．まず，量子プログラムの最弱事前条件について考える．

命題 4.2.7

(i) wp.**skip**.$P = P$

(ii) (a) $type(q) = \mathbf{Boolean}$ の場合，

$$\mathrm{wp}.q := |0\rangle.P = |0\rangle_q \langle 0|P|0\rangle_q \langle 0| + |1\rangle_q \langle 0|P|0\rangle_q \langle 1|$$

(b) $type(q) = \mathbf{integer}$ の場合，

$$\mathrm{wp}.q := |0\rangle.P = \sum_{n=-\infty}^{\infty} |n\rangle_q \langle 0|P|0\rangle_q \langle n|$$

(iii) wp.$\bar{q} := U[\bar{q}].P = U^\dagger P U$

(iv) wp.$S_1; S_2.P = \mathrm{wp}.S_1.(\mathrm{wp}.S_2.P)$

(v) $\mathrm{wp}.\mathbf{if}\,(\square m \cdot M[\bar{q}] = m \to S_m)\,\mathbf{fi}.P = \sum_m M_m^\dagger (\mathrm{wp}.S_m.P) M_m$

(vi) $\mathrm{wp}.\mathbf{while}\,M[\bar{q}] = 1\,\mathbf{do}\,S\,\mathbf{od}.P = \bigsqcup_{n=0}^{\infty} P_n$

ただし，

$$\begin{cases} P_0 = 0_{\mathcal{H}_{\mathrm{all}}} \\ P_{n+1} = M_0^\dagger P M_0 + M_1^\dagger (\mathrm{wp}.S.P_n) M_1 & (n \geq 0) \end{cases}$$

とする．

証明： 量子プログラム S の構造に関する帰納法によって，この命題と次の系 4.2.8 を同時に証明するのが鍵である．

(i) $S \equiv \mathbf{skip}$ の場合：自明．

(ii) $S \equiv q := |0\rangle$ の場合：$type(q) = \mathbf{integer}$ の場合だけを示す．$type(q) = \mathbf{Boolean}$ の場合も同様である．まず

4.2 量子プログラムのフロイド–ホーア論理

$$\mathrm{tr}\left(\left(\sum_{n=-\infty}^{\infty}|n\rangle_q\langle 0|\,P\,|0\rangle_q\langle n|\right)\rho\right)=\mathrm{tr}\left(P\sum_{n=-\infty}^{\infty}|0\rangle_q\langle n|\,\rho\,|n\rangle_q\langle 0|\right)$$

$$=\mathrm{tr}(P[\![q:=|0\rangle]\!](\rho))$$

が成り立つ. 一方, 任意の量子述語 $Q \in \mathcal{P}(\mathcal{H}_{\mathrm{all}})$ に対して,

$$\Vdash_{\mathrm{tot}} \{Q\} q := |0\rangle \{P\}$$

すなわち, 任意の $\rho \in \mathcal{D}(\mathcal{H}_{\mathrm{all}})$ について

$$\mathrm{tr}(Q\rho) \leq \mathrm{tr}(P[\![q:=|0\rangle]\!](\rho))$$

$$=\mathrm{tr}\left(\left(\sum_{n=-\infty}^{\infty}|n\rangle_q\langle 0|\,P\,|0\rangle_q\langle n|\right)\rho\right)$$

ならば, 補題 4.1.4 によって

$$Q \sqsubseteq \sum_{n=-\infty}^{\infty}|n\rangle_q\langle 0|\,P\,|0\rangle_q\langle n|$$

となる.

(iii) $S \equiv \overline{q} := U[\overline{q}]$ の場合: (ii) と同様.

(iv) $S \equiv S_1; S_2$ の場合: S_1 および S_2 に対する帰納法の仮定によって

$$\mathrm{tr}((\mathrm{wp}.S_1.(\mathrm{wp}.S_2.P))\rho) = \mathrm{tr}((\mathrm{wp}.S_2.P)[\![S_1]\!](\rho))$$

$$=\mathrm{tr}(P[\![S_2]\!]([\![S_1]\!](\rho)))$$

$$=\mathrm{tr}(P[\![S_1;S_2]\!](\rho))$$

が成り立つ. $\Vdash_{\mathrm{tot}} \{Q\} S_1; S_2 \{P\}$ ならば, 任意の $\rho \in \mathcal{D}(\mathcal{H}_{\mathrm{all}})$ に対して

$$\mathrm{tr}(QP) \leq \mathrm{tr}(P[\![S_1;S_2]\!](\rho)) = \mathrm{tr}((\mathrm{wp}.S_1.(\mathrm{wp}.S_2.P))\rho)$$

が得られる. したがって, 補題 4.1.4 から $Q \sqsubseteq \mathrm{wp}.S_1.(\mathrm{wp}.S_2.P)$ となる.

(v) $S \equiv \mathbf{if}\,(\square m \cdot M[\overline{q}] = m \to S_m)\,\mathbf{fi}$ の場合: S_m に対して帰納法の仮定を用いると

$$\mathrm{tr}\left(\left(\sum_m M_m^\dagger(\mathrm{wp}.S_m.P)M_m\right)\rho\right) = \sum_m \mathrm{tr}\left((\mathrm{wp}.S_m.P)M_m\rho M_m^\dagger\right)$$

$$= \sum_m \mathrm{tr}\left(P[\![S_m]\!](M_m\rho M_m^\dagger)\right)$$
$$= \mathrm{tr}\left(P\sum_m [\![S_m]\!](M_m\rho M_m^\dagger)\right)$$
$$= \mathrm{tr}(P[\![\mathbf{if}\ (\Box m \cdot M[\overline{q}] = m \to S_m)\ \mathbf{fi}]\!](\rho))$$

が得られる.

$$\Vdash_\mathrm{tot} \{Q\}\mathbf{if}\ (\Box m \cdot M[\overline{q}] = m \to S_m)\ \mathbf{fi}\{P\}$$

ならば, 任意の ρ に対して

$$\mathrm{tr}(Q\rho) \leq \mathrm{tr}\left(\left(\sum_m M_m^\dagger(\mathrm{wp}.S_m.P)M_m\right)\rho\right)$$

であり, 補題 4.1.4 によって

$$Q \sqsubseteq \sum_m M_m^\dagger(\mathrm{wlp}.S_m.P)M_m$$

となる.

(vi) $S \equiv \mathbf{while}\ M[\overline{q}] = 1\ \mathbf{do}\ S'\ \mathbf{od}$ の場合: 簡単のため, ループ S の n 次の構文的近似 $(\mathbf{while}\ M[\overline{q}] = 1\ \mathbf{do}\ S'\ \mathbf{od})^n$ (定義 3.3.15) を $(\mathbf{while})^n$ と略記する. まず,

$$\mathrm{tr}(P_n\rho) = \mathrm{tr}(P[\![(\mathbf{while})^n]\!](\rho))$$

を示す. これは, n に関する数学的帰納法で証明することができる. $n = 0$ の場合は自明である. n および S' についての帰納法の仮定によって,

$$\mathrm{tr}(P_{n+1}\rho) = \mathrm{tr}\left(M_0^\dagger PM_0\rho\right) + \mathrm{tr}\left(M_1^\dagger(\mathrm{wp}.S'.P_n)M_1\rho\right)$$
$$= \mathrm{tr}\left(PM_0\rho M_0^\dagger\right) + \mathrm{tr}\left((\mathrm{wp}.S'.P_n)M_1\rho M_1^\dagger\right)$$
$$= \mathrm{tr}\left(PM_0\rho M_0^\dagger\right) + \mathrm{tr}\left(P_n[\![S']\!](M_1\rho M_1^\dagger)\right)$$
$$= \mathrm{tr}\left(PM_0\rho M_0^\dagger\right) + \mathrm{tr}\left(P[\![(\mathbf{while})^n]\!]([\![S']\!](M_1\rho M_1^\dagger))\right)$$
$$= \mathrm{tr}\left[P\left(M_0\rho M_0^\dagger + [\![S';(\mathbf{while})^n]\!](M_1\rho M_1^\dagger)\right)\right]$$
$$= \mathrm{tr}(P[\![(\mathbf{while})^{n+1}]\!](\rho))$$

となる.ここで,跡演算の連続性によって

$$\mathrm{tr}\left(\left(\bigsqcup_{n=0}^{\infty} P_n\right)\rho\right) = \bigsqcup_{n=0}^{\infty} \mathrm{tr}(P_n\rho)$$
$$= \bigsqcup_{n=0}^{\infty} \mathrm{tr}(P[\![(\mathbf{while})^n]\!](\rho))$$
$$= \mathrm{tr}\left(P\bigsqcup_{n=0}^{\infty}[\![(\mathbf{while})^n]\!](\rho)\right)$$
$$= \mathrm{tr}(P[\![\mathbf{while}\ M[\bar{q}]=1\ \mathbf{do}\ S'\ \mathbf{od}]\!](\rho))$$

となる.したがって,

$$\Vdash_{\mathrm{tot}} \{Q\}\mathbf{while}\ M[\bar{q}]=1\ \mathbf{do}\ S'\ \mathbf{od}\{P\}$$

ならば,任意の ρ に対して

$$\mathrm{tr}(Q\rho) \leq \mathrm{tr}\left(\left(\bigsqcup_{n=0}^{\infty} P_n\right)\rho\right)$$

となり,補題 4.1.4 によって $Q \sqsubseteq \bigsqcup_{n=0}^{\infty} P_n$ が得られる. □

次の系は,初期状態 ρ が最弱事前条件 wp.$S.P$ を充足する確率は,停止したときの状態 $[\![S]\!](\rho)$ が P を充足する確率に等しいことを示している.これは,命題 4.2.7 の証明から導くことができる.しかし,式 (4.3) および (4.9) からも導くことができる.

系 4.2.8 任意の量子的 **while** プログラム S,任意の量子述語 $P \in \mathcal{P}(\mathcal{H}_{\mathrm{all}})$,任意の部分密度作用素 $\rho \in \mathcal{D}(\mathcal{H}_{\mathrm{all}})$ に対して,

$$\mathrm{tr}((\mathrm{wp}.S.P)\rho) = \mathrm{tr}(P[\![S]\!](\rho))$$

が成り立つ.

量子的プログラムの最弱自由事前条件の明示的な表現も与えることができる.

命題 4.2.9

(i) wlp.**skip**.$P = P$

(ii) **(a)** $type(q) = \textbf{Boolean}$ の場合,

$$\text{wlp}.q := |0\rangle.P = |0\rangle_q \langle 0| P |0\rangle_q \langle 0| + |1\rangle_q \langle 0| P |0\rangle_q \langle 1|$$

(b) $type(q) = \textbf{integer}$ の場合,

$$\text{wlp}.q := |0\rangle.P = \sum_{n=-\infty}^{\infty} |n\rangle_q \langle 0| P |0\rangle_q \langle n|$$

(iii) $\text{wlp}.\overline{q} := U[\overline{q}].P = U^\dagger P U$

(iv) $\text{wlp}.S_1; S_2.P = \text{wlp}.S_1.(\text{wlp}.S_2.P)$

(v) $\text{wlp}.\textbf{if } (\square m \cdot M[\overline{q}] := m \to S_m) \textbf{ fi}.P = \sum_m M_m^\dagger (\text{wlp}.S_m.P) M_m$

(vi) $\text{wlp}.\textbf{while } M[\overline{q}] = 1 \textbf{ do } S \textbf{ od}.P = \bigsqcap_{n=0}^{\infty} P_n$

ただし,

$$\begin{cases} P_0 = I_{\mathcal{H}_{\text{all}}} \\ P_{n+1} = M_0^\dagger P M_0 + M_1^\dagger (\text{wlp}.S.P_n) M_1 & (n \geq 0) \end{cases}$$

とする.

証明: 最弱事前条件の場合と同様に,量子プログラム S の構造に関する帰納法を用いて,この命題と次の系 4.2.10 を同時に証明する.

(i) $S \equiv \textbf{skip}, \ q := |0\rangle, \ q := U[q]$ の場合:命題 4.2.7 の証明の (i), (ii), (iii) と同様.

(ii) $S \equiv S_1; S_2$ の場合:まず,S_1 および S_2 に対する帰納法の仮定によって

$$\begin{aligned}
\text{tr}(\text{wlp}.S_1.(\text{wlp}.S_2.P)\rho) &= \text{tr}(\text{wlp}.S_2.P[\![S_1]\!](\rho)) + [\text{tr}(\rho) - \text{tr}([\![S_1]\!](\rho))] \\
&= \text{tr}(P[\![S_2]\!]([\![S_1]\!](\rho))) + [\text{tr}([\![S_1]\!](\rho)) - \text{tr}([\![S_2]\!]([\![S_1]\!](\rho)))] \\
&\quad + [\text{tr}(\rho) - \text{tr}([\![S_1]\!](\rho))] \\
&= \text{tr}(P[\![S_2]\!]([\![S_1]\!](\rho))) + [\text{tr}(\rho) - \text{tr}([\![S_2]\!]([\![S_1]\!](\rho)))] \\
&= \text{tr}(P[\![S]\!](\rho)) + [\text{tr}(\rho) - \text{tr}([\![S]\!](\rho))]
\end{aligned}$$

が得られる.$\Vdash_{\text{par}} \{Q\}S\{P\}$ ならば,任意の $\rho \in \mathcal{D}(\mathcal{H}_{\text{all}})$ に対して

$$\text{tr}(Q\rho) \leq \text{tr}(P[\![S]\!](\rho)) + [\text{tr}(\rho) - \text{tr}([\![S]\!](\rho))]$$

4.2 量子プログラムのフロイド–ホーア論理

$$= \mathrm{tr}(\mathrm{wlp}.S_1.(\mathrm{wlp}.S_2.P)\rho)$$

が成り立ち，補題 4.1.4 によって

$$Q \sqsubseteq \mathrm{wlp}.S_1.(\mathrm{wlp}.S_2.P)$$

が得られる．

(iii) $S \equiv \mathbf{if}\ (\square m \cdot M[\overline{q}] = m \to S_m)\ \mathbf{fi}$ の場合：すべての S_m に対する帰納法の仮定によって

$$\begin{aligned}
\mathrm{tr}\left(\sum_m M_m^\dagger(\mathrm{wlp}.S_m.P)M_m\rho\right) &= \sum_m \mathrm{tr}\left(M_m^\dagger(\mathrm{wlp}.S_m.P)M_m\rho\right) \\
&= \sum_m \mathrm{tr}\left((\mathrm{wlp}.S_m.P)M_m\rho M_m^\dagger\right) \\
&= \sum_m \left\{\mathrm{tr}\left(P[\![S_m]\!](M_m\rho M_m^\dagger)\right) + \left[\mathrm{tr}\left(M_m\rho M_m^\dagger\right) - \mathrm{tr}\left([\![S_m]\!](M_m\rho M_m^\dagger)\right)\right]\right\} \\
&= \sum_m \mathrm{tr}\left(P[\![S_m]\!](M_m\rho M_m^\dagger)\right) + \left[\sum_m \mathrm{tr}\left(M_m\rho M_m^\dagger\right) - \sum_m \mathrm{tr}\left([\![S_m]\!](M_m\rho M_m^\dagger)\right)\right] \\
&= \mathrm{tr}\left(P\sum_m [\![S_m]\!](M_m\rho M_m^\dagger)\right) \\
&\quad + \left[\mathrm{tr}\left(\rho \sum_m M_m^\dagger M_m\right) - \mathrm{tr}\left(\sum_m [\![S_m]\!](M_m\rho M_m^\dagger)\right)\right] \\
&= \mathrm{tr}(P[\![S]\!](\rho)) + [\mathrm{tr}(\rho) - \mathrm{tr}([\![S]\!](\rho))]
\end{aligned}$$

となる．なぜなら，

$$\sum_m M_m^\dagger M_m = I_{\mathcal{H}_{\overline{q}}}$$

だからである．$\Vdash_{\mathrm{par}} \{Q\}S\{P\}$ ならば，任意の $\rho \in \mathcal{D}(\mathcal{H}_{\mathrm{all}})$ に対して

$$\begin{aligned}
\mathrm{tr}(Q\rho) &\leq \mathrm{tr}(P[\![S]\!](\rho)) + [\mathrm{tr}(\rho) - \mathrm{tr}([\![S]\!](\rho))] \\
&= \mathrm{tr}\left(\sum_m M_m^\dagger(\mathrm{wlp}.S_m.P)M_m\rho\right)
\end{aligned}$$

が成り立つ．これと補題 4.1.4 を合わせると，

$$Q \sqsubseteq \sum_m M_m^\dagger(\mathrm{wlp}.S_m.P)M_m$$

が得られる．

(iv) $S \equiv \textbf{while } M[\overline{q}] = 1 \textbf{ do } S' \textbf{ od}$ の場合：まず，n に関する数学的帰納法を用いて

$$\operatorname{tr}(P_n\rho) = \operatorname{tr}(P[\![(\textbf{while})^n]\!](\rho)) + [\operatorname{tr}(\rho) - \operatorname{tr}([\![(\textbf{while})^n]\!](\rho))] \quad (4.10)$$

を証明する．ただし，$(\textbf{while})^n$ は，構文的近似 $(\textbf{while } M[q] = 1 \textbf{ do } S' \textbf{ od})^n$ を略記したものである．$n=0$ の場合は自明である．n および S' についての帰納法の仮定によって，

$$\begin{aligned}
\operatorname{tr}(P_{n+1}\rho) &= \operatorname{tr}\left((M_0^\dagger P M_0) + M_1^\dagger (\operatorname{wlp}.S'.P_n) M_1 \rho\right) \\
&= \operatorname{tr}\left(M_0^\dagger P M_0 \rho\right) + \operatorname{tr}\left(M_1^\dagger (\operatorname{wlp}.S'.P_n) M_1 \rho\right) \\
&= \operatorname{tr}\left(P M_0 \rho M_0^\dagger\right) + \operatorname{tr}\left((\operatorname{wlp}.S'.P_n) M_1 \rho M_1^\dagger\right) \\
&= \operatorname{tr}\left(P M_0 \rho M_0^\dagger\right) + \operatorname{tr}\left(P_n [\![S']\!](M_1 \rho M_1^\dagger)\right) + \left[\operatorname{tr}\left(M_1 \rho M_1^\dagger\right) - \operatorname{tr}\left([\![S']\!](M_1 \rho M_1^\dagger)\right)\right] \\
&= \operatorname{tr}\left(P M_0 \rho M_0^\dagger\right) + \operatorname{tr}\left(P[\![(\textbf{while})^n]\!]([\![S]\!](M_1 \rho M_1^\dagger))\right) + \left[\operatorname{tr}\left([\![S]\!](M_1 \rho M_1^\dagger)\right) \right. \\
&\quad \left. - \operatorname{tr}\left([\![(\textbf{while})^n]\!]([\![S]\!](M_1 \rho M_1^\dagger))\right)\right] + \left[\operatorname{tr}\left(M_1 \rho M_1^\dagger\right) - \operatorname{tr}\left([\![S']\!](M_1 \rho M_1^\dagger)\right)\right] \\
&= \operatorname{tr}\left(P\left[M_0 \rho M_0^\dagger + [\![(\textbf{while})^n]\!]([\![S]\!](M_1 \rho M_1^\dagger))\right]\right) \\
&\quad + \left[\operatorname{tr}(\rho) - \operatorname{tr}\left(M_0 \rho M_0^\dagger + [\![(\textbf{while})^n]\!]([\![S]\!](M_1 \rho M_1^\dagger))\right)\right] \\
&= \operatorname{tr}(P[\![(\textbf{while})^{n+1}]\!](\rho)) + [\operatorname{tr}(\rho) - \operatorname{tr}([\![(\textbf{while})^{n+1}]\!](\rho))]
\end{aligned}$$

となる．これで，式 (4.10) が証明できた．$P \sqsubseteq I$ であることに注意すると，$I - P$ は正作用素であり，跡演算の連続性によって

$$\begin{aligned}
\operatorname{tr}\left(\left(\bigsqcap_{n=0}^\infty P_n\right)\rho\right) &= \bigsqcap_{n=0}^\infty \operatorname{tr}(P_n \rho) \\
&= \bigsqcap_{n=0}^\infty \{\operatorname{tr}(P[\![(\textbf{while})^n]\!](\rho)) + [\operatorname{tr}(\rho) - \operatorname{tr}([\![(\textbf{while})^n]\!](\rho))]\} \\
&= \operatorname{tr}(\rho) + \bigsqcap_{n=0}^\infty \operatorname{tr}((P-I)[\![(\textbf{while})^n]\!](\rho)) \\
&= \operatorname{tr}(\rho) + \operatorname{tr}\left((P-I)\bigsqcup_{n=0}^\infty [\![(\textbf{while})^n]\!](\rho)\right) \\
&= \operatorname{tr}(\rho) + \operatorname{tr}((P-I)[\![S]\!](\rho)) \\
&= \operatorname{tr}(P[\![S]\!](\rho)) + [\operatorname{tr}(\rho) - \operatorname{tr}([\![S]\!](\rho))]
\end{aligned}$$

が得られる．$\Vdash_{\operatorname{par}} \{Q\}S\{P\}$ ならば，任意の $\rho \in \mathcal{D}(\mathcal{H}_{\operatorname{all}})$ に対して

$$\mathrm{tr}(Q\rho) \leq \mathrm{tr}(P[\![S]\!](\rho)) + [\mathrm{tr}(\rho) - \mathrm{tr}([\![S]\!](\rho))]$$

$$= \mathrm{tr}\left(\left(\bigsqcap_{n=0}^{\infty} P_n\right)\rho\right)$$

となる．これと補題4.1.4を合わせると，$Q \sqsubseteq \bigsqcap_{n=0}^{\infty} P_n$ が得られる． □

系 4.2.10 任意の量子的 while プログラム S，任意の量子述語 $P \in \mathcal{P}(\mathcal{H}_{\mathrm{all}})$，任意の部分密度作用素 $\rho \in \mathcal{D}(\mathcal{H}_{\mathrm{all}})$ に対して，

$$\mathrm{tr}((\mathrm{wlp}.S.P)\rho) = \mathrm{tr}(P[\![S]\!](\rho)) + [\mathrm{tr}(\rho) - \mathrm{tr}([\![S]\!](\rho))]$$

が成り立つ．

この系は，初期状態 ρ が最弱自由事前条件 wlp.$S.P$ を充足する確率は，停止したときの状態 $[\![S]\!](\rho)$ が P を充足する確率と ρ から始めて S が停止しない確率の和に等しいことを意味する．

最後に，量子的 while ループの最弱事前条件と最弱自由事前条件の再帰的特徴づけを提示する．この特徴づけは，量子的フロイド–ホーア論理の完全性の証明において，鍵となるステップになる．

命題 4.2.11 量子的ループ while $M[\overline{q}] = 1$ do S od を while と略記する．すると，任意の $P \in \mathcal{P}(\mathcal{H}_{\mathrm{all}})$ に対して，次の各項が成り立つ．

(i) wp.**while**.$P = M_0^\dagger P M_0 + M_1^\dagger (\mathrm{wp}.S.(\mathrm{wp}.\mathbf{while}.P))M_1$

(ii) wlp.**while**.$P = M_0^\dagger P M_0 + M_1^\dagger (\mathrm{wlp}.S.(\mathrm{wlp}.\mathbf{while}.P))M_1$

証明： (ii) だけを証明する．(i) も同様に証明できるし，(ii) よりも簡単である．任意の $\rho \in \mathcal{D}(\mathcal{H}_{\mathrm{all}})$ に対して，命題4.2.9(iv) によって

$$\begin{aligned}
&\mathrm{tr}\left((M_0^\dagger P M_0 + M_1^\dagger (\mathrm{wlp}.S.(\mathrm{wlp}.\mathbf{while}.P))M_1)\rho\right) \\
&= \mathrm{tr}\left(P M_0 \rho M_0^\dagger\right) + \mathrm{tr}\left((\mathrm{wlp}.S.(\mathrm{wlp}.\mathbf{while}.P))M_1 \rho M_1^\dagger\right) \\
&= \mathrm{tr}\left(P M_0 \rho M_0^\dagger\right) + \mathrm{tr}\left((\mathrm{wlp}.\mathbf{while}.P)[\![S]\!](M_1 \rho M_1^\dagger)\right) \\
&\quad + \left[\mathrm{tr}\left(M_1 \rho M_1^\dagger\right) - \mathrm{tr}\left([\![S]\!](M_1 \rho M_1^\dagger)\right)\right] \\
&= \mathrm{tr}\left(P M_0 \rho M_0^\dagger\right) + \mathrm{tr}\left(P[\![\mathbf{while}]\!]([\![S]\!](M_1 \rho M_1^\dagger))\right) + \left[\mathrm{tr}\left([\![S]\!](M_1 \rho M_1^\dagger)\right)\right. \\
&\quad \left. - \mathrm{tr}\left([\![\mathbf{while}]\!]([\![S]\!](M_1 \rho M_1^\dagger))\right)\right] + \left[\mathrm{tr}\left(M_1 \rho M_1^\dagger\right) - \mathrm{tr}\left([\![S]\!](M_1 \rho M_1^\dagger)\right)\right]
\end{aligned}$$

$$= \text{tr}\left(P(M_0\rho M_0^\dagger + [\![\textbf{while}]\!]([\![S]\!](M_1\rho M_1^\dagger)))\right)$$
$$+ \left[\text{tr}\left(M_1\rho M_1^\dagger\right) - \text{tr}\left([\![\textbf{while}]\!]([\![S]\!](M_1\rho M_1^\dagger))\right)\right]$$
$$= \text{tr}\left(P[\![\textbf{while}]\!](\rho)\right) + \left[\text{tr}\left(\rho M_1^\dagger M_1\right) - \text{tr}\left([\![\textbf{while}]\!]([\![S]\!](M_1\rho M_1^\dagger))\right)\right]$$
$$= \text{tr}\left(P[\![\textbf{while}]\!](\rho)\right) + \left[\text{tr}\left(\rho(I - M_0^\dagger M_0)\right) - \text{tr}\left([\![\textbf{while}]\!]([\![S]\!](M_1\rho M_1^\dagger))\right)\right]$$
$$= \text{tr}\left(P[\![\textbf{while}]\!](\rho)\right) + \left[\text{tr}(\rho) - \text{tr}\left(M_0\rho M_0^\dagger + [\![\textbf{while}]\!]([\![S]\!](M_1\rho M_1^\dagger))\right)\right]$$
$$= \text{tr}(P[\![\textbf{while}]\!](\rho)) + [\text{tr}(\rho) - \text{tr}([\![\textbf{while}]\!](\rho))]$$

となる.

これは,

$$\left\{M_0^\dagger P M_0 + M_1^\dagger(\text{wlp}.S.(\text{wlp}.\textbf{while}.P))M_1\right\} \textbf{while}\{P\}$$

であり, $\Vdash_{\text{par}} \{Q\}\textbf{while}\{P\}$ ならば

$$Q \sqsubseteq M_0^\dagger P M_0 + M_1^\dagger(\text{wlp}.S.(\text{wlp}.\textbf{while}.P))M_1$$

であることを意味している. □

命題 4.2.7(vi) および 4.2.9(vi) から, 実際には, 命題 4.2.11 は次のように強められることが分かる.

- wp.**while**.P および wlp.**while**.P は, それぞれ次の関数の最小不動点および最大不動点である.

$$X \mapsto M_0^\dagger P M_0 + M_1^\dagger(\text{wp}.S.X)M_1$$

4.2.3 部分正当性の証明系

これで, 量子的 **while** プログラムのフロイド–ホーア論理の公理系を提示する準備ができた. この公理系は, 4.2.1 節で定義した正当性論理式を使って与えられる. 量子的フロイド–ホーア論理は, 部分正当性の証明系と全正当性の証明系の二つに分けることができる. 4.2.3 節では, 量子プログラムの部分正当性の証明系 qPD を導入する. qPD は, 図 4.2 の公理と推論規則から構成される.

証明系 qPD と 4.2.4 節で提示する全正当性の証明系 qTD の応用として, 4.2.5 節では, qPD と qTD を用いてグローバーのアルゴリズムの正当性を示す. 主と

4.2 量子プログラムのフロイド–ホーア論理　　153

して量子的フロイド–ホーア論理の応用に興味のある読者は，先に 4.2.4 節にある証明系 qTD の推論規則 (R-LT) を理解したら，4.2.5 節に進むのもよいだろう．そして，望むならば，4.2.5 節を終えてからここに戻ってきてもよい．

どのような論理体系においても，もっとも重要なことは健全性と完全性である．以降では，証明系 qPD の健全性と完全性を調べる．正当性論理式 $\{P\}S\{Q\}$ は，図 4.2 に示した公理と推論規則を有限回適用して導くことができるならば，qPD で証明可能といい，

$$\vdash_{qPD} \{P\}S\{Q\}$$

と表記する．

まず，部分正当性の意味論に関する qPD の健全性を証明する．

- 証明系 qPD における正当性論理式の証明可能性は，部分正当性の意味で正しいことを含意する．

これを証明する前に，補助的な概念を導入しておく．$i = 0, 1$ について，量子操作 $\mathcal{E}_i$ を，$\rho \in \mathcal{D}(\mathcal{H}_{\mathrm{all}})$ に対して

$$\mathcal{E}_i(\rho) = M_i \rho M_i^\dagger$$

と定義する．この概念は，命題 3.3.16 の証明の中ですでに用いている．これは，これ以降，第 5 章でも頻繁に用いる．

定理 4.2.12（健全性） 証明系 qPD は，量子的 **while** プログラムの部分正当性に対して健全である．すなわち，任意の量子的 **while** プログラム S と量子述語 $P, Q \in \mathcal{P}(\mathcal{H}_{\mathrm{all}})$ に対して

$$\vdash_{qPD} \{P\}S\{Q\} \text{ ならば } \Vdash_{\mathrm{par}} \{P\}S\{Q\}$$

が成り立つ．

証明： qPD の公理が部分正当性の意味で妥当であり，qPD の推論規則が部分正当性を保つことが示せればよい．

- (Ax-Sk) $\Vdash_{\mathrm{par}} \{P\}\mathbf{skip}\{P\}$ となることは自明である．

(Ax-Sk) $\{P\}\mathbf{skip}\{P\}$

(Ax-In) $type(q) = \mathbf{Boolean}$ ならば,

$$\{|0\rangle_q \langle 0| P |0\rangle_q \langle 0| + |1\rangle_q \langle 0| P |0\rangle_q \langle 1|\} q := |0\rangle \{P\}$$

$type(q) = \mathbf{integer}$ ならば,

$$\left\{\sum_{n=-\infty}^{\infty} |n\rangle_q \langle 0| P |0\rangle_q \langle n|\right\} q := |0\rangle \{P\}$$

(Ax-UT) $\{U^\dagger P U\} \overline{q} := U[\overline{q}]\{P\}$

(R-SC) $\dfrac{\{P\}S_1\{Q\} \quad \{Q\}S_2\{R\}}{\{P\}S_1;S_2\{R\}}$

(R-IF) $\dfrac{\text{すべての } m \text{ に対して } \{P_m\}S_m\{Q\}}{\left\{\sum_m M_m^\dagger P_m M_m\right\} \mathbf{if}\, (\square m \cdot M[\overline{q}] = m \to S_m)\,\mathbf{fi}\{Q\}}$

(R-LP) $\dfrac{\{Q\}S\{M_0^\dagger P M_0 + M_1^\dagger Q M_1\}}{\{M_0^\dagger P M_0 + M_1^\dagger Q M_1\}\mathbf{while}\, M[\overline{q}] = 1\, \mathbf{do}\, S\, \mathbf{od}\{P\}}$

(R-Or) $\dfrac{P \sqsubseteq P' \quad \{P'\}S\{Q'\} \quad Q' \sqsubseteq Q}{\{P\}S\{Q\}}$

図 **4.2** 部分正当性の証明系 qPD

- (Ax-In) $type(q) = \mathbf{integer}$ の場合だけを示す．$type(q) = \mathbf{Boolean}$ の場合も同様に示すことができる．任意の $\rho \in \mathcal{D}(\mathcal{H}_{\mathrm{all}})$ に対して，命題 3.3.5(ii) によって

$$\mathrm{tr}\left[\left(\sum_{n=-\infty}^{\infty} |n\rangle_q \langle 0|\, P\, |0\rangle_q \langle n|\right)\rho\right] = \sum_{n=-\infty}^{\infty} \mathrm{tr}\left(|n\rangle_q \langle 0|\, P\, |0\rangle_q \langle n|\, \rho\right)$$

$$= \sum_{n=-\infty}^{\infty} \mathrm{tr}\left(P\, |0\rangle_q \langle n|\, \rho\, |n\rangle_q \langle 0|\right)$$

$$= \mathrm{tr}\left(P \sum_{n=-\infty}^{\infty} |0\rangle_q \langle n|\, \rho\, |n\rangle_q \langle 0|\right)$$

$$= \mathrm{tr}(P[\![q := |0\rangle]\!](\rho))$$

となる．したがって，

$$\Vdash_{\mathrm{par}} \left\{\sum_{n=-\infty}^{\infty} |n\rangle_q \langle 0|\, P\, |0\rangle_q \langle n|\right\} q := |0\rangle \{P\}$$

が得られる．

- (Ax-UT)

$$\Vdash_{\mathrm{par}} \{U^\dagger PU\}\overline{q} := U[\overline{q}]\{P\}$$

であることが簡単に分かる．

- (R-SC) $\Vdash_{\mathrm{par}} \{P\}S_1\{Q\}$ かつ $\Vdash_{\mathrm{par}} \{Q\}S_2\{R\}$ ならば，任意の $\rho \in \mathcal{D}(\mathcal{H}_{\mathrm{all}})$ に対して，

$$\mathrm{tr}(P\rho) \leq \mathrm{tr}(Q[\![S_1]\!](\rho)) + [\mathrm{tr}(\rho) - \mathrm{tr}([\![S_1]\!](\rho))]$$
$$\leq \mathrm{tr}(R[\![S_2]\!]([\![S_1]\!](\rho))) + [\mathrm{tr}([\![S_1]\!](\rho)) - \mathrm{tr}([\![S_2]\!]([\![S_1]\!](\rho)))]$$
$$+ [\mathrm{tr}(\rho) - \mathrm{tr}([\![S_1]\!](\rho))]$$
$$= \mathrm{tr}(R[\![S_1; S_2]\!](\rho)) + [\mathrm{tr}(\rho) - \mathrm{tr}([\![S_1; S_2]\!](\rho))]$$

となる．したがって，$\Vdash_{\mathrm{par}} \{P\}S_1; S_2\{R\}$ が成り立つ．

- (R-IF) すべてのとりうる測定結果 m に対して $\Vdash_{\mathrm{par}} \{P_m\}S_m\{Q\}$ とする．このとき，任意の $\rho \in \mathcal{D}(\mathcal{H}_{\mathrm{all}})$ に対して，

$$\sum_m M_m^\dagger M_m = I_{\mathcal{H}_{\overline{q}}}$$

であるから,

$$\text{tr}\left(\sum_m M_m^\dagger P_m M_m \rho\right) = \sum_m \text{tr}\left(M_m^\dagger P_m M_m \rho\right)$$
$$= \sum_m \text{tr}\left(P_m M_m \rho M_m^\dagger\right)$$
$$\leq \sum_m \left\{\text{tr}\left(Q[\![S_m]\!]\left(M_m \rho M_m^\dagger\right)\right) + \left[\text{tr}\left(M_m \rho M_m^\dagger\right) - \text{tr}\left([\![S_m]\!]\left(M_m \rho M_m^\dagger\right)\right)\right]\right\}$$
$$\leq \sum_m \text{tr}\left(Q[\![S_m]\!]\left(M_m \rho M_m^\dagger\right)\right) + \left[\sum_m \text{tr}\left(M_m \rho M_m^\dagger\right) - \sum_m \text{tr}\left([\![S_m]\!]\left(M_m \rho M_m^\dagger\right)\right)\right]$$
$$= \text{tr}\left(Q \sum_m [\![S_m]\!]\left(M_m \rho M_m^\dagger\right)\right) + \left[\text{tr}\left(\sum_m \rho M_m^\dagger M_m\right) - \text{tr}\left(\sum_m [\![S_m]\!]\left(M_m \rho M_m^\dagger\right)\right)\right]$$
$$= \text{tr}(Q[\![\textbf{if}\ldots\textbf{fi}]\!](\rho)) + [\text{tr}(\rho) - \text{tr}([\![\textbf{if}\ldots\textbf{fi}]\!](\rho))]$$

および

$$\Vdash_{\text{par}} \left\{\sum_m M_m^\dagger P_m M_m\right\} \textbf{if}\ldots\textbf{fi}\{Q\}$$

が成り立つ.ここで,**if** … **fi** は,文 **if** $(\Box m \cdot M[\overline{q}] = m \to S_m)$ **fi** を略記したものとする.

- (R-LP)

$$\Vdash_{\text{par}} \{Q\}S\{M_0^\dagger P M_0 + M_1^\dagger Q M_1\}$$

と仮定すると,任意の $\rho \in \mathcal{D}(\mathcal{H}_{\text{all}})$ に対して,

$$\text{tr}(Q\rho) \leq \text{tr}\left((M_0^\dagger P M_0 + M_1^\dagger Q M_1)[\![S]\!](\rho)\right) + [\text{tr}(\rho) - \text{tr}([\![S]\!](\rho))] \quad (4.11)$$

が成り立つ.さらに,任意の $n \geq 1$ に対して

$$\text{tr}\left((M_0^\dagger P M_0 + M_1^\dagger Q M_1)\rho\right)$$
$$\leq \sum_{k=0}^n \text{tr}\left(P\left(\mathcal{E}_0 \circ ([\![S]\!] \circ \mathcal{E}_1)^k\right)(\rho)\right) + \text{tr}\left(Q\left(\mathcal{E}_1 \circ ([\![S]\!] \circ \mathcal{E}_1)^n\right)(\rho)\right)$$
$$+ \sum_{k=0}^n \left[\text{tr}\left(\mathcal{E}_1 \circ ([\![S]\!] \circ \mathcal{E}_1)^k(\rho)\right) - \text{tr}\left(([\![S]\!] \circ \mathcal{E}_1)^{k+1}(\rho)\right)\right] \quad (4.12)$$

である.実際には,式 (4.12) は, n に関する数学的帰納法を用いて証明する. $n = 1$ の場合は自明である.式 (4.11) を用いると,

$$\begin{aligned}
&\operatorname{tr}\left(Q\left(\mathcal{E}_1\circ(\llbracket S\rrbracket\circ\mathcal{E}_1)^n\right)(\rho)\right)\\
&\leq\ \operatorname{tr}\left((M_0^\dagger PM_0+M_1^\dagger QM_1)(\llbracket S\rrbracket\circ\mathcal{E}_1)^{n+1}(\rho)\right)\\
&\quad+[\operatorname{tr}((\mathcal{E}_1\circ(\llbracket S\rrbracket\circ\mathcal{E}_1)^n)(\rho))-\operatorname{tr}((\llbracket S\rrbracket\circ\mathcal{E}_1)^{n+1}(\rho))]\\
&=\operatorname{tr}\left(P\left(\mathcal{E}_0\circ(\llbracket S\rrbracket\circ\mathcal{E}_1)^{n+1}\right)(\rho)\right)+\operatorname{tr}\left(Q\left(\mathcal{E}_1\circ(\llbracket S\rrbracket\circ\mathcal{E}_1)^{n+1}\right)(\rho)\right)\\
&\quad+[\operatorname{tr}((\mathcal{E}_1\circ(\llbracket S\rrbracket\circ\mathcal{E}_1)^n)(\rho))-\operatorname{tr}((\llbracket S\rrbracket\circ\mathcal{E}_1)^{n+1}(\rho))]
\end{aligned} \quad (4.13)$$

が得られる.式 (4.12) と (4.13) を組み合わせると,

$$\begin{aligned}
&\operatorname{tr}\left((M_0^\dagger PM_0+M_1^\dagger QM_1)\rho\right)\\
&\leq\sum_{k=0}^{n+1}\operatorname{tr}\left(P\left(\mathcal{E}_0\circ(\llbracket S\rrbracket\circ\mathcal{E}_1)^k\right)(\rho)\right)+\operatorname{tr}\left(Q\left(\mathcal{E}_1\circ(\llbracket S\rrbracket\circ\mathcal{E}_1)^{n+1}\right)(\rho)\right)\\
&\quad+\sum_{k=0}^{n}\left[\operatorname{tr}\left(\mathcal{E}_1\circ(\llbracket S\rrbracket\circ\mathcal{E}_1)^k(\rho)\right)-\operatorname{tr}\left((\llbracket S\rrbracket\circ\mathcal{E}_1)^{k+1}(\rho)\right)\right]
\end{aligned}$$

が得られる.それゆえ,式 (4.12) が n の場合に真であれば,$n+1$ の場合にも成り立ち,式 (4.12) を証明することができた.

ここで

$$\begin{aligned}
\operatorname{tr}\left(\mathcal{E}_1\circ(\llbracket S\rrbracket\circ\mathcal{E}_1)^k(\rho)\right)&=\operatorname{tr}\left(M_1(\llbracket S\rrbracket\circ\mathcal{E}_1)^k(\rho)M_1^\dagger\right)\\
&=\operatorname{tr}\left((\llbracket S\rrbracket\circ\mathcal{E}_1)^k(\rho)M_1^\dagger M_1\right)\\
&=\operatorname{tr}\left((\llbracket S\rrbracket\circ\mathcal{E}_1)^k(\rho)(I-M_0^\dagger M_0)\right)\\
&=\operatorname{tr}\left((\llbracket S\rrbracket\circ\mathcal{E}_1)^k(\rho)\right)-\operatorname{tr}\left((\mathcal{E}_0\circ(\llbracket S\rrbracket\circ\mathcal{E}_1)^k)(\rho)\right)
\end{aligned}$$

であることに注意する.このとき,

$$\begin{aligned}
&\sum_{k=0}^{n-1}\left[\operatorname{tr}\left(\mathcal{E}_1\circ(\llbracket S\rrbracket\circ\mathcal{E}_1)^k(\rho)\right)-\operatorname{tr}\left((\llbracket S\rrbracket\circ\mathcal{E}_1)^{k+1}(\rho)\right)\right]\\
&=\sum_{k=0}^{n-1}\operatorname{tr}\left((\llbracket S\rrbracket\circ\mathcal{E}_1)^k(\rho)\right)-\sum_{k=0}^{n-1}\operatorname{tr}\left(\mathcal{E}_0\circ(\llbracket S\rrbracket\circ\mathcal{E}_1)^k(\rho)\right)-\sum_{k=0}^{n-1}\operatorname{tr}\left((\llbracket S\rrbracket\circ\mathcal{E}_1)^{k+1}(\rho)\right)\\
&=\operatorname{tr}(\rho)-\operatorname{tr}(((\llbracket S\rrbracket\circ\mathcal{E}_1)^n(\rho))-\sum_{k=0}^{n-1}\operatorname{tr}\left(\mathcal{E}_0\circ(\llbracket S\rrbracket\circ\mathcal{E}_1)^k(\rho)\right)
\end{aligned} \quad (4.14)$$

を導くことができる.一方,

$$\mathrm{tr}\left(Q(\mathcal{E}_1 \circ (\llbracket S \rrbracket \circ \mathcal{E}_1)^n)(\rho)\right) = \mathrm{tr}\left(QM_1(\llbracket S \rrbracket \circ \mathcal{E}_1)^n(\rho)M_1^\dagger\right)$$
$$\leq \mathrm{tr}\left(M_1(\llbracket S \rrbracket \circ \mathcal{E}_1)^n(\rho)M_1^\dagger\right)$$
$$= \mathrm{tr}\left((\llbracket S \rrbracket \circ \mathcal{E}_1)^n(\rho)M_1^\dagger M_1\right)$$
$$= \mathrm{tr}\left((\llbracket S \rrbracket \circ \mathcal{E}_1)^n(\rho)(I - M_0^\dagger M_0)\right)$$
$$= \mathrm{tr}\left((\llbracket S \rrbracket \circ \mathcal{E}_1)^n(\rho)\right) - \mathrm{tr}\left((\mathcal{E}_0 \circ (\llbracket S \rrbracket \circ \mathcal{E}_1)^n)(\rho)\right) \tag{4.15}$$

が成り立つ. 式 (4.14) と (4.15) を式 (4.12) に代入すると

$$\mathrm{tr}\left((M_0^\dagger PM_0 + M_1^\dagger QM_1)\rho\right)$$
$$\leq \sum_{k=0}^n \mathrm{tr}\left(P(\mathcal{E}_0 \circ (\llbracket S \rrbracket \circ \mathcal{E}_1)^k)(\rho)\right) + \left[\mathrm{tr}(\rho) - \sum_{k=0}^n \mathrm{tr}\left((\mathcal{E}_0 \circ (\llbracket S \rrbracket \circ \mathcal{E}_1)^k)(\rho)\right)\right]$$
$$= \mathrm{tr}\left(P \sum_{k=0}^n (\mathcal{E}_0 \circ (\llbracket S \rrbracket \circ \mathcal{E}_1)^k)(\rho)\right) + \left[\mathrm{tr}(\rho) - \mathrm{tr}\left(\sum_{k=0}^n (\mathcal{E}_0 \circ (\llbracket S \rrbracket \circ \mathcal{E}_1)^k)(\rho)\right)\right]$$

が得られる. ここで, $n \to \infty$ とすると

$$\mathrm{tr}\left[(M_0^\dagger PM_0 + M_1^\dagger QM_1)\rho\right] \leq \mathrm{tr}(P\llbracket \mathbf{while} \rrbracket(\rho)) + [\mathrm{tr}(\rho) - \mathrm{tr}(\llbracket \mathbf{while} \rrbracket(\rho))]$$

であり,

$$\Vdash_{\mathrm{par}} \{M_0^\dagger PM_0 + M_1^\dagger QM_1\}\mathbf{while}\{P\}$$

となる. ここで, **while** は, 量子的ループ **while** $M[\overline{q}] = 1$ **do** S **od** を略記したものである.

- (R-Or) この規則の妥当性は, 補題 4.1.4 と定義 4.2.2 からすぐさま導くことができる. □

つぎに, 部分正当性の意味論に関する証明系 qPD の完全性を証明しよう.

- 正当性論理式が部分正当性の意味で正しいことは, 証明系 qPD における証明可能性を含意する.

推論規則 (R-Or) における, 量子述語の間のレヴナー順序の表明は, 複素数に関する言明であることに注意しよう. したがって, 複素数を対象とする理論に相対的な qPD の完全性のみを期待することができる. より正確には, qPD を完全にするためには, 複素数を対象として真になるすべての言明を qPD に追加する. 次の定理は, 正確には, そのような相対的完全性の意味で理解すべきである.

4.2 量子プログラムのフロイド–ホーア論理

定理 4.2.13（完全性） 証明系 qPD は，量子的 **while** プログラムの部分正当性について完全である．すなわち，任意の量子的 **while** プログラム S および任意の量子述語 $P, Q \in \mathcal{P}(\mathcal{H}_{\text{all}})$ に対して，

$$\Vdash_{\text{par}} \{P\}S\{Q\} \text{ ならば } \vdash_{qPD} \{P\}S\{Q\}$$

が成り立つ．

証明： $\Vdash_{\text{par}} \{P\}S\{Q\}$ であれば，定義 4.2.6(ii) によって，$P \sqsubseteq \text{wlp}.S.Q$ となる．それゆえ，推論規則 (R-Or) によって，

$$\vdash_{qPD} \{\text{wlp}.S.Q\}S\{Q\}$$

を証明すれば十分である．S の構造に関する数学的帰納法を用いて，この主張を証明する．

- **(i)** $S \equiv \textbf{skip}$ の場合：公理 (Ax-Sk) からすぐさま導くことができる．
- **(ii)** $S \equiv q := 0$ の場合：公理 (Ax-In) からすぐさま導くことができる．
- **(iii)** $S \equiv q := U[q]$ の場合：公理 (Ax-UT) からすぐさま導くことができる．
- **(iv)** $S \equiv S_1; S_2$ の場合：S_1 および S_2 に対する帰納法の仮定によって

    $$\vdash_{qPD} \{\text{wlp}.S_1.(\text{wlp}.S_2.Q)\}S_1\{\text{wlp}.S_2.Q\}$$

    および

    $$\vdash_{qPD} \{\text{wlp}.S_2.Q\}S_2\{Q\}$$

    である．これらから，推論規則 (R-SC) によって

    $$\vdash_{qPD} \{\text{wlp}.S_1.(\text{wlp}.S_2.Q)\}S_1; S_2\{Q\}$$

    が得られる．すると，命題 4.2.9(iv) によって，

    $$\vdash_{qPD} \{\text{wlp}.S_1; S_2.Q\}S_1; S_2\{Q\}$$

    であることが分かる．

- **(v)** $S \equiv \textbf{if} \ (\square m \cdot M[\overline{q}] = m \to S_m) \ \textbf{fi}$ の場合：すべての S_m に対する帰納法の仮定によって

    $$\vdash_{qPD} \{\text{wlp}.S_m.Q\}S_m\{Q\}$$

である．ここで，規則 (R-IF) を適用すると

$$\vdash_{qPD} \left\{ \sum_m M_m^\dagger (\text{wlp}.S_m.Q) M_m \right\} \textbf{if} \ (\square m \cdot M[\overline{q}] = m \to S_m) \ \textbf{fi}\{Q\}$$

となり，命題 4.2.9(v) を用いると

$$\vdash_{qPD} \{\text{wlp}.\textbf{if} \ (\square m \cdot M[\overline{q}] = m \to S_m) \ \textbf{fi}.Q\}\textbf{if} \ (\square m \cdot M[\overline{q}] = m \to S_m) \ \textbf{fi}\{Q\}$$

が得られる．

(vi) $S \equiv \textbf{while} \ M[\overline{q}] = 1 \ \textbf{do} \ S' \ \textbf{od}$ の場合：簡単にするために，量子的ループ $\textbf{while} \ M[\overline{q}] = 1 \ \textbf{do} \ S' \ \textbf{od}$ を $\textbf{while}$ と略記する．S に関する帰納法の仮定によって，

$$\vdash_{qPD} \{\text{wlp}.S.(\text{wlp}.\textbf{while}.P)\}S\{\text{wlp}.\textbf{while}.P\}$$

が成り立つ．すると，命題 4.2.11(ii) によって

$$\text{wlp}.\textbf{while}.P = M_0^\dagger P M_0 + M_1^\dagger (\text{wlp}.S.(\text{wlp}.\textbf{while}.P)) M_1$$

となる．ここで，推論規則 (R-LP) を適用すると，

$$\vdash_{qPD} \{\text{wlp}.\textbf{while}.P\}\textbf{while}\{P\}$$

が得られる． □

4.2.4 全正当性の証明系

4.2.3 節では，量子的 **while** プログラムの部分正当性の証明系 qPD を調べた．この節では，量子的 **while** プログラムの全正当性の証明系 qTD を調べる．qTD と qPD の唯一の違いは，量子的 **while** ループに関する推論規則である．証明系 qPD では，量子的ループの停止を考慮する必要はなかった．しかしながら，証明系 qTD では，量子的ループの停止を推論できる規則があることが重要となる．量子的ループの全正当性の推論規則を与えるためには，量子的ループの計算における繰り返しの回数を表現する限度関数の考えが必要になる．

4.2 量子プログラムのフロイド–ホーア論理

定義 4.2.14 $P \in \mathcal{P}(\mathcal{H}_{\text{all}})$ を量子述語とし，$\varepsilon > 0$ を実数とする．関数

$$t : \mathcal{D}(\mathcal{H}_{\text{all}}) \to \mathbb{N} \text{ (非負整数)}$$

は，次の二つの条件を満たすとき，量子的ループ **while** $M[\overline{q}] = 1$ **do** S **od** の (P, ε) 限度関数（上界関数）という．

- 任意の $\rho \in \mathcal{D}(\mathcal{H}_{\text{all}})$ に対して，$t(\llbracket S \rrbracket (M_1 \rho M_1^\dagger)) \leq t(\rho)$ となる．
- 任意の $\rho \in \mathcal{D}(\mathcal{H}_{\text{all}})$ に対して，$\text{tr}(P\rho) \geq \varepsilon$ ならば，

$$t(\llbracket S \rrbracket (M_1 \rho M_1^\dagger)) < t(\rho)$$

が成り立つ．

限度関数は，プログラム理論の文献ではしばしばランク付け関数と呼ばれる．ループの限度関数の目的は，ループの停止を保証することである．基本的なアイディアは，限度関数の値は常に非負であり，ループの繰り返しごとにその値が減じられるということである．したがって，ループは，有限回の繰り返しののちに停止しなければならない．古典的ループ **while** B **do** S **od** の限度関数 t は，任意の入力状態 s に対して不等式

$$t(\llbracket S \rrbracket (s)) < t(s)$$

が成り立たなければならない．この不等式を，定義 4.2.14 の条件 (i) および (ii) と比べると，条件 (i) および (ii) は

$$t(\llbracket S \rrbracket (M_1 \rho M_1^\dagger))$$

と $t(\rho)$ の間の不等式であって，$t(\llbracket S \rrbracket (\rho))$ と $t(\rho)$ の間の不等式ではないことが分かる．これは，量子的ループ **while** $M[\overline{q}] = 1$ **do** S **od** の実装において，ループガード $M[\overline{q}] = 1$ かどうか確認する際に ρ に関する正否測定 M を実行する必要があり，測定結果として yes が観測されれば量子変数の状態は ρ から $M_1 \rho M_1^\dagger$ になるからである．

次の補題は，量子的ループが無限に繰り返すときの量子変数の状態の極限によって，量子的ループの限度関数の存在の特徴づける．この補題は，証明系 qTD の健全性および完全性の証明において，鍵となるステップになる．

補題 4.2.15 $P \in \mathcal{P}(\mathcal{H}_{\text{all}})$ を量子述語とする．このとき，次の二つの主張は同値である．

- **(i)** 任意の $\varepsilon > 0$ に対して，**while** ループ **while** $M[\bar{q}] = 1$ **do** S **od** のある (P, ε) 限度関数 t_ε が存在する．
- **(ii)** 任意の $\rho \in \mathcal{D}(\mathcal{H}_{\text{all}})$ に対して $\lim_{n \to \infty} \text{tr}(P(\llbracket S \rrbracket \circ \mathcal{E}_1)^n(\rho)) = 0$ となる．

証明： (i)⇒(ii)：背理法により証明する．

$$\lim_{n \to \infty} \text{tr}\left(P(\llbracket S \rrbracket \circ \mathcal{E}_1)^n(\rho)\right) \neq 0$$

ならば，ある $\varepsilon_0 > 0$ と非負整数の狭義単調増加数列 $\{n_k\}$ が存在して，任意の $k \geq 0$ に対して

$$\text{tr}\left(P(\llbracket S \rrbracket \circ \mathcal{E}_1)^{n_k}(\rho)\right) \geq \varepsilon_0$$

となる．ここで，ループ **while** $M[\bar{q}] = 1$ **do** S **od** の (P, ε_0) 限度関数を t_{ε_0} とする．それぞれの $k \geq 0$ に対して，

$$\rho_k = (\llbracket S \rrbracket \circ \mathcal{E}_1)^{n_k}(\rho)$$

とすると，$\text{tr}(P\rho_k) \geq \varepsilon_0$ が成り立ち，定義 4.2.14 の条件 (i) および (ii) より

$$\begin{aligned}
t_{\varepsilon_0}(\rho_k) &> t_{\varepsilon_0}(\llbracket S \rrbracket(M_1 \rho_k M_1^\dagger)) \\
&= t_{\varepsilon_0}((\llbracket S \rrbracket \circ \mathcal{E}_1)(\rho_k)) \\
&\geq t_{\varepsilon_0}((\llbracket S \rrbracket \circ \mathcal{E}_1)^{n_{k+1}-n_k}(\rho_k)) = t_{\varepsilon_0}(\rho_{k+1})
\end{aligned}$$

となる．この結果として，$\mathbb{N}$ の降鎖 $\{t_{\varepsilon_0}(\rho_k)\}$ が得られる．これは，$\mathbb{N}$ が整礎であることに矛盾する．

(ii)⇒(i)：任意の $\rho \in \mathcal{D}(\mathcal{H}_{\text{all}})$ に対して，

$$\lim_{n \to \infty} \text{tr}\left(P(\llbracket S \rrbracket \circ \mathcal{E}_1)^n(\rho)\right) = 0$$

ならば，任意の $\varepsilon > 0$ に対してある $N \in \mathbb{N}$ が存在し，任意の $n \geq N$ について

$$\text{tr}\left(P(\llbracket S \rrbracket \circ \mathcal{E}_1)^n(\rho)\right) < \varepsilon$$

4.2 量子プログラムのフロイド–ホーア論理

となる. ここで

$$t_\varepsilon(\rho) = \min\{N \in \mathbb{N} : \text{すべての } n \geq N \text{ について } \text{tr}(P(\llbracket S \rrbracket \circ \mathcal{E}_1)^n(\rho)) < \varepsilon\}$$

と定義する. この t_ε がループ **while** $M[\bar{q}] = 1$ **do** S **od** の (P, ε) 限度関数であることを示せばよい. これを次の二つの場合に分けて考える.

- $\text{tr}(P\rho) \geq \varepsilon$ の場合: $t_\varepsilon(\rho) = N$ とする. $\text{tr}(P\rho) \geq \varepsilon$ であることから, $N \geq 1$ である. t_ε の定義によって, 任意の $n \geq N$ に対して

$$\text{tr}(P(\llbracket S \rrbracket \circ \mathcal{E}_1)^n(\rho)) < \varepsilon$$

が成り立つ. したがって, 任意の $n \geq N-1 \geq 0$ に対して

$$\text{tr}(P(\llbracket S \rrbracket \circ \mathcal{E}_1)^n(\llbracket S \rrbracket(M_1^\dagger \rho M_1))) = \text{tr}(P(\llbracket S \rrbracket \circ \mathcal{E}_1)^{n+1}(\rho)) < \varepsilon$$

となる. それゆえ,

$$t_\varepsilon(\llbracket S \rrbracket(M_1^\dagger \rho M_1)) \leq N-1 < N = t_\varepsilon(\rho)$$

となる.

- $\text{tr}(P\rho) < \varepsilon$ の場合: この場合も, $t_\varepsilon(\rho) = N$ とする. これをさらに二つの場合に分ける.
  - $N = 0$ の場合: このとき, 任意の $n \geq 0$ に対して,

$$\text{tr}(P(\llbracket S \rrbracket \circ \mathcal{E}_1)^n(\rho)) < \varepsilon$$

  が成り立つ. さらに,

$$t_\varepsilon(\llbracket S \rrbracket(M_1 \rho M_1^\dagger)) = 0 = t_\varepsilon(\rho)$$

  となることが簡単に分かる.
  - $N \geq 1$ の場合: $\text{tr}(P\rho) \geq \varepsilon$ の場合と同じようにして

$$t_\varepsilon(\rho) > t_\varepsilon(\llbracket S \rrbracket(M_1 \rho M_1^\dagger))$$

  を導くことができる. □

(R-LT)
- $\{Q\}S\{M_0^\dagger P M_0 + M_1^\dagger Q M_1\}$
- それぞれの $\varepsilon > 0$ に対して，t_ε はループ

$$\frac{\textbf{while } M[\bar{q}] = 1 \textbf{ do } S \textbf{ od } の (M_1^\dagger Q M_1, \varepsilon) \text{ 限度関数}}{\{M_0^\dagger P M_0 + M_1^\dagger Q M_1\}\textbf{while } M[\bar{q}] = 1 \textbf{ do } S \textbf{ od}\{P\}}$$

図 4.3 全正当性の証明系 qTD

これで，量子的 while プログラムの全正当性の証明系 qTD を提示する準備ができた．すでに述べたように，証明系 qTD は，量子プログラムの部分正当性の証明系 qPD とは，ループに対する推論規則が異なるだけである．より正確にいうと，証明系 qTD は，図 4.2 の公理 (Ax-Sk), (Ax-In), (Ax-UT) と推論規則 (R-SC), (R-IF), (R-Or) と図 4.3 の推論規則 (R-LT) から構成される．

のちほど 4.2.5 節において，推論規則 (R-LT) を用いて，グローバー探索アルゴリズムの全正当性を証明する．

ここからは，qTD の健全性と完全性の証明にあてる．

- 証明系 qTD における正当性論理式の証明可能性は，全正当性の意味で正しいことと同値である．

正当性論理式 $\{P\}S\{Q\}$ は，qTD の公理と推論規則を有限回適用して導くことができるならば，

$$\vdash_{qTD} \{P\}S\{Q\}$$

と表記する．

定理 4.2.16（健全性） 証明系 qTD は，量子的 while プログラムの全正当性に対して健全である．すなわち，任意の量子的 while プログラム S と量子述語 $P, Q \in \mathcal{P}(\mathcal{H}_{\text{all}})$ に対して

$$\vdash_{qTD} \{P\}S\{Q\} \text{ ならば } \Vdash_{\text{tot}} \{P\}S\{Q\}$$

が成り立つ．

証明： qTD の公理が全正当性の意味で妥当であり，qTD の推論規則が全正当性を保つことが示せればよい．

4.2 量子プログラムのフロイド–ホーア論理

公理 (Ax-Sk), (Ax-In), (Ax-UT) の健全性の証明は, 部分正当性の場合と同様である. 残りの推論規則の証明は次のとおり.

- (R-SC) $\Vdash_{\text{tot}} \{P\}S_1\{Q\}$ および $\Vdash_{\text{tot}} \{Q\}S_2\{R\}$ とする. このとき, 任意の $\rho \in \mathcal{D}(\mathcal{H}_{\text{all}})$ に対して, 命題 3.3.5(iv) によって,

$$\text{tr}(P\rho) \leq \text{tr}(Q[\![S_1]\!](\rho))$$
$$\leq \text{tr}(R[\![S_2]\!]([\![S_1]\!](\rho)))$$
$$= \text{tr}(P[\![S_1;S_2]\!](\rho))$$

が得られる. それゆえ, $\Vdash_{\text{tot}} \{P\}S_1;S_2\{R\}$ が成り立つ.

- (R-IF) すべてのとりうる測定結果 m に対して, $\Vdash_{\text{tot}} \{P_m\}S_m\{Q\}$ とする. このとき, 任意の $\rho \in \mathcal{D}(\mathcal{H}_{\text{all}})$ に対して,

$$\text{tr}\left(P_m M_m \rho M_m^\dagger\right) \leq \text{tr}\left(Q[\![S_m]\!]\left(M_m \rho M_m^\dagger\right)\right)$$

が成り立つ. それゆえ,

$$\text{tr}\left(\sum_m M_m^\dagger P_m M_m \rho\right) = \sum_m \text{tr}\left(P_m M_m \rho M_m^\dagger\right)$$
$$\leq \sum_m \text{tr}\left(Q[\![S_m]\!]\left(M_m \rho M_m^\dagger\right)\right)$$
$$= \text{tr}\left(Q \sum_m [\![S_m]\!]\left(M_m \rho M_m^\dagger\right)\right)$$
$$= \text{tr}(Q[\![\textbf{if}\ (\square m \cdot M[\overline{q}] = m \to S_m)\ \textbf{fi}]\!](\rho))$$

が得られ, これから

$$\Vdash_{\text{tot}} \left\{\sum_m M_m^\dagger P M_m\right\} \textbf{if}\ (\square m \cdot M[\overline{q}] = m \to S_m)\ \textbf{fi}\{Q\}$$

となる.

- (R-LT)
$$\Vdash_{\text{tot}} \{Q\}S\{M_0^\dagger P M_0 + M_1^\dagger Q M_1\}$$

と仮定する. このとき, 任意の $\rho \in \mathcal{D}(\mathcal{H}_{\text{all}})$ に対して,

$$\text{tr}(Q\rho) \leq \text{tr}\left((M_0^\dagger P M_0 + M_1^\dagger Q M_1)[\![S]\!](\rho)\right) \tag{4.16}$$

が得られる.まず,nに関する帰納法を用いて,次の不等式を証明する.

$$\begin{aligned}&\operatorname{tr}\left((M_0^\dagger PM_0+M_1^\dagger QM_1)\rho\right)\\&\leq\sum_{k=0}^n\operatorname{tr}\left(P[\mathcal{E}_0\circ(\llbracket S\rrbracket\circ\mathcal{E}_1)^k](\rho)\right)+\operatorname{tr}(Q[\mathcal{E}_1\circ(\llbracket S\rrbracket\circ\mathcal{E}_1)^n](\rho))\end{aligned}\quad(4.17)$$

実際,

$$\begin{aligned}\operatorname{tr}\left((M_0^\dagger PM_0+M_1^\dagger QM_1)\rho\right)&=\operatorname{tr}\left(PM_0\rho M_0^\dagger\right)+\operatorname{tr}\left(QM_1\rho M_1^\dagger\right)\\&=\operatorname{tr}(P\mathcal{E}_0(\rho))+\operatorname{tr}(Q\mathcal{E}_1(\rho))\end{aligned}$$

が成り立つので,式 (4.17) は $n=0$ の場合に正しい.つぎに,式 (4.17) が $n=m$ の場合に正しいと仮定する.このとき,式 (4.16) を適用すると,

$$\begin{aligned}&\operatorname{tr}\left((M_0^\dagger PM_0+M_1^\dagger QM_1)\rho\right)=\operatorname{tr}(P\mathcal{E}_0(\rho))+\operatorname{tr}\left(QM_1\rho M_1^\dagger\right)\\&\leq\sum_{k=0}^m\operatorname{tr}\left(P[\mathcal{E}_0\circ(\llbracket S\rrbracket\circ\mathcal{E}_1)^k](\rho)\right)+\operatorname{tr}\left(Q\left[\mathcal{E}_1\circ(\llbracket S\rrbracket\circ\mathcal{E}_1)^m\right](\rho)\right)\\&\leq\sum_{k=0}^m\operatorname{tr}\left(P[\mathcal{E}_0\circ(\llbracket S\rrbracket\circ\mathcal{E}_1)^k](\rho)\right)\\&\quad+\operatorname{tr}\left((M_0^\dagger PM_0+M_1^\dagger QM_1)\llbracket S\rrbracket(\mathcal{E}_1\circ(\llbracket S\rrbracket\circ\mathcal{E}_1)^m(\rho))\right)\\&=\sum_{k=0}^m\operatorname{tr}\left(P[\mathcal{E}_0\circ(\llbracket S\rrbracket\circ\mathcal{E}_1)^k](\rho)\right)+\operatorname{tr}\left(PM_0\llbracket S\rrbracket([\mathcal{E}_1\circ(\llbracket S\rrbracket\circ\mathcal{E}_1)^m](\rho))M_0^\dagger\right)\\&\quad+\operatorname{tr}\left(QM_1\llbracket S\rrbracket\left([\mathcal{E}_1\circ(\llbracket S\rrbracket\circ\mathcal{E}_1)^m](\rho)\right)M_1^\dagger\right)\\&=\sum_{k=0}^{m+1}\operatorname{tr}\left(P[\mathcal{E}_0\circ(\llbracket S\rrbracket\circ\mathcal{E}_1)^k](\rho)\right)+\operatorname{tr}\left(Q\left[\mathcal{E}_1\circ(\llbracket S\rrbracket\circ\mathcal{E}_1)^{m+1}\right](\rho)\right)\end{aligned}$$

が得られる.それゆえ,式 (4.17) は,$n=m+1$ の場合にも成り立つ.これで,式 (4.17) が証明できた.

ここで,任意の $\varepsilon>0$ に対して,量子的ループ **while** $M[\overline{q}]=1$ **do** S **od** の $(M_1^\dagger QM_1,\varepsilon)$ 限度関数 t_ε が存在するので,補題 4.2.15 によって

$$\begin{aligned}\lim_{n\to\infty}\operatorname{tr}(Q[\mathcal{E}_1\circ(\llbracket S\rrbracket\circ\mathcal{E}_1)^n](\rho))&=\lim_{n\to\infty}\operatorname{tr}\left(QM_1(\llbracket S\rrbracket\circ\mathcal{E}_1)^n(\rho)M_1^\dagger\right)\\&=\lim_{n\to\infty}\operatorname{tr}\left(M_1^\dagger QM_1(\llbracket S\rrbracket\circ\mathcal{E}_1)^n(\rho)\right)\\&=0\end{aligned}$$

が得られる.その結果として,

4.2 量子プログラムのフロイド–ホーア論理　　　　　　　　　　　　　　167

$$\begin{aligned}
\operatorname{tr}\left((M_0^\dagger P M_0 + M_1^\dagger Q M_1)\rho\right) &\leq \lim_{n\to\infty}\sum_{k=0}^{n}\operatorname{tr}(P[\mathcal{E}_0 \circ (\llbracket S \rrbracket \circ \mathcal{E}_1)^k](\rho)) \\
&\quad + \lim_{n\to\infty}\operatorname{tr}(Q[\mathcal{E}_1 \circ (\llbracket S \rrbracket \circ \mathcal{E}_1)^n](\rho)) \\
&= \sum_{n=0}^{\infty}\operatorname{tr}(P[\mathcal{E}_0 \circ (\llbracket S \rrbracket \circ \mathcal{E}_1)^n](\rho)) \\
&= \operatorname{tr}\left(P\sum_{n=0}^{\infty}[\mathcal{E}_0 \circ (\llbracket S \rrbracket \circ \mathcal{E}_1)^n](\rho)\right) \\
&= \operatorname{tr}(\llbracket \mathbf{while}\ M[\overline{q}] = 1\ \mathbf{do}\ S\ \mathbf{od}\rrbracket(\rho))
\end{aligned}$$

が成り立つ.　　　　　　　　　　　　　　　　　　　　　　　　　　　　□

定理 4.2.17（完全性） 証明系 qTD は，量子的 **while** プログラムの全正当性について完全である．すなわち，任意の量子的 **while** プログラム S および任意の量子述語 $P, Q \in \mathcal{P}(\mathcal{H}_{\mathrm{all}})$ に対して，

$$\Vdash_{\mathrm{tot}} \{P\}S\{Q\}\ \text{ならば}\ \vdash_{qTD} \{P\}S\{Q\}$$

が成り立つ.

証明： 部分正当性の場合と同様に，任意の量子プログラム S と量子述語 $P \in \mathcal{P}(\mathcal{H}_{\mathrm{all}})$ に対して
主張：

$$\vdash_{qTD} \{\mathrm{wp}.S.Q\}S\{Q\}$$

が成り立つことを証明すればよい．なぜなら，$\Vdash_{\mathrm{tot}} \{P\}S\{Q\}$ ならば，定義 4.2.6(i) によって，$P \sqsubseteq \mathrm{wp}.S.Q$ となるからである．S の構造に関する数学的帰納法を用いて，この主張を証明する．ここでは，$S \equiv \mathbf{while}\ M[\overline{q}] = 1\ \mathbf{do}\ S'\ \mathbf{od}$ の場合だけを考える．それ以外の場合は，定理 4.2.13 の証明と同様である．量子的ループ $\mathbf{while}\ M[\overline{q}] = 1\ \mathbf{do}\ S'\ \mathbf{od}$ を **while** と略記する．命題 4.2.11(i) から，

$$\mathrm{wp.\mathbf{while}}.Q = M_0^\dagger Q M_0 + M_1^\dagger (\mathrm{wp}.S'.(\mathrm{wp.\mathbf{while}}.Q))M_1$$

が得られる．したがって，ここでの目標は

$$\vdash_{qTD} \{M_0^\dagger Q M_0 + M_1^\dagger (\mathrm{wp}.S'.(\mathrm{wp.\mathbf{while}}.Q))M_1\}\mathbf{while}\{Q\}$$

を導くことである．S' に対する帰納法の仮定によって,

$$\vdash_{qTD} \{\text{wp}.S'.(\text{wp}.\textbf{while}.Q)\} \, S' \, \{\text{wp}.\textbf{while}.Q\}$$

が得られる．このとき，推論規則 (R-LT) によって，任意の $\varepsilon > 0$ に対して，量子的ループ **while** の $(M_1^\dagger(\text{wp}.S'.(\text{wp}.\textbf{while}.Q))M_1, \varepsilon)$ 限度関数が存在することを証明すればよい．補題 4.2.15 を適用すると,

$$\lim_{n \to \infty} \text{tr}\left(M_1^\dagger(\text{wp}.S'.(\text{wp}.\textbf{while}.Q))M_1(\llbracket S' \rrbracket \circ \mathcal{E}_1)^n(\rho)\right) = 0 \qquad (4.18)$$

だけを証明すればよい．式 (4.18) の証明は 2 段階になる．まず，命題 4.2.7(iv) と 3.3.5(iv) によって,

$$\begin{aligned}
&\text{tr}\left(M_1^\dagger(\text{wp}.S'.(\text{wp}.\textbf{while}.Q))M_1(\llbracket S' \rrbracket \circ \mathcal{E}_1)^n(\rho)\right) \\
&= \text{tr}\left(\text{wp}.S'.(\text{wp}.\textbf{while}.Q)M_1(\llbracket S' \rrbracket \circ \mathcal{E}_1)^n(\rho)M_1^\dagger\right) \\
&= \text{tr}\left(\text{wp}.\textbf{while}.Q \llbracket S' \rrbracket (M_1(\llbracket S' \rrbracket \circ \mathcal{E}_1)^n(\rho)M_1^\dagger)\right) \\
&= \text{tr}(\text{wp}.\textbf{while}.Q(\llbracket S' \rrbracket \circ \mathcal{E}_1)^{n+1}(\rho)) \\
&= \text{tr}(Q\llbracket \textbf{while} \rrbracket(\llbracket S' \rrbracket \circ \mathcal{E}_1)^{n+1}(\rho)) \\
&= \sum_{k=n+1}^{\infty} \text{tr}(Q\left[\mathcal{E}_0 \circ (\llbracket S' \rrbracket \circ \mathcal{E}_1)^k\right](\rho))
\end{aligned} \qquad (4.19)$$

であることが分かる．

そして，次の非負実数の無限級数を考える．

$$\sum_{k=0}^{\infty} \text{tr}\left(Q\left[\mathcal{E}_0 \circ (\llbracket S' \rrbracket \circ \mathcal{E}_1)^k\right](\rho)\right) = \text{tr}\left(Q\sum_{k=0}^{\infty}\left[\mathcal{E}_0 \circ (\llbracket S' \rrbracket \circ \mathcal{E}_1)^k\right](\rho)\right) \qquad (4.20)$$

$Q \sqsubseteq I_{\mathcal{H}_{\text{all}}}$ であるから，命題 3.3.5(iv) と 3.3.20 から

$$\begin{aligned}
\text{tr}\left(Q\sum_{k=0}^{\infty}\left[\mathcal{E}_0 \circ (\llbracket S' \rrbracket \circ \mathcal{E}_1)^k\right](\rho)\right) &= \text{tr}(Q\llbracket\textbf{while}\rrbracket(\rho)) \\
&\leq \text{tr}(\llbracket\textbf{while}\rrbracket(\rho)) \\
&\leq \text{tr}(\rho) \leq 1
\end{aligned}$$

が得られる．それゆえ，式 (4.20) の無限級数は収束する．式 (4.19) は，式 (4.20) の無限級数の第 n 項より後の和であることに注意すると，式 (4.20) の無限級数が収束することから，式 (4.18) が得られる． □

○ プログラム：
  1. $q_0 := |0\rangle; q_1 := |0\rangle; \cdots\cdots; q_{n-1} := |0\rangle;$
  2. $q := |0\rangle;$
  3. $r := |0\rangle;$
  4. $q := X[q];$
  5. $q_0 := H[q_0]; q_1 := H[q_1]; \cdots\cdots; q_{n-1} := H[q_{n-1}];$
  6. $q := H[q];$
  7. **while** $M[r] = 1$ **do** D **od**;
  8. **if** $(\Box x \cdot M'[q_0, q_1, \ldots, q_{n-1}] = x \to \textbf{skip})$ **fi**

図 4.4　量子探索プログラム Grover

定理 4.2.13 に対して指摘したのと同じように，定理 4.2.17 もまた，複素数を対象とする理論に相対的な qTD の完全性にすぎない．なぜなら，推論規則 (R-Or) が qTD で使われていることを除いても，推論規則 (R-LT) に含まれる限度関数の存在は，複素数に関する言明だからである．

4.2.5　例による説明：グローバーアルゴリズムの正当性

ここまでで，量子的 while プログラムの部分正当性の証明系 qPD および全正当性の証明系 qTD を展開し，それらの健全性や（相対的）完全性を証明した．この節の目的は，量子プログラムの正当性を検証するために，実際に証明系 qPD および qTD をどのように使えばよいかを示すことである．例として，グローバーの量子探索アルゴリズムを考える．

2.3.3 節や 3.5 節では探索問題を次のように述べたことを思い出そう．探索空間は $N = 2^n$ 件の要素で構成され，それぞれの要素には $0, 1, \ldots, N-1$ と番号がつけられている．$1 \leq L \leq \frac{N}{2}$ として，探索問題にはちょうど L 件の解があるものとし，オラクル，すなわち探索問題の解を認識する能力をもつブラックボックスが提供されている．それぞれの整数 $x \in \{0, 1, \ldots, N-1\}$ をその二進表現 $x \in \{0, 1\}^n$ と同一視する．量子的 while 言語において，この問題を解くグローバーのアルゴリズムは，図 4.4 のプログラム Grover として記述されている．ただし，

○ ループ本体：

1. $q_0, q_1, \ldots, q_{n-1}, q := O[q_0, q_1, \ldots, q_{n-1}, q];$
2. $q_0 := H[q_0]; q_1 := H[q_1]; \cdots\cdots ; q_{n-1} := H[q_{n-1}];$
3. $q_0, q_1, \ldots, q_{n-1} := Ph[q_0, q_1, \ldots, q_{n-1}];$
4. $q_0 := H[q_0]; q_1 := H[q_1]; \cdots\cdots ; q_{n-1} := H[q_{n-1}];$
5. $r := r + 1$

図 4.5 ループ本体 D

- $q_0, q_1, \ldots, q_{n-1}, q$ は **Boolean** 型の量子変数で，r は **integer** 型の量子変数である．
- X は NOT ゲートで，H はアダマールゲートである．
- 測定 $M = \{M_0, M_1\}$ は

$$M_0 = \sum_{l \geq k} |l\rangle_r \langle l|, \quad M_1 = \sum_{l < k} |l\rangle_r \langle l|$$

で構成され，k は区間 $[\frac{\pi}{2\theta} - 1, \frac{\pi}{2\theta}]$ の正整数で，θ は次の式により定められる．

$$\cos \frac{\theta}{2} = \sqrt{\frac{N-L}{2}} \quad (0 \leq \theta \leq \frac{\pi}{2})$$

- M' は n 量子ビットの計算基底による測定，すなわち，それぞれの x について $M'_x = |x\rangle\langle x|$ とするとき，

$$M' = \{M'_x : x \in \{0,1\}^n\}$$

である．
- D は図 4.5 で与えられるサブプログラムである．

図 4.5 において，O は，任意の $x \in \{0,1\}^n$ および $q \in \{0,1\}$ に対して

$$|x\rangle |q\rangle \xrightarrow{O} |x\rangle |q \oplus f(x)\rangle$$

となる $n+1$ 量子ビットのユニタリ作用素で表現されるオラクルである．ここで，$f : \{0,1\}^n \to \{0,1\}$ は，

$$f(x) = \begin{cases} 1 & (x \text{ が解の場合}) \\ 0 & (x \text{ が解でない場合}) \end{cases}$$

によって定義される解の特性関数である．ゲート Ph は，条件付き位相シフト

$$\begin{cases} |0\rangle \to |0\rangle \\ |x\rangle \to -|x\rangle \quad (x \neq 0) \end{cases}$$

すなわち，$Ph = 2|0\rangle\langle 0| - I$ である．

グローバー探索の正当性論理式：

2.3.3節で，グローバーのアルゴリズムは，成功確率

$$\Pr(success) = \sin^2\left(\frac{2k+1}{2}\theta\right) \geq \frac{N-L}{N}$$

を達成できることを示した．ここで，k は，実数

$$\frac{\arccos\sqrt{\frac{L}{N}}}{\theta}$$

にもっとも近い整数，すなわち，k は区間 $[\frac{\pi}{2\theta} - 1, \frac{\pi}{2\theta}]$ の整数である．$L \leq \frac{N}{2}$ であるから，成功確率は少なくとも $1/2$ になる．とくに，$L \ll N$ ならば，成功確率はかなり高くなる．この事実は，ここまでに調べた考え方を使うと，プログラム Grover の全正当性によって表すことができる．

$$\Vdash_{\text{tot}} \{p_{\text{succ}} I\} Grover \{P\}$$

ここで，事前条件は成功確率 $p_{\text{succ}} \triangleq \Pr(success)$ と恒等作用素

$$I = \bigotimes_{i=0}^{n-1} I_{q_i} \otimes I_q \otimes I_r$$

の積であり，事後条件は

$$P = \left(\sum_{t: \text{探索の解}} |t\rangle_{\overline{q}}\langle t|\right) \otimes I_q \otimes I_r$$

で定義される．ただし，$I_{q_i} (i = 0, 1, \ldots, n-1)$ と I_q は，$\mathcal{H}_2$ (**Boolean** 型) の恒等作用素，I_r は $\mathcal{H}_\infty$ (**integer** 型) の恒等作用素，$\overline{q} = q_0, q_1, \ldots, q_{n-1}$ である．

必要以上に複雑な計算を避けるために，$L = 1$ で $k = \frac{\pi}{2\theta} - \frac{1}{2}$ は区間 $[\frac{\pi}{2\theta} - 1, \frac{\pi}{2\theta}]$ の中点となる非常に特別な場合に限って考えよう．この場合，一意の解 s が存在し，事後条件は

$$P = |s\rangle_{\overline{q}}\langle s| \otimes I_q \otimes I_r$$

になる．また，$p_{\text{succ}} = 1$ である．したがって，証明しなければならないのは，単なる

$$\Vdash_{\text{tot}} \{I\} Grover \{P\}$$

である．これは，qTD の健全性（定理 4.2.16）によって，

$$\vdash_{qTD} \{I\} Grover \{P\} \tag{4.21}$$

を証明すればよい．図 4.2 および 4.3 の推論規則を使うと，これを証明することができる．

ループ本体 D の検証：

より深く理解するために，式 (4.21) の証明をいくつかの段階かに分割する．まず，図 4.5 で与えられたループ本体 D を調べる．この目的のために，次の補題が役立つ．

補題 4.2.18 $i = 1, 2, \ldots, n$ それぞれについて，$\overline{q}_i$ を量子レジスタとし，U_i は $\mathcal{H}_{\overline{q}_i}$ のユニタリ作用素とする．そして，$U = U_n \cdots U_2 U_1$ とする．ただし，すべての $i \leq n$ について，U_i は，実際には $\bigotimes_{i=1}^n \mathcal{H}_{\overline{q}_i}$ への柱状拡張である．このとき，任意の量子述語 P に対して，

$$\vdash_{qPD} \{U^\dagger P U\} \overline{q}_1 := U_1[\overline{q}_1]; \overline{q}_2 := U_2[\overline{q}_2]; \cdots ; \overline{q}_n := U_n[\overline{q}_n] \{P\}$$

となる．

証明： 公理 (Ax-UT) を繰り返し適用する． □

この補題を用いると，ループ本体 D の正当性が証明できる．まず，

$$\sum_{t \in \{0,1\}^n} M_t'^\dagger P M_t' = P$$

であることが簡単に分かる．公理 (Ax-Sk) と推論規則 (R-IF) によって，

$$\vdash_{qTD} \{P\} \textbf{if} \, (\Box x \cdot M'[q_0, q_1, \ldots, q_{n-1}] = x \to \textbf{skip}) \, \textbf{fi} \{P\} \tag{4.22}$$

が得られる．

$$P' = |s\rangle_{\overline{q}} \langle s| \otimes |-\rangle_q \langle -| \otimes |k\rangle_r \langle k|$$

4.2 量子プログラムのフロイド–ホーア論理

および,それぞれの整数 l に対して

$$|\psi_l\rangle = \cos\left[\frac{\pi}{2} + (l-k)\theta\right]|\alpha\rangle + \sin\left[\frac{\pi}{2} + (l-k)\theta\right]|s\rangle$$

とし,

$$Q = \sum_{l<k}(|\psi_l\rangle_{\overline{q}}\langle\psi_l| \otimes |-\rangle_q\langle-| \otimes |l\rangle_r\langle l|)$$

とする.このとき,

$$M_0^\dagger P' M_0 + M_1^\dagger Q M_1 = \sum_{l \leq k}(|\psi_l\rangle_{\overline{q}}\langle\psi_l| \otimes |-\rangle_q\langle-| \otimes |l\rangle_r\langle l|)$$

$$(G^\dagger \otimes I_q \otimes U_{+1}^\dagger)(M_0^\dagger P' M_0 + M_1^\dagger Q M_1)(G \otimes I_q \otimes U_{+1})$$
$$= \sum_{l \leq k}(|\psi_{l-1}\rangle_{\overline{q}}\langle\psi_{l-1}| \otimes |-\rangle_q\langle-| \otimes |l-1\rangle_r\langle l-1|)$$
$$= Q$$

となる.ただし,G は図 2.2 で定義されたグローバー回転(2.3.3 節)である.すると,補題 4.2.18 から

$$\vdash_{qTD} \{Q\}D\{M_0^\dagger P' M_0 + M_1^\dagger Q M_1\}$$

となる.

ループ while $M[r] = 1$ do D od の停止性:

グローバーのアルゴリズムの正当性を証明するために鍵となるのは,図 4.4 の 8 行目のループの終了を示す段階である.ここで,限度関数

$$t : \mathcal{D}(\mathcal{H}_{\overline{q}} \otimes \mathcal{H}_q \otimes \mathcal{H}_r) \to \mathbb{N}$$

を次のように定義する.

- $\rho \in \mathcal{D}(\mathcal{H}_{\overline{q}} \otimes \mathcal{H}_q \otimes \mathcal{H}_r)$ が,$\mathcal{H}_{\overline{q}} \otimes \mathcal{H}_q$ の作用素(必ずしも部分密度作用素である必要はない)ρ_{lt} $(-\infty \leq l, t \leq \infty)$ を用いて

$$\rho = \sum_{l,t=-\infty}^{\infty} \rho_{lt} \otimes |l\rangle\langle t|$$

と書くことができるならば，

$$t(\rho) = k - \max\{\max(l,t) : \rho_{lt} \neq 0 \text{ かつ } l, t \leq k\}$$

このとき，

$$[\![D]\!](M_1 \rho M_1^\dagger) = [\![D]\!] \left(\sum_{l,t<k} \rho_{lt} \otimes |l\rangle_r \langle t| \right)$$
$$= \sum_{l,t<k} \left[(G \otimes I_q) \rho_{lt} \left(G^\dagger \otimes I_q \right) \otimes |l+1\rangle_r \langle t+1| \right]$$

であり，これから

$$t([\![D]\!](M_1 \rho M_1^\dagger)) < t(\rho)$$

が得られる．ただし，G はグローバー回転である．すると，t は，任意の ε に対して，$(M_1^\dagger Q M_1, \varepsilon)$ 限度関数になる．そして，推論規則 (R-LT) によって，

$$\vdash_{qTD} \{M_0^\dagger P' M_0 + M_1^\dagger Q M_1\} \textbf{while } M[r] = 1 \textbf{ do } D \textbf{ od} \{P'\} \quad (4.23)$$

が成り立つ．

グローバーのアルゴリズムの正当性：

最後に，ここまでに用意したすべての部品を組み合わせて，グローバーのアルゴリズムの正当性を証明する．公理 (Ax-In) を用いると，$m = 0, 1, \ldots, n-1$ に対して

$$\left\{ \bigotimes_{i=0}^{m-1} |0\rangle_{q_i}\langle 0| \otimes \bigotimes_{i=m}^{n-1} I_{q_i} \otimes I_q \otimes I_r \right\} q_m := |0\rangle \left\{ \bigotimes_{i=0}^{m} |0\rangle_{q_i}\langle 0| \otimes \bigotimes_{i=m+1}^{n-1} I_{q_i} \otimes I_q \otimes I_r \right\}$$

となり，推論規則 (R-SC) を用いてそれらを組み合わせると

$$\{I\} q_0 := |0\rangle; q_1 := |0\rangle; \cdots; q_{n-1} := |0\rangle \left\{ \bigotimes_{i=0}^{n-1} |0\rangle_{q_i}\langle 0| \otimes I_q \otimes I_r \right\}$$
$$q := |0\rangle \left\{ \bigotimes_{i=0}^{n-1} |0\rangle_{q_i}\langle 0| \otimes |0\rangle_q\langle 0| \otimes I_r \right\} \quad (4.24)$$
$$r := |0\rangle \left\{ \bigotimes_{i=0}^{n-1} |0\rangle_{q_i}\langle 0| \otimes |0\rangle_q\langle 0| \otimes |0\rangle_r\langle 0| \right\}$$

$q := X[q]; q_0 := H[q_0]; q_1 := H[q_1]; \cdots;$
$q_{n-1} := H[q_{n-1}]; q := H[q] \left\{ |\psi\rangle_{\overline{q}}\langle\psi| \otimes |-\rangle_q\langle-| \otimes |0\rangle_r\langle 0| \right\}$

が得られる.ただし,

$$|\psi\rangle = \frac{1}{\sqrt{2^n}} \sum_{x \in \{0,1\}^n} |x\rangle$$

は等振幅の重ね合わせである.式 (4.24) の最後の部分は補題 4.2.18 と次の等式から導かれることに注意する.

$$\left[(H^\dagger)^{\otimes n} \otimes X^\dagger H^\dagger \otimes I_r\right] \left(|\psi\rangle_{\overline{q}}\langle\psi| \otimes |-\rangle_q\langle -| \otimes |0\rangle_r\langle 0|\right) \left(H^{\otimes n} \otimes HX \otimes I_r\right)$$
$$= \bigotimes_{i=0}^{n-1} |0\rangle_{q_i}\langle 0| \otimes |0\rangle_q\langle 0| \otimes |0\rangle_r\langle 0|$$

$P' \sqsubseteq P$ となることはあきらかである.一方,$k = \frac{\pi}{2\theta} - \frac{1}{2}$ という仮定から,$|\psi\rangle = |\psi_0\rangle$ となる.これで,

$$|\psi\rangle_{\overline{q}}\langle\psi| \otimes |-\rangle_q\langle -| \otimes |0\rangle_r\langle 0| = |\psi_0\rangle_{\overline{q}}\langle\psi_0| \otimes |-\rangle_q\langle -| \otimes |0\rangle_r\langle 0|$$
$$\sqsubseteq M_0^\dagger P' M_0 + M_1^\dagger Q M_1$$

が得られた.推論規則 (R-Or) と (R-SC) を用いて式 (4.22),(4.23),(4.24) を組み合わせると証明は完成する.

4.3 量子的最弱事前条件の可換性

前節までで,量子的最弱事前条件の意味論や量子的 while プログラムのフロイドホーア論理を含む,量子プログラムの正当性についての推論の論理的基礎を構築した.この論理的基礎は,もちろん,古典的および確率的プログラムの対応する理論の一般化であるが,それでも単純な一般化ではない.実際には,それは,古典的および確率的プログラミングの領域では起こりえなかったであろういくつかの問題に答えなければならない.この節では,これらの問題の中の一つである,量子述語の(非)可換性を扱う.量子プログラミングに対するこのほかの量子系と古典的系の根本的な違いの影響については,第 6 章,第 7 章であきらかにし,8.5 節,8.6 節で論じる.

量子述語の(非)可換性問題の重要性は,量子プログラムの複雑な性質について規定および推論する際に複数の述語が関与するが,それらは次のような問題を含んでいるという考察に由来する.

- 量子述語は観測量であり，その物理的な同時検証可能性は，ハイゼンベルクの不確定性原理によって，量子述語の可換性に依存している（[174], p.89）．
- 数学的には，二つの量子述語の連言や選言のような論理結合は，それらが可換であるときに限り，きちんと定義できる．

4.1.1節で定義した量子的最弱事前条件の（非）可換性問題を考える．ヒルベルト空間 $\mathcal{H}$ の任意の作用素 A と B について，

$$AB = BA$$

となるならば，A と B は可換という．したがって，ここで関心があるのは，次の問いである．

- 量子操作 $\mathcal{E} \in \mathcal{QO}(\mathcal{H})$ が（量子プログラムの表示的意味として）与えられたとする．二つの量子述語 $M, N \in \mathcal{P}(\mathcal{H})$ において，どのようなときに $\mathrm{wp}(\mathcal{E})(M)$ と $\mathrm{wp}(\mathcal{E})(N)$ は可換になるか．

この問題は興味深い．なぜなら，複雑な量子プログラムについて推論する際に，量子述語の論理的組み合わせを扱う必要があるかもしれないからである．たとえば，量子プログラム $\mathcal{E}$ を実行した後で，連言 "M かつ N" を充足しているかどうか知りたいこともある．このとき，このプログラムを実行する前に，最弱事前条件の連言 "$\mathrm{wp}(\mathcal{E})(M)$ かつ $\mathrm{wp}(\mathcal{E})(N)$" が充足しているかどうか考えるだろう．しかしながら，すでに述べたように，これらの連言は，それに含まれる量子述語が可換であるときに限り，きちんと定義できる．（関連する問題についてのさらなる考察は，この節の最後の問題4.3.18として残す．）

それでは，この問題に取り組もう．まず手始めに，簡単な例を調べる．

例 4.3.1（ビット反転チャネルおよび位相反転チャネル） ビット反転および位相反転は，単一量子ビットに対する量子操作であり，量子誤り訂正理論で幅広く使われている．X, Y, Z でパウリ行列（例2.2.7）を表す．

- ビット反転は

$$\mathcal{E}(\rho) = E_0 \rho E_0^\dagger + E_1 \rho E_1^\dagger \tag{4.25}$$

と定義される．ただし，$E_0 = \sqrt{p}I$ および $E_1 = \sqrt{1-p}X$ とする．$MN =$

NM および $MXN = NXM$ であるとき，$\mathrm{wp}(\mathcal{E})(M)$ と $\mathrm{wp}(\mathcal{E})(N)$ は可換であることが簡単に分かる．

- 式 (4.25) の E_1 を $\sqrt{1-p}Z$ （または $\sqrt{1-p}Y$）で置き換えると，$\mathcal{E}$ は位相反転（またはビット位相反転）になり，$MN = NM$ かつ $MZN = NZM$（または $MYN = NYM$）のとき，$\mathrm{wp}(\mathcal{E})(M)$ と $\mathrm{wp}(\mathcal{E})(N)$ は可換になる．

つぎに，二つの単純な量子操作のクラスである，ユニタリ変換と射影測定を考えよう．

命題 4.3.2

(i) $\mathcal{E} \in \mathcal{QO}(\mathcal{H})$ をユニタリ変換，すなわち，任意の $\rho \in \mathcal{D}(\mathcal{H})$ に対して

$$\mathcal{E}(\rho) = U\rho U^\dagger$$

が成り立つとする．ここで，U は，$\mathcal{H}$ のユニタリ作用素である．すると，M と N が可換であるとき，そしてそのときに限り，$\mathrm{wp}(\mathcal{E})(M)$ と $\mathrm{wp}(\mathcal{E})(N)$ は可換になる．

(ii) $\{P_k\}$ を $\mathcal{H}$ の射影測定，すなわち，$P_{k_1}P_{k_2} = \delta_{k_1k_2}P_{k_1}$ かつ $\sum_k P_k = I_\mathcal{H}$ とする．ただし，

$$\delta_{k_1k_2} = \begin{cases} 1 & (k_1 = k_2 \text{の場合}) \\ 0 & (k_1 \neq k_2 \text{の場合}) \end{cases}$$

とする．この射影測定により $\mathcal{E}$ が与えられ，$\rho \in \mathcal{D}(\mathcal{H})$ に対する測定の結果

$$\mathcal{E}(\rho) = \sum_k P_k \rho P_k$$

は分からないものとする．すると，すべての添字 k について $P_k M P_k$ と $P_k N P_k$ が可換であるとき，そしてそのときに限り，$\mathrm{wp}(\mathcal{E})(M)$ と $\mathrm{wp}(\mathcal{E})(N)$ は可換になる．

とくに，$\{|i\rangle\}$ が $\mathcal{H}$ の正規直交基底で，基底 $\{|i\rangle\}$ の測定により $\mathcal{E}$ が与えられている，すなわち，

$$\mathcal{E}(\rho) = \sum_i P_i \rho P_i$$

とする.ただし,それぞれの基底状態 $|i\rangle$ に対して,$P_i = |i\rangle\langle i|$ とする.すると,任意の $M, N \in \mathcal{P}(\mathcal{H})$ に対して,$\mathrm{wp}(\mathcal{E})(M)$ と $\mathrm{wp}(\mathcal{E})(N)$ は可換になる.

練習問題 4.3.3 命題 4.3.2 を証明せよ.

例 4.3.1 や特別な場合をみたところで,一般的な量子操作 $\mathcal{E}$ に関する最弱事前条件を考えてみよう.残念ながら,$\mathrm{wp}(\mathcal{E})(M)$ と $\mathrm{wp}(\mathcal{E})(N)$ の可換性については,いくつかの便利な十分条件(ではあるが必要条件ではない)を与えることしかできない.

通常,$\mathcal{E}$ に対して,クラウス表現(作用素和表現)と量子系・環境モデルの 2 通りの表現が考えられる.まず,量子操作 $\mathcal{E}$ がクラウス表現で与えられた場合に取り組もう.次の命題は,M と N がすでに可換である場合に,$\mathrm{wp}(\mathcal{E})(M)$ と $\mathrm{wp}(\mathcal{E})(N)$ が可換になる十分条件を提示する.

命題 4.3.4 $\mathcal{H}$ は有限次元であるとする.$M, N \in \mathcal{P}(\mathcal{H})$ は可換,すなわち,$\mathcal{H}$ のある正規直交基底 $\{|\psi_i\rangle\}$ が存在して,

$$M = \sum_i \lambda_i |\psi_i\rangle\langle\psi_i|, \quad N = \sum_i \mu_i |\psi_i\rangle\langle\psi_i|$$

が成り立つものとする.ここで,それぞれの i について,λ_i, μ_i はそれぞれ実数([174], 定理 2.2)で,量子操作 $\mathcal{E} \in \mathcal{QO}(\mathcal{H})$ は,作用素の集合 $\{E_i\}$ によって表現されている,すなわち,$\mathcal{E} = \sum_i E_i \circ E_i^\dagger$ であるとする.任意の i, j, k, l に対して,$\lambda_k \mu_l = \lambda_l \mu_k$ かまたは

$$\sum_m \langle\psi_k| E_i |\psi_m\rangle\langle\psi_l| E_j |\psi_m\rangle = 0$$

が成り立てば,$\mathrm{wp}(\mathcal{E})(M)$ と $\mathrm{wp}(\mathcal{E})(N)$ は可換になる.

練習問題 4.3.5 命題 4.3.4 を証明せよ.

量子的最弱事前条件の可換性についてのまた別の十分条件を提示するためには,量子操作と量子述語の間の可換性を考える必要がある.

4.3 量子的最弱事前条件の可換性

定義 4.3.6 量子操作 $\mathcal{E} \in \mathcal{QO}(\mathcal{H})$ が作用素の集合 $\{E_i\}$ によって表現されている，すなわち，$\mathcal{E} = \sum_i E_i \circ E_i^\dagger$ であり，$M \in \mathcal{P}(\mathcal{H})$ を量子述語とする．このとき，それぞれの i について M と E_i が可換であれば，M と $\mathcal{E}$ は可換であるという．

この定義では，量子述語 M と量子プログラム $\mathcal{E}$ の間の可換性は，$\mathcal{E}$ のクラウス表現における E_i の選び方に依存しているようにみえる．そうだとすると，クラウス表現の作用素 E_i の選び方は一意ではないから，この定義が本質的なのかどうか気になるかもしれない．この問題を解決するためには，次の補題が必要になる．

補題 4.3.7 ([174], 定理 8.2)　（クラウス表現のユニタリ自由度）$\{E_i\}$ と $\{F_j\}$ を，それぞれ量子操作 $\mathcal{E}$ と $\mathcal{F}$ を生じる作用素の集合，すなわち

$$\mathcal{E} = \sum_i E_i \circ E_i^\dagger, \quad \mathcal{F} = \sum_j F_j \circ F_j^\dagger$$

であるとする．要素数の少ない方の集合にゼロ作用素を追加することで，E_i と F_j が同数になるようにする．このとき，$\mathcal{E} = \mathcal{F}$ となるのは，すべての i について

$$E_i = \sum_j u_{ij} F_j$$

となる複素数 u_{ij} が存在し，$U = (u_{ij})$ がユニタリ作用素（の行列表現）であるとき，そしてそのときに限る．

これの単純な系として，量子述語 M と量子操作 $\mathcal{E}$ の間の可換性の定義は，$\mathcal{E}$ のクラウス表現の作用素の選び方によらないことが分かる．

補題 4.3.8 観測量と量子操作の間の可換性は，きちんと定義されている．より正確には，量子操作 $\mathcal{E}$ が，$\{E_i\}$ と $\{F_j\}$ という二つの表現をもつ，すなわち

$$\mathcal{E} = \sum_i E_i \circ E_i^\dagger = \sum_j F_j \circ F_j^\dagger$$

であるならば，すべての j について M と F_j が可換であるとき，そしてそのときに限り，すべての i について M と E_i は可換になる．

さらに，観測量と量子操作の間の可換性は，量子操作の合成によって保存される．

命題 4.3.9 $M \in \mathcal{P}(\mathcal{H})$ を量子述語とし，$\mathcal{E}_1, \mathcal{E}_2 \in \mathcal{QO}(\mathcal{H})$ を量子操作とする．$i = 1, 2$ について M と $\mathcal{E}_i$ が可換ならば，M は，$\mathcal{E}_1$ と $\mathcal{E}_2$ の合成 $\mathcal{E}_1 \circ \mathcal{E}_2$ とも可換になる．

練習問題 4.3.10 命題 4.3.9 を証明せよ．

次の命題は，M と N が可換である場合の $\mathrm{wp}(\mathcal{E})(M)$ と $\mathrm{wp}(\mathcal{E})(N)$ の可換性についてのまた別の十分条件を与える．この条件は，量子操作と量子述語の間の可換性を用いて述べることができる．

命題 4.3.11 $M, N \in \mathcal{P}(\mathcal{H})$ を量子述語とし，$\mathcal{E} \in \mathcal{QO}(\mathcal{H})$ を量子操作とする．M と N が可換，かつ，M と $\mathcal{E}$ が可換，かつ，N と $\mathcal{E}$ が可換ならば，$\mathrm{wp}(\mathcal{E})(M)$ と $\mathrm{wp}(\mathcal{E})(N)$ は可換になる．

練習問題 4.3.12 命題 4.3.11 を証明せよ．

つぎに，量子操作の量子系・環境モデル，すなわち，$\mathcal{H}$ の任意の密度作用素 ρ に対して

$$\mathcal{E}(\rho) = \mathrm{tr}_E \left[PU(|e_0\rangle\langle e_0| \otimes \rho) U^\dagger P \right] \tag{4.26}$$

という表現を考えよう．ただし，E は状態ヒルベルト空間が $\mathcal{H}_E$ である環境系，U は $\mathcal{H}_E \otimes \mathcal{H}$ のユニタリ作用素，P は $\mathcal{H}_E \otimes \mathcal{H}$ の閉部分空間への射影作用素，$|e_0\rangle$ は $\mathcal{H}_E$ の与えられた状態である．ここで，2 通りの一般化された線形作用素の可換性が必要になる．

定義 4.3.13 $M, N, A, B, C \in \mathcal{L}(\mathcal{H})$ を $\mathcal{H}$ の作用素とする．

(i)

$$AMBNC = ANBMC$$

が成り立つとき，M と N は (A, B, C) 可換であるという．とくに，M と N が (A, A, A) 可換であるときには，簡単にして，M と N は A 可換であるという．

4.3 量子的最弱事前条件の可換性

(ii)
$$AB^\dagger = BA^\dagger$$

ならば，A と B は共役可換であるという．

あきらかに，可換性はちょうど $I_\mathcal{H}$ 可換である．

次の二つの命題は，量子操作 $\mathcal{E}$ が量子系・環境モデルとして与えられたときに，量子的最弱事前条件の可換性に対するいくつかの十分条件を与える．

命題 4.3.14 量子操作 $\mathcal{E}$ が式 (4.26) で与えられたとする．$A = PU\,|e_0\rangle$ と書くと，

(i) $\mathrm{wp}(\mathcal{E})(M)$ と $\mathrm{wp}(\mathcal{E})(N)$ は，$M \otimes I_E$ と $N \otimes I_E$ が $(A^\dagger, AA^\dagger, A)$ 可換であるとき，そしてそのときに限り，可換になる．

(ii) $\mathrm{wp}(\mathcal{E})(M)$ と $\mathrm{wp}(\mathcal{E})(N)$ は，$(M \otimes I_E)A$ と $(N \otimes I_E)A$ が共役可換であれば，可換になる．

ただし，$I_E = I_{\mathcal{H}_E}$ は，$\mathcal{H}_E$ の恒等作用素とする．

命題 4.3.15 $\mathcal{H}$ は有限次元であるとする．$\mathcal{E}$ が式 (4.26) で与えられ，$M, N \in \mathcal{P}(\mathcal{H})$ を互いに可換な量子述語，すなわち，$\mathcal{H}$ のある正規直交基底 $\{|\psi_i\rangle\}$ が存在して

$$M = \sum_i \lambda_i\,|\psi_i\rangle\langle\psi_i|, \quad N = \sum_i \mu_i\,|\psi_i\rangle\langle\psi_i|$$

となるものとする．ただし，すべての i について，λ_i と μ_i はともに実数とする．このとき，任意の i, j, k, l について，$\lambda_i \mu_j = \lambda_j \mu_i$ か，または

$$\langle e_0|\,U^\dagger P\,|\psi_i e_k\rangle \perp \langle e_0|\,U^\dagger P\,|\psi_j e_l\rangle$$

であるならば，$\mathrm{wp}(\mathcal{E})(M)$ と $\mathrm{wp}(\mathcal{E})(N)$ は可換になる．

練習問題 4.3.16 命題 4.3.14 および 4.3.15 を証明せよ．

あきらかに，量子的最弱事前条件の（非）可換性は，まだ完全には解明されていない．この節を終えるにあたって，さらなる研究のための問題を二つ提示しておく．

研究課題 4.3.17 この節で得られた最弱事前条件 $\mathrm{wp}(\mathcal{E})(M)$ と $\mathrm{wp}(\mathcal{E})(N)$ の可換性の結果（命題 4.3.4, 4.3.11, 4.3.15）は，M と N が可換である特別な場合を取り扱っている．したがって，M と N が可換でない場合に，一般の量子操作 $\mathcal{E}$ に対する $\mathrm{wp}(\mathcal{E})(M)$ と $\mathrm{wp}(\mathcal{E})(N)$ の可換性の十分条件および必要条件を見つけることは，興味深い問題である．

さらに一般的には，任意の作用素 X と Y に対して，$[X, Y]$ でそれらの交換子を表す，すなわち，$[X, Y] = XY - YX$ とすると，$[M, N]$ によって，$[\mathrm{wp}(\mathcal{E})(M), \mathrm{wp}(\mathcal{E})(N)]$ をどのように特徴づけるかという問題になる．

研究課題 4.3.18 ダイクストラは，古典的なプログラムの述語変換意味論において，連言性や選言性などのさまざまな健全性条件を導入した [75]．これらの条件は，確率的述語変換においても詳しく研究されている [166]．量子述語の非可換性の観点から量子的述語変換の健全性条件を研究することは興味深い問題である．この問題は，量子述語の特別なクラスである射影作用素に対しては [225] で考えられている．

4.4　文献等についての補足

4.1 節で言及したバーコフ–フォン・ノイマンの量子論理は，[42] で最初に導入された．以来 80 年間の発展により，量子論理は論理と量子論の基礎の交わる豊かな研究領域になった．量子論理の系統的な解説については，[62] を参照のこと．

エルミート作用素としての量子述語の概念は，D'Hondt と Panangaden により考えだされ，量子的最弱事前条件の概念は，彼らによる影響力のある論文 [70] で導入された．

4.2 節の量子プログラムに対するフロイド–ホーア論理の説明は，[221] をもとにしている．量子的フロイド–ホーア論理に対するそのほかのアプローチは，1.1.3 節で簡単に論じた．くわえて，[132] では，QPL 言語 [194] で書かれた量子プログラムに使えるような確率的ホーア論理 [114] の拡張を提案した．[8] では，QPEL（量子プログラム・量子作用言語）とその圏論的意味を，状態と作用の三角図式

によって定義した.

4.3 節の量子的最弱事前条件の（非）可換性についての考察は，[224] にもとづいている．問題 4.3.18 を解くための原理は，量子述語の束論的操作（すなわち量子作用）にある．これは，1950 年代以降，数学の文献中で広く研究されてきた．たとえば，[110, 131] を参照のこと．

5

量子プログラムの解析

第4章では，量子プログラムの正当性を推論する論理の道具立てを展開した．この章では，停止性の解析に焦点を当てた，量子プログラムの振る舞いのアルゴリズム的解析について調べる．この章で提示する理論的結果やアルゴリズムは，量子プログラミング言語のコンパイラの設計や量子プログラムの最適化に役立つ．

この章の構成は次のとおり．

- 5.1節では，3.1節で定義したwhileループの量子的拡張の振る舞いを調べる．これには，停止性や平均実行時間も含まれる．この節は，三つの部分に分かれる．5.1.1節では，ユニタリ作用素を本体とする単純な量子的ループのクラスを考える．5.1.2節では，一般の量子操作を本体とする量子的ループを取り扱う．そして，5.1.3節では，周上に n 個の点をもつ円上の量子ウォークの平均実行時間を計算する例を提示する．

- 量子的whileループで行ったように，量子プログラムの意味モデルを量子マルコフ連鎖と同一視する．さらに，量子プログラムの停止性解析は量子マルコフ連鎖の到達可能性問題に帰着できることを論じる．古典的マルコフ連鎖の到達可能性解析の手法は，グラフの到達可能性問題のアルゴリズムに大きく依存している．同様に，ヒルベルト空間における一種のグラフ状構造である量子グラフは，量子マルコフ連鎖の到達可能性解析において重要な役割を演じる．したがって，5.2節では，5.3節での数学的基礎となる量子グラフ理論を紹介する．

- 5.3節では，量子マルコフ連鎖の到達可能性問題を調べる．とくに，量子マルコフ連鎖の到達可能性，反復到達可能性，永続性それぞれの確

率を計算するいくつかの（古典的）アルゴリズムを提示する．
- 5.1 節から 5.3 節のいくつかの補題は，見通しをよくするためにこの章の最終節である 5.4 節でまとめて証明する．

この章の主たる狙いは，量子プログラムを解析するアルゴリズムを見出すことであるから，この章で考える状態ヒルベルト空間はすべて有限次元であるものとする．この章のいくつかの結果は無限次元の状態ヒルベルト空間にも使うことができるが，ほとんどのものはそうはならない．無限次元の状態空間での量子プログラムの解析は，難しい問題であり，根本的に新しいアイディアが必要になる．そして，今後の研究において非常に重要な主題となるだろう．

5.1 量子的 while ループの停止性の解析

古典的プログラミングと同様に，量子プログラムの解析における困難さは本質的にループや再帰に起因する．この節では，3.1 節で導入した while ループの量子的拡張に焦点を当てる．主として，量子的ループの停止性を考えるが，平均実行時間についても簡単に論じる．

5.1.1 ユニタリ変換を本体とする量子的 while ループ

理解しやすいように，量子的 while ループの特別な形式として

$$S \equiv \text{while } M[\overline{q}] = 1 \text{ do } \overline{q} := U[\overline{q}] \text{ od} \tag{5.1}$$

から始める．ここで

- $\overline{q}$ は量子レジスタ $q_1, \ldots, q_n$ を表し，その状態ヒルベルト空間は $\mathcal{H} = \bigoplus_{i=1}^{n} \mathcal{H}_{q_i}$ である．
- ループの本体は，U を $\mathcal{H}$ のユニタリ作用素とするユニタリ変換 $\overline{q} := U[\overline{q}]$ である．
- ループガードの正否測定 $M = \{M_0, M_1\}$ は射影測定，すなわち，X を $\mathcal{H}$ の部分空間とし，$X^{\perp}$ を X の直交補空間（定義 2.1.7(ii)）とする $M_0 = P_{X^{\perp}}$ およ

び $M_1 = P_X$ である．

式 (5.1) の量子的ループ S の実行は，3.2 節および 3.3 節でそれぞれ提示した操作的意味論および表示的意味論により明確に記述される．ここでは，量子的ループ S の振る舞いをよりよく理解するために，少し異なる方法でその計算処理を調べる．任意の入力状態 $\rho \in \mathcal{D}(\mathcal{H})$ に対して，量子的ループ S の振る舞いは，次のように展開して記述することができる．

(i) **初期段階**：このループは，入力状態 ρ に対して射影測定

$$M = M_0 = P_{X^\perp},\ M_1 = P_X$$

を実行する．その結果が 1 であれば，プログラムは測定後の状態に対してユニタリ変換 U を実行する．結果が 1 でなければ，プログラムは停止する．より正確には，

● このループは

$$p_{\mathrm{T}}^{(1)}(\rho) = \mathrm{tr}(P_{X^\perp}\rho)$$

の確率で停止する．この場合，この段階での出力は

$$\rho_{\mathrm{out}}^{(1)} = \frac{P_{X^\perp}\rho P_{X^\perp}}{p_{\mathrm{T}}^{(1)}(\rho)}$$

になる．

● このループは

$$p_{\mathrm{NT}}^{(1)}(\rho) = 1 - p_{\mathrm{T}}^{(1)}(\rho) = \mathrm{tr}(P_X\rho)$$

の確率で継続する．この場合，測定後のプログラムの状態は

$$\rho_{\mathrm{mid}}^{(1)} = \frac{P_X\rho P_X}{p_{\mathrm{NT}}^{(1)}(\rho)}$$

になる．さらに，$\rho_{\mathrm{mid}}^{(1)}$ はユニタリ変換 U の入力となり，状態

$$\rho_{\mathrm{in}}^{(2)} = U\rho_{\mathrm{mid}}^{(1)}U^\dagger$$

が結果として返される．$\rho_{\mathrm{in}}^{(2)}$ は，次の段階の入力状態として用いられる．

(ii) **帰納的段階**：このループが n 回繰り返して，n 回目でも停止しなかった，すなわち，$p_{\mathrm{NT}}^{(n)}(\rho) > 0$ としよう．この n 回目の繰り返しの最後でのプログラムの状態を $\rho_{\mathrm{in}}^{(n+1)}$ とすると，$(n+1)$ 回目の繰り返しにおいて，$\rho_{\mathrm{in}}^{(n+1)}$ が入力となり，

- そこで停止する確率は

$$p_{\mathrm{T}}^{(n+1)}(\rho) = \mathrm{tr}(P_{X^\perp} \rho_{\mathrm{in}}^{(n+1)})$$

であり，そのときの出力は

$$\rho_{\mathrm{out}}^{(n+1)} = P_{X^\perp} \rho_{\mathrm{in}}^{(n+1)} P_{X^\perp} p_{\mathrm{T}}^{(n+1)}(\rho)$$

になる．

- 継続する確率は

$$p_{\mathrm{NT}}^{(n+1)}(\rho) = 1 - p_{\mathrm{T}}^{(n+1)}(\rho) = \mathrm{tr}(P_X \rho_{\mathrm{in}}^{(n+1)})$$

であり，測定後状態

$$\rho_{\mathrm{mid}}^{(n+1)} = P_X \rho_{\mathrm{in}}^{(n+1)} P_X p_{\mathrm{NT}}^{(n+1)}(\rho)$$

にユニタリ変換 U を実行すると，

$$\rho_{\mathrm{in}}^{(n+2)} = U \rho_{\mathrm{mid}}^{(n+1)} U^\dagger$$

が結果として返される．そして，状態 $\rho_{\mathrm{in}}^{(n+2)}$ は，$(n+2)$ 回目の繰り返しの入力となる．

この量子的ループ S の実行の記述を，3.2 節で与えた操作的意味と比べてみるとよい．この記述をもとにして，ループの停止性の概念を導入する．

定義 5.1.1

(i) ある正整数 n に対して $p_{\mathrm{NT}}^{(n)}(\rho) = 0$ となるならば，入力 ρ に対してループ (5.1) は停止するという．

(ii) 入力 ρ に対してループ (5.1) が停止しない確率は

$$p_{\mathrm{NT}}(\rho) = \lim_{n \to \infty} p_{\mathrm{NT}}^{(\leq n)}(\rho)$$

となる.ここで,

$$p_{\mathrm{NT}}^{(\leq n)}(\rho) = \prod_{i=1}^{n} p_{\mathrm{NT}}^{(i)}(\rho)$$

は,n 回目までの繰り返しでループが停止しない確率を表す.

(iii) $p_{\mathrm{NT}}(\rho) = 0$ であるとき,ループ (5.1) は概停止するという.

直感的には,量子的ループは,任意の $\varepsilon > 0$ に対して,ある十分大きな整数 $n(\varepsilon)$ が存在して,ループが $n(\varepsilon)$ 回以下の繰り返しで停止する確率が $1 - \varepsilon$ であるとき,概停止する.

この定義では,個々の入力に対して停止性を考えている.可能なすべての入力に対する停止性も定義することができる.

定義 5.1.2 量子的ループは,すべての入力 $\rho \in \mathcal{D}(\mathcal{H})$ に対して停止(または,概停止)するならば,停止的(または,概停止的)という.

量子的ループの計算処理は,密度作用素を入力とし,それぞれの繰り返しにおいてある確率で密度作用素を出力する.したがって,すべての繰り返しで返されるこれらの密度作用素をそれぞれの確率に応じて合成して単一の密度作用素にすることで,全体の出力を得ることができる.ただし,ループはゼロでない確率で停止しない場合もある.そうすると,合成された出力は密度作用素ではなく,部分密度作用素になり,したがって,量子的ループは,$\mathcal{H}$ における密度作用素から部分密度作用素への関数を定義する.

定義 5.1.3 量子的ループ (5.1) によって計算される関数 $\mathcal{F} : \mathcal{D}(\mathcal{H}) \to \mathcal{D}(\mathcal{H})$ を,任意の $\rho \in \mathcal{D}(\mathcal{H})$ に対して

$$\mathcal{F}(\rho) = \sum_{n=1}^{\infty} p_{\mathrm{NT}}^{(\leq n-1)}(\rho) \cdot p_{\mathrm{T}}^{(n)}(\rho) \cdot \rho_{\mathrm{out}}^{(n)}$$

と定義する.

この $\mathcal{F}(\rho)$ の定義式において,

$$p_{\mathrm{NT}}^{(\leq n-1)}(\rho) \cdot p_{\mathrm{T}}^{(n)}(\rho)$$

は,ループの 1 回目から $n-1$ 回目の繰り返しでは停止せず,n 回目の繰り返しで停止する確率であることに注意しよう.

ヒルベルト空間 $\mathcal{H}$ の任意の作用素 A と $\mathcal{H}$ の任意の部分空間 X に対して，A の X への制限を

$$A_X = P_X A P_X$$

と表記する．ただし，P_X は X への射影である．このとき，量子的ループ (5.1) の計算処理は，次のように要約することができる．

補題 5.1.4 ρ をループ (5.1) の入力状態とする．X をループガードにおける射影測定を定義する部分空間，U をループ本体のユニタリ変換とするとき，

(i) 任意の正整数 n に対して，

$$p_{\mathrm{NT}}^{(\leq n)}(\rho) = \mathrm{tr}(U_X^{n-1} \rho_X U_X^{\dagger n-1})$$

が成り立つ．

(ii)

$$\mathcal{F}(\rho) = P_{X^\perp} \rho P_{X^\perp} + P_{X^\perp} U \left(\sum_{n=0}^{\infty} U_X^n \rho_X U_X^{\dagger n} \right) U^\dagger P_{X^\perp}$$

が成り立つ．

練習問題 5.1.5 補題 5.1.4 を証明せよ．

さらに，次の練習問題は，式 (5.1) の量子的ループ S で計算される関数は，定義 3.3.1 による S の表示的意味に一致することを示している．

練習問題 5.1.6 任意の $\rho \in \mathcal{D}(\mathcal{H})$ に対して，$\mathcal{F}(\rho) = [\![S]\!](\rho)$ となることを証明せよ．

次の練習問題で示されるように，量子的ループの概停止性は，そのループによって計算される関数によって特徴づけられる．

練習問題 5.1.7 任意の $\rho \in \mathcal{D}(\mathcal{H})$ に対して，次の各項が成り立つことを示せ．

(i) $|\varphi\rangle \in X$ または $|\psi\rangle \in X$ ならば，$\langle \varphi | \mathcal{F}(\rho) | \psi \rangle = 0$ となる．

(ii) $\mathrm{tr}(\mathcal{F}(\rho)) = \mathrm{tr}(\rho) - p_{\mathrm{NT}}(\rho)$ となる．したがって，$\mathrm{tr}(\mathcal{F}(\rho)) = \mathrm{tr}(\rho)$ となるのは，入力状態 ρ に対してループ (5.1) が概停止するとき，そしてその と

停止性の必要十分条件：

量子的ループ(5.1)がいつ停止するかを定義5.1.1から直接決定するのは，あきらかに難しい．そこで，ループが停止するための必要十分条件を見出そう．必要十分条件は，いくつかの簡約の段階を経て，導くことができる．

まず，次の補題によって，量子的ループの停止性を調べる際に，入力密度行列をそれよりも単純な入力密度行列の列に分解することができる．

補題 5.1.8 すべての i について $p_i > 0$ となる p_i を用いて，$\rho = \sum_i p_i \rho_i$ とする．このとき，入力 ρ に対してループ(5.1)が停止するのは，すべての i について入力 ρ_i に対してループ(5.1)が停止するとき，そしてそのときに限る．

練習問題 5.1.9 補題5.1.8を証明せよ．

$\{(p_i, |\psi_i\rangle)\}$ をすべての i について $p_i > 0$ であるような混合状態とし，密度作用素を

$$\rho = \sum_i p_i |\psi_i\rangle\langle\psi_i|$$

とすると，補題5.1.8は，入力混合状態 ρ に対してループ(5.1)が停止するのは，すべての i について入力純粋状態 $|\psi_i\rangle$ に対してループ(5.1)が停止するとき，そしてそのときに限ることを示している．とくに，次の系が成り立つ．

系 5.1.10 量子的ループが停止的となるのは，すべての入力純粋状態に対して停止するとき，そしてそのときに限る．

つぎに，量子的ループの停止性問題は，複素数を対象とする古典的ループの対応する問題に帰着できる場合がある．量子的ループ(5.1)のガードにおける射影測定を定義する部分空間 X とその直交補空間 $X^\perp$ を分解する．$\{|m_1\rangle, \ldots, |m_l\rangle\}$ は，$\mathcal{H}$ の正規直交基底で

$$\sum_{i=1}^{k} |m_i\rangle\langle m_i| = P_X \text{ かつ } \sum_{i=k+1}^{l} |m_i\rangle\langle m_i| = P_{X^\perp}$$

となるものとする.ただし,$1 \leq k \leq l$ である.言い換えると,$\mathcal{H}$ の基底 $\{|m_1\rangle, \ldots, |m_l\rangle\}$ を,X の基底になる $\{|m_1\rangle, \ldots, |m_k\rangle\}$ と,$X^\perp$ の基底になる $\{|m_{k+1}\rangle, \ldots, |m_l\rangle\}$ に分割するということである.一般性を失うことなく,以降では,作用素 U(ループ本体のユニタリ変換),U_X(U の X への制限),ρ_X（入力 ρ の X への制限）の行列表現はこの基底を用いることにし,簡単のために,それらもそれぞれ U, U_X, ρ_X で表すことにする.また,それぞれの純粋状態 $|\psi\rangle$ に対して,この基底による射影 $P_X |\psi\rangle$ のベクトル表現を $|\psi\rangle_X$ と表記する.

補題 5.1.11 次の二つの主張は同値である.

(i) 量子的ループ (5.1) が入力 $\rho \in \mathcal{D}(\mathcal{H})$ に対して停止する.

(ii) $\mathbf{0}_{k \times k}$ を $k \times k$ ゼロ行列とするとき,ある非負整数 n に対して,$U_X^n \rho_X U_X^{\dagger n} = \mathbf{0}_{k \times k}$ となる.

とくに,ループ (5.1) が入力純粋状態 $|\psi\rangle$ に対して停止するのは,ある非負整数 n に対して $U_X^n |\psi\rangle_X = \mathbf{0}$ となるとき,そしてそのときに限る.ただし,$\mathbf{0}$ は k 次元ゼロベクトルである.

証明: A が半正定値行列[1]であるとき,$\mathrm{tr}(A) = 0$ となるのは,$A = \mathbf{0}$ であるとき,そしてそのときに限るという事実と,補題 5.1.4(i) からこの結果が得られる. □

補題 5.1.11 の条件 $U_X^n |\psi\rangle_X = \mathbf{0}$ は,実際には次のループの停止条件であることに注意しよう.

$$\text{while } \mathbf{v} \neq \mathbf{0} \text{ do } \mathbf{v} := U_X \mathbf{v} \text{ od} \tag{5.2}$$

このループは,複素数を対象とする古典的計算と考えられるだろう.

また,ある正則変換のもとで古典的ループの停止性が不変であることも示せる.

補題 5.1.12 S を $k \times k$ 正則複素行列とする.このとき,次の二つの主張は同値になる.

(i) ($\mathbf{v} \in \mathbb{C}^k$ としたときの) 古典的ループ (5.2) は,入力 $\mathbf{v}_0 \in \mathbb{C}^k$ に対して停止する.

---

[1] 訳注:正作用素の行列表現は半正定値行列になる.

(ii) ($\mathbf{v} \in \mathbb{C}^k$ としたときの) 古典的ループ

$$\text{while } \mathbf{v} \neq \mathbf{0} \text{ do } \mathbf{v} := (SU_X S^{-1})\mathbf{v} \text{ od}$$

は，入力 $S\mathbf{v}_0$ に対して停止する．

証明： S は正則であることから，$S\mathbf{v} \neq \mathbf{0}$ となるのは，$\mathbf{v} \neq \mathbf{0}$ であるとき，そしてそのときに限ることに注意すると，単純な計算により，この結論を導くことができる． □

さらに，この節の主たる結果の証明には，ジョルダン標準形の定理が必要になる．ジョルダン標準形の定理は，たとえば [40] などの行列論の標準的な教科書ならばどれにでも載っている．

補題 5.1.13（ジョルダン標準形） 任意の $k \times k$ 複素行列 A に対して，$k \times k$ 正則複素行列 S で，

$$A = SJ(A)S^{-1}$$

となるものが存在する．ここで，

$$\begin{aligned}
J(A) &= \bigoplus_{i=1}^{l} J_{k_i}(\lambda_i) \\
&= \text{diag}(J_{k_1}(\lambda_1), J_{k_2}(\lambda_2), \ldots, J_{k_l}(\lambda_l)) \\
&= \begin{pmatrix} J_{k_1}(\lambda_1) & & & & \\ & J_{k_2}(\lambda_2) & & & \\ & & \ddots & & \\ & & & \ddots & \\ & & & & J_{k_l}(\lambda_l) \end{pmatrix}
\end{aligned}$$

は A のジョルダン標準形，$\sum_{i=1}^{l} k_i = k$, そして，それぞれの $1 \leq i \leq l$ について

$$J_{k_i}(\lambda_i) = \begin{pmatrix} \lambda_i & 1 & & & \\ & \lambda_i & 1 & & \\ & & \ddots & \ddots & \\ & & & \ddots & 1 \\ & & & & \lambda_i \end{pmatrix} \tag{5.3}$$

5.1 量子的 while ループの停止性の解析

は k_i 次のジョルダン細胞である．さらに，それぞれの相異なる固有値に対応するジョルダン細胞をその次数の降順に並べると，与えられた固有値の順序に対してジョルダン標準形は一意に決まる．

ジョルダン細胞のべき乗に関する次の補題も，のちの考察で必要になる．

補題 5.1.14 $J_r(\lambda)$ を r 次ジョルダン細胞とし，$\mathbf{v}$ を r 次元複素ベクトルとする．このとき，ある非負整数 n に対して

$$J_r(\lambda)^n \mathbf{v} = \mathbf{0}$$

となるのは，$\lambda = 0$ または $\mathbf{v} = \mathbf{0}$ であるとき，そしてそのときに限る．ただし，$\mathbf{0}$ は r 次元ゼロベクトルとする．

証明： 十分条件であることは明らかであるから，必要条件であることを証明する．機械的な計算により，

$$J_r(\lambda)^n = \begin{pmatrix} \lambda^n & \binom{n}{1}\lambda^{n-1} & \binom{n}{2}\lambda^{n-2} & \cdots & \binom{n}{r-2}\lambda^{n-r+2} & \binom{n}{r-1}\lambda^{n-r+1} \\ 0 & \lambda^n & \binom{n}{1}\lambda^{n-1} & \cdots & \binom{n}{r-3}\lambda^{n-r+3} & \binom{n}{r-2}\lambda^{n-r+2} \\ 0 & 0 & \lambda^n & \cdots & \binom{n}{r-4}\lambda^{n-r+4} & \binom{n}{r-3}\lambda^{n-r+3} \\ & & & \cdots & & \\ 0 & 0 & 0 & \cdots & \lambda^n & \binom{n}{1}\lambda^{n-1} \\ 0 & 0 & 0 & \cdots & 0 & \lambda^n \end{pmatrix}$$

が得られる．$J_r(\lambda)^n$ は上三角行列で，対角成分が λ^n であることに注意すると，$\lambda \neq 0$ ならば，$J_r(\lambda)^n$ は正則で，$J_r(\lambda)^n \mathbf{v} = \mathbf{0}$ から $\mathbf{v} = \mathbf{0}$ を導くことができる． □

これで，この節の主要結果の一つである，純粋状態を入力とする量子的ループが停止する必要十分条件を述べることができる．

定理 5.1.15 U_X のジョルダン分解を

$$U_X = SJ(U_X)S^{-1}$$

とする．ただし，

$$J(U_X) = \bigoplus_{i=1}^{l} J_{k_i}(\lambda_i) = \mathrm{diag}(J_{k_1}(\lambda_1), J_{k_2}(\lambda_2), \ldots, J_{k_l}(\lambda_l))$$

である．$S^{-1}\ket{\psi}_X$ を $\mathbf{v}_i$ の次元が k_i であるような l 個の部分ベクトル $\mathbf{v}_1, \mathbf{v}_2, \ldots, \mathbf{v}_l$ に分割する．すると，入力 $\ket{\psi}$ に対して量子的ループ (5.1) が停止するのは，それぞれの $1 \leq i \leq l$ に対して $\lambda_i = 0$ かまたは $\mathbf{v}_i = \mathbf{0}$ であるとき，そしてそのときに限る．ここで，$\mathbf{0}$ は k_i 次元ゼロベクトルとする．

証明： 補題 5.1.11 および 5.1.12 を用いると，入力 $\ket{\psi}$ に対して量子的ループ (5.1) が停止するのは，ある非負整数 n に対して

$$J(U_X)^n S^{-1} \ket{\psi}_X = \mathbf{0} \tag{5.4}$$

であるとき，そしてそのときに限る．簡単な計算により，

$$J(U_X)^n S^{-1} \ket{\psi}_X = ((J_{k_1}(\lambda_1)^n \mathbf{v}_1)^T, (J_{k_2}(\lambda_2)^n \mathbf{v}_2)^T, \ldots, (J_{k_l}(\lambda_l)^n \mathbf{v}_l)^T)^T$$

が得られる．ここで，$\mathbf{v}^T$ は $\mathbf{v}$ の転置ベクトル，すなわち，$\mathbf{v}$ を列ベクトル（行ベクトル）とすると，$\mathbf{v}^T$ は行ベクトル（列ベクトル）である．それゆえ，ある非負整数 n に対して式 (5.4) が成り立つのは，それぞれの $1 \leq i \leq l$ に対してある非負整数 n_i が存在し，

$$J_{k_i}(\lambda_i)^{n_i} \mathbf{v}_i = \mathbf{0}$$

となるとき，そしてそのときに限る．ここで，補題 5.1.14 を用いると証明が完成する． □

補題 5.1.8 と定理 5.1.15 を組み合わせると，あきらかに，どのような混合状態が入力として与えられても量子的ループ (5.1) が停止するかどうかを決定することができる．

系 5.1.16 量子的ループ (5.1) が停止的となるのは，U_X のすべての固有値がゼロであるとき，そしてそのときに限る．

概停止性の必要十分条件：

つぎに，量子的ループの概停止性について考えよう．量子的ループ (5.1) が概停止するための必要十分条件もまた，いくつかの簡約の段階を経て導くことがで

補題 5.1.17 すべての i について $p_i > 0$ となる p_i を用いて，$\rho = \sum_i p_i \rho_i$ とする．このとき，入力 ρ に対して量子的ループ (5.1) が概停止するのは，すべての i について入力 ρ_i に対してこの量子的ループが概停止するとき，そしてそのときに限る．

練習問題 5.1.18 補題 5.1.17 を証明せよ．

系 5.1.19 量子的ループが概停止的となるのは，すべての入力純粋状態に対して概停止するとき，そしてそのときに限る．

次の補題は，後で述べる定理 5.1.21 の証明において重要となる．

補題 5.1.20 入力純粋状態 $|\psi\rangle$ に対して，量子的ループ (5.1) が概停止するのは，

$$\lim_{n \to \infty} \|U_X^n |\psi\rangle\| = 0$$

であるとき，そしてそのときに限る．

証明： 補題 5.1.4 から

$$p_{\mathrm{NT}}^{(\leq n)}(|\psi\rangle) = \left\|U_X^{n-1} |\psi\rangle\right\|^2$$

が得られる．この式の左辺において，$|\psi\rangle$ は，それに対応する密度作用素 $|\psi\rangle\langle\psi|$ を表していることに注意すると，$p_{\mathrm{NT}}(|\psi\rangle) = 0$ となるのは，$\lim_{n \to \infty} \|U_X^n |\psi\rangle\| = 0$ となるとき，そしてそのときに限る． □

次の定理は，純粋状態を入力とする量子的ループが概停止する必要十分条件を与える．

定理 5.1.21 U_X, S, $J(U_X)$, $J_{k_i}(\lambda_i)$, $\mathbf{v}_i$ $(1 \leq i \leq l)$ は定理 5.1.15 で与えたものとする．このとき，入力 $|\psi\rangle$ に対して量子的ループ (5.1) が概停止するのは，それぞれの $1 \leq i \leq l$ について，$|\lambda_i| < 1$ または $\mathbf{v}_i = \mathbf{0}$ となるとき，そしてそのときに限る．

証明： まず，任意の非負整数 n に対して

$$U_X^n |\psi\rangle = SJ(U_X)^n S^{-1} |\psi\rangle$$

が成り立つ．このとき，S は正則であるから，$\lim_{n\to\infty} \|U_X^n |\psi\rangle\| = 0$ となるのは，

$$\lim_{n\to\infty} \left\| J(U_X)^n S^{-1} |\psi\rangle \right\| = 0 \tag{5.5}$$

であるとき，そしてそのときに限る．補題 5.1.20 を用いると，入力 $|\psi\rangle$ に対して量子的ループ (5.1) が概停止するのは，式 (5.5) が成り立つとき，そしてそのときに限ることが分かる．ここで，$\mathbf{v}^T$ で $\mathbf{v}$ の転置ベクトルを表すと，

$$J(U_X)^n S^{-1} |\psi\rangle = ((J_{k_1}(\lambda_1)^n \mathbf{v}_1)^T, (J_{k_2}(\lambda_2)^n \mathbf{v}_2)^T, \ldots, (J_{k_l}(\lambda_l)^n \mathbf{v}_l)^T)^T$$

となることに注意すると，式 (5.5) が成り立つのは，すべての $1 \leq i \leq l$ について

$$\lim_{n\to\infty} \|J_{k_i}(\lambda_i)^n \mathbf{v}_i\| = 0 \tag{5.6}$$

であるとき，そしてそのときに限る．さらに，

$$J_r(\lambda)^n \mathbf{v} = \left(\sum_{j=0}^{r-1} \binom{n}{j} \lambda^{n-j} v_{j+1}, \sum_{j=0}^{r-2} \binom{n}{j} \lambda^{n-j} v_{j+2}, \ldots, \lambda^n v_{r-1} + \binom{n}{1} \lambda^{n-1} v_r, \lambda^n v_r \right)^T$$

であるから，式 (5.6) が成り立つのは，次の k_i 個の式がすべて成り立つとき，そしてそのときに限る．

$$\begin{cases} \lim_{n\to\infty} \sum_{j=0}^{k_i-1} \binom{n}{j} \lambda_i^{n-j} v_{i(j+1)} = 0 \\ \lim_{n\to\infty} \sum_{j=0}^{k_i-2} \binom{n}{j} \lambda_i^{n-j} v_{i(j+2)} = 0 \\ \ldots\ldots\ldots\ldots\ldots \\ \lim_{n\to\infty} \left[\lambda_i^n v_{i(k_i-1)} + \binom{n}{1} \lambda_i^{n-1} v_{ik_i} \right] = 0 \\ \lim_{n\to\infty} \lambda_i^n v_{ik_i} = 0 \end{cases} \tag{5.7}$$

ただし，$\mathbf{v}_i = (v_{i1}, v_{i2}, \ldots, v_{ik_i})^T$ とする．

ここで二つの場合に分けて考える．まず，$|\lambda_i| < 1$ ならば，すべての $0 \leq j \leq k_i - 1$ について

$$\lim_{n \to \infty} \binom{n}{j} \lambda_i^{n-j} = 0$$

となり，そこから (5.7) のすべての式が導かれる．一方，$|\lambda_i| \geq 1$ ならば，(5.7) の最後の式から $v_{ik_i} = 0$ であることが分かる．これを，(5.7) の下から 2 番目の式に代入すると，$v_{i(k_i-1)} = 0$ が得られる．このようにして，(5.7) の式の下から上に向かって代入を行うと，結局，

$$v_{i1} = v_{i2} = \cdots = v_{i(k_i-1)} = v_{ik_i} = 0$$

が得られる．これで，証明は完了した． □

系 5.1.22 量子的ループ (5.1) が概停止的となるのは，U_X のすべての固有値のノルムが 1 よりも小さいとき，そしてそのときに限る．

ここまでは，ループ本体がユニタリ変換であるような量子的ループの特別なクラスだけを考えた．これは，以降の肩慣らしとみなすこともできる．しかし，ここまでに提示した停止の条件は，それ自体でも重要である．なぜなら，以降のより一般的な量子的ループの対応する条件よりも，簡単に判定することができるからである．

5.1.2 一般の量子的 while ループ

ここまでは，量子的 while ループの本体がユニタリ変換である特別なクラスの停止性を詳しく調べた．しかしながら，この種の量子的ループの表現力は限定されたものである．たとえば，これらの量子的ループは，ループ本体の中で測定が行われる場合や，量子的ループが入れ子になっている場合のモデルにはなりえない．ここで，3.1 節で定義した一般の量子的 while ループを考える．

$$\textbf{while } M[\bar{q}] = 1 \textbf{ do } S \textbf{ od} \tag{5.8}$$

ここで，$M = \{M_0, M_1\}$ は正否測定，$\bar{q}$ は量子レジスタ，ループ本体 S は一般の量子プログラムである．3.3 節でみたように，S の表示的意味は，（量子変数

qvar$(S) \subseteq p$ であるならば，)$\bar{q}$ の状態ヒルベルト空間の量子操作 $[\![S]\!] = \mathcal{E}$ である．したがって，量子的ループ (5.8) は，次の (5.9) のように等価に書き換えることができる．

$$\textbf{while } M[\bar{q}] = 1 \textbf{ do } \bar{q} := \mathcal{E}[\bar{q}] \textbf{ od} \tag{5.9}$$

以降では，量子的ループ (5.9) に焦点を当てる．まず，量子的ループ (5.9) がどのように実行されるのかをみてみよう．大雑把にいうと，このループは次の二つの部分からなる．ループの本体 $\bar{q} := \mathcal{E}[\bar{q}]$ は，密度作用素 σ を密度作用素 $\mathcal{E}(\sigma)$ に変換する．ループガード $M[\bar{q}] = 1$ は，それぞれの繰り返しにおいて検査される．任意の密度作用素 σ に対して，ループガードの測定 $M = \{M_0, M_1\}$ から量子操作 $\mathcal{E}_i$ $(i = 0, 1)$ を次のように定義する．

$$\mathcal{E}_i(\sigma) = M_i \sigma M_i^\dagger \tag{5.10}$$

また，二つの任意の量子操作 $\mathcal{F}_1$ と $\mathcal{F}_2$ に対して，それらの合成を $\mathcal{F}_2 \circ \mathcal{F}_1$ と表記する．すなわち，任意の $\rho \in \mathcal{D}(\mathcal{H})$ に対して，

$$(\mathcal{F}_2 \circ \mathcal{F}_1)(\rho) = \mathcal{F}_2(\mathcal{F}_1(\rho))$$

となる．量子操作 $\mathcal{F}$ に対して，$\mathcal{F}$ の n 乗，すなわち，n 個の $\mathcal{F}$ の合成を，$\mathcal{F}^n$ と表記する．このとき，入力状態 ρ に対するループの実行をより正確に記述すると次のようになる．

(i) **初期段階**：まず，入力状態 ρ に対して停止測定 $\{M_0, M_1\}$ を実行する．
- これでプログラムが停止する，すなわち測定結果が 0 である確率は

$$p_\mathrm{T}^{(1)}(\rho) = \mathrm{tr}[\mathcal{E}_0(\rho)]$$

であり，停止した後のプログラムの状態は

$$\rho_\mathrm{out}^{(1)} = \frac{\mathcal{E}_0(\rho)}{p_\mathrm{T}^{(1)}(\rho)}$$

となる．確率 $p_\mathrm{T}^{(1)}(\rho)$ と密度作用素 $\rho_\mathrm{out}^{(1)}$ を組み合わせると部分密度作用素

$$p_\mathrm{T}^{(1)}(\rho) \rho_\mathrm{out}^{(1)} = \mathcal{E}_0(\rho)$$

になる．したがって，$\mathcal{E}_0(\rho)$ は，初期段階での部分出力状態である．

5.1 量子的 while ループの停止性の解析

- プログラムが停止しない,すなわち測定結果が 1 である確率は

$$p_{\mathrm{NT}}^{(1)}(\rho) = \mathrm{tr}[\mathcal{E}_1(\rho)] \tag{5.11}$$

であり,測定結果として 1 が得られた後のプログラムの状態は

$$\rho_{\mathrm{mid}}^{(1)} = \frac{\mathcal{E}_1(\rho)}{p_{\mathrm{NT}}^{(1)}(\rho)}$$

になる.そして,これがループ本体 $\mathcal{E}$ により変換されて

$$\rho_{\mathrm{in}}^{(2)} = \frac{(\mathcal{E} \circ \mathcal{E}_1)(\rho)}{p_{\mathrm{NT}}^{(1)}(\rho)}$$

に対して 2 回目の繰り返しが実行される.$p_{\mathrm{NT}}^{(1)}$ と $\rho_{\mathrm{in}}^{(2)}$ を組み合わせると,部分密度作用素

$$p_{\mathrm{NT}}^{(1)}(\rho)\rho_{\mathrm{in}}^{(2)} = (\mathcal{E} \circ \mathcal{E}_1)(\rho)$$

になる.

(ii) **帰納的段階**:プログラムが n 回までの繰り返しで停止しない確率を

$$p_{\mathrm{NT}}^{(\leq n)}(\rho) = \prod_{i=1}^{n} p_{\mathrm{NT}}^{(i)}(\rho)$$

と表記する.ここで,それぞれの $1 \leq i \leq n$ について,$p_{\mathrm{NT}}^{(i)}(\rho)$ は,プログラムが i 回目の繰り返しで停止しない確率である.n 回目の測定結果が 1 となった後のプログラムの状態は

$$\rho_{\mathrm{mid}}^{(n)} = \frac{\left[\mathcal{E}_1 \circ (\mathcal{E} \circ \mathcal{E}_1)^{n-1}\right](\rho)}{p_{\mathrm{NT}}^{(\leq n)}(\rho)}$$

であり,これがループ本体 $\mathcal{E}$ で変換されて

$$\rho_{\mathrm{in}}^{(n+1)} = \frac{(\mathcal{E} \circ \mathcal{E}_1)^n(\rho)}{p_{\mathrm{NT}}^{(\leq n)}(\rho)}$$

になる.$p_{\mathrm{NT}}^{(\leq n)}(\rho)$ と $\rho_{\mathrm{in}}^{(n+1)}$ を組み合わせると,部分密度作用素

$$p_{\mathrm{NT}}^{(\leq n)}(\rho)\rho_{\mathrm{in}}^{(n+1)} = (\mathcal{E} \circ \mathcal{E}_1)^n(\rho)$$

になる.そして,$\rho_{\mathrm{in}}^{(n+1)}$ に対して $(n+1)$ 回目の繰り返しが実行される.

- $(n+1)$ 回目の繰り返しでプログラムが停止する確率は

$$p_{\mathrm{T}}^{(n+1)}(\rho) = \mathrm{tr}\left[\mathcal{E}_0\left(\rho_{\mathrm{in}}^{(n+1)}\right)\right]$$

であり, n 回目までの繰り返しでプログラムは停止せず, $(n+1)$ 回目の繰り返しで停止する確率は

$$q_{\mathrm{T}}^{(n+1)}(\rho) = \mathrm{tr}([\mathcal{E}_0 \circ (\mathcal{E} \circ \mathcal{E}_1)^n](\rho))$$

である. 停止した後のプログラムの状態は

$$\rho_{\mathrm{out}}^{(n+1)} = \frac{[\mathcal{E}_0 \circ (\mathcal{E} \circ \mathcal{E}_1)^n](\rho)}{q_{\mathrm{T}}^{(n+1)}(\rho)}$$

となる. $q_{\mathrm{T}}^{(n+1)}(\rho)$ と $\rho_{\mathrm{out}}^{(n+1)}$ を組み合わせると, $(n+1)$ 回目の繰り返しにおけるプログラムの部分出力状態

$$q_{\mathrm{T}}^{(n+1)}(\rho)\rho_{\mathrm{out}}^{(n+1)} = [\mathcal{E}_0 \circ (\mathcal{E} \circ \mathcal{E}_1)^n](\rho)$$

が得られる.

- $(n+1)$ 回目までの繰り返しでプログラムが停止しない確率は

$$p_{\mathrm{NT}}^{(\leq n+1)}(\rho) = \mathrm{tr}([\mathcal{E}_1 \circ (\mathcal{E} \circ \mathcal{E}_1)^n](\rho)) \tag{5.12}$$

である.

3.1 節で指摘したように, 古典的ループと量子的ループの大きな違いは, ループガードでの検査から生じる. 古典的ループガードの検査において, プログラムの状態は変わらない. しかしながら, 量子的ループガードでの量子測定は, 系の状態を乱す. したがって, ループガードでの検査の後の量子プログラム状態は, 検査の前と異なるかもしれない. 測定 M によるプログラムの状態の変化は, 量子操作 $\mathcal{E}_0$ と $\mathcal{E}_1$ により表現される.

前述の量子的ループ (5.9) の計算処理の記述は, 5.1.1 節で記述したループ (5.1) の実行を一般化したものである. ここで, 特別な量子的ループ (5.1) の定義 5.1.1, 5.1.2, 5.1.3 は, 一般の量子的ループ (5.9) に容易に拡張することができる.

5.1 量子的 while ループの停止性の解析

定義 5.1.23

(i) ある正整数 n に対して $p_{\mathrm{NT}}^{(n)}(\rho) = 0$ となるならば,入力状態 ρ に対してループ (5.9) は停止するという.

(ii) ループ (5.9) が停止しない確率が

$$p_{\mathrm{NT}}(\rho) = \lim_{n \to \infty} p_{\mathrm{NT}}^{(\leq n)}(\rho) = 0$$

ならば,入力状態 ρ に対してループ (5.9) は概停止するという.ここで,$p_{\mathrm{NT}}^{(\leq n)}$ は,n 回目までの繰り返しでプログラムが停止しない確率である.

定義 5.1.24
量子的ループ (5.9) は,すべての入力 ρ に対して停止(または,概停止)するならば,停止的(または,概停止的)という.

量子的ループの(最終的な)出力状態は,すべての繰り返しで得られる部分的な計算結果を足し合わせて得られる.これを定式化すると,次の定義になる.

定義 5.1.25
量子的ループ (5.9) によって計算される関数 $\mathcal{F} : \mathcal{D}(\mathcal{H}) \to \mathcal{D}(\mathcal{H})$ を,任意の $\rho \in \mathcal{D}(\mathcal{H})$ に対して

$$\mathcal{F}(\rho) = \sum_{n=1}^{\infty} q_{\mathrm{T}}^{(n)}(\rho) \rho_{\mathrm{out}}^{(n)} = \sum_{n=0}^{\infty} \left[\mathcal{E}_0 \circ (\mathcal{E} \circ \mathcal{E}_1)^n \right](\rho)$$

と定義する.ここで,

$$q_{\mathrm{T}}^{(n)}(\rho) = p_{\mathrm{NT}}^{(\leq n-1)}(\rho) p_{\mathrm{T}}^{(n)}(\rho)$$

は,プログラムが $n-1$ 回目までの繰り返しでは停止せず,n 回目の繰り返しで停止する確率である.

あきらかに,この三つの定義は,ループ本体がユニタリ作用素の場合には退化して,前節の対応する定義になる.

次の命題は,量子的ループ (5.9) で計算される関数 $\mathcal{F}$ の再帰的特徴づけを与える.これは,本質的に系 3.3.17 を別の言い方で表したものであり,定義から簡単に証明することができる.

命題 5.1.26
量子的ループ (5.9) で計算される関数 $\mathcal{F}$ は,すべての密度作用素 ρ に対して,次の再帰的式を満たす.

$$\mathcal{F}(\rho) = \mathcal{E}_0(\rho) + \mathcal{F}[(\mathcal{E} \circ \mathcal{E}_1)(\rho)]$$

量子操作の行列表現：

ここからは，量子的ループ (5.9) の停止性と実行時間解析に焦点を当てる．量子操作 $\mathcal{E}$, $\mathcal{E}_0$, $\mathcal{E}_1$ の繰り返しは停止の定義やループ (5.9) から計算される関数 $\mathcal{F}$ に関連しているので，解析においてこれらの繰り返しを取り扱うことは避けて通れない．しかしながら，通常，量子操作の繰り返しを計算することは非常に困難である．この困難さを乗り越えるために，量子操作の行列表現という有用な数学的道具立てを導入する．通常，量子操作の行列表現は，量子操作そのものよりも扱いやすい．

定義 5.1.27 d 次元ヒルベルト空間 $\mathcal{H}$ の量子操作 $\mathcal{E}$ のクラウス表現を，任意の密度作用素 ρ に対して

$$\mathcal{E}(\rho) = \sum_i E_i \rho E_i^\dagger$$

とする．このとき，$\mathcal{E}$ の行列表現は，$d^2 \times d^2$ 行列

$$M = \sum_i E_i \otimes E_i^*$$

になる．ここで，A^* は行列 A の共役である．すなわち，$A = (a_{ij})$ とすると，$A^* = (a_{ij}^*)$ で a_{ij}^* は a_{ij} の複素共役になる．

量子プログラムの解析において量子操作の行列表現を用いる有効性は，主に次の補題にもとづいている．この補題は，量子操作 $\mathcal{E}$ による行列 A の像と，$\mathcal{E}$ の行列表現と A の柱状拡張の積の間の関係を明らかにする．実際，この補題は，この後のすべての主要な結果の証明で鍵となる役割を演じる．

補題 5.1.28 $\dim \mathcal{H} = d$ とする．$\mathcal{H} \otimes \mathcal{H}$ の（正規化されていない）極大量子もつれ状態を

$$|\Phi\rangle = \sum_j |jj\rangle$$

と表記する．ただし，$\{|j\rangle\}$ は，$\mathcal{H}$ の正規直交基底である．M を量子操作 $\mathcal{E}$ の行列表現とする．このとき，任意の $d \times d$ 行列 A に対して

$$(\mathcal{E}(A) \otimes I)|\Phi\rangle = M(A \otimes I)|\Phi\rangle \tag{5.13}$$

5.1 量子的 while ループの停止性の解析

が成り立つ．ここで I は $d \times d$ 単位行列である．

証明： 任意の行列 A, B, C に対して，B^T を B の転置行列とすると，等式

$$(A \otimes B)(C \otimes I)|\Phi\rangle = (ACB^T \otimes I)|\Phi\rangle$$

が成り立つことに注意する．この等式は，機械的な行列計算によって証明することができる．この等式を用いると

$$M(A \otimes I)|\Phi\rangle = \sum_i (E_i \otimes E_i^*)(A \otimes I)|\Phi\rangle$$
$$= \sum_i \left(E_i A E_i^\dagger \otimes I\right)|\Phi\rangle$$
$$= (\mathcal{E}(A) \otimes I)|\Phi\rangle$$

が得られる． □

ここで興味深いのは，極大量子もつれ状態 $|\Phi\rangle$ によって，$d \times d$ 行列 $A = (a_{ij})$ が次のような d^2 次元ベクトルで表現されるということである．

$$(A \otimes I)|\Phi\rangle = (a_{11}, \ldots, a_{1d}, a_{21}, \ldots, a_{2d}, \ldots, a_{d1}, \ldots, a_{dd})^T$$

さらに，この極大量子もつれ状態は，式 (5.13) によって，d 次元ヒルベルト空間の量子操作 $\mathcal{E}$ を $d^2 \times d^2$ 行列 M に変換する．

この補題は，量子操作の行列表現がきちんと定義されていることを示すためにもすぐに応用できる．任意の密度作用素 ρ に対して

$$\mathcal{E}(\rho) = \sum_i E_i \rho E_i^\dagger = \sum_j F_j \rho F_j^\dagger$$

であるならば，

$$\sum_i E_i \otimes E_i^* = \sum_j F_j \otimes F_j^*$$

が成り立つ．この結論は，式 (5.13) の行列 A が選び方によらないことからも簡単に分かる．

量子操作の行列表現という数学的道具立てが用意できたので，考える対象を量子的ループ (5.9) に戻そう．ループ本体の量子操作 $\mathcal{E}$ のクラウス表現を，任意の密度作用素 ρ に対して

$$\mathcal{E}(\rho) = \sum_i E_i \rho E_i^\dagger$$

とする。$\mathcal{E}_0, \mathcal{E}_1$ を，それぞれループガードの式 (5.10) によって定まる測定作用素 M_0, M_1 で定義された量子操作とする。$\mathcal{E}$ と $\mathcal{E}_1$ の合成を

$$\mathcal{G} = \mathcal{E} \circ \mathcal{E}_1$$

と書くことにすると，$\mathcal{G}$ のクラウス表現は，任意の密度作用素 ρ に対して

$$\mathcal{G}(\rho) = \sum_i (E_i M_1) \rho (M_1^\dagger E_i^\dagger)$$

となる。さらに，$\mathcal{E}_0$ および $\mathcal{G}$ の行列表現は，それぞれ

$$\begin{aligned} N_0 &= M_0 \otimes M_0^* \\ R &= \sum_i (E_i M_1) \otimes (E_i M_1)^* \end{aligned} \tag{5.14}$$

となる。ここで，R のジョルダン分解を

$$R = SJ(R)S^{-1}$$

とする。ただし，S は正則行列，$J(R)$ は，$J_{k_s}(\lambda_s)$ を固有値 λ_s に対する k_s 次ジョルダン細胞 ($1 \leq s \leq l$) としたときの R のジョルダン標準形

$$J(R) = \bigoplus_{i=1}^l J_{k_i}(\lambda_i) = \mathrm{diag}(J_{k_1}(\lambda_1), J_{k_2}(\lambda_2), \ldots, J_{k_l}(\lambda_l))$$

である。（補題 5.1.13 を参照のこと。）

量子操作 $\mathcal{G}$ の行列表現 R の構造を記述する次の補題は，重要である。

補題 5.1.29

(i) すべての $1 \leq s \leq l$ について $|\lambda_s| \leq 1$

(ii) $|\lambda_s| = 1$ ならば，s 番目のジョルダン細胞は 1 次元，すなわち，$k_s = 1$ となる。

この補題の証明は込み入っているので，見通しをよくするために 5.4 節にまわす。

5.1 量子的 while ループの停止性の解析

停止性と概停止性：

これで，量子的ループ (5.9) の停止性を調べる準備が整った．まず，次の補題によって，量子操作の行列表現を用いた単純な停止条件が与えられる．

補題 5.1.30 R を式 (5.14) で定義された行列とし，

$$|\Phi\rangle = \sum_j |jj\rangle$$

は，$\mathcal{H} \otimes \mathcal{H}$ の（正規化されていない）極大量子もつれ状態とする．このとき，

(i) 入力 ρ に対して量子的ループ (5.9) が停止するのは，ある整数 $n \geq 0$ について

$$R^n(\rho \otimes I)|\Phi\rangle = \mathbf{0}$$

となるとき，そしてそのときに限る．

(ii) 入力 ρ に対して量子的ループ (5.9) が概停止するのは，

$$\lim_{n \to \infty} R^n(\rho \otimes I)|\Phi\rangle = \mathbf{0}$$

となるとき，そしてそのときに限る．

証明： (ii) の証明も同様なので，(i) だけを証明する．まず，補題 5.1.28 から

$$[\mathcal{G}(\rho) \otimes I]|\Phi\rangle = R(\rho \otimes I)|\Phi\rangle$$

が成り立つ．この等式を繰り返し用いると

$$[\mathcal{G}^n(\rho) \otimes I]|\Phi\rangle = R^n(\rho \otimes I)|\Phi\rangle$$

が得られる．一方，任意の行列 A に対して

$$\mathrm{tr}(A) = \langle \Phi| A \otimes I |\Phi\rangle$$

が成り立つ．したがって，$\mathcal{E}$ は跡を保つので，

$$\begin{aligned}
\mathrm{tr}\left(\left[\mathcal{E}_1 \circ (\mathcal{E} \circ \mathcal{E}_1)^{n-1}\right](\rho)\right) &= \mathrm{tr}((\mathcal{E} \circ \mathcal{E}_1)^n(\rho)) \\
&= \mathrm{tr}(\mathcal{G}^n(\rho)) \\
&= \langle \Phi| R^n(\rho \otimes I) |\Phi\rangle
\end{aligned}$$

が得られる.そして,あきらかに,$\langle\Psi|R^n(\rho\otimes I)|\Psi\rangle = 0$ となるのは,$R^n(\rho\otimes I)|\Phi\rangle = \mathbf{0}$ であるとき,そしてそのときに限る.   □

この補題を用いると,すぐに次の補題を示すことができる.

補題 5.1.31 R および $|\Phi\rangle$ は,補題 5.1.30 と同じであるとする.このとき,

(i) 量子的ループ (5.9) が停止的となるのは,ある整数 $n \geq 0$ に対して $R^n|\Phi\rangle = \mathbf{0}$ であるとき,そしてそのときに限る.

(ii) 量子的ループ (5.9) が概停止的となるのは,$\lim_{n\to\infty} R^n|\Phi\rangle = \mathbf{0}$ であるとき,そしてそのときに限る.

証明: 量子的ループが停止的となるのは,特別な入力状態(混合状態)
$$\rho_0 = \frac{1}{d}\cdot I$$
に対して停止するとき,そしてそのときに限ることに注意する.ただし,$d = \dim \mathcal{H}$ で,I は $\mathcal{H}$ の恒等作用素である.すると,この補題は,補題 5.1.30 からすぐに導くことができる.   □

これで,ここでの主要結果の一つを提示することができる.それは,このループに関する量子操作の行列表現の固有値を用いて,量子的ループが停止的となる必要十分条件を与える.

定理 5.1.32 R および $|\Phi\rangle$ は,補題 5.1.30 と同じであるとする.このとき,

(i) ある整数 $k \geq 0$ について $R^k|\Phi\rangle = \mathbf{0}$ ならば,量子的ループ (5.9) は停止的となる.逆に,量子的ループ (5.9) が停止的であれば,すべての整数 $k \geq k_0$ について,$R^k|\Phi\rangle = \mathbf{0}$ となる.ここで,k_0 は固有値 0 に対応する R のジョルダン細胞の最大次数である.

(ii) 量子的ループ (5.9) が概停止的となるのは,$|\Phi\rangle$ が,$|\lambda| = 1$ であるような固有値 λ に対応する $R^\dagger$ の固有ベクトルと直交するとき,そしてそのときに限る.ここで,$R^\dagger$ は,R の転置共役である.

証明: まず,(i) を証明する.ある $k \geq 0$ について $R^k|\Phi\rangle = \mathbf{0}$ ならば,補題 5.1.31 によって,ループ (5.9) は停止的となる.逆に,ループ (5.9) が停止的

であるとする．もう一度，補題 5.1.31 を使うと，ある整数 $n \geq 0$ が存在して，$R^n |\Phi\rangle = \mathbf{0}$ となる．固有値 0 に対応する R のジョルダン細胞の最大次数以上の任意の整数 k について，$R^k |\Phi\rangle = \mathbf{0}$ となることを示したい．一般性を失うことなく，

$$J(R) = \bigoplus_{i=1}^{l} J_{k_i}(\lambda_i) = \mathrm{diag}(J_{k_1}(\lambda_1), J_{k_2}(\lambda_2), \ldots, J_{k_l}(\lambda_l))$$

であり，$|\lambda_1| \geq \cdots \geq |\lambda_s| > 0$ および $\lambda_{s+1} = \cdots = \lambda_l = 0$ に対して，R のジョルダン分解を

$$R = SJ(R)S^{-1}$$

としてよい．このとき，

$$R^n = SJ(R)^n S^{-1}$$

に注意すると，S が正則であることより，$R^n |\Phi\rangle = \mathbf{0}$ から直ちに

$$J(R)^n S^{-1} |\Phi\rangle = \mathbf{0}$$

が得られる．ここで，行列 $J(R)$ とベクトル $S^{-1} |\Phi\rangle$ を

$$J(R) = \begin{pmatrix} A & 0 \\ 0 & B \end{pmatrix}, \quad S^{-1} |\Phi\rangle = \begin{pmatrix} |x\rangle \\ |y\rangle \end{pmatrix}$$

と，それぞれ二つの部分に分ける．ただし

$$A = \bigoplus_{i=1}^{s} J_{k_i}(\lambda_i) = \mathrm{diag}(J_{k_1}(\lambda_1), \ldots, J_{k_s}(\lambda_s))$$
$$B = \bigoplus_{i=s+1}^{l} J_{k_i}(\lambda_i) = \mathrm{diag}(J_{k_{s+1}}(0), \ldots, J_{k_l}(0))$$

であり，$t = \sum_{j=1}^{s} k_j$ とすると，$|x\rangle$ は t 次元ベクトル，$|y\rangle$ は $(d^2 - t)$ 次元ベクトルである．このとき，

$$J(R)^n S^{-1} |\Phi\rangle = \begin{pmatrix} A^n |x\rangle \\ B^n |y\rangle \end{pmatrix}$$

が成り立つ．$\lambda_1, \ldots, \lambda_s \neq 0$ に注意すると，$J_{k_1}(\lambda_1), \ldots, J_{k_s}(\lambda_s)$ は正則で，A も正則になる．したがって，$J(R)nS^{-1} |\Phi\rangle = \mathbf{0}$ ならば $A^n |x\rangle = \mathbf{0}$ であり，さ

らに $|x\rangle = \mathbf{0}$ となる．一方，$s+1 \leq j \leq l$ となるそれぞれの j について，$k \geq k_j$ であるので，$J_{k_j}(0)^k = \mathbf{0}$ が成り立つ．その結果として，$B^k = \mathbf{0}$ となる．これと $|x\rangle = \mathbf{0}$ を合わせると，

$$J(R)^k S^{-1} |\Phi\rangle = \mathbf{0}$$

および

$$R^k |\Phi\rangle = S J(R)^k S^{-1} |\Phi\rangle = \mathbf{0}$$

が得られる．

つぎに，(ii) を証明する．まず，補題 5.1.31 により，プログラム (5.9) が概停止的となるのは，

$$\lim_{n \to \infty} J(R)^n S^{-1} |\Phi\rangle = \mathbf{0}$$

であるとき，そしてそのときに限る．R のジョルダン分解において，

$$1 = |\lambda_1| = \cdots = |\lambda_r| > |\lambda_{r+1}| \geq \cdots \geq |\lambda_l|$$

と仮定し，

$$J(R) = \begin{pmatrix} C & 0 \\ 0 & D \end{pmatrix}, \quad S^{-1} |\Phi\rangle = \begin{pmatrix} |u\rangle \\ |v\rangle \end{pmatrix}$$

と二つの部分に分ける．ただし，

$$C = \mathrm{diag}(\lambda_1, \ldots, \lambda_r)$$

$$D = \mathrm{diag}(J_{k_{r+1}}(\lambda_{r+1}), \ldots, J_{k_l}(\lambda_l))$$

であり，$|u\rangle$ は r 次元ベクトル，$|v\rangle$ は $(d^2 - r)$ 次元ベクトルである．($|\lambda_1| = \cdots = |\lambda_r| = 1$ であるから，$J_{k_1}(\lambda_1), \ldots, J_{k_r}(\lambda_r)$ はすべて 1×1 行列であることに注意する．補題 5.1.29 を参照のこと．)

$|\Phi\rangle$ が，絶対値が 1 の固有値に対応する $R^\dagger$ の固有ベクトルすべてと直交するならば，定義より，$|u\rangle = \mathbf{0}$ となる．一方，$r+1 \leq j \leq l$ であるそれぞれの j について，$|\lambda_j| < 1$ であるから，

$$\lim_{n \to \infty} J_{k_j}(\lambda_j)^n = \mathbf{0}$$

となる．したがって，$\lim_{n \to \infty} D^n = \mathbf{0}$ になる．すると，このことから

$$\lim_{n \to \infty} J(R)^n S^{-1} |\Phi\rangle = \lim_{n \to \infty} \begin{pmatrix} C^n |u\rangle \\ D^n |v\rangle \end{pmatrix} = \mathbf{0}$$

$$\lim_{n\to\infty} J(R)^n S^{-1} |\Phi\rangle = \mathbf{0}$$

ならば，$\lim_{n\to\infty} C^n |u\rangle = \mathbf{0}$ となる．そして，C が対角ユニタリ行列であるので，$|u\rangle = \mathbf{0}$ となる．結果として，$|\Phi\rangle$ は，絶対値が 1 の固有値に対応する $R^\dagger$ の固有ベクトルすべてに直交する． □

出力における観測量の期待値：

古典的プログラム解析においては，すでに論じてきたプログラムの停止性にくわえて，プログラム変数の期待値を計算することもまた，重要な問題である．ここで，量子プログラムでこれに対応する，量子プログラムの出力における観測量の期待値の計算を考えよう．

練習問題 2.1.38 で，観測量はエルミート作用素 P によりモデル化され，状態 σ における P の期待値（平均値）は $\mathrm{tr}(P\sigma)$ であったことを思い出そう．とくに，P が量子述語，すなわち，$0_{\mathcal{H}} \sqsubseteq P \sqsubseteq I_{\mathcal{H}}$ ならば，期待値 $\mathrm{tr}(P\sigma)$ は，状態 σ において述語 P が充足される確率と考えることができる．実際，与えられた入力状態 ρ に対して，量子的ループ (5.9) の興味深い多くの性質は，出力状態 $\mathcal{F}(\rho)$ における観測量 P の期待値 $\mathrm{tr}(P\mathcal{F}(\rho))$ を用いて表すことができる．したがって，量子プログラムの解析は，期待値 $\mathrm{tr}(P\mathcal{F}(\rho))$ を計算する問題に帰着できることが多い．

それでは，期待値 $\mathrm{tr}(P\mathcal{F}(\rho))$ を計算する手法を見つけよう．のちほど，定理 5.1.34 の証明にみられるように，我々の手法は，べき級数

$$\sum_n R^n$$

の収束を用いる．ここで，R は，式 (5.14) で与えられる $\mathcal{G} = \mathcal{E} \circ \mathcal{E}_1$ の行列表現である．しかし，このべき級数は，R の固有値の中に絶対値が 1 のものがあると，収束しないかもしれない．この障害を乗り越える自然な発想は，R のジョルダン標準形 $J(R)$ を修正して，絶対値が 1 の固有値に対応するジョルダン細胞が消えるようにすることである．補題 5.1.29 によれば，このようなジョルダン細胞はすべて 1 次元である．こうして $J(R)$ を修正して得られた行列 $J(N)$ によって，

$$N = SJ(N)S^{-1} \tag{5.15}$$

とする．ここで，

$$J(N) = \mathrm{diag}(J'_1, J'_2, \ldots, J'_l) \tag{5.16}$$

であり，それぞれの $1 \leq s \leq l$ について

$$J'_s = \begin{cases} 0 & (|\lambda_s| = 1 \text{ の場合}) \\ J_{k_s}(\lambda_s) & (|\lambda_s| \neq 1 \text{ の場合}) \end{cases}$$

である．

幸いなことに，次の補題が示すように，$\mathcal{G}$ の行列表現 R をこのように修正しても，ループガードの測定作用素 M_0 と組み合わせる場合には，べき級数の振る舞いを変えない．

補題 5.1.33 $N_0 = M_0 \otimes M_0^*$ を $\mathcal{E}_0$ の行列表現とすると，任意の整数 $n \geq 0$ に対して，

$$N_0 R^n = N_0 N^n$$

が成り立つ．

この補題の証明はかなり込み入っているので，5.4 節にまわす．これで，ここでの主要結果の一つを提示する準備ができた．それは，量子的ループの出力において観測量の期待値を明示的に計算する公式を与える．

定理 5.1.34 入力状態 ρ に対する量子的ループ (5.9) の出力状態 $\mathcal{F}(\rho)$ における観測量 P の期待値は

$$\mathrm{tr}(P\mathcal{F}(\rho)) = \langle \Phi | (P \otimes I) N_0 (I \otimes I - N)^{-1} (\rho \otimes I) | \Phi \rangle$$

となる．ここで，I は $\mathcal{H}$ の恒等作用素であり，$\{|j\rangle\}$ を $\mathcal{H}$ の正規直交基底とするとき，

$$|\Phi\rangle = \sum_j |jj\rangle$$

は $\mathcal{H} \otimes \mathcal{H}$ の（正規化されていない）極大量子もつれ状態である．

証明： ここまでの準備によって，この定理の証明は，定義 5.1.25 にもとづいてほぼ素直に計算するだけである．まず，補題 5.1.28 と量子操作 $\mathcal{E}_0$ および $\mathcal{G}$ の定

義式を合わせると,

$$[\mathcal{E}_0(\rho) \otimes I]|\Phi\rangle = N_0(\rho \otimes I)|\Phi\rangle \tag{5.17}$$

$$[\mathcal{G}(\rho) \otimes I]|\Phi\rangle = R(\rho \otimes I)|\Phi\rangle \tag{5.18}$$

が成り立つ. 最初に式 (5.17) を適用し, それから式 (5.18) を繰り返し適用すると,

$$\begin{aligned}
[\mathcal{F}(\rho) \otimes I]|\Phi\rangle &= \left[\sum_{n=0}^{\infty} \mathcal{E}_0\left(\mathcal{G}_n(\rho)\right) \otimes I\right]|\Phi\rangle \\
&= \sum_{n=0}^{\infty} [\mathcal{E}_0\left(\mathcal{G}_n(\rho)\right) \otimes I]|\Phi\rangle \\
&= \sum_{n=0}^{\infty} N_0\left(\mathcal{G}_n(\rho) \otimes I\right)|\Phi\rangle \\
&= \sum_{n=0}^{\infty} N_0 R^n(\rho \otimes I)|\Phi\rangle \\
&\stackrel{(a)}{=} \sum_{n=0}^{\infty} N_0 N^n(\rho \otimes I)|\Phi\rangle \\
&= N_0 \left(\sum_{n=0}^{\infty} N^n\right)(\rho \otimes I)|\Phi\rangle \\
&= N_0(I \otimes I - N)^{-1}(\rho \otimes I)|\Phi\rangle
\end{aligned}$$

が得られる. ここで, (a) を付した等号は, 補題 5.1.33 から導かれる. 最後に, 機械的な計算により, $\mathrm{tr}(\rho) = \langle\Phi|\rho \otimes I|\Phi\rangle$ となり,

$$\begin{aligned}
\mathrm{tr}(P\mathcal{F}(\rho)) &= \langle\Phi|P\mathcal{F}(\rho) \otimes I|\Phi\rangle \\
&= \langle\Phi|(P \otimes I)(\mathcal{F}(\rho) \otimes I)|\Phi\rangle \\
&= \langle\Phi|(P \otimes I)N_0(I \otimes I - N)^{-1}(\rho \otimes I)|\Phi\rangle
\end{aligned}$$

が得られる. □

平均実行時間:

ここまでで, 量子操作の行列表現を用いて, 量子的ループ (5.9) の停止と期待値という二つのプログラム解析の問題を調べた. ここで用いた手法の威力をさらに示すために, 入力状態 ρ に対するループ (5.9) の平均実行時間

$$\sum_{n=1}^{\infty} n p_{\mathrm{T}}^{(n)}(\rho)$$

を計算しよう．ここで，それぞれの $n \geq 1$ について

$$p_{\mathrm{T}}^{(n)}(\rho) = \mathrm{tr}\left[\left(\mathcal{E}_0 \circ (\mathcal{E} \circ \mathcal{E}_1)^{n-1}\right)(\rho)\right] = \mathrm{tr}\left[\left(\mathcal{E}_0 \circ \mathcal{G}^{n-1}\right)(\rho)\right]$$

は，ループ (5.9) が n 回目の繰り返しで停止する確率である．あきらかに，定理 5.1.34 を直接用いることはできない．しかし，定理 5.1.34 の証明と同様の手続きによって，次の命題を導くことができる．

命題 5.1.35 入力状態 ρ に対する量子的ループ (5.9) の平均実行時間は

$$\langle \Phi | N_0 (I \otimes I - N)^{-2} (\rho \otimes I) | \Phi \rangle$$

になる．

証明： この証明も，定義 5.1.25 にもとづいて素直に計算するだけである．補題 5.1.33 の式 (5.17) および (5.18) を用いると

$$\begin{aligned}
\sum_{n=1}^{\infty} n p_n &= \sum_{n=1}^{\infty} n \cdot \mathrm{tr}\left[\left(\mathcal{E}_0 \circ \mathcal{G}^{n-1}\right)(\rho)\right] \\
&= \sum_{n=1}^{\infty} n \langle \Phi | \left(\mathcal{E}_0 \circ \mathcal{G}^{n-1}\right)(\rho) \otimes I | \Phi \rangle \\
&= \sum_{n=1}^{\infty} n \langle \Phi | N_0 R^{n-1} (\rho \otimes I) | \Phi \rangle \\
&= \sum_{n=1}^{\infty} n \langle \Phi | N_0 N^{n-1} (\rho \otimes I) | \Phi \rangle \\
&= \langle \Phi | N_0 \left(\sum_{n=1}^{\infty} n N^{n-1}\right)(\rho \otimes I) | \Phi \rangle \\
&= \langle \Phi | N_0 (I \otimes I - N)^{-2} (\rho \otimes I) | \Phi \rangle
\end{aligned}$$

が得られる． □

5.1.3 平均実行時間の計算例

ここで，量子ウォークの平均実行時間を計算するために，命題 5.1.35 をどのように適用すればよいかを示す例を挙げる．周上に n 個の点をもつ円上の量子

ウォークを考える.これは,1次元の量子ウォークの変形とみることもできるし,2.3.4節で定義したグラフ上の量子ウォークの特別な場合でもある.2次元のヒルベルト空間 $\mathcal{H}_d$ を方向空間とし,この正規直交基底 $|L\rangle$ と $|R\rangle$ はそれぞれ左向きと右向きを表すものとする.円周上の異なる n 個の点に,0から $n-1$ までの番号を順に振ったとする. $\mathcal{H}_p$ を n 次元ヒルベルト空間とし,その正規直交基底を $|0\rangle, |1\rangle, \ldots, |n-1\rangle$ とする.ここで,それぞれの $0 \leq i \leq n-1$ について,基底ベクトル $|i\rangle$ は円周の位置 i に対応する.したがって,この量子ウォークの状態空間は $\mathcal{H} = \mathcal{H}_d \otimes \mathcal{H}_p$ になる.初期状態は, $|L\rangle |0\rangle$ であるとする.2.3.4節で考えた量子ウォークとの違いは,この量子ウォークには位置1に吸収壁があるということだ.したがって,この量子ウォークのそれぞれの繰り返しは,次のものから構成される.

(i) この系の位置を,現在位置が1かどうかを見ることで測定する.その結果がyesであれば,量子ウォークは停止する.そうでなければ,続行する.この測定は,吸収壁をモデル化していて,次のように記述することができる.

$$M = \{M_{\text{yes}} = I_d \otimes |1\rangle\langle 1|, \ M_{\text{no}} = I - M_{\text{yes}}\}$$

ここで, I_d および I は,それぞれ $\mathcal{H}_d$ および $\mathcal{H}$ の恒等作用素である.

(ii) 「コイン投げ」作用素

$$H = \frac{1}{\sqrt{2}} \begin{pmatrix} 1 & 1 \\ 1 & -1 \end{pmatrix}$$

は,方向空間 $\mathcal{H}_d$ に適用される.この「コイン投げ」をモデル化するためにアダマールゲートが用いられる.

(iii) シフト作用素

$$S = \sum_{i=0}^{n-1} |L\rangle\langle L| \otimes |i \ominus 1\rangle\langle i| + \sum_{i=0}^{n-1} |R\rangle\langle R| \otimes |i \oplus 1\rangle\langle i|$$

が $\mathcal{H}$ に対して実行される.ここで, $\oplus$ および $\ominus$ は,それぞれ n を法とする和および差を表す.作用素 S の直感的な意味は,方向状態に従って系は左か右に1歩進むということである.

3.1節で定義した量子的 **while** 言語を用いると,この量子ウォークは量子的ループ

$$\text{while } M[d,p] = \text{yes do } d,p := W[d,p] \text{ od}$$

として書くことができる．ここで，量子変数 d および p は，それぞれ方向および位置を表し，

$$W = S(H \otimes I_p)$$

は1歩分の作用素で，I_p は $\mathcal{H}_p$ の恒等作用素である．

それでは，この量子ウォークの平均実行時間を計算する．命題5.1.35 をそのまま適用すると，この量子ウォークの平均実行時間は

$$\langle \Phi | N_0 (I \otimes I - N)^{-2} (\rho \otimes I) | \Phi \rangle \tag{5.19}$$

であることが分かる．ここで，

$$N_0 = M_{\text{no}} \otimes M_{\text{no}}, \quad N = (WM_{\text{yes}}) \otimes (WM_{\text{yes}})^*$$

であり，I は $\mathcal{H} = \mathcal{H}_d \otimes \mathcal{H}_p$ の恒等行列，$\rho = |L\rangle\langle L| \otimes |0\rangle\langle 0|$ である．式 (5.15) と (5.16) による修正手順は使う必要がないことに注意しよう．(5.19) を計算するための MATLAB のプログラムをアルゴリズム 1 として示す．$n < 30$ の場合にこのアルゴリズムをラップトップコンピュータで実行し，その計算結果から，この周上に n 個の点をもつ円上の量子ウォークの平均実行時間は n になった．

研究課題 5.1.36 すべての $n \geq 30$ に対して，周上に n 個の点をもつ円上の量子ウォークの平均実行時間が n であることを証明または反証せよ．

5.2 量子グラフ理論

前節では，量子的 **while** ループの停止および概停止について詳しく調べた．のちほど次節でみるように，量子的ループの停止問題は量子マルコフ連鎖の到達可能性問題の特別な場合である．実際，古典的マルコフ連鎖は，乱択アルゴリズムや確率的プログラムの検証や解析に広く用いられてきた．したがって，この節および次節では，量子マルコフ連鎖の到達可能性解析のための理論的枠組みといく

アルゴリズム 1: n 円上の量子ウォークの平均実行時間の計算

input : 整数 n
output : b (n 円上の量子ウォークの平均実行時間)
$n \times n$ **matrix** $I \leftarrow E(n)$; (* $n \times n$ 恒等行列 *)
integer $m \leftarrow 2n$;
$m \times m$ **matrix** $I_2 \leftarrow E(m)$; (* $m \times m$ 恒等行列 *)
m^2-**dimensional vector** $|\Phi\rangle \leftarrow \vec{I_2}$; (* 極大量子もつれ状態 *)
$m \times m$ **matrix** $\rho \leftarrow |1\rangle\langle 1|$; (* 初期状態 *)
2×2 **matrix** $H \leftarrow [1\ 1;\ 1\ -1]/\sqrt{2}$; (* アダマール行列 *)
$m \times m$ **matrix** $M_0 \leftarrow |0\rangle\langle 0| \otimes E(2)$; (* 停止判定測定 *)
$m \times m$ **matrix** $M_1 \leftarrow I_2 - M_0$;
$n \times n$ **matrix** $X \leftarrow I * 0$; (* シフトユニタリ行列 *)
for $j = 1 : n - 1$ **do**
$\quad | \quad X(j, j+1) \leftarrow 1$;
end
$X(n, 1) \leftarrow 1$;
$C \leftarrow X^\dagger$;
$m \times m$ **matrix** $S \leftarrow X \otimes |0\rangle\langle 0| + C \otimes |1\rangle\langle 1|$; (* シフト作用素 *)
$m \times m$ **matrix** $W_1 \leftarrow S(I \otimes H)M_1$;
$m^2 \times m^2$ **matrix** $M_T \leftarrow M_0 \otimes M_0$;
$m^2 \times m^2$ **matrix** $N_T \leftarrow W_1 \otimes W_1$;
$m^2 \times m^2$ **matrix** $I_3 \leftarrow E(m^2)$; (* $m^2 \times m^2$ 恒等行列 *)
real number $b \leftarrow \langle\Phi| M_T(I_3 - N_T)^{-2}(\rho \otimes I_2)|\Phi\rangle$; (* 平均実行時間の計算 *)
return b

つかのアルゴリズムを展開することにあてる．願わくは，これが量子プログラムのアルゴリズム的解析のさらなる研究への道を拓いてほしい．

古典的マルコフ連鎖の到達可能性解析の技法では，グラフの到達可能性問題のアルゴリズムが広く用いられている．同様にして，ヒルベルト空間のグラフ構造の一種である量子グラフは，量子マルコフ連鎖の到達可能性解析において重要な役割を演じる．それゆえ，この節では，量子グラフの理論を簡単に紹介する．

この節と次節は古典的マルコフ連鎖の到達可能性解析の量子的一般化とみることができる．この二つの節で理解しづらい部分があれば，[29] の第 10 章でそれに対応する古典的理論を参照してほしい．

5.2.1 基本的定義

量子グラフ構造は，量子マルコフ連鎖の中に必然的に存在する．したがって，量子マルコフ連鎖の定義から始めることにしよう．古典的マルコフ連鎖は，状態の有限集合 S と遷移確率行列 P の対であることを思い出そう．遷移確率行列 P は，写像 $P : S \times S \to [0,1]$ で，すべての $s \in S$ に対して

$$\sum_{t \in S} P(s,t) = 1$$

となる．ここで，$P(s,t)$ は，系が s から t に移る確率である．マルコフ連鎖 $\langle S, P \rangle$ には有向グラフが内在する．このグラフの頂点は，S の元である．このグラフの隣接関係を，次のように定義する．任意の $s, t \in S$ に対して，$P(s,t) > 0$ ならば，このグラフには s から t に向かう辺がある．マルコフ連鎖 $\langle S, P \rangle$ そのものを解析するほうが，このグラフの構造を理解しやすい．量子マルコフ連鎖は，マルコフ連鎖の状態空間をヒルベルト空間で置き換え，その遷移行列を量子操作で置き換えた，マルコフ連鎖の量子的一般化である．2.1.7 節でみたように，量子操作は，（開放）量子系の離散的な時間発展を数学的に定式化したものである．

定義 5.2.1 量子マルコフ連鎖は，

(i) $\mathcal{H}$ を有限次元ヒルベルト空間，
(ii) $\mathcal{E}$ を $\mathcal{H}$ の量子操作（あるいは超作用素）

とする対 $\mathcal{C} = \langle \mathcal{H}, \mathcal{E} \rangle$ である．

量子マルコフ連鎖の振る舞いは，大雑把には次のように記述できる．現段階で系が混合状態 ρ にあれば，次の段階では状態 $\mathcal{E}(\rho)$ になる．したがって，量子マルコフ連鎖 $\langle \mathcal{H}, \mathcal{E} \rangle$ は，状態空間が $\mathcal{H}$ で，離散的時間の動的変遷が量子操作 $\mathcal{E}$ で記述される量子系である．これは，量子プログラミングの観点からは，量子的ループ (5.9) の本体のモデル化に用いることができる．

ここで，量子マルコフ連鎖 $\mathcal{C} = \langle \mathcal{H}, \mathcal{E} \rangle$ に内在するグラフ構造を調べよう．まず，量子操作 $\mathcal{E}$ から誘導される $\mathcal{H}$ の量子状態の間の隣接関係を定義する．このためには，いくつかの補助的な概念が必要になる．$\mathcal{H}$ の部分密度作用素，すなわち，跡が $\mathrm{tr}(\rho) \leq 1$ となる正作用素 ρ の集合を $\mathcal{D}(\mathcal{H})$ と表記したことを思い出そ

5.2 量子グラフ理論

う. $\mathcal{H}$ の任意の部分集合 X に対して，X が張る $\mathcal{H}$ の部分空間，すなわち，X に含まれるベクトルの線形結合全体を $\mathrm{span}\, X$ と表記する.

定義 5.2.2 部分密度作用素 $\rho \in \mathcal{D}(\mathcal{H})$ の台 $\mathrm{supp}(\rho)$ とは，固有値がゼロでない ρ の固有ベクトルが張る $\mathcal{H}$ の部分空間である.

定義 5.2.3 $\{X_k\}$ を $\mathcal{H}$ の部分空間の族とする．このとき，$\{X_k\}$ の結びを

$$\bigvee_k X_k = \mathrm{span}\left(\bigcup_k X_k\right)$$

と定義する.

とくに，二つの部分空間 X と Y の結びを $X \vee Y$ と表記する．$\bigvee_k X_k$ は，すべての X_k を含む，$\mathcal{H}$ の最小の部分空間であることが簡単に分かる.

定義 5.2.4 量子操作 $\mathcal{E}$ による $\mathcal{H}$ の部分空間 X の像を

$$\mathcal{E}(X) = \bigvee_{|\psi\rangle \in X} \mathrm{supp}(\mathcal{E}(|\psi\rangle\langle\psi|))$$

と定義する.

直感的には，$\mathcal{E}(X)$ は，$\mathcal{E}$ による X の状態の像全体が張る $\mathcal{H}$ の部分空間である．$\mathcal{E}(X)$ の定義式において，$|\psi\rangle\langle\psi|$ は，純粋状態 $|\psi\rangle$ の密度作用素であることに注意しよう.

のちほど利用するために，密度作用素の台および量子操作の像についての簡単な性質をいくつか列挙しておく.

命題 5.2.5

(i) $\rho = \sum_k \lambda_k |\psi_k\rangle\langle\psi_k|$ において，すべての k について $\lambda_k > 0$（しかし，$|\psi_k\rangle$ は互いに直交している必要はない.）ならば，$\mathrm{supp}(\rho) = \mathrm{span}\{|\psi_k\rangle\}$ が成り立つ.

(ii) $\mathrm{supp}(\rho + \sigma) = \mathrm{supp}(\rho) \vee \mathrm{supp}(\sigma)$

(iii) $\mathcal{E}$ のクラウス表現を $\mathcal{E} = \sum_{i \in I} E_i \circ E_i^\dagger$ とすると，

$$\mathcal{E}(X) = \mathrm{span}\{E_i |\psi\rangle : i \in I, |\psi\rangle \in X\}$$

となる.

- (iv) $\mathcal{E}(X_1 \vee X_2) = \mathcal{E}(X_1) \vee \mathcal{E}(X_2)$ が成り立つ.したがって,$X \subseteq Y$ ならば $\mathcal{E}(X) \subseteq \mathcal{E}(Y)$ となる.
- (v) $\mathcal{E}(\mathrm{supp}(\rho)) = \mathrm{supp}(\mathcal{E}(\rho))$

練習問題 5.2.6 命題 5.2.5 を証明せよ.

定義 5.2.2 および 5.2.4 をもとにして,量子マルコフ連鎖の(純粋および混合)状態の間の隣接関係を定義することができる.

定義 5.2.7 $\mathcal{C} = \langle \mathcal{H}, \mathcal{E} \rangle$ を量子マルコフ連鎖とし,$|\varphi\rangle, |\psi\rangle \in \mathcal{H}$ を $\mathcal{H}$ の純粋状態,$\rho, \sigma \in \mathcal{D}(\mathcal{H})$ を $\mathcal{H}$ の混合状態とする.このとき,

- (i) $|\varphi\rangle \in \mathrm{supp}(\mathcal{E}(|\psi\rangle\langle\psi|))$ ならば,$\mathcal{C}$ において $|\varphi\rangle$ は $|\psi\rangle$ に隣接し,$|\psi\rangle \to |\varphi\rangle$ と表記する.
- (ii) $|\varphi\rangle \in \mathcal{E}(\mathrm{supp}(\rho))$ ならば,$|\varphi\rangle$ は ρ に隣接し,$\rho \to |\varphi\rangle$ と表記する.
- (iii) $\mathrm{supp}(\sigma) \subseteq \mathcal{E}(\mathrm{supp}(\rho))$ ならば,σ は ρ に隣接し,$\rho \to \sigma$ と表記する.

直感的には,$\langle \mathcal{H}, \to \rangle$ は,「有向グラフ」と考えることができる.しかしながら,このグラフは,次の 2 点において古典的なグラフと大きく異なる.

- 通常,古典的グラフの頂点は有限集合であるが,状態ヒルベルト空間 $\mathcal{H}$ は連続体である.
- 古典的グラフの数学的構造は隣接関係だけだが,状態ヒルベルト空間 $\mathcal{H}$ には,グラフ $\langle \mathcal{H}, \to \rangle$ を探索するアルゴリズムによって保たれなければならない線形代数構造がある.

後で分かるように,量子グラフと古典的グラフのこうした違いによって,量子グラフの解析は,古典的グラフの解析よりも格段に難しい.つぎに,古典的グラフ理論と同じように隣接関係をもとにして,この節の核となる概念である量子グラフの到達可能性を定義する.

定義 5.2.8

- (i) 量子マルコフ連鎖 $\mathcal{C}$ における ρ から σ への経路は,$\mathcal{C}$ の隣接する密度作用

素の列

$$\rho_0 \to \rho_1 \to \cdots \to \rho_n \ (n \geq 0)$$

で，$\mathrm{supp}(\rho_0) \subseteq \mathrm{supp}(\rho)$ かつ $\rho_n = \sigma$ となるものである．

(ii) 任意の密度作用素 ρ および σ に対して，ρ から σ への経路があれば，$\mathcal{C}$ において ρ から σ に到達可能という．

定義 5.2.9 $\mathcal{C} = \langle \mathcal{H}, \mathcal{E} \rangle$ を量子マルコフ連鎖とする．任意の $\rho \in \mathcal{D}(\mathcal{H})$ に対して，その $\mathcal{C}$ における到達可能空間 $\mathcal{R}_\mathcal{C}(\rho)$ とは，ρ から到達可能な状態が張る $\mathcal{H}$ の部分空間である．

$$\mathcal{R}_\mathcal{C}(\rho) = \mathrm{span}\{|\psi\rangle \subset \mathcal{H} : |\psi\rangle \text{ は } \mathcal{C} \text{ において } \rho \text{ から到達可能}\} \quad (5.20)$$

式 (5.20) において，$|\psi\rangle$ は密度作用素 $|\psi\rangle\langle\psi|$ と同一視できることに注意しよう．古典的グラフ理論での到達可能性は推移的，すなわち，頂点 v は u から到達可能で，w は v から到達可能であれば，w は u からも到達可能である．予想されるように，量子マルコフ連鎖の到達可能性もまた推移的であることが次の補題によって分かる．

補題 5.2.10（到達可能性の推移性） 任意の $\rho, \sigma \in \mathcal{D}(\mathcal{H})$ に対して，$\mathrm{supp}(\rho) \subseteq \mathcal{R}_\mathcal{C}(\sigma)$ ならば $\mathcal{R}_\mathcal{C}(\rho) \subseteq \mathcal{R}_\mathcal{C}(\sigma)$ となる．

練習問題 5.2.11 補題 5.2.10 を証明せよ．

ここで，量子マルコフ連鎖における状態の到達可能空間をどのように計算するかを考えよう．それを考えるきっかけとして，頂点の集合 V と隣接関係 $E \subseteq V \times V$ からなる古典的有向グラフ $\langle V, E \rangle$ を考える．E の推移閉包 $t(E)$ を次のように定義する．

$$t(E) = \bigcup_{n=0}^{\infty} E^n = \{\langle v, v' \rangle : v' \text{ は } \langle V, E \rangle \text{ において } v \text{ から到達可能}\}$$

推移閉包は次のように計算できることがよく知られている．

$$t(E) = \bigcup_{n=0}^{|V|-1} E^n$$

ここで，$|V|$ は，頂点の数である．この事実の量子的一般化として，次の定理が得られる．

定理 5.2.12 $\mathcal{C} = \langle \mathcal{H}, \mathcal{E} \rangle$ を量子マルコフ連鎖とする．$d = \dim \mathcal{H}$ とすると，任意の $\rho \in \mathcal{D}(\mathcal{H})$ に対して，

$$\mathcal{R}_\mathcal{C}(\rho) = \bigvee_{i=0}^{d-1} \mathrm{supp}(\mathcal{E}^i(\rho)) \tag{5.21}$$

となる．ここで，$\mathcal{E}^i$ は，$\mathcal{E}$ の i 乗，すなわち，$\mathcal{E}^0 = \mathcal{I}$（$\mathcal{H}$ の恒等作用）および，$i \geq 0$ に対して

$$\mathcal{E}^{i+1} = \mathcal{E} \circ \mathcal{E}^i$$

と定義する．

証明： まず，$|\psi\rangle$ が ρ から到達可能であるのは，ある $i \geq 0$ に対して $|\psi\rangle \in \mathrm{supp}(\mathcal{E}^i(\rho))$ であるとき，そしてそのときに限ることを示す．実際，$|\psi\rangle$ が ρ から到達可能であれば，ある $\rho_1, \ldots, \rho_{i-1}$ が存在して，

$$\rho \to \rho_1 \to \cdots \to \rho_{i-1} \to |\psi\rangle$$

となる．これに，命題 5.2.5(v) を用いると，

$$|\psi\rangle \in \mathrm{supp}(\mathcal{E}(\rho_{i-1})) = \mathcal{E}(\mathrm{supp}(\rho_{i-1}))$$
$$\subseteq \mathcal{E}(\mathrm{supp}(\mathcal{E}(\rho_{i-2})))$$
$$= \mathrm{supp}\left(\mathcal{E}^2(\rho_{i-2})\right) \subseteq \cdots \subseteq \mathrm{supp}(\mathcal{E}^i(\rho))$$

が得られる．逆に，$|\psi\rangle \in \mathrm{supp}(\mathcal{E}^i(\rho))$ ならば

$$\rho \to \mathcal{E}(\rho) \to \cdots \to \mathcal{E}^{i-1}(\rho) \to |\psi\rangle$$

であり，$|\psi\rangle$ は ρ から到達可能である．それゆえ，

$$\mathcal{R}_\mathcal{C}(\rho) = \mathrm{span}\{|\psi\rangle : |\psi\rangle \text{ は } \rho \text{ から到達可能}\}$$
$$= \mathrm{span}\left[\bigcup_{i=0}^{\infty} \mathrm{supp}(\mathcal{E}^i(\rho))\right]$$
$$= \bigvee_{i=0}^{\infty} \mathrm{supp}(\mathcal{E}^i(\rho))$$

が成り立つ．ここで，それぞれの $n \geq 0$ について

$$X_n = \bigvee_{i=0}^{n} \mathrm{supp}(\mathcal{E}^i(\rho))$$

とすると，$\mathcal{H}$ の部分空間の増大列

$$X_0 \subseteq X_1 \subseteq \cdots \subseteq X_n \subseteq X_{n+1} \subseteq \cdots$$

が得られる．すべての $n \geq 0$ について，$d_n = \dim X_n$ とすると，

$$d_0 \leq d_1 \leq \cdots \leq d_n \leq d_{n+1} \leq \cdots$$

が成り立つ．すべての n について $d_n < d$ であることに注意すると，ある n について $d_n = d_{n+1}$ でなければならない．$d_n = d_{n+1}$ となる整数 n の最小のものを N とすると，

$$0 < \dim \mathrm{supp}(\rho) = d_0 < d_1 < \cdots < d_{N-1} < d_N \leq d$$

であり，$N \leq d-1$ になる．一方，X_N と X_{N+1} はともに $\mathcal{H}$ の部分空間であり，$X_N \subseteq X_{N+1}$ かつ $\dim X_N = \dim X_{N+1}$ である．したがって $X_N = X_{N+1}$ となる．k に関する帰納法によって，すべての $k \geq 1$ に対して

$$\mathrm{supp}(\mathcal{E}^{N+k}(\rho)) \subseteq X_N$$

を証明することができる．したがって，$\mathcal{R}_\mathcal{C}(\rho) = X_N$ になる． □

5.2.2 底強連結成分

ここまでで，量子マルコフ連鎖に内在するグラフを詳細に定義した．ここからは，そのグラフの数学的構造を調べよう．古典的グラフ理論では，底強連結成分（BSCC）は，到達可能性問題の研究に重要な道具立てである．BSCC は，マルコフ連鎖でモデル化された確率的プログラムの解析に幅広く使われてきた．ここでは，BSCC の考えを量子的な場合に拡張する．BSCC の量子版は，次節で示す量子マルコフ連鎖の到達可能性の解析アルゴリズムの基礎をなす．

まず，補助的な概念を導入する．X を $\mathcal{H}$ の部分空間とし，$\mathcal{E}$ を $\mathcal{H}$ の量子操作とする．このとき，$\mathcal{E}$ の X への制限を，X の量子操作 $\mathcal{E}_X$ で，任意の $\rho \in \mathcal{D}(X)$ に対して

$$\mathcal{E}_X(\rho) = P_X \mathcal{E}(\rho) P_X$$

と定義する．ここで，P_X は X への射影である．これを用いて，量子マルコフ連鎖の強連結性を定義することができる．

定義 5.2.13 $\mathcal{C} = \langle \mathcal{H}, \mathcal{E} \rangle$ を量子マルコフ連鎖とする．$\mathcal{H}$ の部分空間 X は，任意の $|\varphi\rangle, |\psi\rangle \in X$ に対して

$$|\varphi\rangle \in \mathcal{R}_{\mathcal{C}_X}(\psi) \text{ かつ } |\psi\rangle \in \mathcal{R}_{\mathcal{C}_X}(\varphi) \tag{5.22}$$

となるとき，$\mathcal{C}$ において強連結という．ここで，$\varphi = |\varphi\rangle\langle\varphi|$ および $\psi = |\psi\rangle\langle\psi|$ は，それぞれ純粋状態 $|\varphi\rangle$ および $|\psi\rangle$ に対応する密度作用素とし，量子マルコフ連鎖 $\mathcal{C}_X = \langle X, \mathcal{E}_X \rangle$ は，$\mathcal{C}$ の X への制限で，$\mathcal{R}_{\mathcal{C}_X}(\cdot)$ は $\mathcal{C}_X$ の到達可能空間である．

直感的には，条件 (5.22) は，X の任意の二つの状態 $|\varphi\rangle$ と $|\psi\rangle$ に対して，$|\varphi\rangle$ は $|\psi\rangle$ から到達可能で，$|\psi\rangle$ は $|\varphi\rangle$ から到達可能であることを意味する．

$\mathcal{H}$ のすべての $\mathcal{C}$ の強連結部分空間の集合を $SC(\mathcal{C})$ と表記する．あきらかに，$SC(\mathcal{C})$ と集合の包含関係 $\sqsubseteq$，すなわち，$(SC(\mathcal{C}), \sqsubseteq)$ は半順序（定義 3.3.6）になる．この半順序をさらに調べるために，束論にあるいくつかの概念を思い出そう．$(L, \sqsubseteq)$ を半順序とする．任意の二つの元 $x, y \in L$ が比較可能，すなわち，$x \sqsubseteq y$ かまたは $y \sqsubseteq x$ であれば，L は $\sqsubseteq$ による線形順序集合という．半順序 $(L, \sqsubseteq)$ は，L の $\sqsubseteq$ による任意の線形順序部分集合 K に最小上界（上限）$\bigsqcup K$ が存在するならば，帰納的という．

補題 5.2.14 半順序 $(SC(\mathcal{C}), \sqsubseteq)$ は帰納的である．

練習問題 5.2.15 補題 5.2.14 を証明せよ．

ここで，半順序 $(SC(\mathcal{C}), \sqsubseteq)$ の特別な要素について考える．半順序 $(L, \sqsubseteq)$ の元 x は，任意の $y \in L$ に対して，$x \sqsubseteq y$ ならば $x = y$ となるとき，極大元というこ

とを思い出そう．集合論におけるツォルンの補題によって，すべての帰納的半順序には（少なくとも一つの）極大元がある．

定義 5.2.16 $(SC(\mathcal{C}), \subseteq)$ の極大元を，$\mathcal{C}$ の強連結成分（SCC）という．

量子マルコフ連鎖において BSCC（底強連結成分）を定義するためには，もう一つ補助的な概念として，不変部分空間が必要になる．

定義 5.2.17 $\mathcal{H}$ の部分空間 X は，$\mathcal{E}(X) \subseteq X$ ならば，量子操作 $\mathcal{E}$ のもとで不変という．

包含関係 $\mathcal{E}(X) \subseteq X$ の直感的意味は，量子操作 $\mathcal{E}$ は X の状態を X の外部の状態に移すことはないということである．量子操作 $\mathcal{E}$ のクラウス表現を $\mathcal{E} = \sum_i E_i \circ E_i^\dagger$ とする．このとき，命題 5.2.5 によって，X が $\mathcal{E}$ のもとで不変となるのは，すべての i についてクラウス作用素 E_i のもとで不変，すなわち，$E_i X \subseteq X$ であるとき，そしてそのときに限る．

次の定理は，不変部分空間に入る確率は量子操作によって減ることはないという不変部分空間の便利な性質を示している．

定理 5.2.18 $\mathcal{C} = \langle \mathcal{H}, \mathcal{E} \rangle$ を量子マルコフ連鎖とする．$\mathcal{H}$ の部分空間 X が $\mathcal{E}$ のもとで不変であれば，任意の $\rho \in \mathcal{D}(\mathcal{H})$ に対して

$$\mathrm{tr}(P_X \mathcal{E}(\rho)) \geq \mathrm{tr}(P_X \rho)$$

が成り立つ．

証明： それぞれの $|\psi\rangle \in \mathcal{H}$ に対して

$$\mathrm{tr}(P_X \mathcal{E}(|\psi\rangle\langle\psi|)) \geq \mathrm{tr}(P_X |\psi\rangle\langle\psi|)$$

が成り立つことを示せば十分である．$\mathcal{E} = \sum_i E_i \circ E_i^\dagger$ とし，$|\psi_1\rangle \in X$ および $|\psi_2\rangle \in X^\perp$ に対して $|\psi\rangle = |\psi_1\rangle + |\psi_2\rangle$ とする．X は $\mathcal{E}$ のもとで不変なので，$E_i |\psi_1\rangle \in X$ および $P_X E_i |\psi_1\rangle = E_i |\psi_1\rangle$ となる．このとき，

$$a \triangleq \sum_i \mathrm{tr}\left(P_X E_i |\psi_2\rangle\langle\psi_1| E_i^\dagger\right) = \sum_i \mathrm{tr}\left(E_i |\psi_2\rangle\langle\psi_1| E_i^\dagger P_X\right)$$
$$= \sum_i \mathrm{tr}\left(E_i |\psi_2\rangle\langle\psi_1| E_i^\dagger\right) = \sum_i \langle\psi_1| E_i^\dagger E_i |\psi_2\rangle = \langle\psi_1|\psi_2\rangle = 0$$

となり，同様に
$$b \triangleq \sum_i \mathrm{tr}\left(P_X E_i \ket{\psi_1}\bra{\psi_2} E_i^\dagger\right) = 0$$
が成り立つ．さらに
$$c \triangleq \sum_i \mathrm{tr}\left(P_X E_i \ket{\psi_2}\bra{\psi_2} E_i^\dagger\right) \geq 0$$
も成り立つことから，
$$\begin{aligned}\mathrm{tr}(P_X E(\ket{\psi}\bra{\psi})) &= \sum_i \mathrm{tr}\left(P_X E_i \ket{\psi_1}\bra{\psi_1} E_i^\dagger\right) + a + b + c \\ &\geq \sum_i \mathrm{tr}\left(P_X E_i \ket{\psi_1}\bra{\psi_1} E_i^\dagger\right) = \sum_i \bra{\psi_1} E_i^\dagger E_i \ket{\psi_1} \\ &= \braket{\psi_1|\psi_1} = \mathrm{tr}(P_X \ket{\psi}\bra{\psi})\end{aligned}$$
となる． □

これで，ここでの鍵となる概念である，底強連結成分を導入する準備ができた．

定義 5.2.19 $\mathcal{C} = \langle \mathcal{H}, \mathcal{E} \rangle$ を量子マルコフ連鎖とする．$\mathcal{H}$ の部分空間 X は，$\mathcal{C}$ の SCC であり，$\mathcal{E}$ のもとで不変であるならば，底強連結成分（BSCC）という．

例 5.2.20 状態ヒルベルト空間 $\mathcal{H} = \mathrm{span}\{\ket{0}, \ldots, \ket{4}\}$ と量子操作 $\mathcal{E} = \sum_{i=1}^{5} E_i \circ E_i^\dagger$ による量子マルコフ連鎖 $\mathcal{C} = \langle \mathcal{H}, \mathcal{E} \rangle$ を考える．ここで，クラウス作用素は
$$\begin{aligned}E_1 &= \frac{1}{\sqrt{2}}(\ket{1}\bra{\theta_{01}^+} + \ket{3}\bra{\theta_{23}^+}), & E_2 &= \frac{1}{\sqrt{2}}(\ket{1}\bra{\theta_{01}^-} + \ket{3}\bra{\theta_{23}^-}) \\ E_3 &= \frac{1}{\sqrt{2}}(\ket{0}\bra{\theta_{01}^+} + \ket{2}\bra{\theta_{23}^+}), & E_4 &= \frac{1}{\sqrt{2}}(\ket{0}\bra{\theta_{01}^-} + \ket{2}\bra{\theta_{23}^-}) \\ E_5 &= \frac{1}{10}(\ket{0}\bra{4} + \ket{1}\bra{4} + \ket{2}\bra{4} + 4\ket{3}\bra{4} + 9\ket{4}\bra{4})\end{aligned}$$
および
$$\ket{\theta_{ij}^\pm} = \frac{1}{\sqrt{2}}(\ket{i} \pm \ket{j}) \tag{5.23}$$
で与えられる．このとき，$B = \mathrm{span}\{\ket{0}, \ket{1}\}$ は，量子マルコフ連鎖 $\mathcal{C}$ の BSCC であることを簡単に確認することができる．実際，任意の $\ket{\psi} = \alpha\ket{0} + \beta\ket{1} \in B$ に対して，
$$\mathcal{E}(\ket{\psi}\bra{\psi}) = \frac{1}{2}(\ket{0}\bra{0} + \ket{1}\bra{1})$$

となる.

BSCC の特徴づけ:

BSCC をよりよく理解できるように,BSCC の 2 通りの特徴づけを示す.一つ目の特徴づけは簡単で,到達可能部分空間を用いて述べることができる.

補題 5.2.21 部分空間 X が量子マルコフ連鎖 $\mathcal{C}$ の BSCC となるのは,任意の $|\varphi\rangle \in X$ に対して $\mathcal{R}_\mathcal{C}(|\varphi\rangle\langle\varphi|) = X$ となるとき,そしてそのときに限る.

証明: 十分条件であることは自明なので,必要条件であることだけを証明する.X は BSCC だとする.X の強連結性によって,すべての $|\varphi\rangle \in X$ に対して $\mathcal{R}_\mathcal{C}(|\varphi\rangle\langle\varphi|) \supseteq X$ となる.一方,X の任意のベクトル $|\varphi\rangle$ に対して,X の不変性,すなわち,$\mathcal{E}(X) \subseteq X$ を用いると,$|\psi\rangle$ が $|\varphi\rangle$ から到達可能であれば $|\psi\rangle \in X$ であることが簡単に示せる.したがって,$\mathcal{R}_\mathcal{C}(|\varphi\rangle\langle\varphi|) \subseteq X$ が成り立つ. □

BSCC の二つ目の特徴づけは,これよりもやや複雑である.それを説明するためには,量子操作の不動点の概念が必要になる.

定義 5.2.22

(i) $\mathcal{H}$ の密度作用素 ρ は,$\mathcal{E}(\rho) = \rho$ であるとき,量子操作 $\mathcal{E}$ の不動点状態という.

(ii) 量子操作 $\mathcal{E}$ の不動点状態 ρ は,$\mathcal{E}$ の任意の不動点状態 σ に対して,$\mathrm{supp}(\sigma) \subseteq \mathrm{supp}(\rho)$ ならば $\sigma = \rho$ が成り立つとき,極小という.

次の補題は,量子操作 $\mathcal{E}$ のもとでの不変部分空間と $\mathcal{E}$ の不動点状態の密接な関係を示している.この補題は,その後の定理 5.2.25 の証明において,鍵となる.

補題 5.2.23 ρ が $\mathcal{E}$ の不動点状態ならば,$\mathrm{supp}(\rho)$ は $\mathcal{E}$ のもとで不変になる.逆に,X が $\mathcal{E}$ のもとで不変ならば,$\mathcal{E}$ のある不動点状態 ρ_X が存在して,$\mathrm{supp}(\rho_X) \subseteq X$ となる.

練習問題 5.2.24 補題 5.2.23 を証明せよ.

これで二つ目の特徴づけを述べることができる．その特徴づけは，BSCC と極小不動点状態を結びつけるものである．

定理 5.2.25 部分空間 X が量子マルコフ連鎖 $\mathcal{C} = \langle \mathcal{H}, \mathcal{E} \rangle$ の BSCC となるのは，$\mathcal{E}$ の極小不動点状態 ρ で，$\mathrm{supp}(\rho) = X$ となるものが存在するとき，そしてそのときに限る．

証明： まず，十分条件であることを示す．ρ を極小不動点状態で，$\mathrm{supp}(\rho) = X$ であるとする．このとき，補題 5.2.23 によって，X は $\mathcal{E}$ のもとで不変となる．X が BSCC であることを示すには，補題 5.2.21 によって，任意の $|\varphi\rangle \in X$ に対して $\mathcal{R}_\mathcal{C}(|\varphi\rangle\langle\varphi|) = X$ となることを証明すれば十分である．逆に，$\mathcal{R}_\mathcal{C}(|\psi\rangle\langle\psi|) \subsetneq X$ となる $|\psi\rangle \in X$ が存在したとする．このとき，補題 5.2.10 によって，$\mathcal{R}_\mathcal{C}(|\psi\rangle\langle\psi|)$ は $\mathcal{E}$ のもとで不変であることが分かる．すると，補題 5.2.23 によって，不動点状態 ρ_ψ で

$$\mathrm{supp}(\rho_\psi) \subseteq \mathcal{R}_\mathcal{C}(|\psi\rangle\langle\psi|) \subsetneq X$$

となるものが見つかる．これは，ρ が極小であるという仮定に反する．

必要条件であることを示すために，X は BSCC であるとする．すると，X は $\mathcal{E}$ のもとで不変であり，補題 5.2.23 によって，$\mathcal{E}$ の極小不動点状態 ρ_X で $\mathrm{supp}(\rho_X) \subseteq X$ となるものが見つかる．$|\varphi\rangle \in \mathrm{supp}(\rho_X)$ を一つもってくると，補題 5.2.26 によって，$\mathcal{R}_\mathcal{C}(|\varphi\rangle\langle\varphi|) = X$ となる．しかし，再び補題 5.2.23 を使うと，$\mathrm{supp}(\rho_X)$ は $\mathcal{E}$ のもとで不変であることが分かり，したがって，$\mathcal{R}_\mathcal{C}(|\varphi\rangle\langle\varphi|) \subseteq \mathrm{supp}(\rho_X)$ となる．それゆえ，$\mathrm{supp}(\rho_X) = X$ が成り立つ． □

すでに述べたように，BSCC は量子マルコフ連鎖の解析において鍵となる役割を演じる．これには，補題 5.2.21 や定理 5.2.25 で述べた BSCC の構造だけでなく，それら相互の関係性を理解した上で，BSCC を使う必要がある．次の補題は，相異なる二つの BSCC の関係を明らかにする．

補題 5.2.26

(i) 量子マルコフ連鎖 $\mathcal{C}$ の相異なる任意の二つの BSCC X と Y に対して，$X \cap Y = \{0\}$（0 次元ヒルベルト空間）となる．

(ii) X と Y が $\mathcal{C}$ の二つの BSCC で，$\dim X \neq \dim Y$ であれば，X と Y は直

交,すなわち,$X \perp Y$ となる.

証明:

(i) 逆に,ゼロでないベクトル $|\varphi\rangle \in X \cap Y$ が存在したとする.このとき,補題 5.2.21 によって,$X = \mathcal{R}_{\mathcal{C}}(|\varphi\rangle\langle\varphi|) = Y$ となるが,これは $X \neq Y$ という仮定と矛盾する.それゆえ,$X \cap Y = \{0\}$ である.

(ii) この証明は,次節の定理 5.2.33 を必要とするため,5.4 節にまわす. □

5.2.3 状態ヒルベルト空間の分解

ここまでで,量子マルコフ連鎖のグラフ構造を定義し,BSCC の概念を量子的な場合にまで一般化した.ここからは,状態ヒルベルト空間の分解を通してこのような量子マルコフ連鎖のグラフ構造をさらに調べる.

古典的マルコフ連鎖の状態は,マルコフ過程が決してその状態に戻らない確率がゼロでないとき非再帰的といい,戻る確率が 1 であるならば再帰的ということを思い出そう.有限状態マルコフ連鎖では,状態が再帰的となるのは,その状態がある BSCC に属するとき,そしてそのときに限り,したがって,マルコフ連鎖の状態空間は,いくつかの BSCC と非再帰的部分空間の直和に分解できる.このことはよく知られている.ここでの目標は,この結果の量子的一般化を証明することである.このような状態ヒルベルト空間の分解は,次節で提示する量子マルコフ連鎖の到達可能性解析のためのアルゴリズムの基礎となる.

非再帰的部分空間:

まず,量子マルコフ連鎖の非再帰的部分空間の概念を定義する.古典的な有限状態マルコフ連鎖の非再帰的状態は,次のような特徴づけと同値になる.状態が非再帰的であるのは,系がそこにとどまる確率がいつかは 0 になるとき,そしてそのときに限る.この考察から,次の定義が導き出される.

定義 5.2.27 部分空間 $X \subseteq \mathcal{H}$ は,量子マルコフ連鎖 $\mathcal{C} = \langle \mathcal{H}, \mathcal{E} \rangle$ において,任意の $\rho \in \mathcal{D}(\mathcal{H})$ に対して

$$\lim_{k \to \infty} \mathrm{tr}\left(P_X \mathcal{E}^k(\rho)\right) = 0 \tag{5.24}$$

となるとき，非再帰的という．ここで，P_X は X への射影である．

直感的には，$\mathrm{tr}\, X(P_X \mathcal{E}^k(\rho))$ は，系の状態が量子操作 $\mathcal{E}$ を k 回実行したのちに部分空間 X に入る確率である．したがって，式 (5.24) は，系が部分空間 X にとどまる確率がいつかは 0 になることを意味している．

この定義から，Y が非再起的ならば，その部分空間 $X \subseteq Y$ もまた非再帰的であることは明らかである．したがって，最大の非再帰的部分空間の構造を理解すれば十分である．幸いなことに，最大の非再帰的部分空間をうまく特徴づけることができる．その特徴づけには，次の定義が必要になる．

定義 5.2.28 $\mathcal{E}$ を $\mathcal{H}$ の量子操作とする．このとき，$\mathcal{E}$ の漸近的平均を

$$\mathcal{E}_\infty = \lim_{N \to \infty} \frac{1}{N} \sum_{n=1}^{N} \mathcal{E}^n \tag{5.25}$$

と定義する．

補題 3.3.14 から，$\mathcal{E}_\infty$ もまた量子操作になることが分かる．次の補題は，量子操作の不動点状態と漸近的平均の関係を表している．この関係は，後の定理 5.2.31 の証明で用いられる．

補題 5.2.29

(i) 任意の密度作用素 ρ に対して，$\mathcal{E}_\infty(\rho)$ は $\mathcal{E}$ の不動点状態になる．

(ii) 任意の不動点状態 σ に対して，$\mathrm{supp}(\sigma) \subseteq \mathcal{E}_\infty(\mathcal{H})$ が成り立つ．

練習問題 5.2.30 補題 5.2.29 を証明せよ．

これで，漸近的平均を用いて最大非再帰的部分空間を特徴づけることができる．

定理 5.2.31 $\mathcal{C} = \langle \mathcal{H}, \mathcal{E} \rangle$ を量子マルコフ連鎖とする．このとき，$\mathcal{E}$ の漸近的平均による $\mathcal{H}$ の像の直交補空間

$$T_\mathcal{E} = \mathcal{E}_\infty(\mathcal{H})^\perp$$

5.2 量子グラフ理論

は, $\mathcal{C}$ の最大非再帰的部分空間になる. ここで, $\perp$ は直交補空間（定義 2.1.7(ii)）を表す.

証明： P を部分空間 $T_{\mathcal{E}}$ への射影とする. すべての $k \geq 0$ について, 任意の $\rho \in \mathcal{D}(\mathcal{H})$ に対して $p_k = \mathrm{tr}(P\mathcal{E}^k(\rho))$ とする. $\mathcal{E}_\infty(\mathcal{H})$ は $\mathcal{E}$ のもとで不変であるから, 定理 5.2.18 によって, 数列 $\{p_k\}$ は単調減少であることが分かる. したがって, 極限 $p_\infty = \lim_{k \to \infty} p_k$ が存在する. さらに,

$$\mathrm{supp}(\mathcal{E}_\infty(\rho)) \subseteq \mathcal{E}_\infty(\mathcal{H})$$

に注意すると,

$$0 = \mathrm{tr}(P\mathcal{E}_\infty(\rho)) = \mathrm{tr}\left(P \lim_{N \to \infty} \frac{1}{N} \sum_{n=1}^{N} \mathcal{E}^n(\rho)\right)$$

$$= \lim_{N \to \infty} \frac{1}{N} \sum_{n=1}^{N} \mathrm{tr}\left(P\mathcal{E}^n(\rho)\right)$$

$$= \lim_{N \to \infty} \frac{1}{N} \sum_{n=1}^{N} p_n$$

$$\geq \lim_{N \to \infty} \frac{1}{N} \sum_{n=1}^{N} p_\infty = p_\infty$$

が得られる. こうして, $p_\infty = 0$ となり, ρ に関わらず $T_{\mathcal{E}}$ は非再帰的になる.

$T_{\mathcal{E}}$ が $\mathcal{C}$ の最大非再帰的部分空間であることを示すには, まず,

$$\mathrm{supp}(\mathcal{E}_\infty(I)) = \mathcal{E}_\infty(\mathcal{H})$$

に注意する. $\sigma = \mathcal{E}_\infty(I/d)$ とすると, 補題 5.2.29 によって, σ は不動点状態であり, $\mathrm{supp}(\sigma) = T_{\mathcal{E}}^\perp$ となる. Y を非再帰的部分空間とすると,

$$\mathrm{tr}(P_Y \sigma) = \lim_{i \to \infty} \mathrm{tr}\left(P_Y \mathcal{E}^i(\sigma)\right) = 0$$

となる. これは, $Y \perp \mathrm{supp}(\sigma) = T_{\mathcal{E}}^\perp$ を意味する. したがって, $Y \subseteq T_{\mathcal{E}}$ となる. □

BSCC 分解：

非再帰的部分空間の概念を用いて, 量子マルコフ連鎖 $\mathcal{C} = \langle \mathcal{H}, \mathcal{E} \rangle$ の状態ヒルベルト空間をどのように分解するかを考えよう. まず, この状態ヒルベルト空間

は次のように簡単に二分できる．

$$\mathcal{H} = \mathcal{E}_\infty(\mathcal{H}) \oplus \mathcal{E}_\infty(\mathcal{H})^\perp$$

ここで，$\oplus$ は（直交）和（定義 2.1.8）を表し，$\mathcal{E}_\infty(\mathcal{H})$ は漸近的平均による状態ヒルベルト空間全体の像である．定理 5.2.31 から，$\mathcal{E}_\infty(\mathcal{H})^\perp$ が最大非再帰的部分空間であることはすでに分かっている．したがって，次は，$\mathcal{E}_\infty(\mathcal{H})$ の構造を調べる必要がある．

ここでの $\mathcal{E}_\infty(\mathcal{H})$ を分解する手続きは，不動点状態から別の不動点状態をどのように引き算できるかを示す，鍵となる次の補題にもとづいている．

補題 5.2.32 ρ および σ を $\mathcal{E}$ の不動点状態とし，$\mathrm{supp}(\sigma) \subsetneq \mathrm{supp}(\rho)$ であるとする．このとき，別の不動点状態 η が存在して

(i)　$\mathrm{supp}(\eta) \perp \mathrm{supp}(\sigma)$

(ii)　$\mathrm{supp}(\rho) = \mathrm{supp}(\eta) \oplus \mathrm{supp}(\sigma)$

となる．

直感的には，この補題の状態 η は ρ から σ を引いたものと考えることができる．この補題の証明は，見通しをよくするために 5.4 節にまわす．この補題を繰り返し適用することで，$\mathcal{E}_\infty(\mathcal{H})$ の BSCC 分解が簡単に得られる．

定理 5.2.33 $\mathcal{C} = \langle \mathcal{H}, \mathcal{E} \rangle$ を量子マルコフ連鎖とする．このとき，$\mathcal{E}_\infty(\mathcal{H})$ は，$\mathcal{C}$ の直交する BSCC の直和に分解できる．

証明：　$d = \dim \mathcal{H}$ とすると，$\mathcal{E}_\infty\left(\frac{I}{d}\right)$ は $\mathcal{E}$ の不動点状態であり

$$\mathrm{supp}\left(\mathcal{E}_\infty\left(\frac{I}{d}\right)\right) = \mathcal{E}_\infty(\mathcal{H})$$

となることに注意すれば，次のことを証明すれば十分である．

- 主張：ρ を $\mathcal{E}$ の不動点状態とする．このとき，$\mathrm{supp}(\rho)$ はいくつかの直交する BSCC の直和に分解することができる．

実際，ρ が極小であれば，定理 5.2.25 によって，$\mathrm{supp}(\rho)$ 自体が BSCC になって証明は終わる．ρ が極小でなければ，補題 5.2.32 を適用して，二つの直交するよ

り小さな台をもつ $\mathcal{E}$ の不動点状態が得られる．この手続きを繰り返すと，互いに直交する台をもつ極小不動点状態 $\rho_1, \ldots, \rho_k$ で，

$$\mathrm{supp}(\rho) = \bigoplus_{i=1}^{k} \mathrm{supp}(\rho_i)$$

となるものが得られる．最後に，補題 5.2.23 と定理 5.2.25 によって，それぞれの $\mathrm{supp}(\rho_i)$ は BSCC であることが分かる． □

これで，最初に約束した状態ヒルベルト空間の分解が達成できた．定理 5.2.31 と 5.2.33 を組み合わせると，量子マルコフ連鎖 $\mathcal{C} = \langle \mathcal{H}, \mathcal{E} \rangle$ の状態ヒルベルト空間は，非再帰的部分空間と BSCC の族の直和に分解できることが分かる．

$$\mathcal{H} = B_1 \oplus \cdots \oplus B_u \oplus T_{\mathcal{E}} \tag{5.26}$$

ここで，B_i は $\mathcal{C}$ の直交する BSCC，$T_{\mathcal{E}}$ は最大非再帰的部分空間である．

定理 5.2.33 によって，量子マルコフ連鎖の BSCC 分解の存在が示される．すると，すぐに，そのような分解は一意的かという問題を思いつく．古典的マルコフ連鎖の BSCC 分解は一意であることはよく知られている．しかしながら，次の例が示すように，量子マルコフ連鎖の場合にはそうはならない．

例 5.2.34 量子マルコフ連鎖 $\mathcal{C} = \langle \mathcal{H}, \mathcal{E} \rangle$ は例 5.2.20 で与えたものとする．このとき，$|\theta_{ij}^{\pm}\rangle$ を式 (5.23) で定義されたものとすると，

$$\begin{aligned} B_1 &= \mathrm{span}\{|0\rangle, |1\rangle\}, & B_2 &= \mathrm{span}\{|2\rangle, |3\rangle\} \\ D_1 &= \mathrm{span}\{|\theta_{02}^{+}\rangle, |\theta_{13}^{+}\rangle\}, & D_2 &= \mathrm{span}\{|\theta_{02}^{-}\rangle, |\theta_{13}^{-}\rangle\} \end{aligned}$$

はすべて BSCC である．$T_{\mathcal{E}} = \mathrm{span}\{|4\rangle\}$ が最大非再帰的部分空間であることはすぐに分かる．この状態ヒルベルト空間は，次のように 2 通りに分解することができる．

$$\mathcal{H} = B_1 \oplus B_2 \oplus T_{\mathcal{E}} = D_1 \oplus D_2 \oplus T_{\mathcal{E}}$$

量子マルコフ連鎖の BSCC 分解は一意的ではないが，幸いにも，二つの分解は同数の BSCC をもち，その中の対応する BSCC は同じ次元でなければならないという意味で弱い一意性が成り立つ．

定理 5.2.35 $\mathcal{C} = \langle \mathcal{H}, \mathcal{E} \rangle$ を量子マルコフ連鎖とし,
$$\mathcal{H} = B_1 \oplus \cdots \oplus B_u \oplus T_{\mathcal{E}} = D_1 \oplus \cdots \oplus D_v \oplus T_{\mathcal{E}}$$
を式 (5.26) の形の二つの分解とする. そして, B_i と D_i をそれぞれ, 次元の昇順に並べ替えたとすると,

(i) $u = v$
(ii) それぞれの $1 \leq i \leq u$ について $\dim B_i = \dim D_i$

が成り立つ.

証明: 簡単にするために, $b_i = \dim B_i$ および $d_i = \dim D_i$ とする. i に関する帰納法によって, 任意の $1 \leq i \leq \min\{u, v\}$ について $b_i = d_i$ であることを証明し, その結果として $u = v$ を示す. まず, $b_1 = d_1$ となることを示す. そうでなければ, たとえば, $b_1 < d_1$ だとしよう. このとき, すべての j について, $b_1 < d_j$ となる. すると, 補題 5.2.26(ii) によって,
$$B_1 \perp \bigoplus_{j=1}^{v} D_j$$
となる. しかし, $B_1 \perp T_{\mathcal{E}}$ でもある. これは,
$$\left(\bigoplus_{j=1}^{v} D_j \right) \oplus T_{\mathcal{E}} = \mathcal{H}$$
が成り立つことと矛盾する. つぎに, すべての $i < n$ について $b_i = d_i$ であることが分かっているとしよう. このとき, $b_n = d_n$ となることを示す. そうでなければ, たとえば, $b_n < d_n$ だとしよう. すると, 補題 5.2.26(ii) によって
$$\bigoplus_{i=1}^{n} B_i \perp \bigoplus_{i=n}^{v} D_i$$
および, その結果として,
$$\bigoplus_{i=1}^{n} B_i \subseteq \bigoplus_{i=1}^{n-1} D_i$$
が得られる. 一方,
$$\dim \left(\bigoplus_{i=1}^{n} B_i \right) = \sum_{i=1}^{n} b_i > \sum_{i=1}^{n-1} d_i = \dim \left(\bigoplus_{i=1}^{n-1} D_i \right)$$
であることから矛盾が生じる. □

分解アルゴリズム：

ここまでで，量子マルコフ連鎖に対する BSCC 分解の存在と弱一意性を証明した．これらの理論的準備によって，量子マルコフ連鎖の BSCC と非再帰的部分空間への分解を見つけるアルゴリズムを提示することができる．それは，アルゴリズム 2 と，手続き Decompose(X) である．

この節の締めくくりとして，BSCC 分解アルゴリズムの正当性と計算量について検討しておく．次の補題は，アルゴリズム 2 の計算量を見積もる際の鍵となる．

アルゴリズム 2: DECOMPOSE($\mathcal{C}$)

input ：量子マルコフ連鎖 $\mathcal{C} = \langle \mathcal{H}, \mathcal{E} \rangle$
output ：直交する BSCC の集合 $\{B_i\}$ と非再帰的部分空間 $T_\mathcal{E}$ で
 $\mathcal{H} = (\bigoplus_i B_i) \oplus T_\mathcal{E}$ となるもの
begin
 $\mathcal{B} \leftarrow \text{Decompose}(\mathcal{E}_\infty(\mathcal{H}))$;
 return $\mathcal{B}, \mathcal{E}_\infty(\mathcal{H})^\perp$;
end

手続き Decompose(X)

input ：$\mathcal{E}$ の不動点状態の台となる部分空間 X
output ：直交する BSCC の集合 $\{B_i\}$ で $X = \bigoplus B_i$ となるもの
begin
 $\mathcal{E}' \leftarrow P_X \circ \mathcal{E}$;
 $\mathcal{B} \leftarrow$ 集合 $\{\mathcal{H}$ の作用素 $A : \mathcal{E}'(A) = A\}$ の密度作用素基底;
 if $|\mathcal{B}| = 1$ **then**
  $\rho \leftarrow \mathcal{B}$ の唯一の要素;
  return $\{\text{supp}(\rho)\}$;
 else
  $\rho_1, \rho_2 \leftarrow \mathcal{B}$ の任意の二つの要素;
  $\rho \leftarrow$ positive part of $\rho_1 - \rho_2$;
  $Y \leftarrow \text{supp}(\rho)^\perp$; (* X における $\text{supp}(\rho)$ の直交補空間 *)
  return $\text{Decompose}(\text{supp}(\rho)) \cup \text{Decompose}(Y)$;
 end
end

補題 5.2.36 $\langle \mathcal{H}, \mathcal{E} \rangle$ を量子マルコフ連鎖とし，$d = \dim \mathcal{H}$ および $\rho \in \mathcal{D}(\mathcal{H})$ とする．このとき，

(i) 漸近的平均状態 $\mathcal{E}_\infty(\rho)$ は，$O(d^8)$ 時間で計算することができる．

(ii) $\mathcal{E}$ の不動点の集合の密度作用素基底

$$\{\mathcal{H} \text{の作用素 } A : \mathcal{E}(A) = A\}$$

は，$O(d^6)$ 時間で計算することができる．

この補題の証明は，見通しをよくするために 5.4 節にまわす．アルゴリズム 2 の正当性と計算量は次のように示される．

定理 5.2.37 与えられた量子マルコフ連鎖 $\langle \mathcal{H}, \mathcal{E} \rangle$ に対して，アルゴリズム 2 は，ヒルベルト空間 $\mathcal{H}$ を $O(d^8)$ 時間で $\mathcal{C}$ の直交する BSCC の族と非再帰的部分空間の直和に分解する．ここで，$d = \dim \mathcal{H}$ とする．

証明： アルゴリズム 2 の正当性は簡単に証明できる．実際，定理 5.2.31 から直ちに導くことができる．

計算時間については，手続き Decompose(X) の非再帰的部分は $O(d^6)$ 時間で実行されることに注意する．したがって，Decompose(X) はそれ自体を高々 $O(d)$ 回呼び出すので，総計算量は $O(d^7)$ 時間である．アルゴリズム 2 は，まず，補題 5.2.36(i) に示したように $\mathcal{E}_\infty(\mathcal{H})$ を計算する．これには $O(d^8)$ 時間を要する．そして，その結果を手続き Decompose(X) に渡す．したがって，アルゴリズム 2 の総計算量は $O(d^8)$ である． □

研究課題 5.2.38 この節で展開した量子グラフ理論は，次節の量子マルコフ連鎖の到達可能性解析に必要な数学的道具立てにすぎない．（有向）グラフ理論 [33] のさらなる結果を量子的な場合に一般化し，古典的グラフと量子グラフの本質的な違いを理解することで，量子グラフのより豊かな理論を構築することが期待される．

研究課題 5.2.39 非可換グラフの概念は，量子的なシャノン情報理論の通信路の容量を特徴づけるために [76] で導入された．非可換グラフとこの節で定義した量子グラフの間の結びつきを見出すことは興味深い問題である．

5.3 量子マルコフ連鎖の到達可能性解析

前節では，量子マルコフ連鎖のグラフ構造を詳しく調べた．これで，量子マルコフ連鎖の到達可能性解析に必要な数学的道具立てが準備できた．この節では，前節で展開した量子グラフ理論を用いて，量子マルコフ連鎖の到達可能性とその二つの変形である反復到達可能性と永続性を調べる．

のちほど練習問題 5.3.2 で分かるように，量子的 while ループは，量子マルコフ連鎖の到達可能性問題に帰着させることができる．実際，古典的および確率的プログラム理論と同じように，量子プログラムの多くの振る舞いは，その意味論を量子マルコフ連鎖としてモデル化すると，この節で論じる到達可能性や永続性を用いて記述することができる．さらに，この節は，非決定性量子プログラムや並列量子プログラムだけでなく，3.4 節で定義した再帰的量子プログラムのような複雑な量子プログラムの解析に関するさらなる研究の基礎を与える．なぜなら，再帰的量子マルコフ連鎖や量子マルコフ決定過程などの量子マルコフ連鎖のさまざまな拡張は，こうした意味モデルで扱うことができるからである．

5.3.1 到達可能性確率

まず，量子マルコフ連鎖の到達可能性確率を考える．量子マルコフ連鎖の到達可能性確率を，次のように形式的に定義する．

定義 5.3.1 $\langle \mathcal{H}, \mathcal{E} \rangle$ を量子マルコフ連鎖，$\rho \in \mathcal{D}(\mathcal{H})$ を初期状態，$X \subseteq \mathcal{H}$ を部分空間とする．このとき，ρ から始めて X に到達する確率は

$$\Pr(\rho \Vdash \Diamond X) = \lim_{i \to \infty} \mathrm{tr}\left(P'_X \widetilde{\mathcal{E}}^i(\rho)\right) \tag{5.27}$$

になる．ここで，$\widetilde{\mathcal{E}}$ は，すべての密度作用素 σ に対して，

$$\widetilde{\mathcal{E}}(\sigma) = P_X \sigma P_X + \mathcal{E}(P_{X^\perp} \sigma P_{X^\perp})$$

で定義される量子操作，$\widetilde{\mathcal{E}}^i$ は i 個の $\widetilde{\mathcal{E}}$ の合成である．

i に伴って確率 $\mathrm{tr}(P_X \widetilde{\mathcal{E}}^i(\rho))$ は単調増加するので，この定義された極限はあきらかに存在する．直感的には，$\widetilde{\mathcal{E}}$ は，まず射影測定 $\{P_X, P_{X^\perp}\}$ を実行し，それ

から測定の結果に従って恒等作用素 $\mathcal{I}$ か $\mathcal{E}$ を適用する手続きとみなすことができる．

練習問題 5.3.2

(i) 量子的 while ループ (5.9) のガードの測定が射影

$$M = \{M_0 = P_X,\ M_1 = P_{X^\perp}\}$$

になっている特別な形式を考える．量子マルコフ連鎖 $\langle \mathcal{H}, \mathcal{E} \rangle$ の到達可能性確率 $\Pr(\rho \Vdash \Diamond X)$ と停止確率

$$p_\mathrm{T}(\rho) = 1 - \lim_{n \to \infty} p_{\mathrm{NT}}^{(\leq n)}(\rho)$$

の関係を求めよ．ただし，ρ は初期状態，$\mathcal{E}$ はループ本体の量子操作とし，$p_{\mathrm{NT}}^{(\leq n)}(\rho)$ は式 (5.11) および (5.12) で定義したものである．

(ii) 一般的な測定は，射影測定とユニタリ変換を組み合わせて実現できることに注意しよう．（2.1.5 節を参照のこと．）完全に一般化したループ (5.9) の停止問題は，どのようにして量子マルコフ連鎖の到達可能性問題に帰着されるかを示せ．

到達可能性確率の計算：

それでは，前節で与えた量子 BSCC 分解を用いると，到達可能性確率 (5.27) がどのように計算されるかをみてみよう．まず，式 (5.27) において部分空間 X は，$\widetilde{\mathcal{E}}$ のもとで不変であることに注意しよう．したがって，$\langle X, \widetilde{\mathcal{E}} \rangle$ は量子マルコフ連鎖である．$\widetilde{\mathcal{E}}_\infty(X) = X$ であることは簡単に確認できる．そうすると，定理 5.2.33 により $\widetilde{\mathcal{E}}$ に従って X を直交する BSCC の集合に分解することができる．

次の補題は，ある BSCC にぶつかる確率の極限と初期状態の漸近的平均が同じ BSCC に含まれる確率の間の関係を示す．

補題 5.3.3 $\{B_i\}$ を $\mathcal{E}_\infty(\mathcal{H})$ の BSCC 分解，P_{B_i} を B_i への射影とする．このとき，それぞれの i について，任意の $\rho \in \mathcal{D}(\mathcal{H})$ に対して

$$\lim_{k \to \infty} \mathrm{tr}\left(P_{B_i} \mathcal{E}^k(\rho)\right) = \mathrm{tr}\left(P_{B_i} \mathcal{E}_\infty(\rho)\right) \tag{5.28}$$

が成り立つ．

証明： $T_\mathcal{E} = \mathcal{E}_\infty(\mathcal{H})^\perp$ への射影を P と表記する．このとき，定理 5.2.31 の証明と同様にして，極限

$$q_i \triangleq \lim_{k \to \infty} \operatorname{tr}\left(P_{B_i} \mathcal{E}^k(\rho)\right)$$

が存在し，$\operatorname{tr}(P_{B_i} \mathcal{E}_\infty(\rho)) \leq q_i$ となることが分かる．さらに，

$$\begin{aligned}
1 = \operatorname{tr}((I-P)\mathcal{E}_\infty(\rho)) &= \sum_i \operatorname{tr}\left(P_{B_i} \mathcal{E}_\infty(\rho)\right) \\
&\leq \sum_i q_i \\
&= \lim_{k \to \infty} \operatorname{tr}\left((I-P)\mathcal{E}^k(\rho)\right) = 1
\end{aligned}$$

が成り立つ．これから，$q_i = \operatorname{tr}(P_{B_i} \mathcal{E}_\infty(\rho))$ が得られる． □

この補題と定理 5.2.31 によって，量子マルコフ連鎖の部分空間の到達可能性確率の洗練された計算方法が得られる．

定理 5.3.4 $\langle \mathcal{H}, \mathcal{E} \rangle$ を量子マルコフ連鎖とし，$\rho \in \mathcal{D}(\mathcal{H})$，$X \subseteq \mathcal{H}$ を部分空間とする．このとき，$d = \dim(\mathcal{H})$ とすると，

$$\operatorname{Pr}(\rho \Vdash \Diamond X) = \operatorname{tr}\left(P_X \widetilde{\mathcal{E}}_\infty(\rho)\right)$$

が成り立ち，この確率は $O(d^8)$ 時間で計算することができる．

証明：

$$\operatorname{Pr}(\rho \Vdash \Diamond X) = \operatorname{tr}\left(P_X \widetilde{\mathcal{E}}_\infty(\rho)\right)$$

という主張は，補題 5.3.3 と定理 5.2.31 から直接導くことができる．到達可能性確率の計算の時間計算量は，補題 5.2.36(i) から導くことができる． □

到達可能性確率 $\operatorname{Pr}(\rho \Vdash \Diamond X)$ は，定理 5.1.34 や命題 5.1.35 の証明で用いた手法によって直接計算することもできる．

5.3.2 反復到達可能性確率

ここまでは，量子マルコフ連鎖の到達可能性について論じた．ここからは，量子 BSCC 分解を用いて，量子マルコフ連鎖の反復到達可能性を調べる．直感的

には,反復到達可能性は,系が期待される条件を無限に何度も満たすことを意味する.反復到達可能性は,複数のプロセスで構成される並列プログラムの公平性条件を規定する際にとくに有効である.公平性条件は,それぞれのプロセスが可能な限り無限に何度も計算に参加することを要求する.

特別な場合:

まず,肩慣らしとして,この問題の特別な場合を考えよう.量子マルコフ連鎖 $\langle \mathcal{H}, \mathcal{E} \rangle$ が純粋状態 $|\psi\rangle$ から始まるとき,その時間発展の系列

$$|\psi\rangle\langle\psi|, \mathcal{E}|\psi\rangle\langle\psi|, \mathcal{E}^2|\psi\rangle\langle\psi|, \ldots$$

は,どのように $\mathcal{H}$ の部分空間 X に到達するだろうか.

量子測定は測定する系の状態を変えうるので,2通りの筋書きが考えられる.一つ目の筋書きは,それぞれの $i \geq 0$ に対して,$|\psi\rangle\langle\psi|$ から $\mathcal{E}^i(|\psi\rangle\langle\psi|)$ への i 回の時間発展において,射影測定 $\{P_X, P_{X^\perp}\}$ は最後にだけ実行されるというものだ.

補題 5.3.5 B を量子マルコフ連鎖 $\mathcal{C} = \langle \mathcal{H}, \mathcal{E} \rangle$ の BSCC,X を B と直交しない部分空間とする.このとき,任意の $|\psi\rangle \in B$ に対して,

$$\mathrm{tr}\left(P_X \mathcal{E}^i(|\psi\rangle\langle\psi|)\right) > 0$$

となる無限に多くの i が存在する.

証明: X は B と直交しないので,常に純粋状態 $|\varphi\rangle \in B$ で $P_X |\varphi\rangle \neq \mathbf{0}$ となるものが見つかる.ここで,任意の $|\psi\rangle \in B$ に対して,ある整数 N が存在し,任意の $k > N$ について

$$\mathrm{tr}\left(P_X \mathcal{E}^k(|\psi\rangle\langle\psi|)\right) = 0$$

であるとすると,

$$|\varphi\rangle \notin \mathcal{R}_\mathcal{C}\left(\mathcal{E}^{N+1}(|\psi\rangle\langle\psi|)\right)$$

となる.これは,到達可能空間 $\mathcal{R}_\mathcal{C}(\mathcal{E}^{N+1}(|\psi\rangle\langle\psi|))$ が B の不変真部分空間であることを意味する.これは,B が BSCC であるという仮定と矛盾する.したがって,

$$\mathrm{tr}\left(P_X \mathcal{E}^i(|\psi\rangle\langle\psi|)\right) > 0$$

5.3 量子マルコフ連鎖の到達可能性解析

となる無限に多くの i が存在する. □

二つ目の筋書きは, $|\psi\rangle\langle\psi|$ から $\mathcal{E}^i(|\psi\rangle\langle\psi|)$ への時間発展における i 回の繰り返しそれぞれで, 測定 $\{P_X, P_{X^\perp}\}$ が実行されるというものである. 測定により P_X に対応する結果が観測されたならば, 処理はすぐさま停止する. そうでなければ, $\mathcal{E}$ の適用がさらに繰り返される.

補題 5.3.6 B を量子マルコフ連鎖 $\mathcal{C} = \langle \mathcal{H}, \mathcal{E} \rangle$ の BSCC, $X \subseteq B$ を B の部分空間とする. このとき, 任意の $|\psi\rangle \in B$ に対して,

$$\lim_{i \to \infty} \mathrm{tr}\left(\mathcal{G}^i(|\psi\rangle\langle\psi|)\right) = 0$$

となる. ここで, $X^\perp$ を $\mathcal{H}$ における X の直交補空間とするとき, 量子操作 $\mathcal{G}$ は $\mathcal{E}$ の $X^\perp$ への制限, すなわち, 任意の密度作用素 ρ に対して

$$\mathcal{G}(\rho) = P_{X^\perp} \mathcal{E}(\rho) P_{X^\perp}$$

である.

証明: 補題 3.3.14 によって, 極限

$$\mathcal{G}_\infty \triangleq \lim_{N \to \infty} \frac{1}{N} \sum_{n=1}^{N} \mathcal{G}^n$$

が存在することが分かる. ここで, 任意の $|\psi\rangle \in B$ に対して,

$$\rho_\psi \triangleq \mathcal{G}_\infty(|\psi\rangle\langle\psi|)$$

はゼロ作用素であると主張する. そうでなければ, ρ_ψ は $\mathcal{G}$ の不動点になることが簡単に確認できる. また, $\mathcal{E}$ は跡を保つので,

$$\mathcal{E}(\rho_\psi) = \mathcal{G}(\rho_\psi) + P_X \mathcal{E}(\rho_\psi) P_X = \rho_\psi + P_X \mathcal{E}(\rho_\psi) P_X$$

という事実から $\mathrm{tr}(P_X \mathcal{E}(\rho_\psi)) = 0$ になる. したがって, $P_X \mathcal{E}(\rho_\psi) = \mathbf{0}$ であり, ρ_ψ もまた $\mathcal{E}$ の不動点になる. 定理 5.2.25 により

$$\mathrm{supp}(\rho_\psi) \subseteq X^\perp \cap B$$

となることに注意すると，これは B が BSCC であるという仮定と矛盾することが分かる．

ここで，前述の主張と i に伴って $\mathrm{tr}(\mathcal{G}^i(|\psi\rangle\langle\psi|))$ は単調減少するという事実を合わせると，すぐさま
$$\lim_{i\to\infty}\mathrm{tr}\left(\mathcal{G}^i(|\psi\rangle\langle\psi|)\right)=0$$
が得られる． □

この補題は，実際には，X を吸収壁として，それが BSCC B に含まれているならば，X への到達可能性確率は 1 に収束することを示している．

つぎに，初期状態が密度作用素 ρ で表された混合状態であるような一般の場合を考えよう．まず，補題 5.3.6 は次の定理のように強めることができる．

定理 5.3.7 $\mathcal{C}=\langle\mathcal{H},\mathcal{E}\rangle$ を量子マルコフ連鎖，X を $\mathcal{H}$ の部分空間とし，任意の密度作用素 ρ に対して
$$\mathcal{G}(\rho)=P_{X^\perp}\mathcal{E}(\rho)P_{X^\perp}$$
であるとする．このとき，次の二つの主張は同値になる．

(i) 部分空間 $X^\perp$ は BSCC を含まない．
(ii) 任意の $\rho\in\mathcal{D}(\mathcal{H})$ に対して
$$\lim_{i\to\infty}\mathrm{tr}(\mathcal{G}^i(\rho))=0$$
となる．

証明： 補題 5.3.6 と同様にして証明することができる． □

次の例は，定理 5.3.7 を単純に適用したものである．

例 5.3.8 5.1.3 節で述べた周上に n 個の点をもつ円上の量子ウォークを考える．(5.1.3 節では位置 1 にあった) 吸収壁を位置 0 にする．このとき，この吸収壁に直交する BSCC はないので，定理 5.3.7 によって，任意の初期状態 $|\psi\rangle$ から始めて停止しない確率は漸近的に 0 になることが分かる．

ここまでに論じたこと，とくに補題 5.3.6 と定理 5.3.7 は，量子マルコフ連鎖 $\langle \mathcal{H}, \mathcal{E} \rangle$ の反復到達可能性の一般形を定義する基礎となる．$\mathcal{E}_\infty(\mathcal{H})^\perp$ が非再帰的部分空間であることに注意して，$\mathcal{E}_\infty(\mathcal{H})$ に焦点を絞る．

$\mathcal{C} = \langle \mathcal{H}, \mathcal{E} \rangle$ を量子マルコフ連鎖，X を $\mathcal{E}_\infty(\mathcal{H})$ の部分空間とする．このとき，任意の $\rho \in \mathcal{D}(\mathcal{H})$ に対して

$$\mathcal{G}(\rho) = P_{X^\perp} \mathcal{E}(\rho) P_{X^\perp}$$

として，

$$\mathcal{X}(X) = \left\{ |\psi\rangle \in \mathcal{E}_\infty(\mathcal{H}) : \lim_{k \to \infty} \mathrm{tr}\left(\mathcal{G}^k(|\psi\rangle\langle\psi|) \right) = 0 \right\}$$

と定義する．直感的には，$\mathcal{X}(X)$ の状態 $|\psi\rangle$ から始めて，量子操作 $\mathcal{E}$ を繰り返し適用し，それぞれの繰り返しの最後で測定 $\{X, X^\perp\}$ を実行する．$\mathcal{X}(X)$ を定義する式の意味は，いつかは系が $X^\perp$ にとどまり続ける確率は 0，言い換えると，系は無限に何度も X に到達するということである．$\mathcal{X}(X)$ が $\mathcal{H}$ の部分空間であることは簡単に分かる．このとき，反復到達可能性確率は，$\mathcal{X}(X)$ をもとにして定義することができる．

定義 5.3.9 $\mathcal{C} = \langle \mathcal{H}, \mathcal{E} \rangle$ を量子マルコフ連鎖，X を $\mathcal{H}$ の部分空間，ρ を $\mathcal{H}$ の密度作用素とする．このとき，状態 ρ が反復到達可能性 $\mathrm{rep}(X)$ を充足する確率を

$$\Pr(\rho \Vdash \mathrm{rep}(X)) = \lim_{k \to \infty} \mathrm{tr}\left(P_{\mathcal{X}(X)} \mathcal{E}^k(\rho) \right) \tag{5.29}$$

と定義する．

$\Pr(\rho \Vdash \mathrm{rep}(X))$ がきちんと定義されていることは，$\mathcal{X}(X)$ が $\mathcal{E}$ のもとで不変という事実から導かれる．定理 5.2.18 によって，数列

$$\left\{ \mathrm{tr}\left(P_{\mathcal{X}(X)} \mathcal{E}^k(\rho) \right) \right\}$$

は単調増加であり，したがって極限が存在することが分かる．前述の定義を理解することは簡単ではない．この定義をよりよく理解できるように，反復到達可能性確率を定義する式 (5.29) を次のようにみてみよう．まず，任意の $0 \leq \lambda < 1$ について，式 (5.29) から，$\Pr(\rho \Vdash \mathrm{rep}(X)) \geq \lambda$ となるのは，任意の $\varepsilon > 0$ に対して，ある N が存在し，すべての $k \geq N$ で $\mathcal{E}^k(\rho)$ が部分空間 $\mathcal{X}(X)$ に入る確率は

$\lambda - \varepsilon$ 以上であるとき,そしてそのときに限る.一方,$\mathcal{X}(X)$ の任意の状態から始めると,系は無限に何度も X に到達しうることはすでに分かっている.これらの考察を組み合わせると,直感的には,ρ から始めると,系は無限に何度も X に到達することになる.

反復到達可能性確率を計算する問題は,この後で,永続性確率の計算と合わせて論じる.

5.3.3 永続性確率

ここでの目標は,量子マルコフ連鎖の到達可能性の一種である永続性を調べることである.直感的には,永続性とは,期待される条件がある時点からは常に満たされることを意味する.ここまでと同様,$\mathcal{E}_\infty(\mathcal{H})^\perp$ が非再帰的部分空間であるので,$\mathcal{E}_\infty(\mathcal{H})$ に焦点を絞る.

定義 5.3.10 $\mathcal{C} = \langle \mathcal{H}, \mathcal{E} \rangle$ を量子マルコフ連鎖,X を $\mathcal{E}_\infty(\mathcal{H})$ の部分空間とする.このとき,$\mathcal{E}_\infty(\mathcal{H})$ の状態で,いつかは常に X に含まれるようになるものの集合を

$$\mathcal{Y}(X) = \left\{ |\psi\rangle \in \mathcal{E}_\infty(\mathcal{H}) : (\exists N \geq 0)(\forall k \geq N) \operatorname{supp}\left(\mathcal{E}^k(|\psi\rangle\langle\psi|)\right) \subseteq X \right\}$$

と定義する.

この定義式から,あきらかに,$\mathcal{Y}(X)$ を構成する純粋状態から始めると,ある時点 N から後に到達可能な状態はすべて X に含まれる.ここで,$\mathcal{Y}(X)$ と前に定義した $\mathcal{X}(X)$ の概念を分かりやすく示す簡単な例を挙げる.

例 5.3.11 例 5.2.20 をもう一度取り上げる.ただし

$$\mathcal{E}_\infty(\mathcal{H}) = \operatorname{span}\{|0\rangle, |1\rangle, |2\rangle, |3\rangle\}$$

とする.このとき,

(i) $X = \operatorname{span}\{|0\rangle, |1\rangle, |2\rangle\}$ とすると

$$\mathcal{E}_\infty(X^\perp) = \operatorname{supp}(\mathcal{E}_\infty(|3\rangle\langle 3|)) = \operatorname{supp}(\frac{1}{2}(|2\rangle\langle 2| + |3\rangle\langle 3|))$$

5.3 量子マルコフ連鎖の到達可能性解析

および $\mathcal{E}_\infty(X) = \mathcal{E}_\infty(\mathcal{H})$ となる．したがって，$\mathcal{Y}(X) = B_1$ および $\mathcal{X}(X) = \mathcal{E}_\infty(\mathcal{H})$ が成り立つ．

(ii) $X = \mathrm{span}\{|3\rangle\}$ とすると

$$\mathcal{E}_\infty(X^\perp) = B_1 \oplus B_2$$

および $\mathcal{E}_\infty(X) = B_2$ となる．したがって，$\mathcal{Y}(X) = \{0\}$ および $\mathcal{X}(X) = B_2$ が成り立つ．

次の補題は，$\mathcal{X}(X)$ と $\mathcal{Y}(X)$ を特徴づけ，それらの間の関係をあきらかにする．

補題 5.3.12 $\mathcal{E}_\infty(\mathcal{H})$ の任意の部分空間 X に対して，$\mathcal{X}(X)$ と $\mathcal{Y}(X)$ は，ともに $\mathcal{E}$ のもとで $\mathcal{H}$ の不変部分空間になる．また，次の各項が成り立つ．

(i) $\mathcal{X}(X) = \mathcal{E}_\infty(X)$

(ii) $\mathcal{Y}(X) = \bigvee_{B \subseteq X} B = \mathcal{X}(X^\perp)^\perp$

ただし，B はすべての BSCC の上を動くものとし，直交補空間は $\mathcal{E}_\infty(\mathcal{H})$ の中で考える．

補題 5.3.12 の証明は，5.4 節にまわす．

これで，量子マルコフ連鎖の永続性確率を定義することができる．

定義 5.3.13 $\mathcal{C} = \langle \mathcal{H}, \mathcal{E} \rangle$ を量子マルコフ連鎖，$X \subseteq \mathcal{H}$ を部分空間，ρ を $\mathcal{H}$ の密度作用素とする．このとき，状態 ρ が永続性 $\mathrm{pers}(X)$ を充足する確率を

$$\Pr(\rho \Vdash \mathrm{pers}(X)) = \lim_{k \to \infty} \mathrm{tr}\left(P_{\mathcal{Y}(X)} \mathcal{E}^k(\rho)\right)$$

と定義する．

$\mathcal{Y}(X)$ は $\mathcal{E}$ のもとで不変であるから，定理 5.2.18 から数列

$$\left\{\mathrm{tr}\left(P_{\mathcal{Y}(X)} \mathcal{E}^k(\rho)\right)\right\}$$

は単調増加であることが導かれ，したがって，$\Pr(\rho \Vdash \mathrm{pers}(X))$ はきちんと定義される．定義 5.3.13 は，定義 5.3.9 の反復到達可能性確率と同じように理解する

ことができる.任意の $0 \leq \lambda < 1$ に対して,$\Pr(\rho \Vdash \mathrm{pers}(X)) \geq \lambda$ となるのは,任意の $\varepsilon > 0$ に対してある整数 N が存在し,すべての $k \geq N$ について $\mathcal{E}^k(\rho)$ が部分空間 $\mathcal{Y}(X)$ に入る確率は $\lambda - \varepsilon$ 以上であるとき,そしてそのときに限る.また,$\mathcal{Y}(X)$ の任意の状態から始めて,ある時点より後で到達可能な状態はすべて X に入っていなければならない.それゆえ,定義 5.3.13 は,ある時点より後には期待される条件が常に成り立つという永続性に対する直感と一致している.

定理 5.3.4 と補題 5.3.12 を組み合わせると,次の主要結果が得られる.

定理 5.3.14

(i) 反復到達可能性確率は
$$\Pr(\rho \Vdash \mathrm{rep}(X)) = 1 - \mathrm{tr}\left(P_{\mathcal{X}(X)^\perp} \mathcal{E}_\infty(\rho)\right)$$
$$= 1 - \Pr\left(\rho \Vdash \mathrm{pers}\left(X^\perp\right)\right)$$

で与えられる.

(ii) 永続性確率は
$$\Pr(\rho \Vdash \mathrm{pers}(X)) = \mathrm{tr}(P_{\mathcal{Y}(X)} \mathcal{E}_\infty(\rho))$$

で与えられる.

反復到達可能性確率と永続性確率の計算:

それでは,量子マルコフ連鎖の反復到達可能性確率および永続性確率をどのように計算するかを考える.定理 5.3.14(ii) にもとづいて,永続性確率を計算するアルゴリズムをアルゴリズム 3 として示す.

定理 5.3.15 与えられた量子マルコフ連鎖 $\langle \mathcal{H}, \mathcal{E} \rangle$,初期状態 $\rho \in \mathcal{D}(\mathcal{H})$,および部分空間 $X \subseteq \mathcal{H}$ に対して,アルゴリズム 3 は永続性確率 $\Pr(\rho \Vdash \mathrm{pers}(X))$ を $O(d^8)$ 時間で計算する.ただし,$d = \dim \mathcal{H}$ である.

証明: アルゴリズム 3 の正当性は,定理 5.3.14(ii) からすぐに導くことができる.時間計算量は,この場合も $\mathcal{E}_\infty(\rho)$ と $\mathcal{E}_\infty(X^\perp)$ を計算する際に用いるジョルダン分解によるので,$O(d^8)$ になる. □

定理 5.3.14(i) と合わせると,アルゴリズム 3 は反復到達可能性確率 $\Pr(\rho \Vdash \mathrm{rep}(X))$ を計算するのにも使うことができる.

5.4 補題の証明   245

アルゴリズム 3: PERSISTENCE(X, ρ)

   input   ：量子マルコフ連鎖 $\langle \mathcal{H}, \mathcal{E} \rangle$, 部分空間 $X \subseteq \mathcal{H}$, 初期状態 $\rho \in \mathcal{D}(\mathcal{H})$
   output：確率 $\Pr(\rho \Vdash \mathrm{pers}(X))$
   begin

      $\rho_\infty \leftarrow \mathcal{E}_\infty(\rho)$;
      $Y \leftarrow \mathcal{E}_\infty(X^\perp)$;
      $P \leftarrow Y^\perp$ への射影; (* $Y^\perp$ は $\mathcal{E}_\infty(\mathcal{H})$ における Y の直交補空間 *)
      return $\mathrm{tr}(P_{\rho_\infty})$;
   end

この節を終えるにあたって，研究課題を挙げておく．

研究課題 5.3.16 この章で提示した量子プログラムの解析のためのアルゴリズムはすべて古典的である．すなわち，古典的計算機を用いて量子プログラムを解析するために開発されたものである．この章で示したアルゴリズムの計算量を改善できるような同じ目的の量子アルゴリズムを開発することが望ましい．

5.4 補題の証明

ここまでの節ではいくつかの補題を証明せずに用いた．この節では，これらの補題を証明する．

補題 5.1.29 の証明： 最初に，補題 5.1.29 の証明において重要な段階を担う一連の補題を証明する．5.1.2 節では，$\mathcal{E}$ は量子操作であり，$M = \{M_0, M_1\}$ は量子測定であったことを思い出そう．量子操作 $\mathcal{E}_0$ および $\mathcal{E}_1$ を，それぞれ測定作用素 M_0, M_1 によって次のように定義する．任意の密度作用素 ρ に対して，

$$\mathcal{E}_i(\rho) = M_i \rho M_i^\dagger \qquad (i = 0, 1)$$

と定義する．また，$\mathcal{G} = \mathcal{E} \circ \mathcal{E}_1$ とする．

補題 5.4.1 量子操作 $\mathcal{G} + \mathcal{E}_0$ は跡を保つ.すなわち,任意の部分密度作用素 ρ に対して

$$\mathrm{tr}((\mathcal{G} + \mathcal{E}_0)(\rho)) = \mathrm{tr}(\rho) \tag{5.30}$$

が成り立つ.

証明:

$$\sum_i (E_i M_1)^\dagger E_i M_1 + M_0^\dagger M_0 = M_1^\dagger \left(\sum_i E_i^\dagger E_i \right) M_1 + M_0^\dagger M_0$$
$$= M_1^\dagger M_1 + M_0^\dagger M_0 = I$$

となることから分かる. □

次の補題は,すべての複素行列は四つの半正定値行列で表現できることを示す.

補題 5.4.2 任意の行列 A に対して,半正定値行列 B_1, B_2, B_3, B_4 で次の条件を満たすものが存在する.

(i) $\quad A = (B_1 - B_2) + i(B_3 - B_4)$
(ii) $\quad \mathrm{tr}\, B_i^2 \leq \mathrm{tr}(A^\dagger A) \quad (i = 1, 2, 3, 4)$

証明: 次のように二つのエルミート作用素を定める.

$$\frac{1}{2}(A + A^\dagger) = B_1 - B_2, \quad \frac{-i}{2}(A - A^\dagger) = B_3 - B_4$$

ただし,B_1 と B_2 はそれぞれの台が互いに直交する正作用素で,B_3 と B_4 もそれぞれの台が互いに直交する正作用素とする.このとき,

$$\sqrt{\mathrm{tr}\, B_1^2} = \sqrt{\mathrm{tr}(B_1^\dagger B_1)}$$
$$\leq \sqrt{\mathrm{tr}(B_1^\dagger B_1 + B_2^\dagger B_2)}$$
$$= \left\| (\frac{1}{2}(A + A^\dagger) \otimes I) |\Phi\rangle \right\|$$
$$\leq \frac{1}{2}(\|(A \otimes I) |\Phi\rangle\| + \|(A^\dagger \otimes I) |\Phi\rangle\|)$$
$$= \sqrt{\mathrm{tr}(A^\dagger A)}$$

が成り立つ.$i = 2, 3, 4$ についても,同様にして $\mathrm{tr}\, B_i^2 \leq \mathrm{tr}(A^\dagger A)$ を証明することができる. □

5.4 補題の証明

R を量子操作 $\mathcal{G}$ の行列表現とする．（その定義式は (5.14) を参照のこと．）このとき，R のべきは次のように上から押さえられる．

補題 5.4.3 任意の整数 $n \geq 0$ および $\mathcal{H} \otimes \mathcal{H}$ の任意の状態 $|\alpha\rangle$ に対して，

$$\|R^n |\alpha\rangle\| \leq 4\sqrt{d}\||\alpha\rangle\|$$

が成り立つ．ただし，$d = \dim \mathcal{H}$ は，ヒルベルト空間 $\mathcal{H}$ の次元である．

証明： $|\alpha\rangle = \sum_{i,j} a_{ij} |ij\rangle$ とする．このとき，$A = (a_{ij})$ を $d \times d$ 行列とすると

$$|\alpha\rangle = (A \otimes I) |\Phi\rangle$$

と書くことができる．すると，機械的な計算によって，

$$\||\alpha\rangle\| = \sqrt{\operatorname{tr} A^\dagger A}$$

となる．補題 5.4.2 に従って

$$A = (B_1 - B_2) + i(B_3 - B_4)$$

と書くことができる．このように分解するのは，式 (5.30) の跡を保つ性質が正作用素でしか成り立たないからである．

$$|\beta_i\rangle = (B_i \otimes I) |\Phi\rangle \qquad (i = 1, 2, 3, 4)$$

とすると，三角不等式を用いて

$$\|R^n |\alpha\rangle\| \leq \sum_{i=1}^{4} \|R^n |\beta_i\rangle\| = \sum_{i=1}^{4} \|(\mathcal{G}^n(B_i) \otimes I) |\Phi\rangle\|$$

が得られる．ここで

$$\|(\mathcal{G}^n(B_i) \otimes I) |\Phi\rangle\| = \sqrt{\operatorname{tr}(\mathcal{G}^n(B_i))^2} \qquad (5.31)$$

$$\operatorname{tr} B_i^2 \leq (\operatorname{tr} B_i)^2 \qquad (5.32)$$

であることに注意する．また，補題 5.4.1 から

$$\operatorname{tr}[\mathcal{G}^n(B_i)] \leq \operatorname{tr}[(\mathcal{G} + \mathcal{E}_0)^n(B_i)] = \operatorname{tr} B_i \qquad (5.33)$$

であることが分かる．式 (5.31)，(5.32)，(5.33) を組み合わせると，

$$\sqrt{\operatorname{tr}(\mathcal{G}^n(B_i))^2} \le \sqrt{(\operatorname{tr}\mathcal{G}^n(B_i))^2} \le \sqrt{(\operatorname{tr} B_i)^2}$$

が得られる．また，コーシーの不等式によって

$$(\operatorname{tr} B_i)^2 \le d \cdot (\operatorname{tr} B_i^2)$$

が成り立つ．したがって，補題 5.4.2 から

$$\|R^n |\alpha\rangle\| \le \sum_{i=1}^{4} \sqrt{d \cdot \operatorname{tr} B_i^2} \le 4\sqrt{d \cdot \operatorname{tr}(A^\dagger A)} = 4\sqrt{d}\||\alpha\rangle\|$$

となる． □

これで，補題 5.1.29 を証明する準備が整った．背理法により (i) を証明する．R のある固有値 λ が $|\lambda| > 1$ であると仮定し，それに対応する正規化された固有ベクトルを $|x\rangle$ とする．したがって，$R|x\rangle = \lambda |x\rangle$ となる．$|\lambda|^n > 4\sqrt{d}$ となるように整数 n を選ぶ．すると

$$\|R^n |x\rangle\| = \|\lambda^n |x\rangle\| = |\lambda|^n > 4\sqrt{d}\||x\rangle\|$$

となるが，これは補題 5.4.3 と矛盾する．

(ii) もまた背理法で証明する．一般性を失うことなく，R のジョルダン分解 $R = SJ(R)S^{-1}$ において $|\lambda_1| = 1$ で $k_1 > 1$ としてよい．$\{|i\rangle\}_{i=1}^{d^2}$ は，$\mathcal{H} \otimes \mathcal{H}$ の正規直交基底で，R の列と行に対応した番号付けがされているものとする．基底 $\{|i\rangle\}_{i=1}^{d^2}$ の k_1 番目の状態 $|k_1\rangle$ を用いて，正規化されていないベクトル $|y\rangle = S|k_1\rangle$ を一つとる．S は正則なので，ある実数 $L, r > 0$ が存在して，$\mathcal{H} \otimes \mathcal{H}$ の任意のベクトル $|x\rangle$ に対して

$$r \cdot \||x\rangle\| \le \|S|x\rangle\| \le L \cdot \||x\rangle\|$$

となる．定義より，$\||y\rangle\| \le L$ が成り立つ．$r > 0$ であるから，$nr > L \cdot 4\sqrt{d}$ となるように整数 n を選ぶことができる．機械的な計算により，

$$R^n |y\rangle = L \cdot \sum_{t=0}^{k_1-1} \binom{n}{t} \lambda_1^{n-t} |k_1 - t\rangle$$

となる．その結果として，

$$\|R^n |y\rangle\| \geq r \cdot \sum_{t=1}^{k_1} \binom{n}{t} |\lambda_1|^{n-t}$$
$$\geq nr > L \cdot 4\sqrt{d} \geq 4\sqrt{d}\||y\rangle\|$$

が得られる．これもまた補題 5.4.3 と矛盾する．これで補題 5.1.29 の証明は完了である．

補題 5.1.33 の証明： 5.1.2 節において，$J(N)$ は，R のジョルダン標準形 $J(R)$ から，絶対値が 1 の固有値に対応する 1 次のジョルダン細胞を 0 で置き換えて得られる行列であったことを思い出そう．一般性を失うことなく，R の固有値は

$$1 = |\lambda_1| = \cdots = |\lambda_s| > |\lambda_{s+1}| \geq \cdots \geq |\lambda_l|$$

を満たすとしてよい．このとき，$U = \mathrm{diag}(\lambda_1, \ldots, \lambda_s)$ を $s \times s$ 対角ユニタリ行列，

$$J_1 = \mathrm{diag}\left(J_{k_{s+1}}(\lambda_{s+1}), \ldots, J_{k_l}(\lambda_l)\right)$$

とすると，

$$J(R) = \begin{pmatrix} U & 0 \\ 0 & J_1 \end{pmatrix}$$

となる．また，

$$J(N) = \begin{pmatrix} 0 & 0 \\ 0 & J_1 \end{pmatrix}$$

である．補題 3.3.14 から

$$\sum_{n=0}^{\infty} (\mathcal{E}_0 \circ \mathcal{G}^n)$$

が収束することがすぐに分かり，したがって，$\sum_{n=0}^{\infty} N_0 R^n$ も収束する．あきらかに，

$$\sum_{n=0}^{\infty} N_0 R^n = \sum_{n=0}^{\infty} N_0 S J(R)^n S^{-1}$$

である．S は正則であるから，

$$\sum_{n=0}^{\infty} N_0 S J(R)^n$$

が収束することが分かる．このことから，

$$\lim_{n\to\infty} N_0 SJ(R)^n = \mathbf{0}$$

となる．したがって，$d = \dim \mathcal{H}$ を状態空間 $\mathcal{H}$ の次元とすると，Q を $s \times s$ 行列，T を $(d^2 - s) \times (d^2 - s)$ 行列として，

$$N_0 S = \begin{pmatrix} Q & P \\ V & T \end{pmatrix}$$

と書くことができる．このとき，

$$N_0 SJ(R)^n = \begin{pmatrix} QU^n & PJ_1^n \\ VU^n & TJ_1^n \end{pmatrix}$$

であり，これから $\lim_{n\to\infty} QU^n = \mathbf{0}$ および $\lim_{n\to\infty} VU^n = \mathbf{0}$ が得られる．したがって，

$$\mathrm{tr}(Q^\dagger Q) = \lim_{n\to\infty} \mathrm{tr}(QU^n)^\dagger QU^n = 0$$
$$\mathrm{tr}(V^\dagger V) = \lim_{n\to\infty} \mathrm{tr}(VU^n)^\dagger VU^n = 0$$

となり，これらから $Q = \mathbf{0}$ および $V = \mathbf{0}$ となる．また，$N_0 R^n = N_0 N^n$ が得られる．

補題 5.2.26(ii) の証明： X と Y を量子マルコフ連鎖の任意の BSCC とするとき，$\dim X \neq \dim Y$ ならば直交することを示す．この証明には，いくつかの準備が必要である．$\mathcal{H}$ の作用素 A（必ずしも定義 5.2.22(i) のように部分密度作用素でなくてもよい）は，$\mathcal{E}(A) = A$ となるならば，量子操作 $\mathcal{E}$ の不動点という．次の補題により，補題 5.4.2 で与えられる半正定値行列への分解で不動点は保たれることを示す．

補題 5.4.4 $\mathcal{E}$ を $\mathcal{H}$ の量子操作，A を $\mathcal{E}$ の不動点とする．次の条件が成り立てば，X_+, X_-, Y_+, Y_- はいずれも $\mathcal{E}$ の不動点となる．

(i) $A = (X_+ - X_-) + i(Y_+ - Y_-)$
(ii) X_+, X_-, Y_+, Y_- はいずれも半正定値行列

5.4 補題の証明

(iii) $\operatorname{supp}(X_+) \perp \operatorname{supp}(X_-)$ かつ $\operatorname{supp}(Y_+) \perp \operatorname{supp}(Y_-)$

練習問題 5.4.5 補題 5.4.4 を証明せよ.

これで補題 5.2.26(ii) を証明する準備が整った. 一般性を失うことなく, $\dim X < \dim Y$ としてよい. 定理 5.2.25 によって, $\operatorname{supp}(\rho) = X$ および $\operatorname{supp}(\sigma) = Y$ となる二つの極小不動点状態 ρ と σ が存在することが分かる. 任意の $\lambda > 0$ に対して, $\rho - \lambda \sigma$ もまた $\mathcal{E}$ の不動点になる. ここで, λ を十分大きくとると, 半正定値行列 $\Delta_\pm$ で $\operatorname{supp}(\Delta_-) = \operatorname{supp}(\sigma)$ および $\operatorname{supp}(\Delta_+) \perp \operatorname{supp}(\Delta_-)$ となるものによって,

$$\rho - \lambda \sigma = \Delta_+ - \Delta_-$$

とできる. P を Y への射影とする. 補題 5.4.4 から, Δ_+ と Δ_- はともに $\mathcal{E}$ の不動点になる. そして,

$$P\rho P = \lambda P \sigma P + P \Delta_+ P - P \Delta_- P = \lambda \sigma - \Delta_-$$

もまた, $\mathcal{E}$ の不動点状態になる. $\operatorname{supp}(P\rho P) \subseteq Y$ で, σ は極小不動点状態であり, $\operatorname{supp}(\sigma) = Y$ となることに注意すると, ある $p \geq 0$ について, $P\rho P = p\sigma$ となる. ここで, $p > 0$ ならば, 命題 5.2.5(iii) によって

$$Y = \operatorname{supp}(\sigma) = \operatorname{supp}(P\rho P) = \operatorname{span}\{P|\psi\rangle : |\psi\rangle \in X\}$$

が得られる. これから $\dim Y \leq \dim X$ となるが, これは仮定と矛盾する. したがって, $P\rho P = \mathbf{0}$ であり, $X \perp Y$ となる.

補題 5.2.32 の証明: 大雑把にいうと, この補題は, $\mathcal{E}$ の不動点状態は直交する二つの不動点状態に分解できると主張している. この補題の証明でも, 二つの BSCC が直交することを示した補題 5.2.26(ii) の証明のやり方を用いることができる. まず, 任意の $\lambda > 0$ に対して, $\rho - \lambda \sigma$ もまた $\mathcal{E}$ の不動点であり, したがって, λ を十分大きくとると, 半正定値行列 $\Delta_\pm$ で $\operatorname{supp}(\Delta_-) = \operatorname{supp}(\sigma)$ かつ $\operatorname{supp}(\Delta_+)$ は $\operatorname{supp}(\rho)$ における $\operatorname{supp}(\Delta_-)$ の直交補空間となるものによって,

$$\rho - \lambda \sigma = \Delta_+ - \Delta_-$$

とできることに注意する．補題5.4.4により，Δ_+ と Δ_- はいずれも $\mathcal{E}$ の不動点になる．$\eta = \Delta_+$ とすると，

$$\mathrm{supp}(\rho) = \mathrm{supp}(\rho - \lambda \sigma) = \mathrm{supp}(\Delta_+) \oplus \mathrm{supp}(\Delta_-) = \mathrm{supp}(\eta) \oplus \mathrm{supp}(\sigma)$$

が得られる．

補題 5.2.36 の証明： (i) については，密度作用素 ρ の漸近的平均 $\mathcal{E}_\infty(\rho)$ を計算するための計算量を求める必要がある．そのためには，まず量子操作の漸近的平均の行列表現に関する補題を示す．

補題 5.4.6 $M = SJS^{-1}$ を M のジョルダン分解とする．ただし，$J_k(\lambda_k)$ を固有値 λ_k に対応するジョルダン細胞として，

$$J = \bigoplus_{k=1}^{K} J_k(\lambda_k) = \mathrm{diag}(J_1(\lambda_1), \ldots, J_K(\lambda_K))$$

とする．

$$J_\infty = \bigoplus_{\lambda_k = 1 \text{ となる } k} J_k(\lambda_k)$$

および $M_\infty = SJ_\infty S^{-1}$ と定義すると，M_∞ は $\mathcal{E}_\infty$ の行列表現になる．

練習問題 5.4.7 補題 5.4.6 を証明せよ．

これで，補題 5.2.36(i) を証明することができる．[61] から，$d \times d$ 行列のジョルダン分解の時間計算量は $O(d^4)$ であることが分かっている．したがって，$O(d^8)$ 時間で $\mathcal{E}_\infty$ の行列表現 M_∞ を計算できる．さらに，次の対応（補題5.1.28）を用いて $\mathcal{E}_\infty(\rho)$ を計算できる．

$$(\mathcal{E}_\infty(\rho) \otimes I_\mathcal{H}) |\Psi\rangle = M_\infty (\rho \otimes I_\mathcal{H}) |\Psi\rangle$$

ここで，$|\psi\rangle = \sum_{i=1}^{d} |i\rangle |i\rangle$ は，$\mathcal{H} \otimes \mathcal{H}$ の（正規化されていない）極大量子もつれ状態である．(ii) を証明するには，$\mathcal{E}$ の不動点の集合，すなわち，{行列 $A : \mathcal{E}(A) = A$} の密度作用素基底を見つける計算量を確定させる必要がある．まず，この密度作用素基底は，次の3段階で計算できることに注意しよう．

(a) $\mathcal{E}$ の行列表現 M を計算する．この時間計算量は，$m \leq d^2$ をクラウス表現 $\mathcal{E} = \sum_i E_i \circ E_i^\dagger$ の作用素 E_i の個数とするとき，$O(md^4)$ である．

(b) 行列 $M - I_{\mathcal{H} \otimes \mathcal{H}}$ の零空間の基底 B を見つけ，それを行列の形に変換する．これは，ガウスの消去法を用いて，$O((d^2)^3) = O(d^6)$ の計算量でできる．

(c) B の基底となるそれぞれの行列 A に対して，半正定値行列 X_+，X_-，Y_+，Y_- で，$\mathrm{supp}(X_+) \perp \mathrm{supp}(X_-)$，$\mathrm{supp}(Y_+) \perp \mathrm{supp}(Y_-)$，および

$$A - X_+ - X_- + i(Y_+ - Y_-)$$

となるものを計算する．Q を $\{X_+, X_-, Y_+, Y_-\}$ のうち，ゼロでない要素の集合とする．すると，補題 5.4.4 によって，Q の要素はいずれも $\mathcal{E}$ の不動点状態になる．正規化した後，A を Q の要素で置き換える．すると，その結果 B が，求める密度作用素基底である．最後に，B の要素を線形独立にする．これは，ガウスの消去法を用いて B の冗長な要素を取り除くことで行う．この段階の計算量は $O(d^6)$ である．

したがって，$\{$ 行列 $A : \mathcal{E}(A) = A\}$ の密度作用素基底を計算する全体の計算量は $O(d^6)$ であることが分かる．

補題 5.3.12 の証明： まず，次の補題を証明する．

補題 5.4.8 S を $\mathcal{E}$ のもとで不変な $\mathcal{E}_\infty(\mathcal{H})$ の部分空間とする．このとき，$\mathrm{supp}(\rho) \subseteq \mathcal{E}_\infty(\mathcal{H})$ となる任意の作用素 ρ と任意の整数 k に対して

$$\mathrm{tr}(P_S \mathcal{E}^k(\rho)) = \mathrm{tr}(P_S \rho)$$

が成り立つ．ここで，P_S は S への射影である．

証明： 補題 5.2.32 によって，S と直交する不変部分空間 T で，$\mathcal{E}_\infty(\mathcal{H}) = S \oplus T$ となるものが存在する．すると，定理 5.2.18 によって，

$$\mathrm{tr}(P_S \mathcal{E}^k(\rho)) \geq \mathrm{tr}(P_S \rho), \qquad \mathrm{tr}(P_T \mathcal{E}^k(\rho)) \geq \mathrm{tr}(P_T \rho)$$

が成り立つ．さらに，これから

$$1 \geq \mathrm{tr}(P_S \mathcal{E}^k(\rho)) + \mathrm{tr}(P_T \mathcal{E}^k(\rho))$$
$$\geq \mathrm{tr}(P_S \rho) + \mathrm{tr}(P_T \rho) = \mathrm{tr}(\rho) = 1$$

となる．したがって，
$$\text{tr}(P_S \mathcal{E}^k(\rho)) = \text{tr}(P_S \rho)$$
が得られる． □

これで，補題 5.3.12 を証明することができる．任意の純粋状態 $|\varphi\rangle$ に対して，これに対応する密度作用素を $\varphi = |\varphi\rangle\langle\varphi|$ と表記する．まず，$\mathcal{Y}(X)$ が部分空間になることを示す．$i = 1, 2$ について，$|\psi_i\rangle \in \mathcal{Y}(X)$ とし，α_i は複素数とする．このとき，$\mathcal{Y}(X)$ の定義によって，ある N_i で任意の $j \geq N_i$ に対して $\text{supp}(\mathcal{E}^j(\psi_i)) \subseteq X$ となるものが存在する．

$$|\psi\rangle = \alpha_1 |\psi_1\rangle + \alpha_2 |\psi_2\rangle \qquad \rho = |\psi_1\rangle\langle\psi_1| + |\psi_2\rangle\langle\psi_2|$$

とすると，$|\psi\rangle \in \text{supp}(\rho)$ であり，命題 5.2.5(i), (ii), (iv) によって，任意の $j \geq 0$ に対して

$$\text{supp}(\mathcal{E}^j(\psi)) \subseteq \text{supp}(\mathcal{E}^j(\rho)) = \text{supp}(\mathcal{E}^j(\psi_1)) \vee \text{supp}(\mathcal{E}^j(\psi_2))$$

が成り立つ．したがって，すべての $j \geq N \triangleq \max\{N_1, N_2\}$ に対して $\text{supp}(\mathcal{E}^j(\psi)) \subseteq X$ となり，$|\psi\rangle \in \mathcal{Y}(X)$ が示せた．

証明の残りの部分は，次の六つの主張に分割して示す．

- 主張 1：$\mathcal{Y}(X) \supseteq \bigvee \{B \subseteq X : B \text{ は BSCC}\}$

  補題 5.2.29(ii) および 5.2.23 によって，任意の BSCC $B \subseteq X$ に対して，$B \subseteq \mathcal{E}_\infty(\mathcal{H})$ になる．また，B は BSCC であるから，任意の $|\psi\rangle \in B$ および任意の i に対して

  $$\text{supp}(\mathcal{E}^i(\psi)) \subseteq B \subseteq X$$

  が成り立つ．したがって，$B \subseteq \mathcal{Y}(X)$ となり，$\mathcal{Y}(X)$ が部分空間であるという事実から主張 1 が導かれる．

- 主張 2：$\mathcal{Y}(X) \subseteq \bigvee \{B \subseteq X : B \text{ は BSCC}\}$

  任意の $|\psi\rangle \in \mathcal{Y}(X)$ に対して，$\rho_\psi \triangleq \mathcal{E}_\infty(\psi)$ は不動点状態であることに注意する．$Z = \text{supp}(\rho_\psi)$ とすると，主張 2 は $|\psi\rangle \in Z$ を主張している．$Z = \mathcal{E}_\infty(\mathcal{H})$ の場合には，これは自明である．そうでない場合，$\mathcal{E}_\infty \left(\frac{I_\mathcal{H}}{d} \right)$ は不動点状態で，補題 5.2.32 によって

  $$\mathcal{E}_\infty(\mathcal{H}) = \text{supp}\left(\mathcal{E}_\infty \left(\frac{I_\mathcal{H}}{d} \right) \right)$$

であるから，$\mathcal{E}_\infty(\mathcal{H}) = Z \oplus Z^\perp$ が得られる．ここで，$\mathcal{E}_\infty(\mathcal{H})$ における Z の直交補空間 $Z^\perp$ もまた不変部分空間になる．Z は互いに直交する BSCC の直和になるので，補題 5.3.3 によって，

$$\lim_{i \to \infty} \operatorname{tr}\left(P_Z \mathcal{E}^i(\psi)\right) = \operatorname{tr}(P_Z \mathcal{E}_\infty(\psi)) = 1$$

すなわち，

$$\lim_{i \to \infty} \operatorname{tr}\left(P_{Z^\perp} \mathcal{E}^i(\psi)\right) = 0$$

が成り立つ．これと定理 5.2.18 を合わせると，$\operatorname{tr}(P_{Z^\perp}\psi) = 0$ が得られ，$|\psi\rangle \in Z$ になる．$\mathcal{Y}(X)$ の定義から，ある $M \geq 0$ ですべての $i \geq M$ に対して $\operatorname{supp}(\mathcal{E}^i(\psi)) \subseteq X$ となるものが存在する．したがって，

$$Z = \operatorname{supp}\left(\lim_{N \to \infty} \frac{1}{N} \sum_{i=1}^{N} \mathcal{E}^i(\psi)\right)$$
$$= \operatorname{supp}\left(\lim_{N \to \infty} \frac{1}{N} \sum_{i=M}^{N} \mathcal{E}^i(\psi)\right) \subseteq X$$

が成り立つ．さらに，Z はいくつかの BSCC の直和に分解することができるので，

$$|\psi\rangle \in Z \subseteq \bigvee\{B \subseteq X : B \text{ は BSCC}\}$$

が得られる．これで，主張 2 は証明された．

- 主張 3：$\mathcal{Y}(X^\perp)^\perp \subseteq \mathcal{X}(X)$

まず，ここまでの主張 1 および主張 2 によって，$\mathcal{Y}(X^\perp) \subseteq X^\perp$ であり，

$$X' \triangleq \mathcal{Y}(X^\perp)^\perp$$

は不変部分空間になる．したがって，$X \subseteq \mathcal{Y}(X^\perp)^\perp$ であり，$\mathcal{E}$ は部分空間 X' の量子操作でもある．ここで，量子マルコフ連鎖 $\langle X', \mathcal{E} \rangle$ を考える．主張 1 によって，$X^\perp$ の任意の BSCC は $\mathcal{Y}(X^\perp)$ にも含まれる．それゆえ，$X' \cap X^\perp$ には BSCC はない．定理 5.3.7 によって，任意の $|\psi\rangle \in X'$ に対して

$$\lim_{i \to \infty} \operatorname{tr}\left[(P_{X^\perp} \circ \mathcal{E})^i(\psi)\right] = 0$$

が成り立つ．したがって，定義から $|\psi\rangle \in \mathcal{X}(X)$ であり，主張 3 は証明された．

- 主張 4：$\mathcal{X}(X) \subseteq \mathcal{Y}(X^\perp)^\perp$

  主張 3 と同様に，$\mathcal{Y}(X^\perp) \subseteq X^\perp$ であり，$\mathcal{Y}(X^\perp)$ は不変部分空間である．P を $\mathcal{Y}(X^\perp)$ への射影とすると，$P_{X^\perp} P P_{X^\perp} = P$ である．任意の $|\psi\rangle \in \mathcal{X}(X)$ に対して

  $$\mathrm{tr}\left(P\left(P_{X^\perp} \circ \mathcal{E}\right)(\psi)\right) = \mathrm{tr}\left(P_{X^\perp} P P_{X^\perp} \mathcal{E}(\psi)\right)$$
  $$= \mathrm{tr}(P\mathcal{E}(\psi)) \geq \mathrm{tr}(P\psi)$$

  が成り立つ．ただし，最後の不等式は，定理 5.2.18 から得られる．それゆえ，

  $$0 = \lim_{i \to \infty} \mathrm{tr}\left(\left(P_{X^\perp} \circ \mathcal{E}\right)^i (\psi)\right)$$
  $$\geq \lim_{i \to \infty} \mathrm{tr}\left(P\left(P_{X^\perp} \circ \mathcal{E}\right)^i (\psi)\right) \geq \mathrm{tr}(P\psi)$$

  となり，$|\psi\rangle \in \mathcal{Y}(X^\perp)^\perp$ を示せた．

- 主張 5：$\bigvee \{B \subseteq X : B \text{ は } \mathrm{BSCC}\} \subseteq \mathcal{E}_\infty(X^\perp)^\perp$

  $B \subseteq X$ が BSCC だとすると，$\mathrm{tr}(P_B I_{X^\perp}) = 0$ となる．補題 5.4.8 によって，任意の $i \geq 0$ に対して

  $$\mathrm{tr}\left(P_B \mathcal{E}^i (I_{X^\perp})\right) = 0$$

  が成り立つ．したがって，

  $$\mathrm{tr}(P_B \mathcal{E}_\infty(I_{X^\perp})) = 0$$

  が得られ，ここから $B \perp \mathcal{E}_\infty(X^\perp)$ が導かれる．それゆえ，$B \subseteq \mathcal{E}_\infty(X^\perp)^\perp$ となる．すると，$\mathcal{E}_\infty(X^\perp)^\perp$ が部分空間であるという事実から主張 5 が導かれる．

- 主張 6：$\mathcal{E}_\infty(X^\perp)^\perp \subseteq \bigvee \{B \subseteq X : B \text{ は } \mathrm{BSCC}\}$

  まず，$\mathcal{E}_\infty(X^\perp)^\perp$ は BSCC B_i の直和に分解できることに注意する．すべての B_i に対して

  $$\mathrm{tr}(P_{B_i} \mathcal{E}_\infty(I_{X^\perp})) = 0$$

  が成り立つ．したがって，$\mathrm{tr}(PB_i I_{X^\perp}) = 0$ であり $B_i \perp X^\perp$ となる．それゆえ，$B_i \subseteq X$ となり，主張 6 が証明された．

最後に，$\mathcal{X}(X)$ および $\mathcal{Y}(X)$ の不変性は主張 1 および 2 に含まれていることが分かる．これで補題 5.3.12 の証明は完了した．

5.5　文献等についての補足

　この章で提示した量子プログラムの解析の研究は，ユニタリ変換をループ本体とする量子的 while ループを考えた [227] に始まる．[234] では，[202] で開発された確率的プログラムの検証手法を量子プログラムに一般化し，量子マルコフ連鎖を意味モデルとして量子プログラムの停止性解析を行い，その結果として [227] のいくつかの主要な結果を大幅に拡張した．この章の 5.1.1 節および 5.1.2 節で提示した題材は，それぞれ [227] および [234] からもってきた．5.2 節および 5.3 節は，主として，量子マルコフ連鎖の到達可能性を詳しく調べ，とくに量子グラフの BSCC の概念を導入した [235] にもとづく．補題 5.4.4 および 5.4.6 は [216] からもってきた．

　さらに読むべき文献としては，次の 3 通りの方向性が考えられる．

(i) **量子プログラムの摂動**：この章では論じなかったが，量子論理ゲートの実装にはノイズがあるので，量子プログラムに対する摂動解析はとくに興味深い．[227] では，ループ本体のユニタリ変換あるいはループガードの測定における小さな摂動は，ある自明な次元の制限が満たされれば，量子的ループを（ほぼ）停止させることが証明された．

(ii) **再帰的量子プログラムの解析**：この章では，量子的ループプログラムの解析だけを考えた．[87] では，エテッサミとヤンナカキスの再帰的マルコフ連鎖 [79] を量子的に一般化した再帰的超作用素値マルコフ連鎖を導入し，それらの到達可能性解析のためにいくつかの手法を開発した．あきらかに，これらの手法は 3.4 節で定義した再帰的量子プログラムの解析に用いることができる．古典的な再帰プログラムを解析する手法のあるものは，プッシュダウンオートマトンにもとづいている．たとえば [78] を参照のこと．プッシュダウン量子オートマトンの概念は [103] で導入されたが，再帰的量子プログラムの解析にプッシュダウン量子オートマトンをどのように用いるのかはまだ明確ではない．

(iii) **非決定性量子プログラムおよび並列量子プログラムの解析**：非決定性量子プログラムの停止性解析は [152] で行われ，確率的プログラムに対する [113] のいくつかの結果が一般化された．公平性条件をもつ並列量子プログラムの停止性は [238] で研究された．それは，[236] では，さらに量子マ

ルコフ決定過程を用いて論じられた．一方，この章では，量子プログラムのもっとも単純な到達可能性だけを調べている．量子系のそれよりも複雑ないくつかの到達可能性の性質は [153] で調べられている．

　この章で述べた一連の研究以外にも，量子プログラムの解析に対するいくつものアプローチが文献の中で提案されてきた．[126] では，Scaffld[3] で書かれた量子プログラムのコンパイルと解析のための拡張性のあるフレームワーク ScaffCC が提案された．ScaffCC では，とくに経路推定のためのタイミング解析が考えられた．1.1.3 節ですでに言及したように，[128] では抽象解釈が量子プログラムの解析のために一般化された．これは，[118] で，量子プログラム中の量子変数の分離可能性を推論するようにさらに拡張された．

III

量子的制御をもつ量子プログラム

6

量子的場合分け文

　第3章から第5章では，データ重ね合わせパラダイムの量子プログラムについて系統的に調べた．とくに，第3章では，量子的 while プログラムと再帰的量子プログラムを調べ，いくつかの量子アルゴリズムはこの種の量子プログラムとして簡単に書けることを示した．量子的 while プログラムの制御フローは場合分け文とその中の while ループによって作り出され，再帰的量子プログラムの制御フローは手続き呼び出しによって作り出される．量子的 while プログラムや再帰的量子プログラムの制御フローを決定する情報は量子的ではなく古典的であり，そのような制御フローはまさしく（量子プログラムの）古典的制御フローと呼ばれる．

　この章と次章の目標は，量子プログラムをプログラム重ね合わせパラダイムに持ち込むことである．言い換えると，それは量子制御フローをもつ量子プログラムである．よく知られているように，プログラムの制御フローは場合分け文，ループ，再帰などのプログラム構成要素によって決まる．興味深いことに，古典的プログラミングでの場合分け文，ループ，再帰の概念は，量子的な状況設定では次の二つの範疇に分かれる．

(i) 第3章から第5章までで詳細に論じた古典的制御をもつ場合分け文，ループ，再帰
(ii) 量子的な場合分け文，ループ，再帰，すなわち，量子的制御をもつ場合分け文，ループ，再帰

のちほど分かるように，量子アルゴリズムの大部分のクラスは，量子的制御をもつプログラミング言語を使うほうがうまくプログラムすること

ができる．この章では，量子的場合分け文に焦点を当てる．量子的制御フローをもつループおよび再帰については次章で論じる．

この章の構成は次のとおり．

- 6.1 節では，グラフ上の量子ウォークの例を通して，量子的場合分け文への入念な足がかりとする．そして，量子的場合分け文の制御フローを分析し，量子的場合分け文の意味論を定義する上での技術的問題を明らかにする．
- 6.2 節では，量子的場合分け文を用いたプログラミングを支援する新しい量子プログラミング言語 QuGCL を定義する．
- 6.3 節では，さまざまな量子操作のガード付き合成を含めて，QuGCL の表示的意味論を定義するために必要ないくつかの鍵となる要素を準備する．QuGCL の表示的意味論は，6.4 節で提示する．
- 6.5 節では，量子的場合分け文にもとづく量子選択の概念を定義する．
- 6.6 節では，QuGCL プログラムのいくつかの代数的規則を提示する．これらの代数的規則は，量子的場合分け文を用いたプログラムの検証，変換，コンパイルに利用できる．
- 言語 QuGCL の表現力を分かりやすく示すために，6.7 節では一連の例を提示する．
- 6.8 節では，量子的場合分け文のいくつかの変形や一般化について論じる．
- 6.3 節から 6.6 節までのいくつかの補題，命題，定理の証明は退屈なので，見通しをよくするために，最後の 6.9 節でまとめて証明する．

6.1 古典的場合分け文から量子的場合分け文へ

次の問いに対する直感的な考察から始めよう．なぜ，量子的場合分け文という新しい概念を導入しなければならないのか．それは第 3 章で考えた量子プログラムの場合分け文とどう違うのか．これらの問いに答えることで，三つの段階を経て量子的場合分け文の概念を説明しよう．

(i) 古典的プログラミングにおける場合分け文：古典的プログラミングにおける条件分岐文は，b をブール式として，

6.1 古典的場合分け文から量子的場合分け文へ 263

$$\textbf{if } b \textbf{ then } S_1 \textbf{ else } S_0 \textbf{ fi} \tag{6.1}$$

と書かれることを思い出そう．b が真であれば，サブプログラム S_1 が実行され，そうでなければ，S_0 が実行される．より一般的には，古典的プログラミングの場合分け文は，ガード付き命令の集まり

$$\textbf{if } (\Box i \cdot G_i \to S_i) \textbf{ fi} \tag{6.2}$$

として書かれる．ここで，それぞれの $1 \leq i \leq n$ について，サブプログラム S_i は，ブール式 G_i により保護されていて，G_i が真になるときだけ S_i は実行される．

(ii) **量子プログラミングにおける古典的場合分け文**：量子プログラミングにおける古典的場合分け文の概念は，第3章で，量子測定にもとづいて定義した．$\bar{q}$ を量子変数の集まりとし，$M = \{M_m\}$ を $\bar{q}$ に対する測定とする．それぞれの可能な測定結果 m に対して，S_m は量子プログラムとする．このとき，場合分け文は次のように書くことができる．

$$\textbf{if } (\Box m \cdot M[\bar{q}] = m \to S_m) \textbf{ fi} \tag{6.3}$$

文 (6.3) は測定 M の結果に応じて命令を選択する．結果が m であれば，対応する命令 S_m が実行される．とくに，M が正否測定，すなわち，可能な結果は 1 (yes) と 0 (no) の2通りしかない場合，場合分け文 (6.3) は条件分岐文 (6.1) の一般化であり，量子プログラミングにおける古典的条件分岐文と呼ぶのが適切であろう．練習問題 3.4.8 で示したように，量子的 **while** ループ (3.4) は，その条件分岐文で宣言された再帰プログラムとみることもできる．

(iii) **量子的場合分け文**：実際には，(6.3) のほかにも，また別の種類の場合分け文がある．この場合分け文の新しい概念は，グラフ上の量子ウォークにおけるシフト作用素の定義に含まれる重要なアイディアを拡張することで定義できる．例 2.3.9 のシフト作用素は，任意の方向 $1 \leq i \leq n$ と任意の頂点 $v \in V$ に対して

$$S|i,v\rangle = |i,v_i\rangle$$

と定義される $\mathcal{H}_d \otimes \mathcal{H}_p$ の作用素である．ここで，v_i は，v の i 番目の隣

接頂点で，$\mathcal{H}_d$ および $\mathcal{H}_p$ は，それぞれ方向を決める「コイン」空間および位置空間である．

このシフト作用素に対して，少し違った見方をすることができる．それぞれの $1 \leq i \leq n$ に対して，方向 i へのシフト S_i を，任意の $v \in V$ に対して

$$S_i |v\rangle = |v_i\rangle$$

となる $\mathcal{H}_p$ の作用素と定義する．このとき，「コイン」に沿ってこれらの作用素 S_i $(1 \leq i \leq n)$ を組み合わせることで，全体のシフト作用素 S を，任意の $1 \leq i \leq n$ および $v \in V$ に対して

$$S |i,v\rangle = |i\rangle S_i |v\rangle \tag{6.4}$$

と定義することができる．この作用素 S および S_i $(1 \leq i \leq n)$ は異なるヒルベルト空間で定義されていることに注意しよう．S は $\mathcal{H}_d \otimes \mathcal{H}_p$ で定義されているが，すべての S_i は $\mathcal{H}_p$ で定義されている．

このシフト作用素 S の振る舞いを注意深く観察しよう．作用素 $S_1, \ldots, S_n$ は，互いに独立なプログラムの集まりとみることができる．このとき，S はそれらの中から一つ選んで実行するのだから，S は $S_1, \ldots, S_n$ の場合分け文の一種とみることができる．しかし，あきらかに式 (6.4) は，この場合分け文 (6.3) とは異なることを示している．式 (6.4) では，古典的情報ではなく量子情報である「コイン空間」の基底状態 $|i\rangle$ に応じて選択がなされる．したがって，S を量子的場合分け文と呼ぶのが適切であろう．この時点では，測定結果 m は古典的情報で，基底状態 $|i\rangle$ は量子情報であるという事実にもかかわらず，場合分け文 (6.3) と量子的場合分け文の振る舞いが本当に異なるということに読者はまだ納得できていないかもしれない．これらの本質的な違いは，この後，量子的場合分け文の制御フローを考えるときに明らかになる．

このアイディアは大幅に拡張することができる．$S_1, S_2, \ldots, S_n$ を，状態空間が同じヒルベルト空間 $\mathcal{H}$ をもつ一般の量子プログラムの集まりとする．そして，「コイン」系と呼ばれる，外部量子系を導入する．「コイン」系は単純な系でも複合量子系でもよく，それを $S_1, S_2, \ldots, S_n$ には現れない新しい量子変数の族からなる量子レジスタ $\bar{q}$ によって表す．系 $\bar{q}$ の

6.1 古典的場合分け文から量子的場合分け文へ

状態空間は n 次元ヒルベルト空間 $\mathcal{H}_q$ であると仮定し,その正規直交基底を $\{|i\rangle\}_{i=1}^n$ とする.このとき,量子的場合分け文 S は,$\{|i\rangle\}$ に応じてプログラム $S_1, S_2, \ldots, S_n$ を組み合わせた

$$S \equiv \mathbf{qif}\ [\overline{q}]:\ |1\rangle \to S_1 \qquad\qquad\qquad\qquad$$
$$\square \quad\ |2\rangle \to S_2 \qquad\qquad\qquad\qquad$$
$$\cdots\cdots \qquad\qquad\qquad\qquad (6.5)$$
$$\square \quad\ |n\rangle \to S_n \qquad\qquad\qquad\qquad$$
$$\mathbf{fiq} \qquad\qquad\qquad\qquad\qquad\qquad$$

あるいは,これを簡略化した

$$S \equiv \mathbf{qif}\ [\overline{q}](\square i \cdot |i\rangle \to S_i)\ \mathbf{fiq}$$

と定義する.

量子的制御フロー:

それでは,量子的場合分け文 (6.5) の制御フロー,すなわち,その実行の順序をみてみよう.その意味論によって,S の制御フローを明確に知ることができる.式 (6.4) に従えば,S の意味関数 $[\![S]\!]$ は,テンソル積 $\mathcal{H}_{\overline{q}} \otimes \mathcal{H}$ により,任意の $1 \leq i \leq n$ および $|\varphi\rangle \in \mathcal{H}$ に対して

$$[\![S]\!](|i\rangle\,|\varphi\rangle) = |i\rangle\,([\![S_i]\!]\,|\varphi\rangle) \qquad (6.6)$$

と定義されるべきだと考えるのが理にかなっている.ここで,$[\![S_i]\!]$ は,S_i の意味関数である.このとき,プログラム S の制御フローは,「コイン」変数 $\overline{q}$ によって決まる.それぞれの $1 \leq i \leq n$ について,S_i は基底状態 $|i\rangle$ によって保護されている.言い換えると,プログラム (6.5) の実行は,「コイン」$\overline{q}$ によって制御されていて,$\overline{q}$ が状態 $|i\rangle$ のときにサブプログラム S_i が実行される.ここで,極めて興味深いのは,$\overline{q}$ が古典的「コイン」ではなく量子「コイン」であり,したがって,基底状態 $|i\rangle$ だけでなく,それらの重ね合わせ状態にもなりうるということだ.これらの基底状態の重ね合わせによって,量子的制御フロー,すなわち,すべての $|\varphi_i\rangle \in \mathcal{H}$ および複素数 $\alpha_i\ (1 \leq i \leq n)$ に対して

$$[\![S]\!]\left(\sum_{i=1}^n \alpha_i\,|i\rangle\,|\varphi_i\rangle\right) = \sum_{i=1}^n \alpha_i\,|i\rangle\,([\![S_i]\!]\,|\varphi_i\rangle) \qquad (6.7)$$

という制御フローの重ね合わせが生じる．直感的には，式 (6.7) において，それぞれの $1 \leq i \leq n$ についてサブプログラム S_i は確率振幅 α_i で実行される．これは，それぞれのガード $M[\bar{q}] = m_1, \ldots, M[\bar{q}] = m_n$ が重ね合わせにならない量子プログラムの古典的場合分け文 (6.3) との大きな違いである．

量子的場合分け文の意味論を定義する上での技術的問題点：

一見すると，一般の量子的場合分け文の表示的意味を定義するのに，量子ウォークにおけるシフト作用素の定義式は式 (6.6) に問題なく一般化できているように思える．しかし，実際には，式 (6.6) には大きな（しかし捉えにくい）問題点がある．どの $S_i\,(1 \leq i \leq n)$ にも量子測定が生じない場合は，それぞれの S_i の操作的意味は単にユニタリ作用素の並びとして与えられ，式 (6.6) には何の問題も生じない．しかしながら，どれかの S_i が量子測定を含む場合には，その意味論は，その測定が実行された点から枝分かれする線形作用素の木構造になる．量子力学の枠組みでは式 (6.6) は無意味になり，量子的場合分け文 S の意味論を定義するには，関連する量子力学の原理に従うように，量子操作の木構造の集まりを適切に組み合わせる必要がある．6.3 節および 6.4 節では，作用素値関数を用いた準古典的意味論を導入することによりこの問題を回避する．

練習問題 6.1.1 ある $S_i\,(1 \leq i \leq n)$ に量子測定が現れる場合には，式 (6.6) ではなぜ量子的場合分け文の意味論をうまく定義できないのか．その論拠を示すような例を挙げよ．

6.2　量子的場合分け文をもつ言語 QuGCL

前節では，量子的場合分け文を導入する意義について，詳しく述べた．ここでは，量子的場合分け文を用いたプログラミングを調べよう．まず，量子的場合分け文をプログラム構成要素にもつプログラミング言語 QuGCL を形式的に定義する．QuGCL は，ダイクストラの GCL（ガード付きコマンド言語）の量子化版とみることもできる．QuGCL の語彙は次のとおりである．

- 第 3 章と同じように，量子変数の可算集合 $qVar$ の上を $q, q_1, q_2, \ldots$ が動くもの

とする.それぞれの量子変数 $q \in qVar$ に対して,その型はヒルベルト空間 $\mathcal{H}_q$ である.これは,q で表される量子系の状態空間である.相異なる量子変数からなる量子レジスタ $\bar{q} = q_1, q_2, \ldots, q_n$ に対して,その状態ヒルベルト空間を

$$\mathcal{H}_{\bar{q}} = \bigotimes_{i=1}^{n} \mathcal{H}_{q_i}$$

と書く.

- 表現を簡潔にするために,QuGCL は純粋量子プログラミング言語として設計されている.しかし,$x, y, \ldots$ がその上を動く古典的変数の可算無限集合 Var を含んでいる.これらを用いて,量子測定の結果を記録することができる.しかしながら,たとえば,古典的プログラミング言語における代入文 $x := e$ などで記述される古典的計算は含まれていない.それぞれの古典的変数 $x \in Var$ に対して,その型は空でない集合 D_x だと仮定する.すなわち,x は D_x に含まれる値をとるということである.量子測定 M の結果を格納するために x を使う場合には,M のとりうるすべての結果は D_x に含まれていなければならない.

- 古典的変数の集合と,量子変数の集合は,互いに素,すなわち,$qVar \cap Var = \emptyset$ でなければならない.

このような語彙を用いると,QuGCL のプログラムを定義することができる.それぞれの QuGCL プログラム S に対して,その古典的変数の集合を $\mathrm{var}(S)$,量子変数の集合を $\mathrm{qvar}(P)$,「コイン」変数を $\mathrm{cvar}(P)$ と表記する.

定義 6.2.1 QuGCL プログラムは次のように帰納的に定義される.

(i) **abort** および **skip** はプログラムである.

$$\mathrm{var}(\mathbf{abort}) = \mathrm{var}(\mathbf{skip}) = \emptyset$$
$$\mathrm{qvar}(\mathbf{abort}) = \mathrm{qvar}(\mathbf{skip}) = \emptyset$$
$$\mathrm{cvar}(\mathbf{abort}) = \mathrm{cvar}(\mathbf{skip}) = \emptyset$$

(ii) $\bar{q}$ を量子レジスタとし,U を $\mathcal{H}_{\bar{q}}$ のユニタリ作用素とするとき,

$$\bar{q} := U[\bar{q}]$$

はプログラムであり，

$$\mathrm{var}(\overline{q} := U[\overline{q}]) = \emptyset, \quad \mathrm{qvar}(\overline{q} := U[\overline{q}]) = \overline{q}, \quad \mathrm{cvar}(\overline{q} := U[\overline{q}]) = \emptyset$$

とする．

(iii) S_1 および S_2 がプログラムで $\mathrm{var}(S_1) \cap \mathrm{var}(S_2) = \emptyset$ であるならば，$S_1; S_2$ はプログラムであり，

$$\mathrm{var}(S_1; S_2) = \mathrm{var}(S_1) \cup \mathrm{var}(S_2)$$
$$\mathrm{qvar}(S_1; S_2) = \mathrm{qvar}(S_1) \cup \mathrm{qvar}(S_2)$$
$$\mathrm{cvar}(S_1; S_2) = \mathrm{cvar}(S_1) \cup \mathrm{cvar}(S_2)$$

とする．

(iv) $\overline{q}$ が量子レジスタ，x が古典的変数，$M = \{M_m\}$ が $\mathcal{H}_{\overline{q}}$ の量子測定で M のすべての可能な結果は D_x に含まれていて，$\{S_m\}$ は測定 M の結果 m を添字とするプログラムの族で $x \notin \bigcup_m \mathrm{var}(S_m)$ であるとき，測定の結果 m によって保護された S_m の古典的場合分け文

$$S \equiv \mathbf{if}\ (\square m \cdot M[\overline{q}:x] = m \to S_m)\ \mathbf{fi} \tag{6.8}$$

はプログラムであり，

$$\mathrm{var}(S) = \{x\} \cup \left(\bigcup_m \mathrm{var}(S_m)\right)$$
$$\mathrm{qvar}(S) = \overline{q} \cup \left(\bigcup_m \mathrm{qvar}(S_m)\right)$$
$$\mathrm{cvar}(S) = \bigcup_m \mathrm{cvar}(S_m)$$

とする．

(v) $\overline{q}$ が量子レジスタ，$\{|i\rangle\}$ が $\mathcal{H}_{\overline{q}}$ の正規直交基底，$\{S_i\}$ は基底状態 $|i\rangle$ を添字とするプログラムの族で

$$\overline{q} \cap \left(\bigcup_i \mathrm{qvar}(S_i)\right) = \emptyset$$

であるとき，基底状態 $|i\rangle$ によって保護された S_i の量子的場合分け文

$$S \equiv \mathbf{qif}\ [\overline{q}]\ (\square i \cdot\ |i\rangle \to S_i)\ \mathbf{fiq} \tag{6.9}$$

6.2 量子的場合分け文をもつ言語 QuGCL

はプログラムであり,

$$\mathrm{var}(S) = \bigcup_i \mathrm{var}(S_i)$$

$$\mathrm{qvar}(S) = \overline{q} \cup \left(\bigcup_i \mathrm{qvar}(S_i)\right)$$

$$\mathrm{cvar}(S) = \overline{q} \cup \left(\bigcup_i \mathrm{cvar}(S_i)\right)$$

とする.

この定義は,量子プログラムとその古典的変数,量子変数,「コイン」変数を同時に定義していて,極めて複雑である.しかし,QuGCL の構文は,次のように要約することができる.

$$S := \mathbf{abort} \mid \mathbf{skip} \mid \overline{q} := U[\overline{q}] \mid S_1; S_2$$
$$\mid \mathbf{if} \ (\Box m \cdot M[\overline{q} : x] = m \to S_m) \ \mathbf{fi} \quad \text{(古典的場合分け文)}$$
$$\mid \mathbf{qif} \ [\overline{q}](\Box i \cdot |i\rangle \to S_i) \ \mathbf{fiq} \quad \text{(量子的場合分け文)}$$

QuGCL における **skip**,ユニタリ変換,逐次合成の意味は,それぞれ第 3 章で定義した量子的 **while** 言語における意味と同じである.ダイクストラの GCL のように,**abort** は未定義命令で,いかなることも行いうるし,停止する必要もない.量子的場合分け文 (6.9) の直感的な意味は,6.1 節ですでに詳しく説明した.しかし,QuGCL の言語設計のいくつかの細かい点については,詳細に説明する価値がある.

- 逐次合成 $S_1; S_2$ における $\mathrm{var}(S_1) \cap \mathrm{var}(S_2) = \emptyset$ という要請は,別の地点で実行される測定の結果が別の古典的変数に格納されることを意味する.このような要請は,主として技術的な便宜のためであり,これによって表現がかなり単純になる.
- 文 (6.8) と (6.3) は本質的に同じであり,それらの違いは,(6.8) では測定の結果を記録するために古典的変数 x が追加されることだけである.文 (6.8) では,$x \notin \bigcup_m \mathrm{var}(S_m)$ が要請される.これは,S_m の測定の結果を格納するのにすでに使われている古典的変数には,新しい測定の結果を格納できないことを意味する.この技術的要請は面倒ではあるが,これによって,QuGCL の意味論の表現を大幅に簡略化することができる.一方,測定される量子変数 $\overline{q}$ が S_m

に現れないことは要請されない．したがって，測定 M は，外部系に対してだけでなく，S_m に含まれる量子変数に対しても実行することができる．

- 量子的場合分け文 (6.9) において，$\overline{q}$ の変数はどの S_i にも現れてはいけないことは強調されるべきだろう．これは，「コイン」系 $\overline{q}$ がプログラム S_i の外部にあることを表している．この要請は非常に重要であるので，この章および次章で何度も強調することになる．この要請が必要な理由は，次の二つの節で量子的場合分け文の意味論を考えるときにあきらかになる．
- あきらかに，すべての「コイン」は量子変数である．すなわち，すべてのプログラム S に対して，$\mathrm{cvar}(S) \subseteq \mathrm{qvar}(S)$ となる．これは，量子プログラムの間のある種の同値関係を定義する際に，S に含まれる「コイン」変数の集合 $\mathrm{cvar}(S)$ と量子変数の集合を区別するために必要になる．

6.3　量子操作のガード付き合成

前節では，量子プログラミング言語 QuGCL の構文を定義した．つぎに，どのようにして QuGCL の意味論を定義するかを考える．あきらかに，QuGCL の意味論を定義する上での大きな課題は，量子的場合分け文の取扱いである．なぜなら，そのほかのプログラム構成部品の意味論は，自明であるか，第 3 章ですでにきちんと定義されているからである．6.1 節で指摘したように，量子的場合分け文の意味論を定義する際の大きな問題は，分岐したサブプログラムのいずれかの中で量子測定が生じる場合に持ち上がる．したがって，この節では，この問題を克服するために，量子操作のガード付き合成という重要な数学的道具立てを用意する．

6.3.1　ユニタリ作用素のガード付き合成

一般のガード付き合成の定義を理解しやすいように，まずユニタリ作用素のガード付き合成という特別な場合から始める．これは，式 (6.4) における量子ウォークのシフト作用素 S を素直に一般化したものである．この簡単な場合に

は，量子測定は含まれない．

定義 6.3.1 それぞれの $1 \leq i \leq n$ について，U_i をヒルベルト空間 $\mathcal{H}$ のユニタリ作用素とする．$\mathcal{H}_q$ を「コイン」空間と呼ばれる補助的なヒルベルト空間とし，その正規直交基底を $\{|i\rangle\}$ とする．このとき，$\mathcal{H}_q \otimes \mathcal{H}$ の線形作用素 U を，任意の $|\psi\rangle \in \mathcal{H}$ および任意の $1 \leq i \leq n$ に対して

$$U(|i\rangle |\psi\rangle) = |i\rangle U_i |\psi\rangle \tag{6.10}$$

と定義する．線形性によって，任意の $|\psi_i\rangle \in \mathcal{H}$ と複素数 α_i に対して

$$U\left(\sum_i \alpha_i |i\rangle |\psi_i\rangle\right) = \sum_i \alpha_i |i\rangle U_i |\psi_i\rangle \tag{6.11}$$

が成り立つ．作用素 U を基底 $\{|i\rangle\}$ に沿った U_i $(1 \leq i \leq n)$ のガード付き合成と呼び，

$$U \equiv \bigoplus_{i=1}^{n} (|i\rangle \to U_i) \text{ あるいは簡略化した } U \equiv \bigoplus_{i=1}^{n} U_i$$

と表記する．

ガード付き合成 U が $\mathcal{H}_q \otimes \mathcal{H}$ のユニタリ作用素であることは簡単に確かめられる．とくに，量子「コイン」q は，$\mathcal{H}$ を状態空間とする主量子系の外部にある系と考えなければならない．そうでなければ，「コイン」と主量子系を合成した系の状態空間は $\mathcal{H}_q \otimes \mathcal{H}$ ではなくなり，定義式 (6.10) および (6.11) を使えないからである．

実際には，ユニタリ作用素のガード付き合成は，何も目新しいものではない．これは，2.2.4 節で導入した量子的マルチプレクサ（QMUX）そのものである．

例 6.3.2 選択量子ビット幅 k，データ量子ビット幅 d の量子マルチプレクサ U は，次のブロック対角行列で表すことができる．

$$U = \mathrm{diag}(U_0, U_1, \ldots, U_{2^k-1}) = \begin{pmatrix} U_0 & & & \\ & U_1 & & \\ & & \ddots & \\ & & & U_{2^k-1} \end{pmatrix}$$

k 選択量子ビットによる $U_0, U_1, \ldots, U_{2^k-1}$ の多重化は，k 量子ビットの計算基底 $\{|i\rangle\}$ に沿ったガード付き合成

$$\bigoplus_{i=0}^{2^k-1} (|i\rangle \to U_i)$$

にほかならない．

もちろん，U_i のガード付き合成 U の定義 6.3.1 は，「コイン」空間 $\mathcal{H}_q$ の直交基底 $\{|i\rangle\}$ の選び方に依存している．「コイン」空間 $\mathcal{H}_q$ の異なる二つの正規直交基底 $\{|i\rangle\}$ と $\{|\varphi_i\rangle\}$ に対して，あるユニタリ作用素 U_q で，任意の i について $|\varphi_i\rangle = U_q |i\rangle$ となるものが存在する．さらに，機械的な計算によって，次の補題が得られる．

補題 6.3.3 異なる基底 $\{|i\rangle\}$ および $\{|\varphi_i\rangle\}$ に沿った二つのガード付き合成は，互いに

$$\bigoplus_i (|\varphi_i\rangle \to U_i) = (U_q \otimes I_\mathcal{H}) \bigoplus_i (|i\rangle \to U_i) (U_q^\dagger \otimes I_\mathcal{H})$$

という関係にある．ここで，$I_\mathcal{H}$ は $\mathcal{H}$ の恒等作用素である．

この補題は，ある正規直交基底 $\{|\varphi_i\rangle\}$ に沿ったガード付き合成は，別の正規直交基底 $\{|i\rangle\}$ に沿ったガード付き合成を用いて表せることを示している．それゆえ，ガード付き合成の定義において，「コイン」空間の正規直交基底をどう選ぶかは本質的ではない．

6.3.2 作用素値関数

量子操作のガード付き合成の一般の形式は，定義 6.3.1 を素直に一般化して定義することはできない．これには，作用素値関数という補助的な概念が必要になる．任意のヒルベルト空間 $\mathcal{H}$ に対して，$\mathcal{H}$ の（有界線形）作用素の空間を $\mathcal{L}(\mathcal{H})$ と表記する．

定義 6.3.4 Δ を空でない集合とする．このとき，関数 $F : \Delta \to \mathcal{L}(\mathcal{H})$ が

$$\sum_{\delta \in \Delta} F(\delta)^\dagger \cdot F(\delta) \sqsubseteq I_\mathcal{H} \tag{6.12}$$

となるならば，$\mathcal{H}$ における Δ 上の作用素値関数という．ここで，$I_\mathcal{H}$ は $\mathcal{H}$ の恒等作用素，$\sqsubseteq$ はレヴナー順序（定義 2.1.18）を表す．とくに，式 (6.12) の順序関係が等号になる場合，F を全作用素値関数という．

作用素値関数のもっとも単純な例として，ユニタリ作用素と量子測定がある．

例 6.3.5

(i) ヒルベルト空間 $\mathcal{H}$ のユニタリ作用素 U は，一元集合 $\Delta = \{\epsilon\}$ 上の全作用素値関数とみることができる．この作用素値関数は，Δ の唯一の要素 ϵ を U に写像する．

(ii) ヒルベルト空間 $\mathcal{H}$ の量子測定 $M = \{M_m\}$ は，その可能な結果の集合 $\Lambda = \{m\}$ 上の全作用素値関数とみることができる．この作用素値関数は，それぞれの結果 m をそれに対応する測定作用素 M_m に写像する．

例 6.3.5(ii) を，量子測定の測定結果を無視することで量子操作が得られる例 2.1.45(ii) と比べると興味深い．しかしながら，例 6.3.5 では，測定結果は，添字の集合 $\Delta = \{m\}$ として明示的に記録されている．

この例よりもさらに一般には，量子操作は作用素値関数の族を定義する．$\mathcal{E}$ をヒルベルト空間 $\mathcal{H}$ の量子操作とすると，$\mathcal{E}$ はクラウス表現

$$\mathcal{E} = \sum_i E_i \circ E_i^\dagger$$

をもつ．すなわち，$\mathcal{H}$ の任意の密度作用素 ρ に対して

$$\mathcal{E}(\rho) = \sum_i E_i \rho E_i^\dagger$$

となる（定理 2.1.46）．このような表現に対して，添字の集合を $\Delta = \{i\}$ として，Δ 上の作用素値関数を，すべての i について

$$F(i) = E_i$$

と定義する．$\mathcal{E}$ のクラウス表現は一意ではないので，この手続きによって $\mathcal{E}$ から複数の作用素値関数が定義されるかもしれない．

定義 6.3.6 量子操作 $\mathcal{E}$ から生成される作用素値関数の集合 $\mathbb{F}(\mathcal{E})$ は，$\mathcal{E}$ のすべての相異なるクラウス表現により定義される作用素値関数で構成される．

逆に，作用素値関数は量子操作を一意に決める．

定義 6.3.7 F をヒルベルト空間 $\mathcal{H}$ における集合 Δ 上の作用素値関数とする．このとき，F は $\mathcal{H}$ の量子操作 $\mathcal{E}(F)$ を次のように決める．

$$\mathcal{E}(F) = \sum_{\delta \in \Delta} F(\delta) \circ F(\delta)^\dagger$$

すなわち，$\mathcal{H}$ のすべての密度作用素 ρ に対して

$$\mathcal{E}(F)(\rho) = \sum_{\delta \in \Delta} F(\delta) \rho F(\delta)^\dagger$$

とする．

作用素値関数と量子操作の間の関係をさらに明確にするために，作用素値関数の族 $\mathbb{F}$ に対して

$$\mathcal{E}(\mathbb{F}) = \{\mathcal{E}(F) : F \in \mathbb{F}\}$$

と表記する．あきらかに，それぞれの量子操作 $\mathcal{E}$ に対して，$\mathcal{E}(\mathbb{F}(\mathcal{E})) = \{\mathcal{E}\}$ が成り立つ．一方，補題 4.3.7 (たとえば [174] の定理 8.2) によって，$\Delta = \{\delta_1, \ldots, \delta_k\}$ 上の任意の作用素値関数 F に対して，$\mathbb{F}(\mathcal{E}(F))$ は，ある集合 $\Gamma = \{\gamma_1, \ldots, \gamma_l\}$ 上の作用素値関数 G で，それぞれの $1 \leq i \leq n$ について

$$G(\gamma_i) = \sum_{j=1}^{n} u_{ij} \cdot F(\delta_j)$$

となるものすべてで構成される．ここで，$n = \max(k, l)$, $U = (u_{ij})$ は $n \times n$ ユニタリ行列，すべての $k+1 \leq i \leq n$ および $l+1 \leq j \leq n$ に対して $F(\delta_i) = G(\gamma_j) = 0_\mathcal{H}$ であり，$0_\mathcal{H}$ は $\mathcal{H}$ のゼロ作用素である．

6.3.3 作用素値関数のガード付き合成

それでは，作用素値関数のガード付き合成の定義に進む．だが，その前に，表記法を導入する必要がある．すべての $1 \leq i \leq n$ について，Δ_i を空でない集合

6.3 量子操作のガード付き合成

とする．このとき，

$$\bigoplus_{i=1}^{n} \Delta_i = \{\oplus_{i=1}^{n} \delta_i : \text{すべての} 1 \leq i \leq n \text{について} \delta_i \in \Delta_i\} \quad (6.13)$$

と書くことにする．ここで，$\oplus_{i=1}^{n} \delta_i$ は，単に δ_i ($1 \leq i \leq n$) を形式的，構文的に組み合わせたものを表す記法である．この表記法の背後にある直感的な意味は，次節で古典的変数の状態を表すために δ_i を用いるときに説明する．

定義 6.3.8 それぞれの $1 \leq i \leq n$ について，F_i をヒルベルト空間 $\mathcal{H}$ における集合 Δ_i 上の作用素値関数とする．$\mathcal{H}_q$ を「コイン」ヒルベルト空間とし，その正規直交基底を $\{|i\rangle\}$ とする．このとき，基底 $\{|i\rangle\}$ に沿った F_i ($1 \leq i \leq n$) のガード付き合成

$$F \triangleq \bigoplus_{i=1}^{n} (|i\rangle \to F_i) \text{ あるいはそれを簡略化した } F \triangleq \bigoplus_{i=1}^{n} F_i$$

とは，$\mathcal{H}_q \otimes \mathcal{H}$ における $\bigoplus_{i=1}^{n} \Delta_i$ 上の作用素値関数

$$F : \bigoplus_{i=1}^{n} \Delta_i \to \mathcal{L}(\mathcal{H}_q \otimes \mathcal{H})$$

である．この作用素値関数 F は，次のように 3 段階で定義される．

(i) 任意の $\delta_i \in \Delta_i$ ($1 \leq i \leq n$) に対して，

$$F(\oplus_{i=1}^{n} \delta_i)$$

は $\mathcal{H}_q \otimes \mathcal{H}$ の作用素である．

(ii) それぞれの $|\Psi\rangle \in \mathcal{H}_q \otimes \mathcal{H}$ に対して，ある一意な n 個組 $(|\psi_1\rangle, \ldots, |\psi_n\rangle)$ が存在し，$|\psi_1\rangle, \ldots, |\psi_n\rangle \in \mathcal{H}$ であり，$|\Psi\rangle$ は

$$|\Psi\rangle = \sum_{i=1}^{n} |i\rangle |\psi_i\rangle$$

と書くことができる．このとき，

$$F(\oplus_{i=1}^{n} \delta_i)|\Psi\rangle = \sum_{i=1}^{n} \left(\prod_{k \neq i} \lambda_{k\delta_k}\right) |i\rangle (F_i(\delta_i)|\psi_i\rangle) \quad (6.14)$$

と定義する．

(iii) 任意の $\delta_k \in \Delta_k$ $(1 \leq k \leq n)$ に対して,

$$\lambda_{k\delta_k} = \sqrt{\frac{\operatorname{tr} F_k(\delta_k)^\dagger F_k(\delta_k)}{\sum_{\tau_k \in \Delta_k} \operatorname{tr} F_k(\tau_k)^\dagger F_k(\tau_k)}} \tag{6.15}$$

とする. とくに, F_k が全作用素値関数ならば, $d = \dim \mathcal{H} < \infty$ として,

$$\lambda_{k\delta_k} = \sqrt{\frac{\operatorname{tr} F_k(\delta_k)^\dagger F_k(\delta_k)}{d}}$$

になる.

このガード付き合成の定義は非常に込み入っている. とくに, 一見しただけでは, 式 (6.14) における $\lambda_{k\delta_k}$ の積がどこから得られるのか分かりづらい. この問いに対する単純な答えは, この積は確率振幅を正規化するように選ばれているというものだ. この点は, (のちほど 6.9 節で示す) 補題 6.3.10 の証明から明確に知ることができる. 直感的には, 式 (6.15) で定義される係数の平方 $\lambda_{k\delta_k}^2$ は, 条件付き確率の一種と考えることもできる. 実際には, 式 (6.14) および (6.15) において, 異なった係数の選び方も可能である. この問題については, 6.8.1 節でさらに考察する.

とくに注意を払うべき点は, この定義のガード付き合成 F の状態空間は $\mathcal{H}_q \otimes \mathcal{H}$ であり, したがって, 量子「コイン」q は, 状態空間 $\mathcal{H}$ をもつ主量子系の外部にある系として取り扱わなければならないということだ.

すべての $1 \leq i \leq n$ について Δ_i が一元集合ならば, すべての $\lambda_{k\delta_k} = 1$ であり, 式 (6.14) は退化して式 (6.11) になることが簡単に分かる. したがって, 定義 6.13 は, 定義 6.3.1 で導入したユニタリ作用素のガード付き合成の一般化になっている.

次の補題は, 作用素値関数のガード付き合成がきちんと定義されていることを示す.

補題 6.3.9 ガード付き合成 $F = \bigoplus_{i=1}^n (|i\rangle \to F_i)$ は, $\mathcal{H}_q \otimes \mathcal{H}$ における $\bigoplus_{i=1}^n \Delta_i$ 上の作用素値関数である. とくに, すべての F_i $(1 \leq i \leq n)$ が全作用素値関数ならば, F も全作用素値関数になる.

この補題の証明は, 見通しをよくするために 6.9 節で行う. 読者は, 練習問題として証明に挑戦してみてほしい.

補題 6.3.3 と同様に，作用素値関数のガード付き合成における「コイン」空間の正規直交基底の選び方は本質的ではない．「コイン」空間 $\mathcal{H}_q$ の任意の二つの正規直交基底 $\{|i\rangle\}$ および $\{|\varphi_i\rangle\}$ に対して，U_q をユニタリ作用素で，すべての i について $|\varphi_i\rangle = U_q |i\rangle$ となるものとする．このとき，次の補題が得られる．

補題 6.3.10 異なる基底 $\{|i\rangle\}$ および $\{|\varphi_i\rangle\}$ それぞれに沿った二つのガード付き合成は，次の式のような関係にある．

$$\bigoplus_{i=1}^{n}(|\varphi_i\rangle \to F_i) = (U_q \otimes I_\mathcal{H}) \cdot \bigoplus_{i=1}^{n}(|i\rangle \to F_i) \cdot (U_q^\dagger \otimes I_\mathcal{H})$$

すなわち，任意の $\delta_1 \in \Delta_1, \ldots, \delta_n \in \Delta_n$ に対して

$$\bigoplus_{i=1}^{n}(|\varphi_i\rangle \to F_i)(\oplus_{i=1}^{n}\delta_i) = (U_q \otimes I_\mathcal{H}) \left[\bigoplus_{i=1}^{n}(|i\rangle \to F_i)(\oplus_{i=1}^{n}\delta_i)\right] (U_q^\dagger \otimes I_\mathcal{H})$$

となる．

ここで，定義 6.3.8 の具体例を示す．この例は，1 量子ビットの量子「コイン」を介して二つの量子測定をどのように合成するかを示している．

例 6.3.11 次の二つの単純な量子測定のガード付き合成を考える．

- $M^{(0)}$ は，計算基底 $|0\rangle$ および $|1\rangle$ による 1 量子ビット（主量子ビット）p の測定である．すなわち，

$$M_0^{(0)} = |0\rangle\langle 0|, \qquad M_1^{(0)} = |1\rangle\langle 1|$$

とするとき，$M^{(0)} = \{M_0^{(0)}, M_1^{(0)}\}$ となる．

- $M^{(1)}$ は，別の基底

$$|\pm\rangle = \frac{1}{\sqrt{2}}(|0\rangle \pm |1\rangle)$$

による同じ主量子ビットの測定である．すなわち，

$$M_+^{(1)} = |+\rangle\langle+|, \qquad M_-^{(1)} = |-\rangle\langle-|$$

とするとき，$M^{(1)} = \{M_+^{(1)}, M_-^{(1)}\}$ となる．

このとき，別の量子ビット（「コイン」量子ビット）q の計算基底に沿った $M^{(0)}$ と $M^{(1)}$ のガード付き合成は，2 量子ビット q および p に対する測定

$$M = M^{(0)} \oplus M^{(1)} = \{M_{0+}, M_{0-}, M_{1+}, M_{1-}\}$$

になる．ここで，ij は $i \oplus j$ を略記したもので，主量子ビット p の任意の状態 $|\psi_0\rangle$, $|\psi_1\rangle$ および $i \in \{0,1\}$, $j \in \{+,-\}$ に対して

$$M_{ij}(|0\rangle_q |\psi_0\rangle_p + |1\rangle_q |\psi_1\rangle_p) = \frac{1}{\sqrt{2}}(|0\rangle_q M_i^{(0)} |\psi_0\rangle_p + |1\rangle_q M_j^{(1)} |\psi_1\rangle_p)$$

となる．また，機械的な計算により，2量子ビット q,p の任意の状態 $|\Psi\rangle$ と任意の $i \in \{0,1\}$, $j \in \{+,-\}$ について，状態 $|\Psi\rangle$ において2量子ビット系 q,p に対する $M^{(0)}$ と $M^{(1)}$ のガード付き合成 M を実行したときに結果が ij となる確率は

$$\Pr(i,j \mid |\Psi\rangle, M) = \frac{1}{2} \left[\Pr(i \mid {}_q\langle 0|\Psi\rangle, M^{(0)}) + \Pr(j \mid {}_q\langle 1|\Psi\rangle, M^{(1)}) \right]$$

になる．ただし，

(i) $|\Psi\rangle = |0\rangle_q |\psi_0\rangle_p + |1\rangle_q |\psi_1\rangle_p$ ならば，

$${}_q\langle k|\Psi\rangle = |\psi_k\rangle$$

は，2量子ビット系 q,p が状態 $|\Psi\rangle$ で，「コイン」量子ビット q が基底状態 $|k\rangle$ ($k = 0,1$) であるときの主量子ビット p の「条件付き」状態，

(ii) $\Pr(i \mid {}_q\langle 0|\Psi\rangle, M^{(0)})$ は，状態 ${}_q\langle 0|\Psi\rangle$ の量子ビット p に測定 $M^{(0)}$ を実行したときの結果が i になる確率，

(iii) $\Pr(j \mid {}_q\langle 1|\Psi\rangle, M^{(1)})$ は，状態 ${}_q\langle 1|\Psi\rangle$ の量子ビット p に測定 $M^{(1)}$ を実行したときの結果が j になる確率

とする．

6.3.4 量子操作のガード付き合成

ここまでで，「コイン」を外部量子系とすることで作用素値関数の族をどのように合成するかについて学んだ．これで，量子操作の族のガード付き合成を，それら量子操作から生成される作用素値関数のガード付き合成によって定義できる．

定義 6.3.12 それぞれの $1 \leq i \leq n$ について，$\mathcal{E}_i$ をヒルベルト空間 $\mathcal{H}$ の量子操作（すなわち，超作用素）とする．$\mathcal{H}_q$ を「コイン」ヒルベルト空間とし，その

6.3 量子操作のガード付き合成

正規直交基底を $\{|i\rangle\}$ とする．このとき，基底 $\{|i\rangle\}$ に沿ったガード付き合成 $\mathcal{E}_i$ $(1 \leq i \leq n)$ は，$\mathcal{H}_q \otimes \mathcal{H}$ における量子操作の族

$$\bigoplus_{i=1}^n (|i\rangle \to \mathcal{E}_i) = \left\{ \mathcal{E}\left(\bigoplus_{i=1}^n (|i\rangle \to F_i)\right) : F_i \in \mathbb{F}(\mathcal{E}_i)\ (1 \leq i \leq n) \right\}$$

と定義する．ただし，

(i) $\mathbb{F}(\mathcal{F})$ は，量子操作 $\mathcal{F}$ から生成される作用素値関数の集合（定義6.3.6）を表し，

(ii) $\mathcal{E}(F)$ は，作用素値関数 F によって定義される量子操作（定義6.3.7）である．

定義6.3.1および6.3.8の場合と同様に，ガード付き合成 $\bigoplus_{i=1}^n (|i\rangle \to \mathcal{E}_i)$ は空間 $\mathcal{H}_q \otimes \mathcal{H}$ の量子操作であり，量子「コイン」q は，$\mathcal{H}$ を状態空間とする主量子系の外部にある．

$n = 1$ ならば，前述の量子操作のガード付き合成は，$\mathcal{E}_1$ だけからなることは簡単に分かる．しかしながら，$n > 1$ の場合，次の例に示すように，通常，ガード付き合成は一元集合にならない．ヒルベルト空間 $\mathcal{H}$ の任意のユニタリ作用素 U に対して，U によって定義される量子操作を $\mathcal{E}_U = U \circ U^\dagger$ と書く．すなわち，$\mathcal{H}$ の任意の密度作用素 ρ に対して $\mathcal{E}_U(\rho) = U\rho U^\dagger$ となる．（例2.1.44を参照のこと．）

例 6.3.13 U_0 と U_1 を，ヒルベルト空間 $\mathcal{H}$ の二つのユニタリ作用素とする．U を1量子ビットの計算基底 $|0\rangle, |1\rangle$ によってガードされた U_0 と U_1 の合成

$$U = U_0 \oplus U_1$$

とする．このとき，$\mathcal{E}_U$ は，超作用素 $\mathcal{E}_{U_0}$ と $\mathcal{E}_{U_1}$ のガード付き合成

$$\mathcal{E} = \mathcal{E}_{U_0} \oplus \mathcal{E}_{U_1}$$

の要素である．しかし，$\mathcal{E}$ は二つ以上の要素を含む．実際には，

$$U_\theta = U_0 \oplus e^{i\theta} U_1$$

とすると，

$$\mathcal{E} = \{\mathcal{E}_{U_\theta} = U_\theta \circ U_\theta^\dagger : 0 \leq \theta < 2\pi\}$$

が成り立つ．ガード付き合成 $\mathcal{E}$ の要素が一意でないことは，U_0 と U_1 の間の相対位相に起因する．

つぎに，量子操作のガード付き合成における「コイン」空間の基底の選び方を調べよう．このためには，次の二つの概念が必要になる．

- ヒルベルト空間 $\mathcal{H}$ の任意の量子操作 $\mathcal{E}_1$ と $\mathcal{E}_2$ に対して，その逐次合成 $\mathcal{E}_2 \circ \mathcal{E}_1$ とは，$\mathcal{H}$ の任意の密度作用素 ρ に対して次のように定義される $\mathcal{H}$ の量子操作である．

$$(\mathcal{E}_2 \circ \mathcal{E}_1)(\rho) = \mathcal{E}_2(\mathcal{E}_1(\rho))$$

逐次合成は，すでに 5.1.2 節で導入されている．

- より一般的には，ヒルベルト空間 $\mathcal{H}$ の任意の量子操作 $\mathcal{E}$ と量子操作の任意の集合 Ω に対して，Ω と $\mathcal{E}$ の逐次合成を次のように定義する．

$$\mathcal{E} \circ \Omega = \{\mathcal{E} \circ \mathcal{F} : \mathcal{F} \in \Omega\}, \qquad \Omega \circ \mathcal{E} = \{\mathcal{F} \circ \mathcal{E} : \mathcal{F} \in \Omega\}$$

補題 6.3.10 から容易に導くことができる次の補題は，「コイン」空間の正規直交基底の選び方は量子操作のガード付き合成にとって本質的でないことを示している．「コイン」空間 $\mathcal{H}_q$ の任意の二つの正規直交基底 $\{|i\rangle\}$ および $\{|\varphi_i\rangle\}$ に対して，U_q をユニタリ作用素ですべての i について $|\varphi_i\rangle = U_q |i\rangle$ となるものとする．このとき，次の補題が成り立つ．

補題 6.3.14 異なる基底 $\{|i\rangle\}$ および $\{|\varphi_i\rangle\}$ それぞれに沿った二つの合成に対して，次の関係が成り立つ．

$$\bigoplus_{i=1}^{n}(|\varphi_i\rangle \to \mathcal{E}_i) = \left[\mathcal{E}_{U_q^\dagger \otimes I_{\mathcal{H}}} \circ \bigoplus_{i=1}^{n}(|i\rangle \to \mathcal{E}_i)\right] \circ \mathcal{E}_{U_q \otimes I_{\mathcal{H}}}$$

ここで，$\mathcal{E}_{U_q \otimes I_{\mathcal{H}}}$ および $\mathcal{E}_{U_q^\dagger \otimes I_{\mathcal{H}}}$ は，それぞれユニタリ作用素 $U_q \otimes I_{\mathcal{H}}$ および $U_q^\dagger \otimes I_{\mathcal{H}}$ によって定義される $\mathcal{H}_q \otimes \mathcal{H}$ の量子操作である．

練習問題 6.3.15 補題 6.3.3, 6.3.10, 6.3.14 を証明せよ．

6.4 QuGCL プログラムの意味論

6.3 節での準備によって，6.2 節で提示した量子プログラミング言語 QuGCL の意味論を定義できるようになった．その定義を行う前に，この節で必要となるいくつかの概念を導入する．

- $\mathcal{H}$ と $\mathcal{H}'$ をそれぞれヒルベルト空間とし，E を $\mathcal{H}$ の作用素とする．このとき，$I_{\mathcal{H}'}$ を $\mathcal{H}'$ の恒等作用素とすると，$\mathcal{H} \otimes \mathcal{H}'$ における E の柱状拡張は，$E \otimes I_{\mathcal{H}'}$ と定義される．表記を簡単にするために，混乱の恐れがない場合には，$E \otimes I_{\mathcal{H}'}$ も E と表記する．
- F を $\mathcal{H}$ における Δ 上の作用素値関数とする．このとき，$\mathcal{H} \otimes \mathcal{H}'$ における F の柱状拡張は，$\mathcal{H} \otimes \mathcal{H}'$ における Δ 上の作用素値関数 $\overline{F}$ で，すべての $\delta \in \Delta$ に対して

$$\overline{F}(\delta) = F(\delta) \otimes I_{\mathcal{H}'}$$

と定義される．これも，表記を簡単にするために，文脈から混乱の恐れがない場合には，$\overline{F}$ を F と表記する．

- $\mathcal{E} = \sum_i E_i \circ E_i^\dagger$ を $\mathcal{H}$ の量子操作とする．このとき，$\mathcal{H} \otimes \mathcal{H}'$ における $\mathcal{E}$ の柱状拡張は，次のような量子操作として定義される．

$$\overline{\mathcal{E}} = \sum_i (E_i \otimes I_{\mathcal{H}'}) \circ (E_i^\dagger \otimes I_{\mathcal{H}'})$$

表記を簡単にするために，混乱の恐れがない場合には，この柱状拡張 $\overline{\mathcal{E}}$ を $\mathcal{E}$ と表記する．とくに，E が $\mathcal{H}$ の作用素で ρ が $\mathcal{H} \otimes \mathcal{H}'$ の密度作用素の場合は，$E\rho E^\dagger$ を $(E \otimes I_{\mathcal{H}'})\rho(E^\dagger \otimes I_{\mathcal{H}'})$ と考えることができる．

6.4.1 古典的状態

QuGCL の意味論を定義する第 1 段階は，QuGCL の古典的変数の状態を定義することである．6.2 節ですでに述べたように，QuGCL の古典的変数は量子測定の結果を記録するためだけに用いられる．

定義 6.4.1 古典的状態とその意味領域は，次のように帰納的に定義される．

(i) ϵ は古典的状態であり,空状態と呼ばれ,$\mathrm{dom}(\epsilon) = \emptyset$ とする.

(ii) $x \in \mathit{Var}$ が古典的変数で,$a \in D_x$ が x の意味領域の要素であれば,$[x \leftarrow a]$ は古典的状態で,$\mathrm{dom}([x \leftarrow a]) = \{x\}$ とする.

(iii) δ_1 と δ_2 がともに古典的状態で,$\mathrm{dom}(\delta_1) \cap \mathrm{dom}(\delta_2) = \emptyset$ であれば,$\delta_1 \delta_2$ は古典的状態で,$\mathrm{dom}(\delta_1 \delta_2) = \mathrm{dom}(\delta_1) \cup \mathrm{dom}(\delta_2)$ とする.

(iv) すべての $1 \leq i \leq n$ について δ_i が古典的状態ならば,$\oplus_{i=1}^n \delta_i$ は古典的状態であり,

$$\mathrm{dom}(\oplus_{i=1}^n \delta_i) = \bigcup_{i=1}^n \mathrm{dom}(\delta_i)$$

とする.

直感的には,この定義の (i) から (iii) で定義された古典的状態 δ は,古典的変数への(部分的)代入とみなすことができる.より正確には,δ は直積 $\prod_{x \in \mathrm{dom}(\delta)} D_x$ の要素,すなわち,すべての $x \in \mathrm{dom}(\delta)$ に対して $\delta(x) \in D_x$ となる選択関数

$$\delta : \mathrm{dom}(\delta) \to \bigcup_{x \in \mathrm{dom}(\delta)} D_x$$

である.(iv) で定義された状態 $\oplus_{i=1}^n \delta_i$ は,状態 $\delta_i \, (1 \leq i \leq n)$ の形式的な組み合わせである.これは,作用素値関数のガード付き合成となる量子的場合分け文の意味論を定義する際に用いられる.式 (6.13) と定義 6.3.8 から,この組み合わせがなぜ必要になるかが分かる.具体的には,次のようになる.

- 空状態 ϵ は,空集合を定義域とする関数である.$\prod_{x \in \emptyset} D_x = \{\epsilon\}$ であるから,空の意味領域に対して ϵ は唯一のとりうる状態である.
- 状態 $[x \leftarrow a]$ は,変数 x に値 a を代入するが,それ以外の変数の値は未定義である.
- 複合状態 $\delta_1 \delta_2$ は,次のようにして,$\mathrm{dom}(\delta_1) \cup \mathrm{dom}(\delta_2)$ に含まれる変数への代入と考えることができる.

$$(\delta_1 \delta_2)(x) = \begin{cases} \delta_1(x) & (x \in \mathrm{dom}(\delta_1) \text{ の場合}) \\ \delta_2(x) & (x \in \mathrm{dom}(\delta_2) \text{ の場合}) \end{cases} \quad (6.16)$$

式 (6.16) は,$\mathrm{dom}(\delta_1) \cap \mathrm{dom}(\delta_2) = \emptyset$ であることを要請しているので,矛盾なく定義できている.とくに,任意の状態 δ に対して $\epsilon\delta = \delta\epsilon = \delta$ であり,

$x \notin \mathrm{dom}(\delta)$ ならば,$\delta[x \leftarrow a]$ は,次のように定義される $\mathrm{dom}(\delta) \cup \{x\}$ に含まれる変数への代入になる.

$$\delta[x \leftarrow a](y) = \begin{cases} \delta(y) & (y \in \mathrm{dom}(\delta) \text{ の場合}) \\ a & (y = x \text{ の場合}) \end{cases}$$

したがって,$[x_1 \leftarrow a_1] \cdots [x_k \leftarrow a_k]$ は,すべての $1 \leq j \leq k$ について,変数 x_i に値 a_i を代入する古典的状態である.以降では,これを

$$[x_1 \leftarrow a_1, \ldots, x_k \leftarrow a_k]$$

と略記する.

- 状態 $\oplus_{i=1}^n \delta_i$ は,$\delta_i\ (1 \leq i \leq n)$ からの非決定的選択の一種と考えることができる.次の 6.4.2 節(とくに定義 6.4.2(v))でみるように,実際には,古典的状態 $\delta = [x_1 \leftarrow a_1, \ldots, x_k \leftarrow a_k]$ は,結果 $a_1, \ldots, a_k$ をそれぞれ変数 $x_1, \ldots, x_k$ に格納する一連の測定 $M_1, \ldots, M_k$ により生じる.しかしながら,量子測定 $M_1, \ldots, M_k$ においては,これ以外の結果 $a'_1, \ldots, a'_k$ もありうる.そして,そのときには,ほかの古典的状態 $\delta' = [x_1 \leftarrow a'_1, \ldots, x_k \leftarrow a'_k]$ が得られる.したがって,$\oplus_{i=1}^n \delta_i$ の形式の状態は,一連の測定 $M_1, \ldots, M_k$ のすべての異なる結果の集まりを記録するために必要なのである.

6.4.2 QuGCL の準古典的意味論

つぎに,QuGCL の準古典的意味論を定義する.準古典的意味論は,純粋量子的意味を定義するための足がかりになる.QuGCL のそれぞれのプログラム S に対して,その古典的変数のとりうる状態すべての集合を $\Delta(S)$ と表記する.

- S の準古典的表示的意味関数 $\|S\|$ は,$\mathcal{H}_{\mathrm{qvar}(S)}$ における $\Delta(S)$ 上の作用素値関数として定義される.ここで,$\mathcal{H}_{\mathrm{qvar}(S)}$ は,S に現れる量子変数の状態ヒルベルト空間である.

とくに,たとえば,$S = \mathbf{abort}$ または $S = \mathbf{skip}$ の場合,$\mathrm{qvar}(S) = \emptyset$ であり,$\mathcal{H}_{\mathrm{qvar}(S)}$ は 1 次元空間 $\mathcal{H}_\emptyset$ になる.そして,たとえば,ゼロ作用素は 0,恒等作用

素は1というように,$\mathcal{H}_\emptyset$ の作用素は複素数と同一視できる.量子変数の任意の集合 $V \subseteq qVar$ に対して,ヒルベルト空間 $\mathcal{H}_V = \bigotimes_{q \in V} \mathcal{H}_q$ の恒等作用素の集合を I_V と表記する.

定義 6.4.2 QuGCL のプログラム S の古典的状態 $\Delta(S)$ および準古典的意味関数 $\lfloor S \rfloor$ を,次のように帰納的に定義する.

(i) $\Delta(\mathbf{abort}) = \{\epsilon\}$ および $\lfloor \mathbf{abort} \rfloor(\epsilon) = 0$ とする.

(ii) $\Delta(\mathbf{skip}) = \{\epsilon\}$ および $\lfloor \mathbf{skip} \rfloor(\epsilon) = 1$ とする.

(iii) $S \equiv \overline{q} := U[\overline{q}]$ ならば,$\Delta(S) = \{\epsilon\}$ および $\lfloor S \rfloor(\epsilon) = U_{\overline{q}}$ とする.ただし,$U_{\overline{q}}$ は,$\mathcal{H}_{\overline{q}}$ に作用するユニタリ作用素 U である.

(iv) $S \equiv S_1; S_2$ ならば,

$$\Delta(S) = \Delta(S_1); \Delta(S_2) \\ = \{\delta_1 \delta_2 : \delta_1 \in \Delta(S_1), \delta_2 \in \Delta(S_2)\} \quad (6.17)$$

$$\lfloor S \rfloor(\delta_1 \delta_2) = (\lfloor S_2 \rfloor(\delta_2) \otimes I_{V \setminus \mathrm{qvar}(S_2)}) \cdot (\lfloor S_1 \rfloor(\delta_1) \otimes I_{V \setminus \mathrm{qvar}(S_1)})$$

とする.ただし,$V = \mathrm{qvar}(S_1) \cup \mathrm{qvar}(S_2)$ である.

(v) $M = \{M_m\}$ を量子測定とするとき,S が古典的場合分け文,すなわち,

$$S \equiv \mathbf{if}\ (\square m \cdot M[\overline{q} : x] = m \rightarrow S_m)\ \mathbf{fi}$$

ならば,それぞれの $\delta \in \Delta(S_m)$ およびそれぞれの結果 m に対して

$$\Delta(S) = \bigcup_m \{\delta[x \leftarrow m] : \delta \in \Delta(S_m)\}$$

$$\lfloor S \rfloor(\delta[x \leftarrow m]) = (\lfloor S_m \rfloor(\delta) \otimes I_{V \setminus \mathrm{qvar}(S_m)}) \cdot (M_m \otimes I_{V \setminus \overline{q}})$$

とする.ただし,

$$V = \overline{q} \cup \left(\bigcup_m \mathrm{qvar}(S_m) \right)$$

である.

(vi) S が量子的場合分け文,すなわち,

$$S \equiv \mathbf{qif}\ [\overline{q}]\ (\square i \cdot |i\rangle \rightarrow S_i)\ \mathbf{fiq}$$

6.4 QuGCL プログラムの意味論

ならば,

$$\Delta(S) = \bigoplus_i \Delta(S_i) \tag{6.18}$$

$$\|S\| = \bigoplus_i (|i\rangle \to \|S_i\|) \tag{6.19}$$

とする.ただし,式 (6.18) の演算 $\bigoplus$ は式 (6.13) で定義されたものとし,式 (6.19) の $\bigoplus$ は作用素値関数のガード付き合成(定義 6.3.8)を表すものとする.

定義 6.2.1 では,逐次合成 $S_1; S_2$ において $\mathrm{var}(S_1) \cap \mathrm{var}(S_2) = \emptyset$ であることが要請されるから,任意の $\delta_1 \in \Delta(S_1)$ および $\delta_2 \in \Delta(S_2)$ に対して $\mathrm{dom}(\delta_1) \cap \mathrm{dom}(\delta_2) = \emptyset$ が成り立つ.これによって,式 (6.17) はきちんと定義される.

直感的には,量子プログラムの準古典的意味論は,次のように考えることができる.

- 量子プログラム S が量子的場合分け文をまったく含まなければ,その意味構造は,基本的命令をラベルとする頂点と線形作用素による辺からなる木構造になる.この木構造は,次のように根から成長する.
    - 現在の頂点のラベルがユニタリ変換 U であれば,その頂点から 1 本だけ辺が伸び,その辺のラベルは U になる.
    - 現在の頂点のラベルが測定 $M = \{M_m\}$ であれば,可能なそれぞれの結果 m について,現在の頂点から辺が伸び,その辺のラベルは対応する測定作用素 M_m になる.

  あきらかに,意味木構造の枝分かれは,S に含まれる測定によって異なる結果になりうることから生じる.それぞれの古典的状態 $\delta \in \Delta(S)$ は,S の意味木構造の枝に対応し,それは可能性のある実行パスを表している.また,状態 δ における意味関数 $\|S\|$ の値は,δ の辺のラベルである作用素の(逐次)合成である.これは,定義 6.4.2(i)–(v) からすぐに分かる.
- 量子的場合分け文を含む量子プログラム S の意味構造はもっと複雑になる.それは,枝の重ね合わせを生成する頂点の重ね合わせをもつ木構造とみることができる.このとき,枝の重ね合わせにおける意味関数 $\|S\|$ の値は,それらの枝

それぞれの意味関数の値のガード付き合成として定義される.

6.4.3 純粋量子的意味論

QuGCL で書かれた量子プログラムの純粋量子的意味は,準古典的意味関数から導かれる量子操作(定義 6.3.7)として自然に定義される.

定義 6.4.3 それぞれの QuGCL プログラム S に対して,その純粋量子的な表示的意味は,次のように定義される $\mathcal{H}_{\mathrm{qvar}(S)}$ の量子操作 $[\![S]\!]$ である.

$$[\![S]\!] = \mathcal{E}([\![S]\!]) = \sum_{\delta \in \Delta(S)} [\![S]\!](\delta) \circ [\![S]\!](\delta)^\dagger \tag{6.20}$$

ここで,$[\![S]\!]$ は S の準古典的意味関数である.

次の命題は,プログラムの純粋量子的意味の明示的な表現を帰納的に与える.この表現は,抽象的な定義 6.4.3 よりも応用として使いやすい.

命題 6.4.4

(i) $[\![\mathbf{abort}]\!] = 0$

(ii) $[\![\mathbf{skip}]\!] = 1$

(iii) $[\![S_1; S_2]\!] = [\![S_2]\!] \circ [\![S_1]\!]$

(iv) $[\![\overline{q} := U[\overline{q}]]\!] = U_{\overline{q}} \circ U_{\overline{q}}^\dagger$

(v)
$$[\![\mathbf{if}\ (\square m \cdot M[\overline{q}:x] = m \to S_m)\ \mathbf{fi}]\!] = \sum_m \left[[\![S_m]\!] \circ (M_m \circ M_m^\dagger)\right]$$

ここで,
$$V = \overline{q} \cup \left(\bigcup_m \mathrm{qvar}(S_m)\right)$$

とし,$[\![S_m]\!]$ は $\mathcal{H}_{\mathrm{qvar}(S_m)}$ から $\mathcal{H}_V$ への柱状拡張とみなし,$M_m \circ M_m^\dagger$ は $\mathcal{H}_{\overline{q}}$ から $\mathcal{H}_V$ への柱状拡張とみなす.

(vi)
$$[\![\mathbf{qif}\ [\overline{q}]\,(\square i \cdot |i\rangle \to S_i)\ \mathbf{fiq}]\!] \in \bigoplus_i (|i\rangle \to [\![S_i]\!]) \tag{6.21}$$

ここで、すべての $1 \leq i \leq n$ について、

$$V = \overline{q} \cup \left(\bigcup_i \mathrm{qvar}(S_i) \right)$$

とし、$[\![S_i]\!]$ は $\mathcal{H}_{\mathrm{qvar}(S_i)}$ から $\mathcal{H}_V$ への柱状拡張とみなす.

この命題の (iii) および (v) の一つ目の記号 ∘ は、量子操作の合成、すなわち、任意の密度関数 ρ に対して $(\mathcal{E}_2 \circ \mathcal{E}_1)(\rho) = \mathcal{E}_2(\mathcal{E}_1(\rho))$ となることを表す. しかし、(iv) および (v) の二つ目の記号 ∘ は、作用素から量子操作を定義するために用いられている. すなわち、作用素 A に対して、$A \circ A^\dagger$ は量子操作 $\mathcal{E}_A$ で、任意の密度作用素 ρ に対して、$\mathcal{E}_A(\rho) = A\rho A^\dagger$ となる. 本質的には、この命題の (ii)-(v) は、命題 3.3.5 の対応する項と同じである. 命題 6.4.4 の証明は、6.9 節にまわす. 実際、この証明は、面倒であるが難しくはない. 定義 6.4.2 および 6.4.3 の理解をより深めるために、この命題の証明に挑戦してみるとよい.

命題 6.4.4 は、純粋量子的な表示的意味はほぼ合成的であるが、**完全には合成的ではない**ことを示している. なぜなら、式 (6.21) に記号 ∈ が含まれているからである. 記号 ∈ は、**詳細化関係**と考えることができる. 一般には、式 (6.21) の記号 ∈ を等号で置き換えられないことに注意せよ. まさしく、これが、プログラムの純粋量子意味は準古典的意味関数から導くことはできるが、直接、構造に関して帰納的に定義できない理由である.

式 (6.21) の記号 ∈ によって量子的場合分け文の純粋量子的意味がきちんと定義できないことを意味するものではないことは強調しておく. 実際、純粋量子的意味は、式 (6.19) および (6.20) によって、量子操作として一意に定義されている. 式 (6.21) の右辺はいかなるプログラムの意味関数でもない. これは、プログラム S_i の意味関数のガード付き合成である. これは量子操作の族のガード付き合成であるから、例 6.3.13 で示したように、複数の量子操作から構成される集合になりうる. 量子的場合分け文の意味関数は、式 (6.21) の右辺にある量子操作の集合の要素である.

練習問題 6.4.5 記号 ∈ を等号で置き換えると式 (6.21) が真でなくなる例を挙げよ.

その純粋量子的な表示的意味にもとづいて、量子プログラムの間の同値性を導

入することができる．大まかにいえば，二つのプログラムは，同じ入力から計算される出力が同じであるとき，同値という．形式的には，次のように定義する．

定義 6.4.6 P および Q を二つの QuGCL プログラムとする．このとき

(i) 次の式が成り立つとき，P と Q は同値であるといい，$P = Q$ と表記する．

$$[\![P]\!] \otimes \mathcal{I}_{Q \setminus P} = [\![Q]\!] \otimes \mathcal{I}_{P \setminus Q}$$

ここで，$\mathcal{I}_{Q \setminus P}$ は $\mathcal{H}_{\mathrm{qvar}(Q) \setminus \mathrm{qvar}(P)}$ の恒等量子操作であり，$\mathcal{I}_{P \setminus Q}$ は $\mathcal{H}_{\mathrm{qvar}(P) \setminus \mathrm{qvar}(Q)}$ の恒等量子操作である．

(ii) 次の式が成り立つとき，P と Q は「コイン状態を無視した」同値であるといい，$P =_{CF} Q$ と表記する．

$$\mathrm{tr}_{\mathcal{H}_{\mathrm{cvar}(P) \cup \mathrm{cvar}(Q)}}([\![P]\!] \otimes \mathcal{I}_{Q \setminus P}) = \mathrm{tr}_{\mathcal{H}_{\mathrm{cvar}(P) \cup \mathrm{cvar}(Q)}}([\![Q]\!] \otimes \mathcal{I}_{P \setminus Q})$$

この式の記号 tr は，部分跡を表す．密度作用素に関する部分跡は，定義 2.1.39 を参照のこと．また，部分跡の概念は量子操作に一般化することができる．$\mathcal{H}_1 \otimes \mathcal{H}_2$ の任意の量子操作 $\mathcal{E}$ に対して，$\mathrm{tr}_{\mathcal{H}_1}(\mathcal{E})$ は $\mathcal{H}_1 \otimes \mathcal{H}_2$ から $\mathcal{H}_2$ への量子操作で，$\mathcal{H}_1 \otimes \mathcal{H}_2$ の任意の密度作用素 ρ に対して

$$\mathrm{tr}_{\mathcal{H}_1}(\mathcal{E})(\rho) = \mathrm{tr}_{\mathcal{H}_1}(\mathcal{E}(\rho))$$

と定義される．

あきらかに，$P = Q$ ならば $P =_{CF} Q$ が成り立つ．「コイン状態を無視した」同値は，「コイン」変数はプログラムの量子制御フローを生み出す（または，次節で論じるようなプログラムの重ね合わせを実現する）ためだけに用いられることを意味する．プログラム P の計算結果は，「主」状態空間 $\mathcal{H}_{\mathrm{qvar}(P) \setminus \mathrm{cvar}(P)}$ に格納される．$\mathrm{qvar}(P) = \mathrm{qvar}(Q)$ となる特別な場合には，

- $P = Q$ となるのは，$[\![P]\!] = [\![Q]\!]$ であるとき，そしてそのときに限る．
- $P =_{CF} Q$ となるのは，$\mathrm{tr}_{\mathcal{H}_{\mathrm{cvar}(P)}}[\![P]\!] = \mathrm{tr}_{\mathcal{H}_{\mathrm{cvar}(Q)}}[\![Q]\!]$ であるとき，そしてそのときに限る．

定義 6.4.6 で与えた同値性の概念は，量子プログラム変換および最適化の基礎を与える．これらの場合には変換後のプログラムは元のプログラムと同値でなけ

ればならないからである．QuGCL プログラムの間の同値関係を成り立たせるような代数的法則は，6.6 節で提示する．

6.4.4 最弱事前条件の意味論

4.1.1 節では，量子的最弱事前条件の概念を導入した．そして，4.2.2 節では，量子的 while プログラムの最弱事前条件を提示した．ここでは，QuGCL プログラムの最弱事前条件を与える．これは，命題 6.4.4 と 4.1.9 を組み合わせることで得られる．古典的プログラミングや量子的 while プログラムの場合と同じように，最弱事前条件は，QcGCL プログラムを後ろ向きに解析する方法を与えてくれる．

命題 6.4.7

(i) wp.**abort** $= 0$

(ii) wp.**skip** $= 1$

(iii) wp.$(P_1; P_2) = $ wp.$P_1 \circ $ wp.P_2

(iv) wp.$U[\overline{q}] = U_{\overline{q}}^\dagger \circ U_{\overline{q}}$

(v) wp.**if** $(\square m \cdot M[\overline{q}:x] = m \to P_m)$ **fi** $= \sum_m \left[(M_m^\dagger \circ M_m) \circ \text{wp}.P_m\right]$

(vi) wp.**qif** $[\overline{q}] (\square i \cdot |i\rangle \to P_i)$ **fiq** $\in \square_i (|i\rangle \to \text{wp}.P_i)$

この命題の中では，いくつかの量子操作の柱状拡張を用いているが，文脈から柱状拡張と分かるので明記はしない．また，ここでも，(vi) の記号 $\in$ は，等号で置き換えることはできない．なぜなら，(vi) の右辺は，複数の量子操作を含む集合になりうるからである．

量子 QuGCL プログラムの間の詳細化関係を，それらの最弱事前条件を用いて定義することができる．そのためには，まずレヴナー順序を量子操作の場合に拡張しなければならない．ヒルベルト空間 $\mathcal{H}$ の任意の量子操作 $\mathcal{E}$ および $\mathcal{F}$ に対して

- $\mathcal{E} \sqsubseteq \mathcal{F}$ となるのは，$\mathcal{H}$ の任意の密度作用素 ρ に対して，$\mathcal{E}(\rho) \sqsubseteq \mathcal{F}(\rho)$ となるとき，そしてそのときに限る．

定義 6.4.8 P と Q を二つの QuGCL プログラムとする．次の式が成り立つとき，P は Q により詳細化されたといい，$P \sqsubseteq Q$ と表記する．

$$\text{wp}.P \otimes \mathcal{I}_{Q \setminus P} \sqsubseteq \text{wp}.Q \otimes \mathcal{I}_{P \setminus Q}$$

ここで，$\mathcal{I}_{Q \setminus P}$ および $\mathcal{I}_{P \setminus Q}$ は定義 6.4.6 と同じである．

直感的には，$P \sqsubseteq Q$ は，P は Q によって改善されていることを意味する．なぜなら，P の事前条件は Q の事前条件にまで弱められているからである．$P \sqsubseteq Q$ かつ $Q \sqsubseteq P$ ならば，$P \equiv Q$ が成り立つことは簡単に分かる．定義 6.4.6(ii) と同様にして，「コイン状態を無視した」詳細化の概念も定義することができる．

詳細化の技法は，（要求）仕様をさまざまな詳細化の規則によって段階的に詳細化し，最終的には計算機で実行できるコードに変換するように，古典的プログラミングでうまく発展してきた．詳細化の技法の系統的な説明については，[27] や [172] を参照のこと．これらの技法は，[220] において確率的プログラミングに拡張された．ここでは，いかにして量子プログラミングに詳細化の技法を用いるかについてこれ以上踏み込むことはせず，今後の研究課題として残しておく．

6.4.5 例

この節を終えるにあたって，ここまでに述べた意味論の概念を理解する助けとなる簡単な例を挙げておく．

例 6.4.9 q を 1 量子ビット変数とし，x と y を二つの古典的変数とする．このとき，次の QuGCL プログラムを考える．

6.4 QuGCL プログラムの意味論

$$
\begin{aligned}
P \equiv \mathbf{qif}\ &|0\rangle \to H[q]; \\
&\mathbf{if}\ M^{(0)}[q:x] = 0 \to X[q] \\
&\quad\square \qquad\qquad\quad 1 \to Y[q] \\
&\mathbf{fi} \\
\square\ &|1\rangle \to S[q]; \\
&\mathbf{if}\ M^{(1)}[q:x] = 0 \to Y[q] \\
&\quad\square \qquad\qquad\quad 1 \to Z[q] \\
&\mathbf{fi}; \\
&X[q]; \\
&\mathbf{if}\ M^{(0)}[q:y] = 0 \to Z[q] \\
&\quad\square \qquad\qquad\quad 1 \to X[q] \\
&\mathbf{fi} \\
\mathbf{fiq}&
\end{aligned}
$$

ここで，$M^{(0)}$ と $M^{(1)}$ は，それぞれ計算基底 $|0\rangle, |1\rangle$ および基底 $|\pm\rangle$ による 1 量子ビットの測定（例 6.3.11 を参照のこと），H はアダマールゲート，X, Y, Z はパウリ行列，S は位相ゲート（例 2.2.6 および 2.2.7 を参照のこと）である．プログラム P は，二つのサブプログラム P_0 と P_1 による量子的場合分け文で，「コイン」は省略されている．一つ目のサブプログラム P_0 は，アダマールゲートに続けて，計算基底による測定を行い，その結果が 0 であれば X ゲートを，1 であれば Y ゲートを使う．二つ目のサブプログラム P_1 は，S ゲートに続けて，基底 $|\pm\rangle$ による測定，X ゲート，計算基底による計測を行う．

表記を簡単にするために，任意の $a, c \in \{0, 1\}$ および $b \in \{+, -\}$ について，プログラム P_0 の古典的状態 $[x \leftarrow a]$ を a と書き，プログラム P_1 の古典的状態 $[x \leftarrow b, y \leftarrow c]$ を bc と書くことにする．すると，P_0 および P_1 の準古典的意味関数は，それぞれ次のようになる．

$$
\begin{cases}
\llbracket P_0 \rrbracket(0) = X \cdot |0\rangle\langle 0| \cdot H = \dfrac{1}{\sqrt{2}} \begin{pmatrix} 0 & 0 \\ 1 & 1 \end{pmatrix} \\
\llbracket P_0 \rrbracket(1) = Y \cdot |1\rangle\langle 1| \cdot H = \dfrac{i}{\sqrt{2}} \begin{pmatrix} -1 & 1 \\ 0 & 0 \end{pmatrix}
\end{cases}
$$

$$\begin{cases} \llbracket P_1 \rrbracket(+0) = Z \cdot |0\rangle\langle 0| \cdot X \cdot Y \cdot |+\rangle\langle +| \cdot S = \dfrac{1}{2}\begin{pmatrix} i & -1 \\ 0 & 0 \end{pmatrix} \\[2mm] \llbracket P_1 \rrbracket(+1) = X \cdot |1\rangle\langle 1| \cdot X \cdot Y \cdot |+\rangle\langle +| \cdot S = \dfrac{1}{2}\begin{pmatrix} -i & 1 \\ 0 & 0 \end{pmatrix} \\[2mm] \llbracket P_1 \rrbracket(-0) = Z \cdot |0\rangle\langle 0| \cdot X \cdot Z \cdot |-\rangle\langle -| \cdot S = \dfrac{1}{2}\begin{pmatrix} 1 & -i \\ 0 & 0 \end{pmatrix} \\[2mm] \llbracket P_1 \rrbracket(-1) = X \cdot |1\rangle\langle 1| \cdot X \cdot Z \cdot |-\rangle\langle -| \cdot S = \dfrac{1}{2}\begin{pmatrix} 1 & -i \\ 0 & 0 \end{pmatrix} \end{cases}$$

P の準古典的意味関数は，古典的状態上の2量子ビットの状態空間における作用素値関数

$$\Delta(P) = \{a \oplus bc : a, c \in \{0,1\}, b \in \{+,-\}\}$$

である．式 (6.14) から，$a, c \in \{0,1\}$ および $b \in \{+,-\}$ のそれぞれについて，

$$\llbracket P \rrbracket(a \oplus bc)(|0\rangle |\varphi\rangle) = \lambda_{1(bc)} |0\rangle (\llbracket P_0 \rrbracket(a) |\varphi\rangle)$$
$$\llbracket P \rrbracket(a \oplus bc)(|1\rangle |\varphi\rangle) = \lambda_{0a} |1\rangle (\llbracket P_1 \rrbracket(bc) |\varphi\rangle)$$

が得られる．ここで，$\lambda_{0a} = \dfrac{1}{\sqrt{2}}$ および $\lambda_{1(bc)} = \dfrac{1}{2}$ である．

$$\llbracket P \rrbracket(a \oplus bc) = \sum_{i,j \in 0,1} (\llbracket P \rrbracket(a \oplus bc) |ij\rangle) \langle ij|$$

を用いて計算すると

$$\llbracket P \rrbracket(0 \oplus +0) = \dfrac{1}{2\sqrt{2}}\begin{pmatrix} 0 & 1 & 0 & 0 \\ 0 & 1 & 0 & 0 \\ 0 & 0 & i & 0 \\ 0 & 0 & -1 & 0 \end{pmatrix}$$

$$\llbracket P \rrbracket(0 \oplus +1) = \dfrac{1}{2\sqrt{2}}\begin{pmatrix} 0 & 1 & 0 & 0 \\ 0 & 1 & 0 & 0 \\ 0 & 0 & -i & 0 \\ 0 & 0 & 1 & 0 \end{pmatrix}$$

6.4 QuGCL プログラムの意味論

$$\llbracket P \rrbracket (0 \oplus -0) = \llbracket P \rrbracket (0 \oplus -1) = \frac{1}{2\sqrt{2}} \begin{pmatrix} 0 & 1 & 0 & 0 \\ 0 & 1 & 0 & 0 \\ 0 & 0 & 1 & 0 \\ 0 & 0 & -i & 0 \end{pmatrix}$$

$$\llbracket P \rrbracket (1 \oplus +0) = \frac{1}{2\sqrt{2}} \begin{pmatrix} -1 & 0 & 0 & 0 \\ 1 & 0 & 0 & 0 \\ 0 & 0 & i & 0 \\ 0 & 0 & -1 & 0 \end{pmatrix}$$

$$\llbracket P \rrbracket (1 \oplus +1) = \frac{1}{2\sqrt{2}} \begin{pmatrix} -1 & 0 & 0 & 0 \\ 1 & 0 & 0 & 0 \\ 0 & 0 & -i & 0 \\ 0 & 0 & 1 & 0 \end{pmatrix}$$

$$\llbracket P \rrbracket (1 \oplus -0) = \llbracket P \rrbracket (1 \oplus -1) = \frac{1}{2\sqrt{2}} \begin{pmatrix} 1 & 0 & 0 & 0 \\ 1 & 0 & 0 & 0 \\ 0 & 0 & 1 & 0 \\ 0 & 0 & -i & 0 \end{pmatrix}$$

が得られる．すると，プログラム P の純粋量子的意味は，量子操作

$$\llbracket P \rrbracket = \sum_{a,c \in \{0,1\}, b \in \{+,-\}} E_{abc} \circ E_{abc}^{\dagger}$$

になる．ここで，$E_{abc} = \llbracket P \rrbracket (a \oplus bc)$ とする．また，命題 4.1.9 から，P の最弱事前条件は量子操作

$$\mathrm{wp}.P = \sum_{a,c \in \{0,1\}, b \in \{+,-\}} E_{abc}^{\dagger} \circ E_{abc}$$

になる．

練習問題 6.4.10 量子的場合分け文のある分岐が測定を含んでいる場合には，その意味論を定義するには式 (6.6) は適していないことを，例 6.4.9 を用いて確認せよ．

6.5 量子選択

ここまでの三つの節では,新しいプログラム構成要素である量子的場合分け文をもつ量子プログラミング言語 QuGCL の構文と意味を示した.量子的場合分け文を用いて,量子選択の概念を定義することができる.量子選択によって,量子的場合分け文の説明が非常に単純化される.さらに重要なことは,概念的にはまた別の意義があるということである.

6.5.1 古典的選択から確率的選択を経て量子選択へ

当初の量子選択の考えは,量子ウォークの定義から生まれた.量子選択の概念を示すにあたって,まず非決定的選択から確率的選択への概念的な変遷をたどり,そして量子選択に進むことにしよう.

(i) **古典的選択**:まず,ガード $G_1, G_2, \ldots, G_n$ が「重なり合った」結果として,場合分け文 (6.2) から非決定性が生じることをみる.すなわち,複数の G_i が同時に真になるならば,場合分け文は対応する命令 S_i の中から実行するものを一つ選ばなければならない.とくに,$G_1 = G_2 = \cdots = G_n = \mathbf{true}$ ならば,場合分け文は次のような無作為選択になる.

$$\square_{i=1}^{n} S_i \tag{6.22}$$

ここで,どの選択肢 S_i が選ばれるかは予見不可能である.

(ii) **確率的選択**:乱択アルゴリズムを定式化するために,1980 年代に始まった確率的プログラミングの研究では確率的選択

$$\square_{i=1}^{n} S_i @ p_i \tag{6.23}$$

が導入された.ここで,$\{p_i\}$ は確率分布,すなわち,すべての i について $p_i \geq 0$ であり,$\sum_{i=1}^{n} p_i = 1$ とする.確率的選択 (6.23) は,それぞれの i について命令 S_i を確率 p_i で無作為に選択する.そして,これは無作為選択 (6.22) の詳細化(あるいは分解)とみることができる.

(iii) **量子選択**:量子ウォークの 1 歩分の作用素が「コイン投げ作用素」に続くシフト作用素であるような例 2.3.7 および 2.3.9 では,6.1 節で示したよう

に，量子的場合分け文とみなせることを思い出そう．単純にこの考え方を進めると，量子選択の一般形は，量子的場合分け文の概念にもとづいて簡単に定義することができる．

定義 6.5.1 S を $\overline{q} = \mathrm{qvar}(S)$ であるようなプログラムとし，すべての i について S_i はプログラムとする．すべての S_i に対して，量子変数 $\overline{q}$ を含まない，すなわち

$$\overline{q} \cap \left(\bigcup_i \mathrm{qvar}(S_i) \right) = \emptyset$$

であると仮定する．$\{|i\rangle\}$ を，$\overline{q}$ で表される「コイン」系の状態ヒルベルト空間 $\mathcal{H}_{\overline{q}}$ の正規直交基底とすると，基底 $\{|i\rangle\}$ に沿った「コイン投げ」プログラム S による S_i の量子選択は

$$[S]\left(\bigoplus_i |i\rangle \to S_i \right) \triangleq S; \mathbf{qif}\ [\overline{q}]\ (\Box i \cdot |i\rangle \to S_i)\ \mathbf{fiq} \tag{6.24}$$

となる．とくに，$n=2$ の場合は，この量子選択を $S_0\ {}_S\oplus S_1$ と略記する．

この量子選択の定義を，抽象的なやり方で理解するのは簡単ではない．この定義をより深く理解するために，この定義を念頭において例 2.3.7 や 2.3.9 をもう一度考えてみるとよい．また，この時点で，後述の例 6.7.1 を先に読んでもよいだろう．

量子選択は量子的場合分け文を用いて定義されるから，量子的場合分け文の意味論から量子選択の意味論を直接導くことができる．

あきらかに，たとえば $S = \mathbf{skip}$ の場合のように意味関数が $\mathcal{H}_{\overline{q}}$ の恒等作用素に等しく，「コイン投げプログラム」 S が何もしないならば，量子選択 $[S]\left(\bigoplus_i |i\rangle \to S_i\right)$ は量子的場合分け文 $\mathbf{qif}\ [\overline{q}]\ (\Box i \cdot |i\rangle \to S_i)\ \mathbf{fiq}$ に一致する．しかしながら，一般には，量子的場合分け文と量子選択は注意深く区別しなければならない．

量子選択 (6.24) と確率的選択 (6.23) を比較すると，興味深いことが分かる．すでに述べたように，確率的選択は，非決定性の解消である．確率的選択においては，ある確率分布に従って選択がなされるということができ，その確率分布がどのように生成されるかについては必ずしも規定する必要はない．しかしながら，量子選択を定義する際には，実際に選択を実行しうる「量子コイン」という「装

置」が明示的に示されていなければならない．したがって，量子選択は，確率的選択の確率分布を生み出す（量子的）「装置」の選択による非決定性の解消とみることもできる．以後で，この考えを数学的に定式化する．

量子プログラミングのプログラム重ね合わせパラダイム：

プログラミング・パラダイムとは，プログラムの構造や構成要素を組み立てる流儀のことである．量子的場合分け文および量子選択を備えたプログラミング言語は，新しい量子プログラミングのパラダイムである**プログラム重ね合わせパラダイム**をもたらす．プログラムの重ね合わせの基本的なアイディアは，すでに 1.2.2 節で簡単に論じた．ここで量子選択を形式的に定義した後では，その考え方はさらに明確になった．実際，プログラマーは量子選択 (6.24) をプログラムの重ね合わせと考えることもできる．より正確には，量子選択 (6.24) は，まず「コイン投げ」プログラム S を実行して，それぞれのプログラム S_i $(1 \leq i \leq n)$ の実行パスの重ね合わせを作りだし，そして，$S_1, \ldots, S_n$ の量子的場合分け文に進む．この量子的場合分け文を実行している間，それぞれの S_i は，$S_1, \ldots, S_n$ の実行パスの重ね合わせ全体の中でのそれ自体のパスに沿って実行される．

プログラムの重ね合わせは，**データの重ね合わせ**よりも高水準の重ね合わせと考えることができる．データの重ね合わせのアイディアは，量子計算の研究者の間ではよく知られていて，前章までの量子プログラミングの研究は，このアイディアの周辺から生まれたものである．しかしながら，プログラムの重ね合わせの研究はまだ始まったばかりであり，この章と次章は，量子プログラミングのこの新しいパラダイムへの第 1 歩になる．量子的場合分け文と量子選択は，量子プログラミングのプログラム重ね合わせパラダイムを実現するための重要な二つの部品である．しかし，QuGCL の構文においては，量子的場合分け文だけをプログラムの基本構成要素に含めた．なぜなら，量子選択は，量子的場合分け文から導かれるプログラム構成要素として定義できるからである．さらにプログラム重ね合わせパラダイムを実現するために，次章では，量子制御フローをもつ再帰的量子プログラムの概念を導入する．

6.5.2 確率的選択の量子的実装

確率的選択と量子選択の関係は，定義 6.5.1 の後に簡単に論じた．ここでは，さらに正確にこの関係を調べよう．そのためには，まず確率的選択を含めるように QuGCL の構文と意味を拡張する．

定義 6.5.2 それぞれの $1 \leq i \leq n$ について P_i を QuGCL のプログラム，$\{p_i\}_{i=1}^n$ を部分確率分布，すなわち，それぞれの $1 \leq i \leq n$ について $p_i > 0$ であり，$\sum_{i=1}^n p_i \leq 1$ となるものとする．このとき，

(i) $\{p_i\}_{i=1}^n$ に従った $P_1, \ldots, P_n$ の確率的選択を

$$\sum_{i=1}^n P_i @ p_i$$

とする．

(ii) この確率的選択の量子変数を

$$\mathrm{qvar}\left(\sum_{i=1}^n P_i @ p_i\right) = \bigcup_{i=1}^n \mathrm{qvar}(P_i)$$

とする．

(iii) この確率的選択の純粋量子的な表示的意味を

$$\left[\!\!\left[\sum_{i=1}^n P_i @ p_i\right]\!\!\right] = \sum_{i=1}^n p_i \cdot [\![P_i]\!] \tag{6.25}$$

とする．

直感的には，プログラム $\sum_{i=1}^n P_i @ p_i$ は，それぞれの $1 \leq i \leq n$ に対して確率 p_i で P_i を選択して実行し，確率 $1 - \sum_{i=1}^n p_i$ で何も実行せず停止する．式 (6.25) の右辺は確率分布 $\{p_i\}$ に従った量子操作 $[\![P_i]\!]$ の確率的組み合わせ，すなわち，任意の密度作用素 ρ に対して

$$\left(\sum_{i=1}^n p_i \cdot [\![P_i]\!]\right)(\rho) = \sum_{i=1}^n p_i \cdot [\![P_i]\!](\rho)$$

である．あきらかに，$\sum_{i=1}^n p_i \cdot [\![P_i]\!]$ もまた量子操作である．

確率的選択と量子選択の間の関係を明確に記述するためには，さらに QuGCL の構文と意味を拡張して局所量子変数を扱えるようにする必要がある．

定義 6.5.3 S を QuGCL プログラム,$\bar{q}$ を量子レジスタ,ρ を $\mathcal{H}_{\bar{q}}$ の密度作用素とする.このとき,

(i) $\bar{q} = \rho$ に制限した S によって定義されるブロック命令を

$$\textbf{begin local } \bar{q} := \rho; S \textbf{ end} \tag{6.26}$$

と定義する.

(ii) このブロック命令の量子変数を

$$\text{qvar}(\textbf{begin local } \bar{q} := \rho; S \textbf{ end}) = \text{qvar}(S) \setminus \bar{q}$$

とする.

(iii) このブロック命令の純粋量子的な表示的意味は,$\mathcal{H}_{\text{qvar}(S)\setminus\bar{q}}$ の任意の密度作用素 σ に対して

$$[\![\textbf{begin local } \bar{q} := \rho; S \textbf{ end}]\!](\sigma) = \text{tr}_{\mathcal{H}_{\bar{q}}}([\![S]\!](\sigma \otimes \rho))$$

と定義する.ここで,記号 tr は,部分跡(定義 2.1.39)である.

本質的に,この定義は定義 3.3.23 の言い換えである.定義 3.3.23 と定義 6.5.3 の違いは,ブロック命令 (6.26) では,プログラム S の前に文 $\bar{q} = \rho$ により $\bar{q}$ が初期化されなければならない点だけである.これは,QuGCL には初期化の構文が含まれないからである.

この二つの定義の理解を助けるために簡単な例を考えてみよう.

例 6.5.4(例 6.3.11 の続き;測定の確率的混合) $M^{(0)}$ および $M^{(1)}$ を,それぞれ計算基底および基底 $|\pm\rangle$ による 1 量子ビットの測定とする.$M^{(0)}$ と $M^{(1)}$ を無作為に選択することを考える.

- 状態 $|\psi\rangle$ の量子ビット p に対して測定 $M^{(0)}$ を実行し,その結果を捨てると,

$$\rho_0 = M_0^{(0)} |\psi\rangle\langle\psi| M_0^{(0)} + M_1^{(0)} |\psi\rangle\langle\psi| M_1^{(0)}$$

が得られる.

- 状態 $|\psi\rangle$ の量子ビット p に対して測定 $M^{(1)}$ を実行し,その結果を捨てると,

$$\rho_1 = M_+^{(1)} |\psi\rangle\langle\psi| M_+^{(1)} + M_-^{(1)} |\psi\rangle\langle\psi| M_-^{(1)}$$

6.5 量子選択

が得られる.

ここで,測定作用素 $M_0^{(0)}, M_1^{(0)}, M_+^{(1)}, M_-^{(1)}$ は例 6.3.11 と同じである. また, $s, r \geq 0$, $s + r = 1$ であるようなユニタリ行列

$$U = \begin{pmatrix} \sqrt{s} & \sqrt{r} \\ \sqrt{r} & -\sqrt{s} \end{pmatrix}$$

を用い,「コイン」量子変数 q を導入する. $i = 0, 1$ について,

$$P_i \equiv \textbf{if } M^{(i)}[p:x] = 0 \to \textbf{skip}$$
$$\square \qquad \qquad 1 \to \textbf{skip}$$
$$\textbf{fi}$$

とし,「コイン投げ作用素」U に従った P_0 と P_1 の量子選択を,「コイン」量子ビット q を局所変数とするブロックの中に入れると

$$P \equiv \textbf{begin local } q := |0\rangle; P_0 \;_{U[q]}\oplus P_1 \textbf{ end}$$

となる. このとき, 任意の $|\psi\rangle \in \mathcal{H}_p$, $i \in \{0, 1\}$, $j \in \{+, -\}$ に対して

$$\begin{aligned}
[\![P]\!](|\psi\rangle\langle\psi|) &= \text{tr}_{\mathcal{H}_q}\left(\sum_{i\in\{0,1\}, j\in\{+,-\}} |\psi_{ij}\rangle\langle\psi_{ij}|\right) \\
&= 2\left(\sum_{i\in\{0,1\}} \frac{s}{2} M_i^{(0)} |\psi\rangle\langle\psi| M_i^{(0)} + \sum_{j\in\{+,-\}} \frac{r}{2} M_j^{(1)} |\psi\rangle\langle\psi| M_j^{(1)}\right) \\
&= s\rho_0 + r\rho_1
\end{aligned}$$

となる. ただし,

$$|\psi_{ij}\rangle \triangleq M_{ij}(U |0\rangle |\psi\rangle) = \sqrt{\frac{s}{2}} |0\rangle M_i^{(0)} |\psi\rangle + \sqrt{\frac{r}{2}} |1\rangle M_j^{(1)} |\psi\rangle$$

であり, 測定作用素 M_{ij} は例 6.3.11 と同じである. したがって, プログラム P は, それぞれの確率が s, r である測定 $M^{(0)}$ と $M^{(1)}$ の確率的混合とみることができる.

これで, 確率的選択と量子選択の間の関係を正確に特徴づける準備が整った. 大まかにいえば,「コイン」変数をそのまま局所変数として扱うと, 量子選択は確率的選択に退化する.

定理 6.5.5 qvar$(S) = \overline{q}$ とする．このとき，

$$\text{begin local } \overline{q} := \rho; [S]\left(\bigoplus_{i=1}^{n} |i\rangle \to S_i\right) \text{ end} = \sum_{i=1}^{n} S_i @ p_i \qquad (6.27)$$

となる．ここで，すべての $1 \leq i \leq n$ について $p_i = \langle i| [\![S]\!](\rho) |i\rangle$ とする．

見通しをよくするために，定理 6.5.5 の煩わしい証明は 6.9 節にまわす．この定理の逆もまた成り立つ．任意の確率分布 $\{p_i\}_{i=1}^{n}$ に対して，n 次ユニタリ作用素 $U = (u_{ij})$ で

$$p_i = |u_{i0}|^2 \quad (1 \leq i \leq n)$$

となるものがある．したがって，定理 6.5.5 から，確率的選択 $\sum_{i=1}^{n} S_i @ p_i$ は，常に量子選択

$$\text{begin local } \overline{q} := |0\rangle; [U[\overline{q}]]\left(\bigoplus_{i=1}^{n} |i\rangle \to S_i\right) \text{ end}$$

によって実現できることがすぐに分かる．ただし，$\overline{q}$ は，n 次元状態空間の新しい量子変数の族である．6.5.1 節で述べたように，確率的選択 (6.23) は，非決定的選択 (6.22) の詳細化と考えることもできる．確率分布 $\{p_i\}$ が与えられたときに，その確率的選択 $\sum_{i=1}^{n} S_i @ p_i$ を実現する「コインプログラム」S は複数存在するので，量子選択は，確率分布 $\{p_i\}$ を生成するために特定の「装置」(量子「コイン」) が明示的に与えられた，確率的選択の詳細化とみることもできる．

6.6 代数的規則

古典的プログラミングでは，代数的アプローチを用いることで，プログラムのさまざまな代数的規則を確立してきた．その代数的規則を使ってプログラムの計算が可能になる．とくに，代数的規則は，プログラムの検証，変換，コンパイルに有用である．この節では，量子的場合分け文と量子選択に対するいくつかの基本的な代数的規則を提示する．見通しをよくするために，これら代数的規則の証明はすべて 6.9 節にまわす．

次の定理で与えられる代数的規則は，量子的場合分け文が，べき等，可換，結合的，かつ逐次合成は量子的場合分け文に右から分配可能であることを示して

いる.

定理 6.6.1（量子的場合分け文の代数的規則）

(i) **べき等則**：すべての i について $S_i = S$ ならば,

$$\mathbf{qif}\ (\square i \cdot |i\rangle \to S_i)\ \mathbf{fiq} = S$$

が成り立つ.

(ii) **交換則**：$\{1, \ldots, n\}$ の任意の並べ替え τ に対して,

$$\mathbf{qif}\ [\overline{q}]\ (\square_{i=1}^n i \cdot |i\rangle \to S_{\tau(i)})\ \mathbf{fiq}$$
$$= U_{\tau^{-1}}[\overline{q}]; \mathbf{qif}\ [\overline{q}]\ (\square_{i=1}^n i \cdot |i\rangle \to S_i)\ \mathbf{fiq}; U_\tau[\overline{q}]$$

が成り立つ. ここで,

(a) τ^{-1} は τ の逆元である. すなわち, $\tau^{-1}(i) = j\ (i, j \in \{1, \ldots, n\})$ となるのは, $\tau(j) = i$ であるとき, そしてそのときに限る.

(b) U_τ および $U_{\tau^{-1}}$ は, それぞれ $\mathcal{H}_{\overline{q}}$ の基底 $\{|i\rangle\}$ を τ および τ^{-1} で並び替えるユニタリ作用素, すなわち, すべての $1 \leq i \leq n$ について

$$U_\tau(|i\rangle) = |\tau(i)\rangle \qquad U_{\tau^{-1}}(|i\rangle) = |\tau^{-1}(i)\rangle$$

である.

(iii) **結合則**：あるパラメータ族 $\overline{\alpha}$ に対して

$$\mathbf{qif}\ (\square i \cdot |i\rangle \to \mathbf{qif}\ (\square j_i \cdot |j_i\rangle \to S_{ij_i})\ \mathbf{fiq})\ \mathbf{fiq}$$
$$= \mathbf{qif}\ (\overline{\alpha})(\square i, j_i \cdot |i, j_i\rangle \to S_{ij_i})\ \mathbf{fiq}$$

が成り立つ. ここで, 右辺は, のちほど 6.8.1 節で定義するパラメータ付き量子的場合分け文である.

(iv) **分配則**：$\overline{q} \cap \text{qvar}(Q) = \emptyset$ ならば, あるパラメータ族 $\overline{\alpha}$ に対して

$$\mathbf{qif}\ [\overline{q}]\ (\square i \cdot |i\rangle \to S_i)\ \mathbf{fiq}; Q =_{CF} \mathbf{qif}\ (\overline{\alpha})[\overline{q}]\ (\square i \cdot |i\rangle \to (S_i; Q))\ \mathbf{fiq}$$

が成り立つ. ここで, 右辺は, パラメータ付き量子的場合分け文である. とくに, Q が測定を含まない場合には

$$\mathbf{qif}\ [\overline{q}]\ (\square i \cdot |i\rangle \to S_i)\ \mathbf{fiq}; Q = \mathbf{qif}\ [\overline{q}]\ (\square i \cdot |i\rangle \to (S_i; Q))\ \mathbf{fiq}$$

が成り立つ．

量子選択は，「コイン」プログラムに量子的場合分け文が続くものとして定義される．ここで，この「コイン」プログラムを量子的場合分け文の最後に移動させることはできないのかという問いが生じるのは自然である．次の定理は，局所変数を伴うブロックによるカプセル化が可能であるという条件のもとで，この問いに肯定的に答える．

定理 6.6.2 任意のプログラム S_i およびユニタリ作用素 U に対して

$$[U[\overline{q}]]\left(\bigoplus_{i=1}^{n}|i\rangle \to S_i\right) = \mathbf{qif}\ (\Box i \cdot U_{\overline{q}}^{\dagger}|i\rangle \to S_i)\ \mathbf{fiq}; U[\overline{q}] \tag{6.28}$$

が成り立つ．さらに一般的には，任意のプログラム S_i と S に対して，$\overline{q} = \mathrm{qvar}(S)$ とすると，新しい量子変数 $\overline{r}$，純粋状態 $|\varphi_0\rangle \in \mathcal{H}_{\overline{r}}$，$\mathcal{H}_{\overline{q}} \otimes \mathcal{H}_{\overline{r}}$ の正規直交基底 $\{|\psi_{ij}\rangle\}$，プログラム Q_{ij}，$\mathcal{H}_{\overline{q}} \otimes \mathcal{H}_{\overline{r}}$ のユニタリ作用素 U で，次の式を満たすものが存在する．

$$\begin{aligned}[S]\left(\bigoplus_{i=1}^{n}|i\rangle \to S_i\right) = &\mathbf{begin\ local}\ \overline{r} := |\varphi_0\rangle; \\ &\mathbf{qif}\ (\Box i, j \cdot |\psi_{ij}\rangle \to Q_{ij})\ \mathbf{fiq}; \\ &U[\overline{q}, \overline{r}] \\ &\mathbf{end}\end{aligned} \tag{6.29}$$

次の定理は，量子選択に対する定理 6.6.1 に相当するものであり，量子選択もまた，べき等，可換，結合的，かつ逐次合成は量子選択に右から分配可能であることを示している．

定理 6.6.3（量子選択の代数的規則）

(i) べき等則：$\mathrm{qvar}(Q) = \overline{q}$，$\mathrm{tr}[\![Q]\!](\rho) = 1$，すべての $1 \leq i \leq n$ について $S_i = S$ ならば，

$$\mathbf{begin\ local}\ \overline{q} := \rho; [Q]\left(\bigoplus_{i=1}^{n}|i\rangle \to S_i\right)\mathbf{end} = S$$

が成り立つ．

(ii) 交換則：$\{1,\ldots,n\}$ の任意の並べ替え τ に対して,

$$[S]\left(\bigoplus_{i=1}^{n}|i\rangle \to S_{\tau(i)}\right) = [S; U_\tau[\overline{q}]]\left(\bigoplus_{i=1}^{n}|i\rangle \to S_i\right); U_{\tau^{-1}}[\overline{q}]$$

が成り立つ．ここで，$\mathrm{qvar}(S) = \overline{q}$ であり，$U_\tau, U_{\tau^{-1}}$ は，定理 6.6.1 (ii) と同じである．

(iii) 結合則：

$$\Gamma = \{(i,j_i) : 1 \leq i \leq m, 1 \leq j_i \leq n_i\} = \bigcup_{i=1}^{m}(\{i\} \times \{1,\ldots,n_i\})$$

および

$$R = [S]\left(\bigoplus_{i=1}^{n}|i\rangle \to Q_i\right)$$

とすると，あるパラメータ族 $\overline{\alpha}$ に対して

$$[S]\left(\bigoplus_{i=1}^{m}|i\rangle \to [Q_i]\left(\bigoplus_{j_i=1}^{n_i}|j_i\rangle \to R_{ij_i}\right)\right) = [R(\overline{\alpha})]\left(\bigoplus_{(i,j_i)\in\Gamma}|i,j_i\rangle \to R_{ij_i}\right)$$

が成り立つ．ここで，右辺は，のちほど 6.8.1 節で定義するパラメータ付き量子選択である．

(iv) 分配則：$\mathrm{qvar}(S) \cap \mathrm{qvar}(Q) = \emptyset$ ならば，あるパラメータ族 $\overline{\alpha}$ に対して

$$[S]\left(\bigoplus_{i=1}^{n}|i\rangle \to S_i\right); Q =_{CF} [S(\overline{\alpha})]\left(\bigoplus_{i=1}^{n}|i\rangle \to (S_i; Q)\right)$$

が成り立つ．ここで，右辺は，パラメータ付き量子選択である．また，記号 $=_{CF}$ は，「コイン状態を無視した」同値（定義 6.4.6）を表す．とくに，Q が測定を含まない場合には

$$[S]\left(\bigoplus_{i=1}^{n}|i\rangle \to S_i\right); Q = [S]\left(\bigoplus_{i=1}^{n}|i\rangle \to (S_i; Q)\right)$$

が成り立つ．

6.7 例による説明

ここまでの節では，量子プログラミング言語 QuGCL を用いて，量子的場合分け文および量子選択のプログラム理論を展開してきた．この節では，いくつかの

量子アルゴリズムをどうすればQuGCLのプログラムとしてうまく記述できるかを，例を用いて示す．

6.7.1 量子ウォーク

QuGCLの言語設計，とくに量子的場合分け文および量子選択の定義は，もっとも単純ないくつかの量子ウォークの構成からヒントを得た．過去10年の間に，量子ウォークの非常に多くの変形や一般化が登場してきた．量子ウォークは，量子シミュレーションをはじめとする量子アルゴリズムの開発に広く用いられている．文献中に登場するさまざまな拡張量子ウォークは，QuGCLプログラムとして簡単に書くことができる．ここでは，いくつかの簡単な例を提示するにとどめる．

例 6.7.1 例2.3.7で示したアダマールウォークは1次元のランダムウォークの量子的一般化であったことを思い出そう．p, cを，それぞれ位置とコインのための量子変数とする．変数pの型は無限次元ヒルベルト空間

$$\mathcal{H}_p = \mathrm{span}\{|n\rangle : n \in \mathbb{Z}\} = \left\{\sum_{n=-\infty}^{\infty} \alpha_n |n\rangle : \sum_{n=-\infty}^{\infty} |\alpha_n|^2 < \infty\right\}$$

であり，cの型は2次元ヒルベルト空間$\mathcal{H}_c = \mathrm{span}\{|L\rangle, |R\rangle\}$である．ここで，$L, R$は，それぞれ左方向と右方向を表すものとする．アダマールウォークの状態空間は$\mathcal{H} = \mathcal{H}_c \otimes \mathcal{H}_p$になる．$I_{\mathcal{H}_p}$を$\mathcal{H}_p$の恒等作用素，$H$を2次元アダマール行列，$T_L, T_R$をそれぞれ左方向および右方向への移動とする．すなわち，任意の$n \in \mathbb{Z}$に対して

$$T_L |n\rangle = |n-1\rangle, \quad T_R |n\rangle = |n+1\rangle$$

が成り立つ．このとき，アダマールウォークの1歩は，ユニタリ作用素

$$W = (|L\rangle\langle L| \otimes T_L + |R\rangle\langle R| \otimes T_R)(H \otimes I_{\mathcal{H}_p}) \tag{6.30}$$

によって記述することができる．これは，QuGCLプログラムとして，次のように書くこともできる．

6.7 例による説明

$$T_L[p] \,_{H[c]}\oplus T_R[p] \equiv H[c]; \textbf{qif } [c] \; |L\rangle \to T_L[p]$$
$$\square \qquad |R\rangle \to T_R[p]$$
$$\textbf{fiq}$$

このプログラムは,「コイン」プログラム $H[c]$ に応じた, 左移動 T_L と右移動 T_R の量子選択である. アダマールウォークは, このプログラムを繰り返し実行する.

次の例は,最近の物理学の文献で検討されているアダマールウォークのいくつかの変形である.

(i) 前述のアダマールウォークの単純な変形は一方向量子ウォークである.この移動点は,右に動くか,前と同じ位置に止まるかのいずれかである.したがって,左移動 T_L を意味関数が恒等作用素 $I_{\mathcal{H}_p}$ であるプログラム **skip** で置き換えなければならない. そして, この量子ウォークの1歩は, QuGCL プログラムとして次のように書くことができる.

$$\textbf{skip}\,_{H[c]}\oplus T_R[p]$$

これは, **skip** と右移動 T_R の量子選択である.

(ii) アダマールウォークとその一方向版の特徴は,「コイン投げ」作用素 H が移動点の位置や時刻に依存しないということである. これに対して,「コイン投げ」作用素が位置 n や時刻 t に依存するような新しい種類の量子ウォークが提案された.

$$C(n,t) = \frac{1}{\sqrt{2}} \begin{pmatrix} c(n,t) & s(n,t) \\ s^*(n,t) & -e^{i\theta}c(n,t) \end{pmatrix}$$

このとき, 与えられた時刻 t に対して, t 歩目の移動は, QuGCL によって

$$W_t \equiv \textbf{qif } [p] \; (\square n \cdot |n\rangle \to C(n,t)[c]) \; \textbf{fiq};$$
$$\textbf{qif } [c] \; |L\rangle \to T_L[p]$$
$$\square \qquad |R\rangle \to T_R[p]$$
$$\textbf{fiq}$$

と書くことができる. このプログラム W_t は, 二つの量子的場合分け文の逐次合成である. 一つ目の量子的場合分け文では, 位置 $|n\rangle$ に応じて, コ

イン変数 c に対して実行する「コイン投げ」プログラム $C(n,t)$ が選ばれる．また，複数の位置の重ね合わせも許される．そして，異なる時刻 t においては W_t は異なるかもしれず，最初の T 歩は，QuGCL によって

$$W_1; W_2; \cdots; W_T$$

と書くことができる．

(iii) アダマールウォークのまた別の簡単な一般化として，3 状態の「コイン」による量子ウォークがある．この量子ウォークの「コイン」空間は 3 次元ヒルベルト空間 $\mathcal{H}_c = \mathrm{span}\{|L\rangle, |0\rangle, |R\rangle\}$ である．ここで，L および R は，これまでと同様それぞれ右方向および左方向への移動を表すが，0 は前と同じ位置にとどまることを表す．この「コイン投げ」作用素はユニタリ変換

$$U = \frac{1}{3} \begin{pmatrix} -1 & 2 & 2 \\ 2 & -1 & 2 \\ 2 & 2 & -1 \end{pmatrix}$$

になる．このとき，この量子ウォークの 1 歩は，次のような QuGCL プログラムとして書くことができる．

$$[U[c]]\,(|L\rangle \to T_L[p] \oplus |0\rangle \to \mathbf{skip} \oplus |R\rangle \to T_R[p])$$

これは，「コイン」プログラム $U[c]$ に応じた **skip**，左移動，右移動の量子選択である．

これらの例で示した量子ウォークは，いずれも一つの「コイン」に一つの移動点というものである．次の二つの例では，複数の移動点が参加し，それらを制御するために複数の「コイン」が備わっている複雑な量子ウォークを考える．

例 6.7.2 複数の「コイン」によって駆動する 1 次元の量子ウォークを考える．この量子ウォークでは，移動点は一つだけであるが，それを M 個の相異なる「コイン」が制御する．この「コイン」はそれぞれ個別の状態空間をもつが，それらの「コイン投げ」作用素は，すべて同じ 2 次元アダマール行列である．変数 p，ヒルベルト空間 $\mathcal{H}_p, \mathcal{H}_c$，作用素 T_L, T_R, H はいずれも例 6.7.1 と同じとし，

$c_1, \ldots, c_M$ を M 個の「コイン」の量子変数とする.このとき,この量子ウォークの状態空間は

$$\mathcal{H} = \bigotimes_{m=1}^{M} \mathcal{H}_{c_m} \otimes \mathcal{H}_p$$

となる.ここで,すべての $1 \leq m \leq M$ について,$\mathcal{H}_{c_m} = \mathcal{H}_c$ である.$1 \leq m \leq M$ について,

$$W_m \equiv (T_L[p] \ _{H[c_1]} \oplus T_R[p]) ; \cdots ; (T_L[p] \ _{H[c_m]} \oplus T_R[p])$$

と書くことにする.「コイン」c_1 から始めて,M 個の「コイン」を巡回して使うと,この量子ウォークの最初の T 歩は,QuGCL を用いて次のように書くことができる.

$$W_M ; \cdots ; W_M ; W_r$$

ここで,W_M は $d = \lfloor T/M \rfloor$ 回繰り返され,$r = T - Md$ は T を M で割った余りである.このプログラムは,異なる「コイン」によって制御された左移動と右移動の量子選択 T 個の逐次合成である.

例 6.7.3 「コイン」を共有する直線上の二つの移動点からなる量子ウォークを考える.二つの移動点は,個別の状態空間をもち,それらにはそれぞれの「コイン」がある.したがって,量子ウォーク全体の状態ヒルベルト空間は,$\mathcal{H}_c \otimes \mathcal{H}_c \otimes \mathcal{H}_p \otimes \mathcal{H}_p$ になる.二つの移動点が完全に独立ならば,この量子ウォークの 1 歩を表現する作用素は $W \otimes W$ である.ここで,W は式 (6.30) で定義される.しかし,さらに興味深いのは,2 量子ビットのユニタリ作用素 U を用いてこの二つの「コイン」をもつれ合わせる場合である.この場合には,二つの移動点は「コイン」を共有していると考えることができる.この量子ウォークの 1 歩は,次のような QuGCL プログラムとして書くことができる.

$$U[c_1, c_2] ; (T_L[q_1] \ _{H[c_1]} \oplus T_R[q_1]) ; (T_L[q_2] \ _{H[c_2]} \oplus T_R[q_2])$$

ここで,q_1, q_2 は二つの移動点それぞれの位置変数であり,c_1, c_2 はそれぞれの「コイン」変数である.すると,二つの移動点は,「コイン投げ」にアダマール作用素 H を使うことになる.

あきらかに,3 個以上の移動点の場合に一般化したものも簡単に QuGCL でプログラムすることができる.

○ 手続き：

1. $|0\rangle^{\otimes t}|u\rangle \xrightarrow{H^{\otimes} \text{を先頭の } t \text{ 量子ビットに}} \frac{1}{\sqrt{2^t}}\sum_{j=0}^{2^t-1}|j\rangle|u\rangle$

2. $\xrightarrow{\text{オラクル}} \frac{1}{\sqrt{2^t}}\sum_{j=0}^{2^t-1}|j\rangle U^j|u\rangle = \frac{1}{\sqrt{2^t}}\sum_{j=0}^{2^t-1}e^{2\pi ij\varphi}|j\rangle|u\rangle$

3. $\xrightarrow{FT^\dagger} \frac{1}{\sqrt{2^t}}\sum_{j=0}^{2^t-1}e^{2\pi ij\varphi}\left(\frac{1}{\sqrt{2^t}}\sum_{k=0}^{2^t-1}e^{-2\pi ijk/2^t}|k\rangle\right)|u\rangle$

4. $\xrightarrow{\text{先頭の } t \text{ 量子ビットを測定}} |m\rangle|u\rangle$

図6.1 量子位相推定アルゴリズム

6.7.2 量子位相推定

QuGCLで簡単にプログラムすることができるのは，量子ウォークにもとづくアルゴリズムだけではない．ここからは，量子位相推定アルゴリズムをどのようにしてQuGCLでプログラムするかを示す．2.3.7節での，与えられたユニタリ作用素Uとその固有ベクトル$|u\rangle$に対する位相推定アルゴリズムを思い出そう．このアルゴリズムの目的は，$|u\rangle$に対応する固有値$e^{2\pi i\varphi}$の位相φを推定することである．このアルゴリズムは，図6.1のように記述できる．ただし，それぞれの$j = 0, 1, \ldots, t-1$に対して，オラクルは制御U^{2^j}作用素を実行し，$FT^\dagger$は逆量子フーリエ変換を表す．

ここで，量子ビット変数$q_1, \ldots, q_t$と，ユニタリ作用素Uのヒルベルト空間を型とする量子変数pを使う．また，測定の結果を記録するために古典的変数も使う．量子位相推定は，図6.2のようなQuGCLプログラムとして書くことができる．ここで，

- $1 \leq k \leq t$について，

$$S_k \equiv q := U[q]; \cdots; q := U[q]$$

（ユニタリ変換Uの2^{k-1}個の複製の逐次合成）

- $2 \leq k \leq t$について，サブプログラムT_kは図6.3で与えられ，T_kの作用素$R_k^\dagger$は

$$R_k^\dagger = \begin{pmatrix} 1 & 0 \\ 0 & e^{-2\pi i/2^k} \end{pmatrix}$$

で与えられる.

○ プログラム:

1. **skip** $_{H[c_1]} \oplus S_1$;
   ......
2. **skip** $_{H[c_t]} \oplus S_t$;
3. $q_t := H[q_t]$;
4. T_t;
5. $q_{t-1} := H[q_{t-1}]$;
6. T_{t-1};
7. $q_{t-2} := H[q_{t-2}]$;
   ......
8. T_2;
9. $q_1 := H[q_1]$;
10. **if** ($\square\ M[q_1, \ldots, q_t : x] = m \to$ **skip**) **fi**

図**6.2** 量子位相推定プログラム

○ サブプログラム:

1. **qif** $[q_t]$ $|0\rangle \to$ **skip**
2. $\square$ $|1\rangle \to R_k^\dagger[q_{k-1}]$
3. **fiq**;
4. **qif** $[q_{t-1}]$ $|0\rangle \to$ **skip**
5. $\square$ $|1\rangle \to R_{k-1}^\dagger[q_{k-1}]$
6. **fiq**;
   ......
8. **qif** $[q_{k+1}]$ $|0\rangle \to$ **skip**
9. $\square$ $|1\rangle \to R_2^\dagger[q_{k-1}]$
10. **fiq**

図**6.3** サブプログラム T_k

- $M = \{M_m : m \in \{0,1\}^t\}$ は計算基底による t 量子ビットの測定である．すなわち，すべての $m \in \{0,1\}^t$ について，$M_m = |m\rangle\langle m|$ である．

式 (2.24) から，位相推定プログラム（図6.2）の3行目から9行目は，実際に逆量子フーリエ変換になっていることが分かる．QuGCL は初期化文を含まないので，図 6.1 の $|0\rangle^{\otimes t}|u\rangle$ は，プログラムへの入力と考えるほかない．

6.8 考察

前節までで，量子的場合分け文と量子選択という二つのプログラム構成部品を詳しく調べてきた．そして，これらを用いて量子ウォークにもとづくアルゴリズムや量子位相推定をプログラムした．6.3.3節で述べたように，定義 6.3.8 において異なる係数の選び方が可能であり，そこから量子的場合分け文の異なる意味論が含意される．この節は，量子的場合分け文や量子選択のいくつかの変形について論じることにあてる．これらの変形は，量子情報処理の状況においてのみ現れ，古典的プログラミングには対応するものはない．これらの変形は，いずれも概念的に興味深く，応用においても有用である．実際には，これらの変形のあるものは，6.6 節のいくつかの代数的規則の中ですでに使われている．

6.8.1 量子操作のガード付き合成の係数

作用素値関数のガード付き合成を定義する式 (6.14) の右辺の係数は，条件付き確率として物理的に解釈するための非常に特別なやり方で選ばれている．ここでは，これらの係数は別の選び方ができることを示す．

まず，もっとも単純な場合として，「コイン」ヒルベルト空間 $\mathcal{H}_c$ の正規直交基底 $\{|k\rangle\}$ に沿ったヒルベルト空間 $\mathcal{H}$ のユニタリ作用素 U_k $(1 \leq k \leq n)$ のガード付き合成

$$U \triangleq \bigoplus_{k=1}^{n} (|k\rangle \to U_k)$$

を考えてみよう．それぞれの $1 \leq k \leq n$ について，U の定義式 (6.10) に相対位

相 θ_k を加えて，任意の $|\psi\rangle \in \mathcal{H}$ に対して

$$U(|k\rangle |\psi\rangle) = e^{i\theta_k} |k\rangle U_k |\psi\rangle \tag{6.31}$$

となるとすると，式 (6.11) は

$$U\left(\sum_k \alpha_k |k\rangle |\psi_k\rangle\right) = \sum_k \alpha_k e^{i\theta_k} |k\rangle U_k |\psi_k\rangle \tag{6.32}$$

に変わる．基底状態 $|k\rangle$ が異なれば，式 (6.31) の位相 θ_k も異なりうることに注意しよう．式 (6.31) や (6.32) で定義される新しい作用素 U もユニタリ作用素であることはすぐに分かる．

相対位相を追加するという発想を，作用素値関数のガード付き合成にも適用する．それぞれの $1 \leq k \leq n$ について，$\{|k\rangle\}$ を $\mathcal{H}_c$ の正規直交基底，F_k を $\mathcal{H}$ における Δ_k 上の作用素値関数とするとき，

$$F \triangleq \bigoplus_{k=1}^{n} (|k\rangle \to F_k)$$

を考える．実数の並び $\theta_1, \ldots, \theta_n$ を自由に選ぶことができ，それによって，F の定義式 (6.14) は，任意の状態

$$|\Psi\rangle = \sum_{k=1}^{n} |k\rangle |\psi_k\rangle \in \mathcal{H}_c \otimes \mathcal{H}$$

に対して

$$F(\oplus_{k=1}^{n} \delta_k) |\Psi\rangle = \sum_{k=1}^{n} e^{i\theta_k} \left(\prod_{l \neq k} \lambda_{l\delta_l}\right) |k\rangle (F_k(\delta_k) |\psi_k\rangle) \tag{6.33}$$

となる．ここで，$\lambda_{l\delta_l}$ は，定義 6.3.8 と同じである．このとき，あきらかに，(6.33) で定義された F は，作用素値関数である．実際には，作用素値関数のガード付き合成のより一般的な定義に対しても，同じ結論が成り立つ．それぞれの $1 \leq k \leq n$ について，F_k を $\mathcal{H}$ における Δ_k 上の作用素値関数とし，複素数の族

$$\overline{\alpha} = \left\{\alpha^{(k)}_{\delta_1, \ldots, \delta_{k-1}, \delta_{k+1}, \ldots, \delta_n} : 1 \leq k \leq n, \delta_l \in \Delta_l \ (l = 1, \ldots, k-1, k+1, \ldots, n)\right\} \tag{6.34}$$

がすべての $1 \leq k \leq n$ について正規化条件

$$\sum_{\delta_1 \in \Delta_1, \ldots, \delta_{k-1} \in \Delta_{k-1}, \delta_{k+1} \in \Delta_{k+1}, \ldots, \delta_n \in \Delta_n} \left| \alpha^{(k)}_{\delta_1, \ldots, \delta_{k-1}, \delta_{k+1}, \ldots, \delta_n} \right|^2 = 1 \quad (6.35)$$

を満たすとする.このとき,$\mathcal{H}_c$ の正規直交基底 $\{|k\rangle\}$ に沿った F_k $(1 \leq k \leq n)$ の $\overline{\alpha}$ ガード付き合成

$$F \triangleq (\overline{\alpha}) \bigoplus_{k=1}^{n} (|i\rangle \to F_k)$$

を,任意の $|\psi_1\rangle, \ldots, |\psi_n\rangle \in \mathcal{H}$ および任意の $\delta_k \in \Delta_k$ $(1 \leq k \leq n)$ に対して

$$F(\oplus_{k=1}^{n} \delta_k) \left(\sum_{k=1}^{n} |k\rangle |\psi_k\rangle \right) = \sum_{k=1}^{n} \alpha^{(k)}_{\delta_1, \ldots, \delta_{k-1}, \delta_{k+1}, \ldots, \delta_n} |k\rangle (F_k(\delta_k) |\psi_k\rangle) \quad (6.36)$$

と定義することができる.係数

$$\alpha^{(k)}_{\delta_1, \ldots, \delta_{k-1}, \delta_{k+1}, \ldots, \delta_n}$$

はパラメータとして δ_k を含まないことに注意しよう.このことと条件 (6.35) を合わせると,6.9 節で示す補題 6.3.9 の証明からも分かるように,$\overline{\alpha}$ ガード付き合成は作用素値関数になることが保証される.

例 6.8.1

(i) 定義 6.3.8 は $\overline{\alpha}$ ガード付き合成の特別な場合である.なぜなら,$\lambda_{k\delta_k}$ を式 (6.15) で与えられるものとしたとき,任意の $1 \leq i \leq n$ および $\delta_k \in \Delta_k$ $(k = 1, \ldots, i-1, i+1, \ldots, n)$ に対して,

$$\alpha^i_{\delta_1, \ldots, \delta_{i-1}, \delta_{i+1}, \ldots, \delta_n} = \prod_{k \neq i} \lambda_{k\delta_k}$$

ならば,式 (6.36) は (6.14) に退化するからである.

(ii) また $\overline{\alpha}$ として,すべての $1 \leq i \leq n$ および $\delta_k \in \Delta_k$ $(k = 1, \ldots, i-1, i+1, \ldots, n)$ について

$$\alpha^i_{\delta_1, \ldots, \delta_{i-1}, \delta_{i+1}, \ldots, \delta_n} = \frac{1}{\sqrt{\prod_{k \neq i} |\Delta_k|}}$$

と選ぶこともできる.あきらかに,この係数の族 $\overline{\alpha}$ に対しては,定義 6.3.8 の相対位相を修正しても $\overline{\alpha}$ ガード付き合成は得られない.

これで，パラメータ付き量子的場合分け文とパラメータ付き量子選択を定義することができる．

定義 6.8.2

(i) $\overline{q}$, $\{|i\rangle\}$, $\{S_i\}$ をそれぞれ定義 6.2.1(iv) と同じものとする．また，すべての i について $\Delta(S_i) = \Delta_i$ を古典的状態とし，$\overline{\alpha}$ を，式 (6.34) と同じく条件 (6.35) を満たすパラメータ族とする．このとき，基底状態 $|i\rangle$ をガードとする $S_1, \ldots, S_n$ の $\overline{\alpha}$ 量子的場合分け文を

$$S \equiv \mathbf{qif}\ (\overline{\alpha})[\overline{q}]\ (\Box i \cdot |i\rangle \to S_i)\ \mathbf{fiq} \tag{6.37}$$

と定義し，その準古典的意味関数を

$$\|S\| = (\overline{\alpha}) \bigoplus_{i=1}^{n} (|i\rangle \to \|S_i\|)$$

とする．

(ii) S, $\{|i\rangle\}$, S_i を定義 6.5.1 と同じものとし，$\overline{\alpha}$ は前項と同じパラメータ族とする．このとき，基底 $\{|i\rangle\}$ に沿った S に応じた S_i の $\overline{\alpha}$ 量子選択を

$$[S(\overline{\alpha})]\left(\bigoplus_i |i\rangle \to S_i\right) \equiv S; \mathbf{qif}\ (\overline{\alpha})[\overline{q}]\ (\Box i \cdot |i\rangle \to S_i)\ \mathbf{fiq}$$

と定義する．

量子的場合分け文 (6.37) の文脈から量子変数 $\overline{q}$ が分かる場合には，記号 $[\overline{q}]$ を省略することがある．一見すると，$\overline{\alpha}$ 量子的場合分け文の構文 (6.37) のパラメータ $\overline{\alpha}$ が S_i の古典的状態を添字としているのは，理にかなわないように思われる．しかし，S_i の古典的状態は S_i の構文によって完全に定まるので，これは何の問題もない．

$\overline{\alpha}$ 量子的場合分け文の純粋量子的な表示的意味は，定義 6.4.3 に従って，準古典的意味関数から得られる．また，$\overline{\alpha}$ 量子選択の純粋量子的な表示的意味は，$\overline{\alpha}$ 量子的場合分け文の純粋量子的な表示的意味から導くことができる．パラメータ付き量子的場合分け文およびパラメータ付き量子選択の概念は，6.6 節のいくつかの定理を示す中ですでに使われている．

研究課題 6.8.3 次の主張を証明あるいは反証せよ．任意の $\overline{\alpha}$ に対して，あるユニタリ作用素 U で

$$\mathbf{qif}\,(\overline{\alpha})[\overline{q}]\,(\Box i \cdot\, |i\rangle \to S_i)\,\mathbf{fiq} = [U[\overline{q}]]\left(\bigoplus_i |i\rangle \to S_i\right)$$

となるものが存在する．この $U[\overline{q}]$ を（その意味がユニタリ変換ではなく一般の量子操作であるような）一般の量子プログラムで置き換えた場合にはどうなるだろうか．

6.8.2　部分空間をガードとする量子的場合分け文

古典的プログラムの場合分け文 (6.2) と量子的場合分け文 (6.9) の大きな違いは，それらのガードを比較することで明らかになる．古典的プログラムの場合分け文のガード G_i はプログラム変数についての命題であるが，一方，量子的場合分け文のガード $|i\rangle$ は「コイン」空間 $\mathcal{H}_c$ の基底状態である．しかしながら，この違いは，一見しただけでは思ったほど大きくはないように思われる．バーコフ-フォン・ノイマンの量子論理 [42] では，量子系についても命題は，その系の状態ヒルベルト空間の閉部分空間によって表現される．このことから，「コイン」空間の基底状態ではなく，「コイン」系についての命題をガードとする量子的場合分け文を定義することが考えられる．

定義 6.8.4　$\overline{q}$ を量子変数の並びとし，$\{S_i\}$ を量子プログラムの族で

$$\overline{q} \cap \left(\bigcup_i \mathrm{qvar}(S_i)\right) = \emptyset$$

となるものとする．$\{X_i\}$ を「コイン」系 $\overline{q}$ についての命題，すなわち，「コイン」空間 $\mathcal{H}_{\overline{q}}$ の閉部分空間の族で次の二つの条件を満たすものとする．

(i) 　X_i は互いに直交する．すなわち，$i_1 \neq i_2$ ならば，$X_{i_1} \perp X_{i_2}$ となる．
(ii) 　$\bigoplus_i X_i \triangleq \mathrm{span}\left(\bigcup_i X_i\right) = \mathcal{H}_{\overline{q}}$

このとき，

(i) 　部分空間 X_i をガードとする S_i の量子的場合分け文

6.8 考察

$$S \equiv \mathbf{qif}\ [\overline{q}]\,(\Box i \cdot X_i \to S_i)\ \mathbf{fiq} \tag{6.38}$$

はプログラムである．

(ii) S の量子変数は

$$\mathrm{qvar}(S) = \overline{q} \cup \left(\bigcup_i \mathrm{qvar}(S_i) \right)$$

とする．

(iii) この量子的場合分け文 S の純粋量子的な表示的意味は

$$[\![S]\!] = \{\,[\![\mathbf{qif}\ [\overline{q}]\,(\Box i, j_i \cdot |\varphi_{ij_i}\rangle \to S_{ij_i})\ \mathbf{fiq}]\!] : \tag{6.39}$$
$$\text{それぞれの}\,i\,\text{について}\,\{|\varphi_{ij_i}\rangle\}\,\text{は}\,X_i\,\text{の正規直交基底},$$
$$\text{すべての}\,i, j_i\,\text{について}\,S_{ij_i} = S_i\}$$

とする．

直感的には，量子的場合分け文 (6.38) の $\{X_i\}$ は，状態ヒルベルト空間 $\mathcal{H}_{\overline{q}}$ 全体の分割と考えることができる．式 (6.38) の文脈から量子変数 $\overline{q}$ が分かる場合には，記号 $[\overline{q}]$ を省略することがある．あきらかに，式 (6.39) の部分空間 X_i の基底の直和 $\bigcup_i \{|\varphi_{ij_i}\rangle\}$ は「コイン」空間 $\mathcal{H}_c$ 全体の正規直交基底である．式 (6.39) の右辺から，部分空間をガードとするプログラム (6.38) の純粋量子的意味は，単一の量子操作ではなく量子操作の集合であることに注意しよう．したがって，量子的場合分け文 (6.38) は，非決定性プログラムであり，その非決定性はガードとなる部分空間の基底の選び方に起因する．また，これらの部分空間の基底状態をガードとする量子的場合分け文は，量子的場合分け文 (6.38) の詳細化になっている．一方，$\{|i\rangle\}$ が $\mathcal{H}_{\overline{q}}$ の正規直交基底であり，それぞれの i について X_i が 1 次元部分空間 $\mathrm{span}\{|i\rangle\}$ ならば，前述の定義は退化して，基底状態 $|i\rangle$ をガードとする量子的場合分け文 (6.9) になる．

定義 6.4.6 の量子プログラムの同値性の考え方は，次のような取り決めをすると，非決定性量子プログラム（すなわち，その意味が単一の量子操作ではなく，量子操作の集合となるようなプログラム）の場合に容易に一般化することができる．

- Ω が量子操作の集合で，$\mathcal{F}$ が量子操作ならば，

$$\Omega \otimes \mathcal{F} = \{\mathcal{E} \otimes \mathcal{F} : \mathcal{E} \in \Omega\}$$

- 単一の量子操作を，その量子操作だけを要素とする1元集合と同一視する．

次の命題は，部分空間をガードとする量子的場合分け文の基本的性質を述べている．

命題 6.8.5

(i) それぞれの i について，S_i が測定を含まないならば，$X_i\,(1 \leq i \leq n)$ の任意の正規直交基底 $\{|\varphi_{ij_i}\rangle\}$ に対して，

$$\mathbf{qif}\,(\square i \cdot X_i \to S_i)\,\mathbf{fiq} = \mathbf{qif}\,(\square i, j_i \cdot |\varphi_{ij_i}\rangle \to S_{ij_i})\,\mathbf{fiq}$$

となる．ここで，すべての i, j_i について $S_{ij_i} = S_i$ である．とくに，すべての i について，U_i が $\mathcal{H}_{\overline{q}}$ のユニタリ作用素ならば，

$$\mathbf{qif}\,[\overline{p}](\square i \cdot X_i \to U_i[\overline{q}])\,\mathbf{fiq} = U[\overline{p}, \overline{q}]$$

となる．ここで，

$$U = \sum_i (I_{X_i} \otimes U_i)$$

は，$\mathcal{H}_{\overline{p} \cup \overline{q}}$ のユニタリ作用素である．

(ii) U を $\mathcal{H}_{\overline{q}}$ のユニタリ作用素とする．すべての i について，X_i が U の不変部分空間，すなわち，

$$UX_i = \{U|\psi\rangle : |\psi\rangle \in X_i\} \subseteq X_i$$

ならば，

$$U[\overline{q}]; \mathbf{qif}\,[\overline{q}]\,(\square i \cdot X_i \to S_i)\,\mathbf{fiq}; U^\dagger[\overline{q}] = \mathbf{qif}\,[\overline{q}]\,(\square i \cdot X_i \to S_i)\,\mathbf{fiq}$$

となる．

練習問題 6.8.6 命題 6.8.5 を証明せよ．

この節を終えるにあたって，次のことを指摘しておく．量子選択を一般化した概念は，パラメータ付き量子的場合分け文や部分空間をガードとする量子的場合分け文にもとづいて定義することができ，6.6節で示した代数的規則は，部分空

間をガードとする量子的場合分け文だけでなく，パラメータ付き量子的場合分け文や量子選択にも容易に一般化できる．詳細についてはここでは述べないが，練習問題としてこれを考えてみてもよいだろう．

6.9 補題，命題，定理の証明

この章の主要な補題，命題，定理の証明は，いずれも面倒な計算を含んでいる．したがって，見通しをよくするために，ここまでの節では証明なしに結果だけを述べてきた．この章を完結させるために，詳しい証明をここで提示する．

補題 6.3.9 の証明: F を定義 6.3.8 で与えられた作用素値関数とするとき，

$$\overline{F} \triangleq \sum_{\delta_1 \in \Delta_1, \ldots, \delta_n \in \Delta_n} F(\oplus_{i=1}^n \delta_i)^\dagger \cdot F(\oplus_{i=1}^n \delta_i)$$

と書くことにする．まず，補助的な等式を証明する．任意の $|\Phi\rangle, |\Psi\rangle \in \mathcal{H}_c \otimes \mathcal{H}$ に対して，

$$|\Phi\rangle = \sum_{i=1}^n |i\rangle |\varphi_i\rangle \qquad |\Psi\rangle = \sum_{i=1}^n |i\rangle |\psi_i\rangle$$

と書くことができる．ここで，$1 \leq i \leq n$ について，$|\varphi_i\rangle, |\psi_i\rangle \in \mathcal{H}$ である．このとき，

$$\begin{aligned}
\langle\Phi|\overline{F}|\Psi\rangle &= \sum_{\delta_1,\ldots,\delta_n} \langle\Phi| F(\oplus_{i=1}^n \delta_i)^\dagger \cdot F(\oplus_{i=1}^n \delta_i) |\Psi\rangle \\
&= \sum_{\delta_1,\ldots,\delta_n} \sum_{i,i'=1}^n \left(\prod_{k\neq i} \lambda_{k\delta_k}^*\right)\left(\prod_{k\neq i'} \lambda_{k\delta_k}\right) \langle i|i'\rangle \langle\varphi_i| F_i(\delta_i)^\dagger F_{i'}(\delta_{i'}) |\psi_{i'}\rangle \\
&= \sum_{\delta_1,\ldots,\delta_n} \sum_{i=1}^n \left(\prod_{k\neq i} |\lambda_{k\delta_k}|^2\right) \langle\varphi_i| F_i(\delta_i)^\dagger F_i(\delta_i) |\psi_i\rangle \\
&= \sum_{i=1}^n \left[\sum_{\delta_1,\ldots,\delta_{i-1},\delta_{i+1},\ldots,\delta_n} \left(\prod_{k\neq i} |\lambda_{k\delta_k}|^2\right) \cdot \sum_{\delta_i} \langle\varphi_i| F_i(\delta_i)^\dagger F_i(\delta_i) |\psi_i\rangle\right] \\
&= \sum_{i=1}^n \sum_{\delta_i} \langle\varphi_i| F_i(\delta_i)^\dagger F_i(\delta_i) |\psi_i\rangle
\end{aligned}$$

$$= \sum_{i=1}^{n} \langle \varphi_i | \sum_{\delta_i} F_i(\delta_i)^\dagger F_i(\delta_i) | \psi_i \rangle \tag{6.40}$$

が成り立つ.なぜなら,それぞれの k について,

$$\sum_{\delta_k} |\lambda_{k\delta_k}|^2 = 1$$

であり,したがって,

$$\sum_{\delta_1,\ldots,\delta_{i-1},\delta_{i+1},\ldots,\delta_n} \left(\prod_{k \neq i} |\lambda_{k\delta_k}|^2 \right) = \prod_{k \neq i} \left(\sum_{\delta_k} |\lambda_{k\delta_k}|^2 \right) = 1 \tag{6.41}$$

となるからである.

これで,式 (6.40) を用いて,補題 6.3.9 を証明する準備が整った.

(i) まず,$\overline{F} \sqsubseteq I_{\mathcal{H}_c \otimes \mathcal{H}}$,すなわち,$F$ は $\mathcal{H}_c \otimes \mathcal{H}$ における $\bigoplus_{i=1}^{n} \Delta_n$ 上の作用素値関数であることを証明する.そのためには,それぞれの $|\Phi\rangle \in \mathcal{H}_c \otimes \mathcal{H}$ について

$$\langle \Phi | \overline{F} | \Phi \rangle \leq \langle \Phi | \Phi \rangle$$

を示せば十分である.実際,それぞれの $1 \leq i \leq n$ について,F_i は作用素値関数であるから,

$$\sum_{\delta_i} F_i(\delta_i)^\dagger F_i(\delta_i) \sqsubseteq I_{\mathcal{H}}$$

となる.それゆえ,

$$\langle \varphi_i | \sum_{\delta_i} F_i(\delta_i)^\dagger F_i(\delta_i) | \varphi_i \rangle \leq \langle \varphi_i | \varphi_i \rangle$$

が成り立つ.このとき,式 (6.40) から,

$$\langle \Phi | \overline{F} | \Phi \rangle \leq \sum_{i=1}^{n} \langle \varphi_i | \varphi_i \rangle = \langle \Phi | \Phi \rangle$$

であることがすぐに分かる.したがって,F は作用素値関数である.

(ii) 次に,すべての F_i $(1 \leq i \leq n)$ が全作用素値関数である場合には,F も全作用素値関数になることを証明する.これには,$\overline{F} = I_{\mathcal{H}_c \otimes \mathcal{H}}$ を示さなけ

6.9 補題, 命題, 定理の証明

ればならない. 実際, それぞれの $1 \leq i \leq n$ について, F_i は全作用素値関数であるから,

$$\sum_{\delta_i} F_i(\delta_i)^\dagger F_i(\delta_i) = I_{\mathcal{H}}$$

となる. したがって, 式 (6.40) から, 任意の $|\Phi\rangle, |\Psi\rangle \in \mathcal{H}_c \otimes \mathcal{H}$ に対して

$$\langle \Phi | \overline{F} | \Psi \rangle = \sum_{i=1}^{n} \langle \varphi_i | \psi_i \rangle = \langle \Phi | \Psi \rangle$$

が成り立つ. すると, $|\Phi\rangle$ および $|\Psi\rangle$ が任意であることから, $\overline{F} = I_{\mathcal{H}_c \otimes \mathcal{H}}$ が成り立ち, F は全作用素値関数になる.

命題 6.4.4 の証明: (i)–(iv) は自明なので, (v) と (vi) だけを証明する.

(1) (v) を証明するために,

$$S \equiv \mathbf{if}\ (\Box m \cdot M[\overline{q} : x] = m \to S_m)\ \mathbf{fi}$$

とする. このとき, 定義 6.4.2 および 6.4.3 から, $\mathcal{H}_{\mathrm{qvar}(S)}$ の任意の部分密度作用素 ρ に対して,

$$\begin{aligned}
[\![S]\!](\rho) &= \sum_m \sum_{\delta \in \Delta(S_m)} [\![S]\!](\delta[x \leftarrow m]) \rho [\![S]\!](\delta[x \leftarrow m])^\dagger \\
&= \sum_m \sum_{\delta \in \Delta(S_m)} \left([\![S_m]\!](\delta) \otimes I_{\mathrm{qvar}(S) \setminus \mathrm{qvar}(S_m)}\right) \left(M_m \otimes I_{\mathrm{qvar}(S) \setminus \overline{q}}\right) \\
&\qquad\qquad \rho \left(M_m^\dagger \otimes I_{\mathrm{qvar}(S) \setminus \overline{q}}\right) \left([\![S_m]\!](\delta)^\dagger \otimes I_{\mathrm{qvar}(S) \setminus \mathrm{qvar}(S_m)}\right) \\
&= \sum_m \sum_{\delta \in \Delta(S_m)} \left([\![S_m]\!](\delta) \otimes I_{\mathrm{qvar}(S) \setminus \mathrm{qvar}(S_m)}\right) \left(M_m \rho M_m^\dagger\right) \\
&\qquad\qquad\qquad\qquad \left([\![S_m]\!](\delta)^\dagger \otimes I_{\mathrm{qvar}(S) \setminus \mathrm{qvar}(S_m)}\right) \\
&= \sum_m [\![S_m]\!] \left(M_m \rho M_m^\dagger\right) \\
&= \left(\sum_m \left[[\![S_m]\!] \circ (M_m \circ M_m^\dagger)\right]\right)(\rho)
\end{aligned}$$

となる.

(2) 最後に, (vi) を証明する. 表記を簡単するために,

$$S \equiv \mathbf{qif}\ [\overline{q}](\Box i \cdot |i\rangle \to S_i)\ \mathbf{fiq}$$

と書くことにする. 定義 6.4.2 によって,

$$\|S\| = \bigoplus_i (|i\rangle \to \|S_i\|)$$

が得られる. それぞれの $1 \leq i \leq n$ について $\|S_i\| \in \mathbb{F}(\|S_i\|)$ であることに注意する. ここで, $\mathbb{F}(\mathcal{E})$ は量子操作 $\mathcal{E}$ によって生成された作用素値関数の集合を表す. (定義 6.3.6 を参照のこと.) したがって, 定義 6.4.3 から

$$[\![S]\!] = \mathcal{E}(\|S\|) \in \left\{ \mathcal{E}\left(\bigoplus_i (|i\rangle \to F_i)\right) : \text{すべての } i \text{ について } F_i \in \mathbb{F}(\|S_i\|) \right\}$$
$$= \bigoplus_i (|i\rangle \to [\![S_i]\!])$$

となる.

定理 6.5.5 の証明: 表記を簡単にするために,

$$R \equiv \mathbf{qif}\ [\overline{q}](\square i \cdot |i\rangle \to S_i)\ \mathbf{fiq}$$

と書くことにする.

二つの QuGCL プログラムが同値であることを証明するためには, それらの純粋量子的意味が同じであることを示さなければならない. しかしながら, 純粋量子的意味は, 準古典的意味を用いて定義される (定義 6.4.3). したがって, まず, 準古典的意味のレベルで確認をして, それを純粋量子的意味に持ち上げる. 準古典的意味関数 $\|S_i\|$ は Δ_i 上の作用素値関数で, それぞれの $\delta_i \in \Delta_i$ に対して

$$\|S_i\|(\delta_i) = E_{i\delta_i}$$

となるものと仮定する. $|\psi\rangle \in \mathcal{H}_{\bigcup_{i=1}^n \text{qvar}(S_i)}$ および $|\varphi\rangle \in \mathcal{H}_{\overline{q}}$ とすると, ある複素数 $\alpha_i\ (1 \leq i \leq n)$ を用いて $|\varphi\rangle = \sum_{i=1}^n \alpha_i |i\rangle$ と書くことができる. このとき, 任意の $\delta_i \in \Delta_i\ (1 \leq i \leq n)$ に対して

$$|\Psi_{\delta_1 \cdots \delta_n}\rangle \triangleq [\![R]\!](\oplus_{i=1}^n \delta_i)(|\varphi\rangle |\psi\rangle)$$
$$= [\![R]\!](\oplus_{i=1}^n \delta_i)\left(\sum_{i=1}^n \alpha_i |i\rangle |\psi\rangle\right)$$
$$= \sum_{i=1}^n \alpha_i \left(\prod_{k \neq i} \lambda_{k\delta_k}\right) |i\rangle (E_{i\sigma_i} |\psi\rangle)$$

が成り立つ. ここで, $\lambda_{i\delta_i}$ は, 式 (6.15) で定義されるものとする. 計算を進めると,

$$|\Psi_{\delta_1\cdots\delta_n}\rangle\langle\Psi_{\delta_1\cdots\delta_n}| = \sum_{i,j=1}^{n}\left[\alpha_i\alpha_j^*\left(\prod_{k\neq i}\lambda_{k\delta_k}\right)\left(\prod_{k\neq j}\lambda_{k\delta_k}\right)|i\rangle\langle j|\otimes E_{i\delta_i}|\psi\rangle\langle\psi|E_{j\delta_j}^\dagger\right]$$

となり, これから,

$$\operatorname{tr}_{\mathcal{H}_{\bar{q}}}(|\Psi_{\delta_1\cdots\delta_n}\rangle\langle\Psi_{\delta_1\cdots\delta_n}|) = \sum_{i=1}^{n}|\alpha_i|^2\left(\prod_{k\neq i}\lambda_{k\delta_k}\right)^2 E_{i\delta_i}|\psi\rangle\langle\psi|E_{i\delta_i}^\dagger$$

が得られる. これに, 式 (6.49) を用いると,

$$\begin{aligned}\operatorname{tr}_{\mathcal{H}_{\bar{q}}}([\![R]\!](|\varphi\psi\rangle\langle\varphi\psi|)) &= \operatorname{tr}_{\mathcal{H}_{\bar{q}}}(\sum_{\delta_1,\ldots,\delta_n}|\Psi_{\delta_1\cdots\delta_n}\rangle\langle\Psi_{\delta_1\cdots\delta_n}|) \\ &= \sum_{\delta_1,\ldots,\delta_n}\operatorname{tr}_{\mathcal{H}_{\bar{q}}}(|\Psi_{\delta_1\cdots\delta_n}\rangle\langle\Psi_{\delta_1\cdots\delta_n}|) \\ &= \sum_{i=1}^{n}|\alpha_i|^2\left[\sum_{\delta_1,\ldots,\delta_{i-1},\delta_{i+1},\ldots,\delta_n}\left(\prod_{k\neq i}\lambda_{k\delta_k}\right)^2\right]\cdot\left[\sum_{\delta_i}E_{i\delta_i}|\psi\rangle\langle\psi|E_{i\delta_i}^\dagger\right] \quad (6.42) \\ &= \sum_{i=1}^{n}|\alpha_i|^2[\![S_i]\!](|\psi\rangle\langle\psi|)\end{aligned}$$

となる.

ここで, $[\![S]\!](\rho)$ は密度作用素であるから, スペクトル分解によって

$$[\![S]\!](\rho) = \sum_l s_l|\varphi_l\rangle\langle\varphi_l|$$

となるものとする. さらに, それぞれの l について, $|\varphi_l\rangle = \sum_i \alpha_{li}|i\rangle$ と書く. $\mathcal{H}_{\bigcup_{i=1}^n \operatorname{qvar}(S_i)}$ の任意の密度作用素 σ に対して, σ は $\sigma = \sum_m r_m|\psi_m\rangle\langle\psi_m|$ の形に書くことができる. このとき, 式 (6.42) を用いると,

$$\begin{aligned}\left[\!\!\left[\mathbf{begin\ local}\ \bar{q} := \rho; [S]\left(\bigoplus_{i=1}^{n}|i\rangle \to S_i\right)\ \mathbf{end}\right]\!\!\right](\sigma) \\ = \operatorname{tr}_{\mathcal{H}_{\bar{q}}}([\![S;R]\!](\sigma\otimes\rho)) = \operatorname{tr}_{\mathcal{H}_{\bar{q}}}([\![R]\!](\sigma\otimes[\![S]\!](\rho))) \\ = \operatorname{tr}_{\mathcal{H}_{\bar{q}}}([\![R]\!](\sum_{m,l}r_m s_l|\psi_m\varphi_l\rangle\langle\psi_m\varphi_l|))\end{aligned}$$

$$= \sum_{m,l} r_m s_l \, \mathrm{tr}_{\mathcal{H}_{\bar{q}}} \left([\![R]\!](|\psi_m \varphi_l\rangle\langle\psi_m \varphi_l|) \right)$$

$$= \sum_{m,l} r_m s_l \sum_{i=1}^n |\alpha_{li}|^2 [\![S_i]\!](|\psi_m\rangle\langle\psi_m|)$$

$$= \sum_l \sum_{i=1}^n s_l |\alpha_{li}|^2 [\![S_i]\!] \left(\sum_m r_m |\psi_m\rangle\langle\psi_m| \right)$$

$$= \sum_l \sum_{i=1}^n s_l |\alpha_{li}|^2 [\![S_i]\!](\sigma)$$

$$= \sum_{i=1}^n \left(\sum_l s_l |\alpha_{li}|^2 \right) [\![S_i]\!](\sigma) = \left[\!\!\left[\sum_{i=1}^n S_i @ p_i \right]\!\!\right](\sigma)$$

が得られる．ここで，

$$p_i = \sum_l s_l |\alpha_{li}|^2 = \sum_l s_l \langle i|\varphi_l\rangle \langle\varphi_l|i\rangle$$

$$= \langle i| \left(\sum_l s_l |\varphi_l\rangle\langle\varphi_l| \right) |i\rangle = \langle i| [\![S]\!](\rho) |i\rangle$$

である．

定理 6.6.2 の証明： まず，簡単なほうの式 (6.28) を証明する．LHS および RHS は，それぞれ式 (6.28) の左辺および右辺を表す．証明したいことは，$[\![LHS]\!] = [\![RHS]\!]$ である．しかし，定理 6.5.5 の証明で説明したように，準古典的意味を調べて，$[\![LHS]\!] = [\![RHS]\!]$ を示さなければならない．$[\![S_i]\!]$ は Δ_i 上の作用素値関数で，それぞれの $\delta_i \in \Delta_i$ $(1 \le i \le n)$ に対して

$$[\![S_i]\!](\delta_i) = F_{i\delta_i}$$

であるとする．

$$S \equiv \mathbf{qif} \; (\square i \cdot U_{\bar{q}}^\dagger |i\rangle \to S_i) \; \mathbf{fiq}$$

と書くことにすると，$|\psi_i\rangle \in \mathcal{H}_V$ $(1 \le i \le n)$ および $V = \bigcup_{i=1}^n \mathrm{qvar}(S_i)$ とするとき，任意の状態 $|\psi\rangle = \sum_{i=1}^n |i\rangle |\psi_i\rangle$ に対して，

$$[\![S]\!](\oplus_{i=1}^n \delta_i) |\psi\rangle = [\![S]\!](\oplus_{i=1}^n \delta_i) \left[\sum_{i=1}^n \left(\sum_{j=1}^n U_{ij}(U_{\bar{q}}^\dagger |j\rangle) \right) \right] |\psi_i\rangle$$

6.9 補題，命題，定理の証明

$$= [\![S]\!](\oplus_{i=1}^n \delta_i) \left[\sum_{j=1}^n (U_{\bar{q}}^\dagger |j\rangle) \left(\sum_{i=1}^n U_{ij} |\psi_i\rangle \right) \right]$$

$$= \sum_{j=1}^n \left(\prod_{k \neq j} \lambda_{k\delta_k} \right) (U_{\bar{q}}^\dagger |j\rangle) F_{j\delta_j} \left(\sum_{i=1}^n U_{ij} |\psi_i\rangle \right)$$

が得られる．ここで，$\lambda_{k\delta_k}$ は，式 (6.15) で定義されたものとする．このとき，

$$[\![RHS]\!](\oplus_{i=1}^n \delta_i) |\psi\rangle = U_{\bar{q}}([\![S]\!](\oplus_{i=1}^n \delta_i) |\psi\rangle)$$

$$= \sum_{j=1}^n \left(\prod_{k \neq j} \lambda_{k\delta_k} \right) |j\rangle F_{j\delta_j} \left(\sum_{i=1}^n U_{ij} |\psi_i\rangle \right)$$

$$= [\![S]\!](\oplus_{i=1}^n \delta_i) \left[\sum_{j=1}^n |j\rangle \left(\sum_{i=1}^n U_{ij} |\psi_i\rangle \right) \right]$$

$$= [\![S]\!](\oplus_{i=1}^n \delta_i) \left[\sum_{i=1}^n \left(\sum_{j=1}^n U_{ij} |j\rangle \right) |\psi_i\rangle \right]$$

$$= [\![S]\!](\oplus_{i=1}^n \delta_i) \left(\sum_{i=1}^n (U_{\bar{q}} |i\rangle) |\psi_i\rangle \right)$$

$$= [\![LHS]\!](\oplus_{i=1}^n \delta_i) |\psi\rangle$$

が成り立つ．これで，式 (6.28) の証明は完了した．

つぎに，難しいほうの式 (6.29) の証明に移ろう．基本的なアイディアは，すでに証明した式 (6.28) を用いて，より一般的な式 (6.29) を証明するというものである．このためには，式 (6.29) の一般の「コイン」プログラム S を特別な「コイン」プログラムであるユニタリ変換に書き換えなければならない．量子操作を扱うためには，これまで常にクラウス表現を用いてきた．しかしながら，ここでは，量子操作の量子系・環境モデル（定理 2.1.46）を使わなければならない．$[\![S]\!]$ は $\mathcal{H}_{\bar{q}}$ の量子操作であるから，量子変数の族 $\bar{r}$，純粋状態 $|\varphi_0\rangle \in \mathcal{H}_{\bar{r}}$，$\mathcal{H}_{\bar{q}} \otimes \mathcal{H}_{\bar{r}}$ のユニタリ行列 U，$\mathcal{H}_{\bar{r}}$ の閉部分空間 $\mathcal{K}$ への射影作用素 K で，$\mathcal{H}_{\bar{q}}$ の任意の密度作用素 ρ に対して，

$$[\![S]\!](\rho) = \mathrm{tr}_{\mathcal{H}_{\bar{r}}}(KU(\rho \otimes |\varphi_0\rangle\langle\varphi_0|)U^\dagger K) \tag{6.43}$$

となるものがなければならない．$\mathcal{K}$ の正規直交基底を一つ選び，それを $\mathcal{H}_{\bar{r}}$ の正規直交基底 $\{|j\rangle\}$ に拡張する．すべての i, j について，純粋状態 $|\psi_{ij}\rangle = U^\dagger |ij\rangle$ とプログラム

$$Q_{ij} \equiv \begin{cases} S_i & (|j\rangle \in \mathcal{K} \text{ の場合}) \\ \mathbf{abort} & (|j\rangle \notin \mathcal{K} \text{ の場合}) \end{cases}$$

を定義する．このとき，機械的な計算により，任意の $\sigma \in \mathcal{H}_{\overline{q} \cup \overline{r} \cup V}$ に対して

$$[\![\mathbf{qif}\, (\Box i, j \cdot |ij\rangle \to Q_{ij})\, \mathbf{fiq}]\!](\sigma) = [\![\mathbf{qif}\, (\Box i \cdot |i\rangle \to S_i)\, \mathbf{fiq}]\!](K\sigma K) \tag{6.44}$$

となる．ここで，

$$V = \bigcup_{i=1}^{n} \mathrm{qvar}(S_i)$$

である．式 (6.29) の右辺を RHS と書くことにすると，$\mathcal{H}_{\overline{q}}$ の任意の密度作用素 ρ に対して

$$\begin{aligned}
[\![RHS]\!](\rho) &= \mathrm{tr}_{\mathcal{H}_{\overline{r}}} \left([\![\mathbf{qif}\,(\Box i, j \cdot U^\dagger |ij\rangle \to Q_{ij})\, \mathbf{fiq}; U[\overline{q}, \overline{r}]]\!](\rho \otimes |\varphi_0\rangle\langle\varphi_0|) \right) \\
&= \mathrm{tr}_{\mathcal{H}_{\overline{r}}} \left(\left[\!\!\left[[U[\overline{q},\overline{r}]] \left(\bigoplus_{i,j} |ij\rangle \to Q_{ij} \right) \right]\!\!\right] (\rho \otimes |\varphi_0\rangle\langle\varphi_0|) \right) \\
&= \mathrm{tr}_{\mathcal{H}_{\overline{r}}} \left([\![\mathbf{qif}\,(\Box i, j \cdot |ij\rangle \to Q_{ij})\, \mathbf{fiq}]\!](U(\rho \otimes |\varphi_0\rangle\langle\varphi_0|)U^\dagger) \right) \\
&= \mathrm{tr}_{\mathcal{H}_{\overline{r}}} \left([\![\mathbf{qif}\,(\Box i \cdot |i\rangle \to S_i)\, \mathbf{fiq}]\!](KU(\rho \otimes |\varphi_0\rangle\langle\varphi_0|)U^\dagger K) \right) \\
&= [\![\mathbf{qif}\,(\Box i \cdot |i\rangle \to S_i)\, \mathbf{fiq}]\!](\mathrm{tr}_{\mathcal{H}_{\overline{r}}}(KU(\rho \otimes |\varphi_0\rangle\langle\varphi_0|)U^\dagger K)) \\
&= [\![\mathbf{qif}\,(\Box i \cdot |i\rangle \to S_i)\, \mathbf{fiq}]\!]([\![S]\!](\rho)) \\
&= \left[\!\!\left[[S] \left(\bigoplus_i |i\rangle \to S_i \right) \right]\!\!\right](\rho)
\end{aligned}$$

となる．この 2 行目の等号は式 (6.28) を用いて得られ，4 行目の等号は (6.44) から得られる．また，5 行目の等号が成り立つのは，

$$\overline{r} \cap \mathrm{qvar}(\mathbf{qif}\,(\Box i \cdot |i\rangle \to S_i)\, \mathbf{fiq}) = \emptyset$$

となるからであり，6 行目の等号は式 (6.43) から導かれる．これで，式 (6.29) が証明された．

定理 6.6.1 および 6.6.3 の証明： 定理 6.6.1 の証明は，定理 6.6.3 の証明と同様であるがより簡単である．したがって，ここでは定理 6.6.3 だけを証明する．

(1) (i) は定理 6.5.5 からすぐに導くことができる．

(2) (ii) を証明するために，

$$Q \equiv \mathbf{qif}\,[\overline{q}](\square i \cdot |i\rangle \to S_i)\,\mathbf{fiq}$$
$$R \equiv \mathbf{qif}\,[\overline{q}](\square i \cdot |i\rangle \to S_{\tau(i)})\,\mathbf{fiq}$$

と書くことにする．定義によって，

$$LHS = S; R$$
$$RHS = S; U_\tau[\overline{q}]; Q; U_{\tau^{-1}}[\overline{q}]$$

になる．したがって，$R \equiv U_\tau[\overline{q}]; Q; U_{\tau^{-1}}[\overline{q}]$ を示せば十分である．ここでも，まず，この等式の両辺の準古典的意味を考える必要がある．$\llbracket S_i \rrbracket$ を Δ_i 上の作用素値関数だと仮定すると，それぞれの $\delta_i \in \Delta_i$ $(1 \leq i \leq n)$ に対して

$$\llbracket S_i \rrbracket(\delta_i) = E_{i\delta_i}$$

となる．それぞれの状態 $|\Psi\rangle \in \mathcal{H}_{\overline{q} \cup \bigcup_{i=1}^n \mathrm{qvar}(S_i)}$ は，ある $|\psi_i\rangle \in \mathcal{H}_{\bigcup_{i=1}^n \mathrm{qvar}(S_i)}$ $(1 \leq i \leq n)$ を用いて

$$|\Psi\rangle = \sum_{i=1}^n |i\rangle\,|\psi_i\rangle$$

と書くことができる．このとき，任意の $\delta_1 \in \Delta_{\tau(1)}, \ldots, \delta_n \in \Delta_{\tau(n)}$ に対して，

$$|\Psi_{\delta_1 \cdots \delta_n}\rangle \triangleq \llbracket R \rrbracket(\oplus_{i=1}^n \delta_i)(|\Psi\rangle)$$
$$= \sum_{i=1}^n \left(\prod_{k \neq i} \mu_{k\delta_k} \right) |i\rangle\,(E_{\tau(i)\delta_i}\,|\psi_i\rangle)$$

が成り立つ．ここで，すべての k と δ_k に対して，

$$\mu_{k\delta_k} = \sqrt{\frac{\mathrm{tr}\,E^\dagger_{\tau(k)\delta_k} E_{\tau(k)\delta_k}}{\sum_{\theta_k \in \Sigma_{\tau(k)}} \mathrm{tr}\,E^\dagger_{\tau(k)\theta_k} E_{\tau(k)\theta_k}}} = \lambda_{\tau(k)\delta_k} \qquad (6.45)$$

とし，$\lambda_{i\sigma_i}$ は式 (6.15) で定義されたものとする．一方，

$$|\Psi'\rangle \triangleq (U_\tau)_{\overline{q}}(|\Psi\rangle) = \sum_{i=1}^n |\tau(i)\rangle\,|\psi_i\rangle = \sum_{j=1}^n |j\rangle\,|\psi_{\tau^{-1}(j)}\rangle$$

であることが分かる．このとき，任意の $\delta_1 \in \Delta_1, \ldots, \delta_n \in \Delta_n$ に対して，

$$\begin{aligned}
|\Psi''_{\delta_1 \cdots \delta_n}\rangle &\triangleq [\![Q]\!](\oplus_{i=1}^n \delta_i)(|\Psi'\rangle) \\
&= \sum_{j=1}^n \left(\prod_{l \neq j} \lambda_{l\delta_{\tau^{-1}(l)}} \right) |j\rangle \left(E_{j\delta_{\tau^{-1}(j)}} |\psi_{\tau^{-1}(j)}\rangle \right) \\
&= \sum_{i=1}^n \left(\prod_{k \neq i} \lambda_{\tau(k)\delta_k} \right) |\tau(i)\rangle \left(E_{\tau(i)\delta_i} |\psi_i\rangle \right)
\end{aligned}$$

が成り立つ．また，

$$(U_{\tau^{-1}})_{\overline{q}}(|\Psi''_{\delta_1 \cdots \delta_n}\rangle) = \sum_{i=1}^n \left(\prod_{k \neq i} \lambda_{\tau(k)\delta_k} \right) |i\rangle \left(E_{\tau(i)\delta_i} |\psi_i\rangle \right)$$

が得られる．これらを用いると，次のように純粋量子的意味を計算することができる．

$$\begin{aligned}
[\![U_\tau[\overline{q}]; Q; U_{\tau^{-1}}[\overline{q}]]\!](|\Psi\rangle\langle\Psi|) &= [\![Q; U_{\tau^{-1}}[\overline{q}]]\!](|\Psi'\rangle\langle\Psi'|)] \\
&= (U_{\tau^{-1}})_{\overline{q}} \left(\sum_{\delta_1, \ldots, \delta_n} |\Psi''_{\delta_1 \cdots \delta_n}\rangle\langle\Psi''_{\delta_1 \cdots \delta_n}| \right) (U_\tau)_{\overline{q}} \\
&= \sum_{\delta_1, \ldots, \delta_n} |\Psi_{\delta_1 \cdots \delta_n}\rangle\langle\Psi_{\delta_1 \cdots \delta_n}| = [\![R]\!](|\Psi\rangle\langle\Psi|)
\end{aligned} \quad (6.46)$$

この3行目の等号は，式 (6.45) および，τ が1対1写像であることから j が $1, \ldots, n$ を動くとき $\tau^{-1}(j)$ も同じく $1, \ldots, n$ を動くという事実から導かれる．したがって，式 (6.46) とスペクトル分解によって，$\mathcal{H}_{\overline{q} \cup \bigcup_{i=1}^n \mathrm{qvar}(S_i)}$ の任意の密度作用素 ρ に対して，

$$[\![R]\!](\rho) = [\![U_\tau[\overline{q}]; Q; U_{\tau^{-1}}[\overline{q}]]\!](\rho)$$

となり，(ii) の証明が完成する．

(3) (iii) を証明するために，すべての $1 \leq i \leq m$ について，

$$X_i \equiv \mathbf{qif}\ (\square j_i \cdot |j_i\rangle \to R_{ij_i})\ \mathbf{fiq}$$

$$Y_i \equiv [Q_i] \left(\bigoplus_{j_i=1}^{n_i} |j_i\rangle \to R_{ij_i} \right)$$

6.9 補題, 命題, 定理の証明

と書くことにし,

$$X \equiv \mathbf{qif} \, (\Box i \cdot |i\rangle \to Y_i) \, \mathbf{fiq}$$

$$T \equiv \mathbf{qif} \, (\Box i \cdot |i\rangle \to Q_i) \, \mathbf{fiq}$$

$$Z \equiv \mathbf{qif} \, (\overline{\alpha})(\Box i, j_i \in \Delta \cdot |i, j_i\rangle \to R_{ij_i}) \, \mathbf{fiq}$$

とする. このとき, 量子選択の定義によって, $LHS = S; X$ および $RHS = S; T; Z$ となる. したがって, $X \equiv T; Z$ を示せば十分である. これを示すには, それぞれのプログラムの準古典的意味を考える. それぞれの $1 \leq i \leq m$ および $1 \leq j_i \leq n_i$ について, 次のように仮定する.

- $\|Q_i\|$ は Δ_i 上の作用素値関数で, それぞれの $\delta_i \in \Delta_i$ に対して

$$\|Q_i\|(\delta_i) = F_{i\delta_i}$$

となる.

- $\|R_{ij_i}\|$ は Σ_{ij_i} 上の作用素値関数で, それぞれの $\sigma_{ij_i} \in \Sigma_{ij_i}$ に対して

$$\|R_{ij_i}\|(\sigma_{ij_i}) = E_{(ij_i)\sigma_{ij_i}}$$

となる.

また, 状態 $|\Psi\rangle = \sum_{i=1}^{m} |i\rangle |\Psi_i\rangle$ のそれぞれの $|\Psi_i\rangle$ がさらに

$$|\Psi_i\rangle = \sum_{j_i=1}^{n_i} |j_i\rangle |\psi_{ij_i}\rangle$$

と分解できると仮定する. ただし, すべての $1 \leq i \leq m$ および $1 \leq j_i \leq n_i$ について, $|\psi_{ij_i}\rangle \in \mathcal{H}_{\bigcup_{j_i=1}^{n_i} \mathrm{qvar}(R_{ij_i})}$ とする. 表記を簡単にするために, $\overline{\sigma}_i = \oplus_{j_i=1}^{n_i} \sigma_{ij_i}$ と略記する. ここで, プログラム Y_i の準古典的意味関数を計算することができる.

$$\|Y_i\|(\delta_i \overline{\sigma}_i)|\Psi_i\rangle = \|X_i\|(\overline{\sigma}_i)(\|Q_i\|(\delta_i)|\Psi_i\rangle)$$

$$= \|X_i\|(\overline{\sigma}_i)\left(\sum_{j_i=1}^{n_i} (F_{i\delta_i}|j_i\rangle)|\psi_{ij_i}\rangle\right)$$

$$= \|X_i\|(\overline{\sigma}_i)\left[\sum_{j_i=1}^{n_i} \left(\sum_{l_i=1}^{n_i} \langle l_i| F_{i\delta_i} |j_i\rangle |l_i\rangle\right)|\psi_{ij_i}\rangle\right]$$

$$= [\![X_i]\!](\overline{\sigma}_i) \left[\sum_{l_i=1}^{n_i} |l_i\rangle \left(\sum_{j_i=1}^{n_i} \langle l_i | F_{i\delta_i} | j_i \rangle |\psi_{ij_i}\rangle \right) \right]$$

$$= \sum_{l_i=1}^{n_i} \left[\Lambda_{il_i} \cdot |l_i\rangle \left(\sum_{j_i=1}^{n_i} \langle l_i | F_{i\delta_i} | j_i \rangle E_{(il_i)\sigma_{il_i}} |\psi_{ij_i}\rangle \right) \right]$$
(6.47)

ただし,係数は,それぞれの $1 \leq l \leq n_i$ について,

$$\Lambda_{il_i} = \prod_{l \neq l_i} \lambda_{(il)\sigma_{il}}$$

$$\lambda_{(il)\sigma_{il}} = \sqrt{\frac{\text{tr}(E^\dagger_{(il)\sigma_{il}} E_{(il)\sigma_{il}})}{\sum_{k=1}^{n_i} \text{tr}(E^\dagger_{(ik)\sigma_{ik}} E_{(ik)\sigma_{ik}})}}$$

とする.そして,式 (6.47) を用いると,プログラム X の準古典的意味関数も次のように計算できる.

$$[\![X]\!](\oplus_{i=1}^m (\delta_i \overline{\sigma}_i)) |\Psi\rangle = \sum_{i=1}^m (\Gamma_i \cdot |i\rangle [\![Y_i]\!](\delta_i \overline{\sigma}_i) |\Psi_i\rangle)$$

$$= \sum_{i=1}^m \sum_{l_i=1}^{n_i} \left[\Gamma_i \cdot \Lambda_{il_i} \cdot |il_i\rangle \left(\sum_{j_i=1}^{n_i} \langle l_i | F_{i\delta_i} | j_i \rangle E_{(il_i)\sigma_{il_i}} |\psi_{ij_i}\rangle \right) \right] \quad (6.48)$$

ただし,係数は,それぞれの $1 \leq i \leq m$ について,

$$\Gamma_i = \prod_{h \neq i} \gamma_{h \overline{\sigma}_h}$$

$$\gamma_{i \overline{\sigma}_i} = \sqrt{\frac{\text{tr}[\![Y_i]\!](\delta_i \overline{\sigma}_i)^\dagger [\![Y_i]\!](\delta_i \overline{\sigma}_i)}{\sum_{h=1}^m \text{tr}[\![Y_h]\!](\delta_h \overline{\sigma}_h)^\dagger [\![Y_h]\!](\delta_h \overline{\sigma}_h)}}$$
(6.49)

とする.一方,プログラム T の準古典的意味関数は次のように計算できる.

$$[\![T]\!](\oplus_{i=1}^m \delta_i) |\Psi\rangle = [\![T]\!](\oplus_{i=1}^m \delta_i) \left(\sum_{i=1}^m |i\rangle |\Psi_i\rangle \right)$$

$$= \sum_{i=1}^m (\Theta_i \cdot |i\rangle F_{i\delta_i} |\Psi_i\rangle)$$

$$= \sum_{i=1}^m \left[\Theta_i \cdot |i\rangle \left(\sum_{j_i=1}^{n_i} (F_{i\delta_i} |j_i\rangle) |\psi_{ij_i}\rangle \right) \right]$$

$$= \sum_{i=1}^m \left[\Theta_i \cdot |i\rangle \left(\sum_{j_i=1}^{n_i} \left(\sum_{l_i=1}^{n_i} \langle l_i | F_{i\delta_i} | j_i \rangle |l_i\rangle \right) |\psi_{ij_i}\rangle \right) \right]$$

6.9 補題,命題,定理の証明

$$= \sum_{i=1}^{m} \sum_{l_i=1}^{n_i} \left[\Theta_i \cdot |il_i\rangle \left(\sum_{j_i=1}^{n_i} \langle l_i| F_{i\delta_i} |j_i\rangle |\psi_{ij_i}\rangle \right) \right]$$

ただし,係数は,それぞれの $1 \leq i \leq m$ について,

$$\Theta_i = \prod_{h \neq i} \theta_{h\delta_h}$$

$$\theta_{i\delta_i} = \sqrt{\frac{\operatorname{tr} F_{i\delta_i}^\dagger F_{i\delta_i}}{\sum_{h=1}^{m} \operatorname{tr} F_{h\delta_h}^\dagger F_{h\delta_h}}}$$

とする.これらの結果を合わせると,プログラム $T;Z$ の準古典的意味関数は次のようになる.

$$\llbracket T;Z \rrbracket ((\oplus_{i=1}^{m} \delta_i)(\oplus_{i=1}^{m} \overline{\sigma}_i)) |\Psi\rangle = \llbracket Z \rrbracket (\oplus_{i=1}^{m} \overline{\sigma}_i)(\llbracket T \rrbracket (\oplus_{i=1}^{m} \delta_i) |\Psi\rangle)$$

$$= \llbracket Z \rrbracket \left(\oplus_{i=1}^{m} \oplus_{l_i=1}^{n_i} \sigma_{ij_i} \right) \left(\sum_{i=1}^{m} \sum_{l_i=1}^{n_i} \left[\Theta_i \cdot |il_i\rangle \left(\sum_{j_i=1}^{n_i} \langle l_i| F_{i\delta_i} |j_i\rangle |\psi_{ij_i}\rangle \right) \right] \right)$$

$$= \sum_{i=1}^{m} \sum_{l_i=1}^{n_i} \left[\alpha_{\{\sigma_{jk_j}\}_{(j,k_j) \neq (i,l_i)}}^{il_i} \cdot \Theta_i \cdot |il_i\rangle \left(\sum_{j_i=1}^{n_i} \langle l_i| F_{i\delta_i} |j_i\rangle E_{(il_i)\sigma_{il_i}} |\psi_{ij_i}\rangle \right) \right] \quad (6.50)$$

式 (6.48) と (6.50) を比較すると,すべての i, l_i および $\{\sigma_{jk_j}\}_{(j,k_j) \neq (i,l_i)}$ に対して,

$$\alpha_{\{\sigma_{jk_j}\}_{(j,k_j) \neq (i,l_i)}}^{il_i} = \frac{\Gamma_i \cdot \Delta_{il_i}}{\Theta_i} \quad (6.51)$$

ととれば十分であることが分かる.残された証明すべきことは,正規化条件

$$\sum_{\{\sigma_{jk_j}\}_{(j,k_j) \neq (i,l_i)}} \left| \alpha_{\{\sigma_{jk_j}\}_{(j,k_j) \neq (i,l_i)}}^{il_i} \right|^2 = 1 \quad (6.52)$$

である.これを証明するためには,まず係数 $\gamma_{i\overline{\sigma}_i}$ を計算する.$\{|\varphi\rangle\}$ を,$\mathcal{H}_{\bigcup_{j_i=1}^{n_i} \operatorname{qvar}(R_{ij_i})}$ の正規直交基底とする.このとき,

$$G_{\varphi j_i} \triangleq \llbracket Y_i \rrbracket (\delta_i \overline{\sigma}_i) |\varphi\rangle |j_i\rangle = \sum_{l_i=1}^{n_i} \Lambda_{il_i} \cdot \langle l_i| F_{i\delta_i} |j_i\rangle E_{(il_i)\sigma_{il_i}} |\varphi\rangle |l_i\rangle$$

が得られる.このことから,

$$G_{\varphi j_i}^\dagger G_{\varphi j_i} = \sum_{l_i, l_i'=1}^{n_i} \Lambda_{il_i} \cdot \Lambda_{il_i'} \langle j_i| F_{i\delta_i}^\dagger |l_i\rangle \langle l_i'| F_{i\delta_i} |j_i\rangle \langle \varphi| E_{(il_i)\sigma_{il_i}}^\dagger E_{(il_i')\sigma_{il_i'}} |\varphi\rangle \langle l_i|l_i'\rangle$$

$$= \sum_{l_i=1}^{n_i} \Lambda_{il_i}^2 \cdot \langle j_i| F_{i\delta_i}^\dagger |l_i\rangle \langle l_i| F_{i\delta_i} |j_i\rangle \langle \varphi| E_{(il_i)\sigma_{il_i}}^\dagger E_{(il_i)\sigma_{il_i}} |\varphi\rangle$$

が成り立つ．また，

$$\mathrm{tr}\llbracket Y_i \rrbracket(\delta_i\overline{\sigma}_i)^\dagger \llbracket Y_i \rrbracket(\delta_i\overline{\sigma}_i) = \sum_{\varphi,j_i} G^\dagger_{\varphi j_i} G_{\varphi j_i}$$

$$= \sum_{l_i=1}^{n_i} \Lambda_{il_i}^2 \cdot \left(\sum_{j_i} \langle j_i| F^\dagger_{i\delta_i} |l_i\rangle \langle l_i| F_{i\delta_i} |j_i\rangle \right) \left(\sum_\varphi \langle\varphi| E^\dagger_{(il_i)\sigma_{il_i}} E_{(il_i)\sigma_{il_i}} |\varphi\rangle \right)$$

$$= \sum_{l_i=1}^{n_i} \Lambda_{il_i}^2 \cdot \mathrm{tr}(F^\dagger_{i\delta_i} |l_i\rangle\langle l_i| F_{i\delta_i}) \, \mathrm{tr}(E^\dagger_{(il_i)\sigma_{il_i}} E_{(il_i)\sigma_{il_i}})$$

(6.53)

が得られる．機械的だが面倒な計算をすると，式 (6.53) を (6.49) に代入し，そして式 (6.49) と (6.51) を (6.52) に代入すると (6.52) が得られる．

(4) 最後に，(iv) を証明する．一つ目の等式を証明するために，

$$X \equiv \mathbf{qif}\ (\Box i \cdot |i\rangle \to S_i)\ \mathbf{fiq}$$

$$Y \equiv \mathbf{qif}\ (\overline{\alpha})(\Box i \cdot |i\rangle \to (S_i; Q))\ \mathbf{fiq}$$

と書く．このとき，定義によって，$LHS = S; X; Q$，$RHS = S; Y$ となる．したがって，$X; Q =_{CF} Y$ を示せば十分である．すべての $\sigma_i \in \Delta(S_i)$ について

$$\llbracket S_i \rrbracket(\sigma_i) = E_{i\sigma_i}$$

であり，すべての $\delta \in \Delta(Q)$ について $\llbracket Q \rrbracket(\delta) = F_\delta$ と仮定する．さらに，すべての i について $|\psi_i\rangle \in \mathcal{H}_{\bigcup_i \mathrm{qvar}(S_i)}$ とするとき，

$$|\Psi\rangle = \sum_{i=1}^n |i\rangle |\psi_i\rangle$$

と仮定する．このとき，$\mathrm{qvar}(S) \cap \mathrm{qvar}(Q) = \emptyset$ であるから，

$$\llbracket X; Q \rrbracket((\oplus_{i=1}^n \sigma_i)\delta) |\Psi\rangle = \llbracket Q \rrbracket(\delta)(\llbracket X \rrbracket(\oplus_{i=1}^n \sigma_i) |\Psi\rangle)$$

$$= F_\delta \left(\sum_{i=1}^n \Lambda_i |i\rangle (E_{i\sigma_i} |\psi_i\rangle) \right)$$

$$= \sum_{i=1}^n \Lambda_i \cdot |i\rangle (F_\delta E_{i\sigma_i} |\psi_i\rangle)$$

が成り立つ．ただし，

6.9 補題，命題，定理の証明

$$\Lambda_i = \prod_{k \neq i} \lambda_{k\sigma_k}$$
$$\lambda_{i\sigma_i} = \sqrt{\frac{\operatorname{tr} E_{i\sigma_i}^\dagger E_{i\sigma_i}}{\sum_{k=1}^n \operatorname{tr} E_{k\sigma_k}^\dagger E_{k\sigma_k}}} \tag{6.54}$$

とする．また，

$$\begin{aligned}
& \operatorname{tr}_{\mathcal{H}_{\mathrm{qvar}(S)}}(\llbracket X; Q \rrbracket(|\Psi\rangle\langle\Psi|)) \\
&= \operatorname{tr}_{\mathcal{H}_{\mathrm{qvar}(S)}} \left(\sum_{\{\sigma_i\},\delta} \sum_{i,j} \Lambda_i \Lambda_j \cdot |i\rangle\langle j| \left(F_\delta E_{i\sigma_i} |\psi_i\rangle\langle\psi_j| E_{j\sigma_j}^\dagger F_\delta^\dagger \right) \right) \\
&= \sum_{\{\sigma_i\},\delta} \sum_i \Lambda_i^2 \cdot F_\delta E_{i\sigma_i} |\psi_i\rangle\langle\psi_i| E_{i\sigma_i}^\dagger F_\delta^\dagger
\end{aligned} \tag{6.55}$$

も得られる．一方，Y の準古典的意味関数は

$$\begin{aligned}
\llbracket Y \rrbracket (\oplus_{i=1}^n \sigma_i \delta_i) |\Psi\rangle &= \sum_{i=1}^n \alpha^{(i)}_{\{\sigma_k, \delta_k\}_{k \neq i}} \cdot |i\rangle \left(\llbracket S_i; Q \rrbracket (\sigma_i \delta_i) |\psi_i\rangle \right) \\
&= \sum_{i=1}^n \alpha^{(i)}_{\{\sigma_k, \delta_k\}_{k \neq i}} \cdot |i\rangle \left(F_{\delta_i} E_{\sigma_i} |\psi_i\rangle \right)
\end{aligned}$$

であり，さらに，

$$\begin{aligned}
& \operatorname{tr}_{\mathcal{H}_{\mathrm{qvar}(S)}}(\llbracket Y \rrbracket(|\Psi\rangle\langle\Psi|)) \\
&= \operatorname{tr}_{\mathcal{H}_{\mathrm{qvar}(S)}} \left(\sum_{\{\sigma_i,\delta_i\}} \sum_{i,j} \alpha^{(i)}_{\{\sigma_k,\delta_k\}_{k\neq i}} (\alpha^{(j)}_{\{\sigma_l,\delta_l\}_{l\neq j}})^* \cdot |i\rangle\langle j| \left(F_{\delta_i} E_{i\sigma_i} |\psi_i\rangle\langle\psi_j| E_{j\sigma_j}^\dagger F_{\delta_j}^\dagger \right) \right) \\
&= \sum_{\{\sigma_i\},\delta} \sum_i \left| \alpha^{(i)}_{\{\sigma_k,\delta_k\}_{k\neq i}} \right|^2 \cdot F_{\delta_i} E_{i\sigma_i} |\psi_i\rangle\langle\psi_i| E_{i\sigma_i}^\dagger F_{\delta_i}^\dagger
\end{aligned} \tag{6.56}$$

となる．式 (6.55) と (6.56) を比較すると，すべての i, $\{\sigma_k\}$, $\{\delta_k\}$ について

$$\alpha^{(i)}_{\{\sigma_k,\delta_k\}_{k\neq i}} = \frac{\Lambda_i}{\sqrt{|\Delta(Q)|}}$$

とすれば，

$$\operatorname{tr}_{\mathcal{H}_{\mathrm{qvar}(S)}}(\llbracket X; Q \rrbracket(|\Psi\rangle\langle\Psi|)) = \operatorname{tr}_{\mathcal{H}_{\mathrm{qvar}(S)}}(\llbracket Y \rrbracket(|\Psi\rangle\langle\Psi|))$$

になることが分かる．

$$\mathrm{qvar}(S) \subseteq \mathrm{cvar}(X; Q) \cup \mathrm{cvar}(Y)$$

であるから，

$$\mathrm{tr}_{\mathcal{H}_{\mathrm{cvar}(X;Q)\cup\mathrm{cvar}(Y)}}(\llbracket X;Q \rrbracket(|\Psi\rangle\langle\Psi|)) = \mathrm{tr}_{\mathcal{H}_{\mathrm{cvar}(X;Q)\cup\mathrm{cvar}(Y)}}(\llbracket Y \rrbracket(|\Psi\rangle\langle\Psi|))$$

となる．それゆえ，スペクトル分解によって，すべての密度作用素 ρ に対して

$$\mathrm{tr}_{\mathcal{H}_{\mathrm{cvar}(X;Q)\cup\mathrm{cvar}(Y)}}(\llbracket X;Q \rrbracket(\rho)) = \mathrm{tr}_{\mathcal{H}_{\mathrm{cvar}(X;Q)\cup\mathrm{cvar}(Y)}}(\llbracket Y \rrbracket(\rho))$$

であると主張できる．これで，$X;Q \equiv_{CF} Y$ が示せて，(iv) の一つ目の等式の証明が完了する．

Q が測定を含まない特別な場合は，$\Delta(Q)$ は 1 元集合 $\{\delta\}$ になる．

$$Z \equiv \mathbf{qif}\,(\Box i \cdot |i\rangle \to (P_i; Q))\,\mathbf{fiq}$$

と書くことにすると，

$$\llbracket Z \rrbracket(\oplus_{i=1}^{n}\sigma_i\delta)|\Psi\rangle = \sum_{i=1}^{n}\left(\prod_{k \neq i}\theta_{k\sigma_k}\right)\cdot |i\rangle(F_\delta E_{\sigma_i}|\psi_i\rangle)$$

が成り立つ．ここで，

$$\theta_{i\sigma_i} = \sqrt{\frac{\mathrm{tr}\, E_{i\sigma_i}^\dagger F_\delta^\dagger F_\delta E_{i\sigma_i}}{\sum_{k=1}^{n}\mathrm{tr}\, E_{k\sigma_k}^\dagger F_\delta^\dagger F_\delta E_{k\sigma_k}}} = \lambda_{i\sigma_i}$$

であり，$\lambda_{i\sigma_i}$ は式 (6.54) で与えられる．なぜなら，$F_\delta^\dagger F_\delta$ は恒等作用素だからである．その結果として，$\llbracket X;Q \rrbracket = \llbracket Z \rrbracket$ が得られ，(iv) の二つ目の等式の証明が完了する．

6.10 文献等についての補足

この章は，主として [233] にもとづいている．[233] の初期のバージョンは [232] として発表された．6.7.1 節で提示した例は，近年の物理学の文献からもってきた．一方向量子ウォークは，[171] で調べられた．時刻および位置に依存した「コイン投げ作用素」による量子ウォークは，量子測定を実現するために [145] で用いられた．3 状態コインを使った量子ウォークは，[122] で考えられた．複数のコ

インで駆動する 1 次元量子ウォークは，[49] で定義された．コインを共有する直線上の二つの移動点からなる量子ウォークは，[217] で導入された．

- **GCL とその拡張**：この章で調べたプログラミング言語 QuGCL は，ダイクストラの GCL（ガード付きコマンド言語）の量子化版である．GCL は，もともと [74] で定義されたが，系統的で洗練された GCL の説明が [172] にある．確率的プログラミングのための言語 pGCL は，GCL に確率的選択を導入することで定義された．確率的選択を用いる確率的プログラミングの系統的な説明は，[166] を参照のこと．量子選択と確率的選択の比較は，6.5 節にある．

    GCL の別の量子化拡張である qGCL は，サンダースとズリアニの先駆的論文 [191] で定義された．また，[241] も参照のこと．qGCL は，確率的言語 pGCL に量子計算のための三つの基本構成要素である初期化，ユニタリ変換，量子測定を追加したものである．qGCL の制御フローは，すべて古典的である．QuGCL は，（量子制御フローをもつ）量子的場合分け文を追加した qGCL の拡張とみることもできる．

- **量子制御フロー**：量子制御フローをもつ量子プログラムは，最初に [14] で考えられた．しかし，この章の量子制御フローを定義する方法は，[14] で用いられたものとはかなり異なる．[14] と本書のアプローチの違いについての詳細な考察は，[232, 233] にある．本書のアプローチは，主として，次のような研究の方向性から生まれたものである．量子系の時間発展の重ね合わせは，物理学者アハロノフ，アナンダン，ポペスク，ヴァイドマン [11] によって 1990 年頃から考えられた．彼らは，重ね合わせを実現するために，外部系を導入することを提案した．このような外部「コイン」系を用いるという発想は，[9, 19] において，量子ウォークを定義する際に再発見された．量子ウォークのシフト作用素 S を量子的場合分け文とみることができ，1 歩分の作用素 W を量子選択とみることができるという事実は，[232, 233] において，S_i の一方向シフト作用素を導入することにより指摘された．これが，量子プログラミングのプログラム重ね合わせパラダイムだけでなく，量子的場合分け文および量子選択の設計方針を決める決め手となった．

    測定がまったく含まれていないならば，量子的場合分け文の意味論は，ユニタリ作用素のガード付き合成によって定義することができる．しかしながら，量子的場合分け文の意味論を完全に一般的に定義するためには，[232, 233] で

導入した量子操作のガード付き合成の概念が必要になる．

- **そのほかの関連する文献**：6.3.1 節で指摘したように，ユニタリ作用素のガード付き合成は，本質的に，[201] で導入され，2.2.4 節で論じた量子マルチプレクサである．[135] では，量子マルチプレクサを測定作用素と呼んでいた．

量子プログラミング言語 Scaffold [3] は，それぞれのモジュールの本体を含むコードは純粋に量子的（そしてユニタリ変換）でなければならないという制限付きではあるが，量子制御のための基本構成要素をもつ．それゆえ，その意味論には，6.3.1 節で定義したユニタリ作用素のガード付き合成があればよい．最近，量子的場合分け文についての非常に興味深い考察が [28] でなされた．具体的には，量子的場合分け文は，レヴナー順序に関して単調ではなく，したがって，[194] で定義された再帰の意味論とは相容れないというものだ．

近年，物理学の文献には量子ゲートやさらに一般の量子操作の重ね合わせに関する論文はごくわずかしかない．[240] は，アーキテクチャに依存せず任意の未知の量子操作に制御を加える技術を提案し，それを光情報処理システムで実演した．この問題は，[22] や [91] でさらに論じられている．

量子計算における因果構造の重ね合わせという興味深いアイディアは，[55] で最初に導入された．それは，[23] により一般化され，[181] により実装された．

7

量子的再帰

再帰は計算機科学の中心的なアイディアの一つである．ほとんどのプログラミング言語では，少なくともwhileループのような特別な形で，再帰を使うことができる．whileループの量子拡張は，すでに3.1節で説明した．3.4節では，量子プログラミングにおけるより一般的な再帰の概念を定義した．それは，**量子プログラムの古典的再帰**と呼ぶのがふさわしい．なぜなら，3.1節で論じたように，それに含まれる(3.3)の形の場合分け文や(3.4)の形のwhileループによって決定される制御フローは，古典的とならざるをえないからである．

前章では，制御フローが真に量子的である量子的場合分け文および量子選択について調べた．なぜなら，それは量子「コイン」により振る舞いが決まるからである．この章では，量子的場合分け文および量子選択にもとづいた量子的再帰の概念を定義する．このような量子的再帰プログラムは，古典的ではなく量子的な制御フローをもつ．あとで分かるように，量子プログラミングにおいて，量子的制御をもつ量子的再帰は古典的再帰よりも格段に難しい．

この章の構成は次のとおりである．

- 7.1節では，量子的再帰プログラムの構文を定義する．7.2節では，量子的再帰の概念への足がかりとなる例として，再帰的量子ウォークを導入する．7.1節で定義した言語によって，再帰的量子ウォークの厳密な定式化が可能になる．
- 量子的再帰プログラムの意味論を定義するためには，数学的道具立てとして，可変個の粒子からなる量子系を記述することのできる理論的枠組みである第二量子化が必要になる．第二量子化はこの章でしか使

わないので，予備知識（第2章）には含めなかった．7.3節では，第二量子化の基本，とくにフォック空間とその作用素について説明する．
- 量子的再帰の意味論は2段階で定義する．7.4節で述べる第1段階では，自由フォック空間で量子的再帰式を解く．自由フォック空間は，数学的には取り扱いやすいが，物理的な現実の系を表しているわけではない．7.5節で完成する第2段階では，再帰式の解を対称化して，物理的に意味のある枠組みであるボース粒子の対称フォック空間やフェルミ粒子の反対称フォック空間に適用できるようにする．また，7.6節では，対称化された意味関数から付加的な「量子コイン」の跡をたどることで，量子的再帰プログラムの主量子系の意味関数を定義する．
- 7.7節では，この章で導入したさまざまな意味論的概念を例示するために，再帰的量子ウォークを再度考察する．7.8節では，量子的再帰の特別なクラスである量子的制御フローをもつ量子的 while ループを詳しく調べる．

7.1 量子的再帰プログラムの構文

この節では，量子的再帰プログラムの構文を形式的に定義する．できるだけ分かりやすくするために，量子的再帰の宣言には量子測定は含めないことにした．この章および前章で用いたアイディアを組み合わせて量子的再帰プログラムの理論に量子測定を追加するのはそれほど難しくはない．しかし，表現はかなり複雑になる．

まずは，量子的再帰プログラム言語の語彙を示すことから始めよう．前章では，量子的場合分け文の定義において，任意の量子変数を「コイン」として用いることができた．この章では，量子「コイン」をほかの量子変数と明示的に区別するほうが都合がよい．すなわち，次の2種類の量子変数があると仮定する．

- $p, q, \ldots$ によって表される主量子系変数
- $c, d, \ldots$ によって表される「コイン」変数

この二つの量子変数の集合は排他的でなければならない．また，$X, X_1, X_2, \ldots$ によって手続き識別子を表す．前章で提示した量子プログラミング言語 QuGCL

7.1 量子的再帰プログラムの構文

の定義を次のように修正する．

定義 7.1.1 プログラム図式は，次の構文により定義される．

$$P ::= X \mid \mathbf{abort} \mid \mathbf{skip} \mid P_1; P_2 \mid U[\overline{c}, \overline{q}] \mid \mathbf{qif}\ [c](\square i \cdot |i\rangle \to P_i)\ \mathbf{fiq}$$

あきらかに，この定義は，定義 6.2.1 に手続き識別子を追加し，測定（と測定の結果を記録する古典的変数）を取り除いて得られるものである．より具体的に書けば

- X は手続き識別子
- **abort**，**skip**，逐次合成 $P_1; P_2$ は定義 6.2.1 と同じ．
- ユニタリ変換 $U[\overline{c}, \overline{q}]$ は，定義 6.2.1 と同じであるが，「コイン」変数と主量子系変数は区別する．すなわち，$\overline{c}$ は「コイン」変数の並び，$\overline{q}$ は主量子系変数の並び，U は $\overline{c}$ と $\overline{q}$ からなる系の状態ヒルベルト空間のユニタリ作用素である．常に，主量子系変数よりも先に「コイン」変数を書くことにする．$\overline{c}$ および $\overline{q}$ は空であってもよい．$\overline{c}$ が空ならば，$U[\overline{c}, \overline{q}]$ を単に $U[\overline{q}]$ と書き，これが主量子系 $\overline{q}$ の時間発展を記述する．$\overline{q}$ が空ならば，$U[\overline{c}, \overline{q}]$ を単に $U[\overline{q}]$ と書き，これが「コイン」$\overline{c}$ の時間発展を記述する．$\overline{c}$ および $\overline{q}$ がともに空でないならば，$U[\overline{c}, \overline{q}]$ は「コイン」$\overline{c}$ と主量子系 $\overline{q}$ の相互作用を記述する．
- 量子的場合分け文 **qif** $[c](\square i \cdot |i\rangle \to P_i)$ **fiq** は定義 6.2.1 と同じである．ここでは，構文を単純にするために，複数の「コイン」の並びではなく，単一の「コイン」c だけが使える．ここでも，「コイン」c は，どのサブプログラム P_i にも現れてはならない．なぜなら，これを物理的に解釈すると，主量子系の外部になければならないからである．

6.5 節では，量子選択は量子的場合分け文と逐次合成を用いて定義できたことを思い出そう．

$$[P(c)] \bigoplus_i (|i\rangle \to P_i) \triangleq P; \mathbf{qif}\ [c](\square i \cdot |i\rangle \to P_i)\ \mathbf{fiq}$$

ここで，P に含まれる量子変数は c だけである．とくに，「コイン」が 1 量子ビットの場合，量子選択は

$$P_0 \oplus_P P_1$$

と略記することができる．

手続き識別子のない量子プログラム図式は，実際のところ，前章で考えた量子プログラムの特別なクラスである．したがって，その意味関数は，定義6.4.2 からそのまま導くことができる．読者の便宜を図るために，その意味関数を定義7.1.2に明記しておく．量子プログラム P の主量子系は，P に現れる主量子系変数で表された量子系による複合系である．この主量子系の状態ヒルベルト空間を $\mathcal{H}$ と書く．

定義 7.1.2 プログラム（すなわち，手続き識別子のないプログラム図式）P の意味関数 $[\![P]\!]$ は，次のように帰納的に定義される．

(i) $P =$ **abort** ならば，$[\![P]\!] = 0$（$\mathcal{H}$ のゼロ作用素）とし，$P =$ **skip** ならば，$[\![P]\!] = I$（$\mathcal{H}$ の恒等作用素）とする．

(ii) P がユニタリ変換 $U[\bar{c}, \bar{q}]$ ならば，$[\![P]\!]$ は，($\bar{c}$ および $\bar{q}$ からなる量子系の状態ヒルベルト空間の）ユニタリ作用素 U とする．

(iii) $P = P_1; P_2$ ならば，$[\![P]\!] = [\![P_2]\!] \cdot [\![P_1]\!]$ とする．

(iv) $P = $ **qif** $[c](\Box i \cdot |i\rangle \to P_i)$ **fiq** ならば，

$$[\![P]\!] = \Box (c, |i\rangle \to [\![P_i]\!]) \triangleq \sum_i \left(|i\rangle_c \langle i| \otimes [\![P_i]\!]\right) \tag{7.1}$$

とする．

この定義は，QuGCL プログラムの準古典的意味を定義した定義6.4.2の特別な場合である．しかしながら，この定義では，$[\![P]\!]$ によってプログラム P の意味関数を表していることに気づいたことだろう．前章では，P の準古典的意味を表すのに $\|P\|$ を用い，$[\![P]\!]$ は P の純粋量子的意味を表していた．定義7.1.2で P の意味関数を $[\![P]\!]$ と表記することにしたのは，この章のプログラムは測定を含まず，したがって，準古典的意味と純粋量子的意味は本質的に同じだからである．あきらかに，定義7.1.2の $[\![P]\!]$ は，P の主量子系および P の「コイン」からなる量子系 $\mathcal{H}_C \otimes \mathcal{H}$ の状態ヒルベルト空間の作用素である．ここで，$\mathcal{H}_C$ は P の「コイン」の状態空間である．P には **abort** が現れることもあるので，$[\![P]\!]$ は必ずしもユニタリ変換ではない．前章の用語を使うと，$[\![P]\!]$ は $\mathcal{H}_C \otimes \mathcal{H}$ における1元集合 $\Delta = \{\epsilon\}$ 上の作用素値関数とみることもできる．

これで，量子的再帰プログラムの構文を定義することができる．プログラム図式 P に含まれる手続き識別子が高々 $X_1,\ldots,X_m$ であるならば，

$$P = P[X_1,\ldots,X_m]$$

と表記する．

定義 7.1.3

(i) $X_1,\ldots,X_m$ を，相異なる手続き識別子とする．$X_1,\ldots,X_m$ の宣言とは，連立式

$$D : \begin{cases} X_1 \Leftarrow P_1 \\ \ldots\ldots \\ X_m \Leftarrow P_m \end{cases}$$

である．ここで，それぞれの $1 \leq i \leq m$ について，$P_i = P_i[X_1,\ldots,X_m]$ は，手続き識別子として高々 $X_1,\ldots,X_m$ だけを含むプログラム図式である．

(ii) 再帰プログラムは，主文と呼ばれるプログラム図式 $P = P[X_1,\ldots,X_m]$ と，$X_1,\ldots,X_m$ の宣言 D から構成される．ただし，P のすべての「コイン」変数は D，すなわち，手続き本体 $P_1,\ldots,P_m$ には現れない．

この定義において，主文 P の「コイン」と宣言 D のコインが相異なるという要請は明らかに必要である．なぜなら，量子的場合分け文を定義するために用いられる「コイン」は，常に主量子系の外部にあると考えられるからである．

定義 7.1.3 は，定義 3.4.2 や 3.4.3 とほとんど同じであることにおそらくもう気づいているだろう．しかし，実際には，それらの間には本質的な違いがある．定義 7.1.3 では，宣言 D 中のプログラム図式 $P_1,\ldots,P_m$ や主文 P は量子的場合分け文を含むことができるが，定義 3.4.2 や 3.4.3 には (3.3) の形の場合分け文（および (3.4) の形の **while** ループ）しかないからである．それゆえ，繰り返し述べているように，ここで定義された再帰プログラムは量子的制御フローをもつが，3.4 節で考えた再帰プログラムは古典的制御フローをもつのである．このため，前者は**量子的再帰プログラム**という名で呼ばれ，後者は**再帰的量子プログラム**という名で呼ばれている．3.4 節でみたように，古典的プログラム理論の技術は再帰量子プログラムの意味を定義するために素直に一般化することができる．一

方，量子的場合分け文を含む量子プログラムが再帰的に定義されていないのであれば，その意味は，前章で展開した技術を用いて定義することができる．とくに，定義 7.1.2 は，定義 6.4.2 を簡略化したものになっている．しかしながら，量子的再帰プログラムの意味を定義するためには新しい技術が必要であり，それは次節の最後であきらかになる．

7.2 再帰的量子ウォーク

前節では，量子的再帰プログラムの構文を導入した．この節では，次の二つを目標とする．

(i) 量子的再帰プログラムへの足がかりとなる例を提示する．
(ii) 量子的再帰プログラムの意味論をどのように定義するかという問いに答えるためのヒントを与える．

この目標を達成するために，再帰的量子ウォークと呼ばれる一連の例を考える．再帰的量子ウォークは，2.3.4 節で説明した量子ウォークの変形である．実際には，前節で示した構文がなければ，再帰的量子ウォークをきちんと説明することができないのである．

7.2.1 再帰的量子ウォークの仕様

例 2.3.7 では，アダマールウォークと呼ばれる 1 次元量子ウォークを定義した．説明を簡単にするために，この節では，アダマールウォークを修正した再帰的アダマールウォークに焦点を当てる．グラフ上の再帰的量子ウォークは，同様にして例 2.3.9 を修正して定義することができる．

例 2.3.9 や 6.7.1 では，アダマールウォークの状態ヒルベルト空間は $\mathcal{H}_d \otimes \mathcal{H}_p$ であったことを思い出そう．ここで，

- $\mathcal{H}_d = \mathrm{span}\{|L\rangle, |R\rangle\}$ は「向き決めコイン」空間で，L, R はそれぞれ左向き，右向きを表すために用いられる．

7.2 再帰的量子ウォーク

- $\mathcal{H}_p = \mathrm{span}\{|n\rangle : n \in \mathbb{Z}\}$ は位置空間で，n は整数 n を割り当てた位置を表す．

アダマールウォークの 1 歩分の作用素 W は量子選択であり，「向き決めコイン」d に対する「コイン投げ」アダマール作用素 H と位置変数 p に対する移動作用素 T の逐次合成である．移動 T は，「コイン」d の基底状態 $|L\rangle, |R\rangle$ に応じて左向きまたは右向き移動を選択する量子的場合分け文である．

- d が状態 $|L\rangle$ であれば，移動点は一つ左の位置に動く．
- d が状態 $|R\rangle$ であれば，移動点は一つ右の位置に動く．

もちろん，d は $|L\rangle$ と $|R\rangle$ の重ね合わせにもなりうる．そして，左向き移動と右向き移動の重ね合わせが起こり，これが量子的制御フローを生む．形式的には，次のように書くことができる．

$$W = T_L[p] \oplus_{H[d]} T_R[p] = H[d]; \mathbf{qif}\ [d]\,|L\rangle \to T_L[p]$$
$$\square \quad |R\rangle \to T_R[p]$$
$$\mathbf{fiq}$$

ここで，T_L と T_R は，それぞれ位置空間 $\mathcal{H}_p$ における左向き移動作用素と右向き移動作用素である．そして，この 1 歩分の作用素 W を，単純な再帰のやり方である**繰り返し適用**することにより，アダマールウォークは定義されている．

ここで，再帰のもう少し複雑な形式を用いて，このアダマールウォークを少し修正しよう．

例 7.2.1

(i) 一方向再帰的アダマールウォークは，「コイン投げ」アダマール作用素 $H[d]$ に続けて，次の量子的場合分け文を実行する．

- 「向き決めコイン」d が状態 $|L\rangle$ であれば，移動点は一つ左の位置に動く．
- d が状態 $|R\rangle$ であれば，移動点は一つ右の位置に動き，続けてこの**再帰的ウォーク自体を実行する手続きを呼び出す**．

前節で提示した構文を用いると，一方向再帰的アダマールウォークは，正確には，次の式で記述される再帰プログラム X として定義することができる．

$$X \Leftarrow T_L[p] \oplus_{H[d]} (T_R[p]; X) \tag{7.2}$$

ここで，d, p はそれぞれ方向変数および位置変数である．

(ii) 双方向再帰的アダマールウォークは，「コイン投げ」アダマール作用素 $H[d]$ に続けて，次の量子的場合分け文を実行する．
- 「向き決めコイン」d が状態 $|L\rangle$ であれば，移動点は一つ左の位置に動き，続けてこの**再帰的ウォーク自体を実行する手続きを呼び出す**．
- 「向き決めコイン」d が状態 $|R\rangle$ であれば，移動点は一つ右の位置に動き，続けてこの**再帰的ウォーク自体を実行する手続きを呼び出す**．

より正確には，次の再帰式で記述されるプログラム X によって，この双方向再帰的アダマールウォークを定義することができる．

$$X \Leftarrow (T_L[p]; X) \oplus_{H[d]} (T_R[p]; X) \tag{7.3}$$

(iii) 次の連立再帰式で記述されるプログラム X （または Y）は，双方向再帰的アダマールウォークの変形である．

$$\begin{cases} X \Leftarrow T_L[p] \oplus_{H[d]} (T_R[p]; Y) \\ Y \Leftarrow (T_L[p]; X) \oplus_{H[d]} T_R[p] \end{cases} \tag{7.4}$$

再帰式 (7.3) と (7.4) の主たる違いは，前者の手続き識別子 X はそれ自体を呼んでいるのに対して，後者の X は Y を呼び，それと同時に Y は X を呼んでいることである．

(iv) (7.4) の二つの式では同じ「コイン」d を用いていることに注意せよ．二つの相異なる「コイン」d と e を用いれば，次のように記述される双方向再帰的アダマールウォークのまた別の変形が得られる．

$$\begin{cases} X \Leftarrow T_L[p] \oplus_{H[d]} (T_R[p]; Y) \\ Y \Leftarrow (T_L[p]; X) \oplus_{H[e]} T_R[p] \end{cases} \tag{7.5}$$

(v) 3方向分岐になる量子的場合分け文を使えば，再帰的量子ウォークを別の方法で定義することができる．

$$\begin{aligned} X \Leftarrow U[d]; \mathbf{qif}\ [d]\, &|L\rangle \to T_L[p] \\ \square\quad &|R\rangle \to T_R[p] \\ \square\quad &|I\rangle \to X \\ \mathbf{fiq}& \end{aligned}$$

ここで、d は量子ビットではなく、3 次元の状態ヒルベルト空間 $\mathcal{H}_d = \mathrm{span}\{|L\rangle, |R\rangle, |I\rangle\}$ をもつ量子系(キュートリット)である。L, R はそれぞれ左向きおよび右向きを表し、I は繰り返しを表す。そして、U は 3 次元ユニタリ行列、たとえば、3 次元フーリエ変換

$$F_3 = \begin{pmatrix} 1 & 1 & 1 \\ 1 & e^{\frac{2}{3}\pi i} & e^{\frac{4}{3}\pi i} \\ 1 & e^{\frac{4}{3}\pi i} & e^{\frac{2}{3}\pi i} \end{pmatrix}$$

である。

再帰的量子ウォークの振る舞いについて、簡単に眺めてみよう。3.2 節で用いたのと同様の考え方をする。E は、空プログラムまたはプログラムの停止を表すことにする。S をプログラムまたは空プログラム E、$|\psi\rangle$ を量子系の純粋状態とすると、計算状況はこれらの対

$$\langle S, |\psi\rangle \rangle$$

として定義される。このとき、プログラムの振る舞いは、計算状況の重ね合わせの遷移列によって視覚化することができる。3.2 節では、プログラムの計算は計算状況間の遷移列であったことを思い出そう。しかしながら、ここでは、計算状況の重ね合わせの間の遷移を考えなければならない。これらの計算状況の重ね合わせは、プログラムの量子的制御フローから自然と生じる。

例として、式 (7.2) で記述された一方向再帰的量子ウォーク X だけを考える。量子的再帰呼び出しがどのように生じているかをより深く理解するために、前述の例のほかの再帰的量子ウォークについても、最初の何段階かの遷移を調べてみるとよい。系は状態 $|L\rangle_d |0\rangle_p$ に初期化されている。すなわち、「コイン」は左向きを示し、移動点は位置 0 にあるものとする。このとき、

$$\begin{aligned}
\langle X, |L\rangle_d |0\rangle_p \rangle &\stackrel{(a)}{\to} \frac{1}{\sqrt{2}} \langle E, |L\rangle_d |-1\rangle_p \rangle + \frac{1}{\sqrt{2}} \langle X, |R\rangle_d |1\rangle_p \rangle \\
&\stackrel{(b)}{\to} \frac{1}{\sqrt{2}} \langle E, |L\rangle_d |-1\rangle_p \rangle + \frac{1}{2} \langle E, |R\rangle_d |L\rangle_{d_1} |0\rangle_p \rangle + \frac{1}{2} \langle X, |R\rangle_d |R\rangle_{d_1} |2\rangle_p \rangle \\
&\to \cdots \cdots \\
&\to \sum_{i=0}^{n} \frac{1}{\sqrt{2^{i+1}}} \langle E, |R\rangle_{d_0} \cdots |R\rangle_{d_{i-1}} |L\rangle_{d_i} |i-1\rangle_p \rangle \\
&\quad + \frac{1}{\sqrt{2^{n+1}}} \langle X, |R\rangle_{d_0} \cdots |R\rangle_{d_{n-1}} |R\rangle_{d_n} |n+1\rangle_p \rangle
\end{aligned} \tag{7.6}$$

が得られる．ここで，$d_0 = d$であり，新しい量子「コイン」$d_1, d_2, \ldots$は，いずれももとの「コイン」dと同種であるが，「コイン」変数の衝突を避けるために導入されている．これらの相異なる「コイン」$d_1, d_2, \ldots$を導入しなければならない理由は，6.1節や6.2節で，量子的場合分け文 **qif** $[\overline{q}]$ $(\square i \cdot |i\rangle \to S_i)$ **fiq** における「コイン」$\overline{q}$はサブプログラム S_i の外部になければならなかったことを思い出そう．それゆえ，式 (7.2) において「コイン」d は手続き X の外部にある．それでは，式 (7.6) において何が起こるかみてみよう．まず，矢印 $\xrightarrow{(a)}$ の右辺を得るために，左辺の中の記号 X を $T_L[p] \oplus_{H[d]} (T_R[p]; X)$ で置き換える．すると，$\xrightarrow{(a)}$ の右辺において，d は X の外部にある．矢印 $\xrightarrow{(b)}$ の右辺を得るために，$\xrightarrow{(a)}$ の右辺の中の記号 X を $T_L[p] \oplus_{H[d_1]} (T_R[p]; X)$ で置き換える．ここで，d_1 は d と相異ならなければならない．そうでなければ，$\xrightarrow{(a)}$ の右辺において，（暗黙ではあるが）X の中で $d = d_1$ が生じて，不整合となる．この議論を繰り返すと，$d_0 = d, d_1, d_2, \ldots$ は互いに相異なっていなければならないことが分かる．

練習問題 7.2.2 $|L\rangle_d |0\rangle_p$ で初期化された式 (7.4) および (7.5) で定義される再帰的量子ウォークの最初の何段階かを示せ．この二つの再帰的量子ウォークの振る舞いの違いを考察せよ．同じ確率分布をもつ二つの相異なる「コイン」を用いても問題にならない古典的ランダムウォークでは，このような違いは起こりえないことに注意せよ．

例 7.2.1 の再帰的量子ウォークは，量子的再帰のよい例である．しかし，それらの振る舞いは，量子物理学の観点からはそれほど興味深いものではない．2.3.4 節で指摘したように，古典的ランダムウォークと量子ウォークの振る舞いの主たる違いは，量子干渉に起因する．すなわち，同じ点へと向かう別々の二つの経路は位相のずれによって互いに打ち消しあうかもしれない．式 (7.6) から，一方向再帰的量子ウォークでは量子干渉は起こらない．同様にして，前述の例で定義したほかの再帰的量子ウォークでも量子干渉は生じない．次の例は，新たな量子干渉の現象を示す興味深い再帰的量子ウォークである．式 (2.19) でみたように，（再帰的でない）量子ウォークで打ち消しあう経路は有限である．しかしながら，再帰的量子ウォークでは，無限の経路が打ち消しあうことが可能なのである．

例 7.2.3 $n \geq 2$ とする．次の再帰式で記述されるプログラム X によって，双方

7.2 再帰的量子ウォーク

向再帰的量子ウォークの変形を定義できる．

$$X \Leftarrow (T_L[p] \oplus_{H[d]} T_R[p])^n ; ((T_L[p]; X) \oplus_{H[d]} (T_R[p]; X)) \tag{7.7}$$

ここで，プログラム S の n 個の複製の逐次合成を表すのに S^n を用いている．

この双方向再帰的量子ウォークの振る舞いをみてみよう．この量子ウォークは状態 $|L\rangle_d |0\rangle_p$ に初期化されると仮定する．このとき，この量子ウォークの最初の3段階は次のようになる．

$$\langle X, |L\rangle_d |0\rangle_p \rangle \to \frac{1}{\sqrt{2}} [\langle X_1, |L\rangle_d |-1\rangle_p \rangle + \langle X_1, |R\rangle_d |1\rangle_p \rangle]$$
$$\to \frac{1}{2} [\langle X_2, |L\rangle_d |-2\rangle_p \rangle + \langle X_2, |R\rangle_d |0\rangle_p \rangle + \langle X_2, |L\rangle_d |0\rangle_p \rangle - \langle X_2, |R\rangle_d |2\rangle_p \rangle]$$
$$\to \frac{1}{2\sqrt{2}} [(X_3, |L\rangle_d |-3\rangle_p) + (X_3, |R\rangle_d |-1\rangle_p) + (X_3, |L\rangle_d |-1\rangle_p) - (X_3, |R\rangle_d |1\rangle_p)$$
$$+ \langle X_3, |L\rangle_d |-1\rangle_p \rangle + \langle X_3, |R\rangle_d |1\rangle_p \rangle - \langle X_3, |L\rangle_d |1\rangle_p \rangle + \langle X_3, |R\rangle_d |3\rangle_p \rangle]$$
$$= \frac{1}{2\sqrt{2}} [\langle X_3, |L\rangle_d |-3\rangle_p \rangle + \langle X_3, |R\rangle_d |-1\rangle_p \rangle + 2 \langle X_3, |L\rangle_d |-1\rangle_p \rangle$$
$$- \langle X_3, |L\rangle_d |1\rangle_p \rangle + \langle X_3, |R\rangle_d |3\rangle_p \rangle] \tag{7.8}$$

ただし，$i = 1, 2, 3$ について

$$X_i = (T_L[p] \oplus_{H[d]} T_R[p])^{n-i} ; ((T_L[p]; X) \oplus_{H[d]} (T_R[p]; X))$$

とする．式 (7.8) の最後の段階において，次の二つの計算状況は互いに打ち消しあうことが分かる．

$$-\langle X_3, |R\rangle_d |1\rangle_p \rangle, \qquad \langle X_3, |R\rangle_d |1\rangle_p \rangle$$

あきらかに，これらの計算状況はいずれも無限に多くの経路を生成する．なぜなら，これらには再帰的量子ウォーク X そのものが含まれるからである．式 (7.8) を (7.6) と比較すると，なぜ式 (7.8) には新しい「コイン」が導入されないのか不思議に思うかもしれない．実際には，式 (7.7) の右辺の $(T_L[p] \oplus_{H[d]} T_R[p])^n$ の部分だけが実行され，式 (7.8) で与えられる三つの段階では再帰呼び出しは起こっていないのである．もちろん，X が再帰的に呼び出されるもっと後の段階では，変数の衝突を避けるために新しい「コイン」が必要になる．

次の式で記述される再帰プログラムの振る舞いは，さらに難解である．

$$X \Leftarrow ((T_L[p]; X) \oplus_{H[d]} (T_R[p]; X)); (T_L[p] \oplus_{H[d]} T_R[p])^n \tag{7.9}$$

式 (7.7) の右辺の二つのサブプログラムの順序を入れ替えることにより式 (7.9) が得られることに注意せよ．

練習問題 7.2.4 式 (7.9) で記述される再帰的量子ウォークの $|L\rangle_d |0\rangle_p$ から始まる振る舞いを調べよ．

7.2.2 いかにして量子的再帰式を解くか

式 (7.6) や (7.8) によって，再帰的量子ウォークの初期段階を調べた．しかし，それらの振る舞いを正確に記述するというのは，再帰式 (7.2), (7.3), (7.4), (7.5), (7.7) を解くことを意味する．古典的プログラミング言語の理論では，再帰プログラムの意味を定義するために，構文的近似が使われている．3.4 節では，構文的近似をうまく使って，再帰的量子プログラムの意味を定義した．構文的近似を量子的再帰プログラムにも適用できるかどうかと考えるのは自然である．まず手始めに，次の単一の式で記述される単純な再帰プログラムを考えることで，構文的近似の技法を復習しよう．

$$X \Leftarrow F(X)$$

これに対して，

$$\begin{cases} X^{(0)} = \mathbf{abort} \\ X^{(n+1)} = F[X^{(n)}/X] \quad (n \geq 0) \end{cases}$$

とする．ここで，$F[X^{(n)}/X]$ は，$F(X)$ の中の X を $X^{(n)}$ で置き換えたものである．プログラム $X^{(n)}$ を，X の n 次構文的近似と呼ぶ．大まかにいうと，構文的近似 $X^{(n)}$ ($n = 0, 1, 2, \ldots$) は，再帰プログラム X の始めの部分の振る舞いを記述している．このとき，X の意味関数 $[\![X]\!]$ は，X の構文的近似 $X^{(n)}$ の意味関数 $[\![X^{(n)}]\!]$ の極限と定義される．

$$[\![X]\!] = \lim_{n \to \infty} [\![X^{(n)}]\!]$$

ここで，この手法を一方向再帰的アダマールウォークに適用し，次のように構文的近似を構成する．

$X^{(0)} = \mathbf{abort}$

$X^{(1)} = T_L[p] \oplus_{H[d]} (T_R[p]; \mathbf{abort})$

$X^{(2)} = T_L[p] \oplus_{H[d]} (T_R[p]; T_L[p] \oplus_{H[d_1]} (T_R[p]; \mathbf{abort}))$

$X^{(3)} = T_L[p] \oplus_{H[d]} (T_R[p]; T_L[p] \oplus_{H[d_1]} (T_R[p]; T_L[p] \oplus_{H[d_2]} (T_R[p]; \mathbf{abort})))$

....

(7.10)

しかしながら，このような構文的近似の構成において問題が生じる．変数の衝突を避けるためには，新しい「コイン」変数を限りなく導入し続けなければならない．すなわち，すべての $n = 1, 2, \ldots$ について，$(n+1)$ 次構文的近似に新しい「コイン」変数 d_n を導入しなければならない．なぜなら，これまでに何度も強調しているように，「コイン」$d, d_1, \ldots, d_{n-1}$ は，d_n を含む一番内側の系の外部になければならないからである．それゆえ，$d, d_1, d_2, \ldots, d_n, \ldots$ は，相異なる「コイン」を表す．一方，それらの物理的性質は同じという意味で，同種の粒子とみなされなければならない．さらに，通常，この再帰的アダマールウォークを実行するのに必要な「コイン」粒子の数は，事前には分からない．なぜなら，このアダマールウォークがいつ停止するか分からないからである．あきらかに，この問題を解決するには，「コイン」という同じ型の粒子の数が変わりうる量子系を扱えるような数学的枠組みが必要である．この問題は量子的な場合にだけ現れて，古典的プログラミング言語の理論には現れないことに注意しよう．なぜなら，この問題は量子的場合分け文を定義する際の外部にある「コイン」量子系を用いることに起因するからである．

7.3 第二量子化

前節の最後で，量子的再帰式を解くためには，可変個の同種粒子から構成される量子系の数学的モデルが必要になることが分かった．あきらかに，そのようなモデルは，2.1 節で述べた基本的な量子力学の範囲を超えている．2.1 節では，同

種とは限らない固定個の部分系から構成される複合量子系だけを考えた．(2.1.5節の量子力学の仮説4を参照のこと．) 都合がよいことに，80年以上も前に物理学者は，可変個の粒子で構成される量子系を記述するために，量子化という手法を開発していた．読者の便宜を図って，この節で第二量子化の手法を簡単に紹介する．この紹介は，以降の節で必要となる第二量子化の数学的定式化に焦点を当てている．その物理的解釈については，[163]を参照のこと．

7.3.1 多粒子状態

まず，固定個の粒子からなる量子系を考える．これらの粒子は同じ状態ヒルベルト空間をもつと仮定するが，必ずしも同種の粒子である必要はない．$\mathcal{H}$ を単一粒子の状態ヒルベルト空間とする．定義2.1.8によって，任意の $n \geq 1$ に対して，$\mathcal{H}$ の n 個の複製のテンソル積 $\mathcal{H}^{\otimes n}$ を定義することができる．$\mathcal{H}$ における単一粒子の状態の任意の族 $|\psi_1\rangle, \ldots, |\psi_n\rangle$ に対して，量子力学の仮説4は，n 個の独立な粒子状態は

$$|\psi_1\rangle \otimes \cdots \otimes |\psi_n\rangle = |\psi_1 \otimes \cdots \otimes \psi_n\rangle$$

になると主張する．ここで，すべての $1 \leq i \leq n$ について，i 番目の粒子の状態は $|\psi_i\rangle$ である．このとき，$\mathcal{H}^{\otimes n}$ は，ベクトル $|\psi_1 \otimes \cdots \otimes \psi_n\rangle$ の線形結合から構成される．

$$\mathcal{H}^{\otimes n} = \mathrm{span}\{|\psi_1 \otimes \cdots \otimes \psi_n\rangle : |\psi_1\rangle, \ldots, |\psi_n\rangle \in \mathcal{H}\}$$
$$= \left\{ \sum_{i=1}^{m} \alpha_i |\psi_{i1} \otimes \cdots \otimes \psi_{in}\rangle : m \geq 0, \alpha_i \in \mathbb{C}, |\psi_{i1}\rangle, \ldots, |\psi_{in}\rangle \in \mathcal{H} \right\}$$

2.1.5節では，$\mathcal{H}^{\otimes n}$ もまたヒルベルト空間であったことを思い出そう．より明示的には，$\mathcal{H}^{\otimes n}$ のベクトルの基本演算は，次の等式と線形性によって定義する．

- 和：

$$|\psi_1 \otimes \cdots \otimes \psi_i \otimes \cdots \otimes \psi_n\rangle + |\psi_1 \otimes \cdots \otimes \psi'_i \otimes \cdots \otimes \psi_n\rangle$$
$$= |\psi_1 \otimes \cdots \otimes (\psi_i + \psi'_i) \otimes \cdots \otimes \psi_n\rangle$$

- スカラー積：

$$\lambda |\psi_1 \otimes \cdots \otimes \psi_i \otimes \cdots \otimes \psi_n\rangle = |\psi_1 \otimes \cdots \otimes (\lambda \psi_i) \otimes \cdots \otimes \psi_n\rangle$$

7.3 第二量子化

● 内積：
$$\langle \psi_1 \otimes \cdots \otimes \psi_n | \varphi_1 \otimes \cdots \otimes \varphi_n \rangle = \prod_{i=1}^{n} \langle \psi_i | \varphi_i \rangle$$

練習問題 7.3.1 $\mathcal{B}$ が $\mathcal{H}$ の基底ならば,
$$\{|\psi_1 \otimes \cdots \otimes \psi_n\rangle : |\psi_1\rangle, \ldots, |\psi_n\rangle \in \mathcal{B}\}$$
は $\mathcal{H}^{\otimes n}$ の基底になることを示せ.

置換作用素：

つぎに，同じ固有の性質をもつ多数の同種粒子からなる量子系を考える．同種の粒子の対称性を記述するためにいくつかの演算を導入することから始める．$1, \ldots, n$ のそれぞれの置換 π, すなわち, それぞれの $1 \leq i \leq n$ について i を $\pi(i)$ に移す $\{1, \ldots, n\}$ からそれ自身への全単射に対して，$\mathcal{H}^{\otimes n}$ における置換作用素 P_π を，次の式と線形性によって定義することができる.

$$P_\pi |\psi_1 \otimes \cdots \otimes \psi_n\rangle = |\psi_{\pi(1)} \otimes \cdots \otimes \psi_{\pi(n)}\rangle$$

次の命題は，置換作用素のいくつかの基本的な性質を示す.

命題 7.3.2
(i) P_π はユニタリ作用素である.
(ii) $P_{\pi_1} P_{\pi_2} = P_{\pi_1 \pi_2}$, および $P_\pi^\dagger = P_{\pi^{-1}}$ が成り立つ．ここで，$\pi_1 \pi_2$ は π_1 と π_2 の合成，$P_\pi^\dagger$ は P_π の共役転置（すなわち逆行列），π^{-1} は π の逆変換を表す.

また，置換作用素を用いて，対称化作用素および反対称化作用素を定義することもできる.

定義 7.3.3 $\mathcal{H}^{\otimes n}$ の対称化作用素および反対称化作用素は，次のように定義される.

$$S_+ = \frac{1}{n!} \sum_\pi P_\pi$$
$$S_- = \frac{1}{n!} \sum_\pi (-1)^\pi P_\pi$$

ここで，π は $1, \ldots, n$ の置換すべての上を動くものとし，$(-1)^\pi$ は置換 π の符号である．

$$(-1)^\pi = \begin{cases} 1 & (\pi \text{が偶置換の場合}) \\ -1 & (\pi \text{が奇置換の場合}) \end{cases}$$

次の命題は，対称化作用素および反対称化作用素のいくつかの便利な性質を列挙する．

命題 7.3.4

(i) $P_\pi S_+ = S_+ P_\pi = S_+$

(ii) $P_\pi S_- = S_- P_\pi = (-1)^\pi S_-$

(iii) $S_+^2 = S_+ = S_+^\dagger$

(iv) $S_-^2 = S_- = S_-^\dagger$

(v) $S_+ S_- = S_- S_+ = 0$

練習問題 7.3.5 命題 7.3.2 および 7.3.4 を証明せよ．

対称状態および反対称状態：

もちろん，2.1 節で述べた量子力学を多数粒子の量子系に対しても使うことができる．しかしながら，これらの粒子が同種であるときには，これだけでは足りず，次の原理によって補わなければならない．

- **対称化原理**：n 個の同種粒子の状態は，n 個の粒子の置換に関して完全に対称的か完全に反対称的のいずれかである．
  - 対称的な粒子を**ボース粒子**と呼ぶ．
  - 反対称的な粒子を**フェルミ粒子**と呼ぶ．

7.3.1 節の冒頭でみたように，n 個の粒子すべてが同じ状態空間 $\mathcal{H}$ をもつならば，$\mathcal{H}^{\otimes n}$ は n 個の粒子の状態ヒルベルト空間である．対称化原理に従えば，$\mathcal{H}^{\otimes n}$ のすべてのベクトルが n 個の同種粒子の状態を表すために使われるわけではない．しかしながら，$\mathcal{H}^{\otimes n}$ のそれぞれの状態 $|\Psi\rangle$ に対して，対称化作用素と反対称化作用素によって，次の二つの状態を構築することができる．

- 対称状態：$S_+ |\Psi\rangle$
- 反対称状態：$S_- |\Psi\rangle$

具体的には，v を $+$ または $-$ とするとき，1粒子の状態 $|\psi_1\rangle, \ldots, |\psi_n\rangle$ の積に対応する対称状態と反対称状態は

$$|\psi_1, \ldots, \psi_n\rangle_v = S_v |\psi_1 \otimes \cdots \otimes \psi_n\rangle_v$$

と書くことができる．この記法を用いると，対称化原理は，次のように言い直すことができる．

- ボース粒子に対しては，$|\psi_1, \ldots, \psi_n\rangle_+$ における状態 $|\psi_i\rangle$ の順序は関係ない．
- フェルミ粒子に対しては，2状態の置換によって，$|\psi_1, \ldots, \psi_n\rangle_-$ の符号は反転する．

$$|\psi_1, \ldots, \psi_i, \ldots, \psi_j, \ldots, \psi_n\rangle_- = -|\psi_1, \ldots, \psi_j, \ldots, \psi_i, \ldots, \psi_n\rangle_- \tag{7.11}$$

式 (7.11) の直接の系として，次の原理が得られる．

- パウリの排他原理：$|\psi_1, \ldots, \psi_i, \ldots, \psi_j, \ldots, \psi_n\rangle_-$ は，二つの状態 $|\psi_i\rangle$ と $|\psi_j\rangle$ が同一ならば，消滅する．すなわち，二つのフェルミ粒子は，同一の量子状態にはなりえない．

要約すると，対称化原理によって，n 個の同種粒子からなる量子系の状態空間は $\mathcal{H}^{\otimes n}$ 全体とはならず，次の二つの部分空間のいずれかになる．

定義 7.3.6

(i) $\mathcal{H}$ の n 重対称テンソル積：

$$\mathcal{H}_+^{\otimes n} = S_+ \left(\mathcal{H}^{\otimes n}\right)$$
$$= |\psi_1\rangle, \ldots, |\psi_n\rangle \in \mathcal{H} \text{ であるような対称テンソル積}$$
$$|\psi_1, \ldots, \psi_n\rangle_+ \text{ によって生成される } \mathcal{H}^{\otimes n} \text{ の閉部分空間}$$

(ii) $\mathcal{H}$ の n 重反対称テンソル積：

$$\mathcal{H}_-^{\otimes n} = S_- \left(\mathcal{H}^{\otimes n}\right)$$
$$= |\psi_1\rangle, \ldots, |\psi_n\rangle \in \mathcal{H} \text{ であるような反対称テンソル積}$$
$$|\psi_1, \ldots, \psi_n\rangle_- \text{ によって生成される } \mathcal{H}^{\otimes n} \text{ の閉部分空間}$$

くわえて，$\mathcal{H}_v^{\otimes n}$ ($v = +, -$) は，$\mathcal{H}^{\otimes n}$ のスカラー積と内積を直接引き継ぐ．とくに，次の命題を用いると，$\mathcal{H}_\pm^{\otimes n}$ の内積が簡単に計算できる．

命題 7.3.7 対称テンソル積および反対称テンソル積の内積に関して，次の式が成り立つ．

$$_+\langle \psi_1, \ldots, \psi_n | \varphi_1, \ldots, \varphi_n \rangle_+ = \frac{1}{n!} \operatorname{per}\left(\langle \psi_i | \varphi_j \rangle \right)_{ij}$$

$$_-\langle \psi_1, \ldots, \psi_n | \varphi_1, \ldots, \varphi_n \rangle_- = \frac{1}{n!} \det\left(\langle \psi_i | \varphi_j \rangle \right)_{ij}$$

ここで，det および per は，それぞれ行列の行列式および永久式（行列式の各項の符号をすべて正にしたもの）を表す．

練習問題 7.3.8

(i) 対称テンソル積空間および反対称テンソル積空間 $\mathcal{H}_\pm^{\otimes n}$ の次元を計算せよ．

(ii) 命題 7.3.7 を証明せよ．

7.3.2 フォック空間

7.3.1 節では，固定個の同種粒子からなる量子系を調べた．それでは，可変個の粒子からなる量子系をどのように記述するかをみてみよう．このような量子系の状態ヒルベルト空間は粒子の個数が異なる状態空間の直和になるというのが自然な発想である．この発想を実際のものとするために，まずヒルベルト空間の直和という概念を導入しよう．

定義 7.3.9 $\mathcal{H}_1, \mathcal{H}_2, \ldots$ をヒルベルト空間の無限列とする．このとき，これらの直和は，次のようなベクトル空間として定義される．

$$\bigoplus_{i=1}^{\infty} \mathcal{H}_i = \left\{ (|\psi_1\rangle, |\psi_2\rangle, \ldots) : |\psi_i\rangle \in \mathcal{H}_i \ (i = 1, 2, \ldots), \ \sum_{i=1}^{\infty} \|\psi_i\|^2 < \infty \right\}$$

このベクトル空間の演算は次のように定義する．

● 和：

$$(|\psi_1\rangle, |\psi_2\rangle, \ldots) + (|\varphi_1\rangle, |\varphi_2\rangle, \ldots) = (|\psi_1\rangle + |\varphi_1\rangle, |\psi_2\rangle + |\varphi_2\rangle, \ldots)$$

7.3 第二量子化

- スカラー積:
$$\alpha(|\psi_1\rangle, |\psi_2\rangle, \ldots) = (\alpha|\psi_1\rangle, \alpha|\psi_2\rangle, \ldots)$$

- 内積:
$$(\langle\psi_1|, \langle\psi_2|, \ldots)(|\varphi_1\rangle, |\varphi_2\rangle, \ldots) = \sum_{i=1}^{\infty} \langle\psi_i|\varphi_i\rangle$$

練習問題 7.3.10 $\bigoplus_{i=1}^{\infty} \mathcal{H}_i$ がヒルベルト空間になることを示せ.

$\mathcal{H}$ を 1 粒子の状態ヒルベルト空間とする. $\mathcal{H}$ の 0 重テンソル積は,（フォック）真空状態 $|0\rangle$ を用いて 1 次元空間

$$\mathcal{H}^{\otimes 0} = \mathcal{H}_{\pm}^{\otimes 0} = \text{span}\{|0\rangle\}$$

と定義することができる.

これで, 可変個の同種粒子からなる量子系の状態空間を記述する準備が整った.

定義 7.3.11

(i) $\mathcal{H}$ 上の自由フォック空間（全フォック空間）を, $\mathcal{H}$ の n 重テンソル積の直和
$$\mathcal{F}(\mathcal{H}) = \bigoplus_{n=0}^{\infty} \mathcal{H}^{\otimes n}$$
と定義する.

(ii) $\mathcal{H}$ 上の対称フォック空間（ボソンフォック空間）および反対称フォック空間（フェルミオンフォック空間）を,
$$\mathcal{F}_v(\mathcal{H}) = \bigoplus_{n=0}^{\infty} \mathcal{H}_v^{\otimes n}$$
と定義する. ここで, $v = +$ は対称フォック空間の場合, $v = -$ は反対称フォック空間の場合である.

対称化原理によって, 対称フォック空間および反対称フォック空間だけが物理学では意味があるが, ここでは自由フォック空間も含めることにした. なぜなら, 次節でみるように, 自由フォック空間は, 対称フォック空間や反対称フォック空間よりも扱いやすい場合もある有用な数学的道具立てであるからだ.

フォック空間をより深く理解するために，フォック空間の状態や演算を詳しくみてみよう．

(i) $\mathcal{F}_v(\mathcal{H})$ の状態は次の形をしている．

$$|\Psi\rangle = \sum_{n=0}^{\infty} |\Psi(n)\rangle \triangleq (|\Psi(0)\rangle, |\Psi(1)\rangle, \ldots, |\Psi(n)\rangle, \ldots)$$

ここで，すべての $n = 0, 1, 2, \ldots$ について，$|\Psi(n)\rangle \in \mathcal{H}_v^{\otimes n}$ は n 個の粒子の状態であり，

$$\sum_{n=0}^{\infty} \langle \Psi(n) | \Psi(n) \rangle < \infty$$

であるものとする．

(ii) $\mathcal{F}_v(\mathcal{H})$ の基本演算は次のとおり．

- 和：
$$\left(\sum_{n=0}^{\infty} |\Psi(n)\rangle \right) + \left(\sum_{n=0}^{\infty} |\Phi(n)\rangle \right) = \sum_{n=0}^{\infty} (|\Psi(n)\rangle + |\Phi(n)\rangle)$$

- スカラー積：
$$\alpha \left(\sum_{n=0}^{\infty} |\Psi(n)\rangle \right) = \sum_{n=0}^{\infty} \alpha |\Psi(n)\rangle$$

- 内積：
$$\left(\sum_{n=0}^{\infty} \langle \Psi(n) | \right) \left(\sum_{n=0}^{\infty} |\Phi(n)\rangle \right) = \sum_{n=0}^{\infty} \langle \Psi(n) | \Phi(n) \rangle$$

(iii) $\mathcal{F}_v(\mathcal{H})$ の基底：対称積状態および反対称積状態 $|\psi_1, \ldots, \psi_n\rangle_v$ ($n \geq 0$ かつ $|\psi_1\rangle, \ldots, |\psi_n\rangle \in \mathcal{H}$) は，フォック空間 $\mathcal{F}_v(\mathcal{H})$ の基底になる．すなわち，

$$\mathcal{F}_v(\mathcal{H}) = \mathrm{span}\{|\psi_1, \ldots, \psi_n\rangle_v : |\psi_1\rangle, \ldots, |\psi_n\rangle \in \mathcal{H} \ (n = 0, 1, 2, \ldots)\}$$

ただし，$n = 0$ の場合は，$|\psi_1, \ldots, \psi_n\rangle_v$ は真空状態 $|\mathbf{0}\rangle$ とする．

(iv) $\mathcal{F}_v(\mathcal{H})$ の状態 $(0, \ldots, 0, |\Psi(n)\rangle, 0, \ldots, 0)$ を，$\mathcal{H}_v^{\otimes n}$ の状態 $|\Psi(n)\rangle$ と同一視する．このとき，$\mathcal{H}_v^{\otimes n}$ は $\mathcal{F}_v(\mathcal{H})$ の部分空間とみることもできる．さらに，粒子の相異なる個数 $m \neq n$ について，$\langle \Psi(m) | \Psi(n) \rangle = 0$ なので，$\mathcal{H}_v^{\otimes m}$ と $\mathcal{H}_v^{\otimes n}$ は直交する．

7.3 第二量子化

フォック空間の作用素：

可変個の同種粒子からなる量子系の状態はフォック空間のベクトルとして表現できることが分かった．それでは，このような量子系の観測量や時間発展を記述するための数学的道具立ての準備へと進もう．まず，ヒルベルト空間の直和の作用素を定義する．

定義 7.3.12 それぞれの $i \geq 1$ について，A_i を $\mathcal{H}_i$ の有界作用素で，そのノルム（定義2.1.15）の列 $\|A_i\|$ $(i = 1, 2, \ldots)$ が有界，すなわち，ある定数 C に対して $\|A_i\| \leq C$ $(i = 1, 2, \ldots)$ であるとする．このとき，$\bigoplus_{i=1}^{\infty} \mathcal{H}_i$ の作用素

$$A = (A_1, A_2, \ldots)$$

を，任意の $(|\psi_1\rangle, |\psi_2\rangle, \ldots) \in \bigoplus_{i=1}^{\infty} \mathcal{H}_i$ に対して

$$A(|\psi_1\rangle, |\psi_2\rangle, \ldots) = (A_1 |\psi_1\rangle, A_2 |\psi_2\rangle, \ldots) \tag{7.12}$$

と定義する．

同様にして，有限の数 n についても，直和 $\bigoplus_{i=1}^{n} \mathcal{H}_i$ の作用素 $A = (A_1, \ldots, A_n)$ を定義することができる．

これらの作用素は，それぞれ，

$$\sum_{i=1}^{\infty} A_i = (A_1, A_2, \ldots) \text{ および } \sum_{i=1}^{n} A_i = (A_1, \ldots, A_n)$$

と表記することがある．

練習問題 7.3.13 式 (7.12) で定義された A は，$\bigoplus_{i=1}^{\infty} \mathcal{H}_i$ の有界作用素となり，

$$\|A\| \leq \sup_{i \geq 1} \|A_i\|$$

が成り立つことを示せ．

フォック空間の作用素を定義するのに，この考え方を使うことができる．それぞれの $n \geq 1$ について，$\mathbf{A}(n)$ を $\mathcal{H}^{\otimes n}$ の作用素とする．このとき，自由フォック空間 $\mathcal{F}(\mathcal{H})$ の作用素

$$\mathbf{A} = \sum_{n=0}^{\infty} \mathbf{A}(n) \tag{7.13}$$

は，定義 7.3.12 によって，$\mathcal{F}(\mathcal{H})$ の任意の状態

$$|\Psi\rangle = \sum_{n=0}^{\infty} |\Psi(n)\rangle$$

に対して

$$\mathbf{A}|\Psi\rangle = \mathbf{A}\left(\sum_{n=0}^{\infty} |\Psi(n)\rangle\right) = \sum_{n=0}^{\infty} \mathbf{A}(n)|\Psi(n)\rangle$$

と定義することができる．ただし，$\mathbf{A}|0\rangle = \mathbf{0}$，すなわち，真空状態は作用 $\mathbf{A}$ の固有値 0 に対応する固有ベクトルと考える．あきらかに，すべての $n \geq 0$ について，$\mathcal{H}_v^{\otimes n}$ は $\mathbf{A}$ のもとで不変，すなわち，$\mathbf{A}(\mathcal{H}_v^{\otimes n}) \subseteq \mathcal{H}_v^{\otimes n}$ となる．

一般に，(7.13) の形の作用素では，ボース粒子の対称性やフェルミ粒子の反対称性は必ずしも保たれない．対称フォック空間や反対称フォック空間の作用素を定義するためには，その対称性を考慮する必要がある．

定義 7.3.14 それぞれの $n \geq 0$ および $1, \ldots, n$ のそれぞれの置換 π について，P_π と $\mathbf{A}(n)$ が可換，すなわち

$$P_\pi \mathbf{A}(n) = \mathbf{A}(n) P_\pi$$

となるならば，作用素 $\mathbf{A} = \sum_{n=0}^{\infty} \mathbf{A}(n)$ は対称であるという．

対称フォック空間 $\mathcal{F}_+(\mathcal{H})$ および反対称フォック空間 $\mathcal{F}_-(\mathcal{H})$ は，対称作用素 $\mathbf{A} = \sum_{n=0}^{\infty} \mathbf{A}(n)$ のもとで閉じている，すなわち，

$$\mathbf{A}(\mathcal{F}_v(\mathcal{H})) \subseteq \mathcal{F}_v(\mathcal{H}) \quad (v = +, -)$$

であることは簡単に分かる．言い換えると，対称作用素 $\mathbf{A}$ は，対称状態 $|\Psi\rangle$ を対称状態 $\mathbf{A}|\Psi\rangle$ に移し，反対称状態 $|\Psi\rangle$ を反対称状態 $\mathbf{A}|\Psi\rangle$ に移す．

練習問題 7.3.15 $\mathcal{F}(\mathcal{H})$ の作用素 $\mathbf{A}$ が $\mathbf{A}(\mathcal{F}_+(\mathcal{H})) \subseteq \mathcal{F}_+(\mathcal{H})$ (または $\mathbf{A}(\mathcal{F}_-(\mathcal{H})) \subseteq \mathcal{F}_-(\mathcal{H})$) を満たすならば，$\mathbf{A}$ は対称的か．これを証明または反証せよ．

さらに，すべての作用素 $\mathbf{A} = \sum_{n=0}^{\infty} \mathbf{A}(n)$ を対称作用素に移す対称化汎関数 $\mathbb{S}$ を導入する．

$$\mathbb{S}(\mathbf{A}) = \sum_{n=0}^{\infty} \mathbb{S}(\mathbf{A}(n)) \tag{7.14}$$

ここで，それぞれの $n \geq 0$ について，

$$\mathbb{S}(\mathbf{A}(n)) = \frac{1}{n!} \sum_\pi P_\pi \mathbf{A}(n) P_\pi^{-1} \tag{7.15}$$

とし，π は $1,\ldots,n$ の置換すべての上を動く．また，P_π^{-1} は，P_π の逆作用素である．こうすると，自由フォック空間のそれぞれの作用素 $\mathbf{A}$ は，対称化汎関数 $\mathbb{S}$ によって対称作用素 $\mathbf{S}(\mathbf{A})$ に移されるので，対称フォック空間や反対称フォック空間にもうまく適用することができる．

7.3.3 フォック空間の観測量

ここまでで，可変個の粒子による量子系の状態ヒルベルト空間としてフォック空間を導入した．また，フォック空間のさまざまな演算子を調べた．つぎに，これらの量子系における観測量をどのように記述するかをみてみよう．

多体観測量：

肩慣らしに，数が $n \geq 1$ 個に固定された粒子の観測量から始めよう．量子力学の基本仮説によって，一般には n 個の粒子からなる量子系の観測量は $\mathcal{H}^{\otimes n}$ のエルミート作用素で表現することができる．ここで，$\mathcal{H}^{\otimes n}$ の観測量の非常に特別なクラスを詳しくみてみよう．

まず，n 個の粒子のうちのただ一つだけを観測するもっとも簡単な場合を考えよう．O を $\mathcal{H}$ の単一粒子の観測量とする．このとき，それぞれの $1 \leq i \leq n$ について，$\mathcal{H}^{\otimes n}$ の i 番目の成分についての O の作用 $O^{[i]}$ を，

$$O^{[i]} |\psi_1 \otimes \cdots \otimes \psi_i \otimes \cdots \otimes \psi_n\rangle = |\psi_1 \otimes \cdots \otimes (O\psi_i) \otimes \cdots \otimes \psi_n\rangle$$

と線形性によって定義する．すなわち，I を $\mathcal{H}$ の恒等作用素とするとき，

$$O^{[i]} = I^{\otimes(i-1)} \otimes O \otimes I^{\otimes(n-i)}$$

とする．あきらかに，i を固定すると，作用素 $O^{[i]}$ は対称ではない．相異なる粒子 i へのこの作用 $O^{[i]}$ を組み合わせると，次の定義が得られる．

定義 7.3.16 O に対応する 1 体観測量を

$$O_1(n) = \sum_{i=1}^{n} O^{[i]}$$

と定義する．

つぎに，n 個の粒子のうちの 2 個に関する観測量を考えよう．O を 2 粒子空間 $\mathcal{H} \otimes \mathcal{H}$ の観測量とする．このとき，任意の $1 \leq i < j \leq n$ に対して，$O^{[ij]}$ を，$\mathcal{H}^{\otimes n}$ の i 番目と j 番目の成分に O として作用し，そのほかの成分には自明に作用する作用素，すなわち，O の $\mathcal{H}^{\otimes n}$ への柱状拡張

$$O^{[ij]} = I^{\otimes(i-1)} \otimes O \otimes I^{\otimes(j-i-1)} \otimes O \otimes I^{\otimes(n-j)}$$

と定義する．観測量 O をこれらの n 個の粒子のうちの任意の 2 個に適用することができるならば，次の定義が得られる．

定義 7.3.17 n 個の粒子からなる量子系での O に対応する 2 体観測量を

$$O_2(n) = \sum_{1 \leq i < j \leq n} O^{[ij]}$$

と定義する．

練習問題 7.3.18 O が 2 個の粒子の交換のもとで不変，すなわち，すべての $1 \leq i, j \leq n$ について，$O^{[ij]} = O^{[ji]}$ となるならば，

$$O_2(n) = \frac{1}{2} \sum_{i \neq j} O^{[ij]}$$

となることを示せ．

さらに，定義 7.3.16 や 7.3.17 と同様にして，$2 < k \leq n$ についても k 体観測量 $O_k(n)$ を定義することができる．

また，これらを用いて，n 個の粒子からなる量子系の観測量

$$\mathbf{O}(n) = \sum_{k=1}^{n} O_k(n)$$

が定義できる．

フォック空間の観測量:

ここまでの準備によって,可変個の粒子の観測量を調べることができる.実際には,フォック空間の観測量を定義する自然な方法が式 (7.13) によって与えられる.より正確には,それぞれの $n \geq 1$ について式 (7.13) の作用素 $\mathbf{A}(n)$ が n 粒子からなる量子系の観測量ならば,

$$\mathbf{A} = \sum_{n=0}^{\infty} \mathbf{A}(n)$$

は自由フォック空間 $\mathcal{F}(\mathcal{H})$ の包括的観測量と呼ばれる.とくに,$\mathbf{A}$ が対称であれば,対称フォック空間および反対称フォック空間の観測量でもある.

次の命題は,包括的観測量の平均値を計算するための便利な方法である.

命題 7.3.19 状態 $|\Psi\rangle = \sum_{n=0}^{\infty} |\Psi(n)\rangle$ における $\mathbf{A} = \sum_{n=0}^{\infty} \mathbf{A}(n)$ の平均値は

$$\langle \Psi | \mathbf{A} | \Psi \rangle = \sum_{n=0}^{\infty} \langle \Psi(n) | \mathbf{A}(n) | \Psi(n) \rangle$$

$$= \sum_{n=0}^{\infty} \langle \Psi(n) | \Psi(n) \rangle \cdot \frac{\langle \Psi(n) | \mathbf{A}(n) | \Psi(n) \rangle}{\langle \Psi(n) | \Psi(n) \rangle}$$

になる.ここで,

(i) $\langle \Psi(n) | \Psi(n) \rangle$ は,状態 $|\Psi\rangle$ で n 粒子が見つかる確率,

(ii)
$$\frac{\langle \Psi(n) | \mathbf{A}(n) | \Psi(n) \rangle}{\langle \Psi(n) | \Psi(n) \rangle}$$

は,n 粒子からなる量子系での $\mathbf{A}(n)$ の平均値である.

最後に,フォック空間の観測量の特別なクラスを二つ考えよう.ここまでに示した手順と同じように,与えられた $k \geq 1$ に対して,自由フォック空間の k 体観測量を次の式で定義することができる.

$$\mathbf{O}_k = \sum_{n \geq k} O_k(n)$$

ここで,すべての $n \geq k$ について,$O_k(n)$ は $\mathcal{H}^{\otimes n}$ の k 体観測量である.(定義 7.3.16 および 7.3.17 を参照のこと.)さらに,$\mathbf{O}_k$ は対称であることに注意する.

たとえば，1粒子観測量 $O_1(n)$ は，置換と可換になる.

$$O_1(n)|\psi_1,\ldots,\psi_n\rangle_\pm = \sum_{j=1}^n |\psi_1,\ldots,\psi_{j-1},O\psi_j,\psi_{j+1},\ldots,\psi_n\rangle_\pm$$

$k \geq 2$ についても，同様の等式が成り立つ．それゆえ，$\mathbf{O}_k$ は対称フォック空間および反対称フォック空間にも直接使うことができるのである．

次のように定義すると，フォック空間のまた別の重要な観測量になる．

定義 7.3.20 $\mathcal{F}_\pm(\mathcal{H})$ の個数作用素 $\mathbf{N}$ は，

$$\mathbf{N}\left(\sum_{n=0}^\infty |\Psi(n)\rangle\right) = \sum_{n=0}^\infty n|\Psi(n)\rangle$$

と定義される．

個数作用素 $\mathbf{N}$ は，その名前から示唆されるように，それぞれの $n \geq 0$ について，$|\Psi\rangle$ における n 粒子成分 $|\Psi(n)\rangle$ の係数を n にする．個数作用素のいくつかの基本的性質を次の二つの命題として示す．

命題 7.3.21

(i) それぞれの $n = 0, 1, 2, \ldots$ について，$\mathcal{H}_\pm^{\otimes n}$ は固有値 n に対する $\mathbf{N}$ の固有部分空間である．

(ii) 状態 $|\Psi\rangle = \sum_{n=0}^\infty |\Psi(n)\rangle$ における $\mathbf{N}$ の平均値は

$$\langle\Psi|\mathbf{N}|\Psi\rangle = \sum_{n=0}^\infty n\langle\Psi(n)|\Psi(n)\rangle$$

になる．

命題 7.3.22 包括的観測量 $\mathbf{A}$ と個数作用素 $\mathbf{N}$ は可換，すなわち，$\mathbf{AN} = \mathbf{NA}$ が成り立つ．

練習問題 7.3.23 命題 7.3.21 および 7.3.22 を証明せよ．

7.3.4 フォック空間の時間発展

つぎに，可変個の粒子からなる量子系の動的振る舞いを考える．そのような量子系の時間発展として，次の2通りがありうる．

(i) 時間発展により粒子数は変化しない．
(ii) 時間発展により粒子数が変化する．

ここでは，前者の時間発展に焦点を当て，後者の時間発展についてはその後で論じることにする．あきらかに，式 (7.13) は，前者の時間発展を定義する方法も提供する．より正確には，すべての $n \geq 0$ について，n 粒子の動的振る舞いが作用素 $\mathbf{A}(n)$ によりモデル化されるならば，$\mathbf{\Lambda} = \sum_{n=0}^{\infty} \mathbf{A}(n)$ は粒子数を変えないフォック空間の時間発展を記述する．このような時間発展の特別な場合をもっと詳しく調べよう．1 粒子の（離散）時間発展がユニタリ作用素 U で表現されているとする．このとき，相互作用のない n 粒子の時間発展は，$\mathcal{H}^{\otimes n}$ の作用素

$$\mathbf{U}(n) = U^{\otimes n}$$

を用いると，$\mathcal{H}$ の状態 $|\psi_1\rangle, \ldots, |\psi_n\rangle$ に対して

$$\mathbf{U}(n)|\psi_1 \otimes \cdots \otimes \psi_n\rangle = |U\psi_1 \otimes \cdots \otimes U\psi_n\rangle \tag{7.16}$$

と記述することができる．ここでは，同じユニタリ作用素 U が n 個の粒子すべてに同時に適用されている．$\mathbf{U}(n)$ が置換と可換，すなわち

$$\mathbf{U}(n)|\psi_1, \ldots, \psi_n\rangle_\pm = |U\psi_1, \ldots, U\psi_n\rangle_\pm$$

であることは簡単に確かめることができる．このとき，式 (7.13) を用いると，フォック空間の対称作用素

$$\mathbf{U} = \sum_{n=0}^{\infty} \mathbf{U}(n) \tag{7.17}$$

を定義することができる．あきらかに，この対称作用素は，可変個の粒子でそれらの間には相互作用がない量子系の時間発展を記述している．

7.3.5 粒子の生成と消滅

ここまでは，粒子の個数に変化がないようなフォック空間の時間発展をどのように記述するかを調べた．たとえば，式 (7.17) で定義される作用素 $\mathbf{U}$ は，n 個の粒子の状態を同じ数の粒子の状態に移す．ここからは，粒子の個数が変化するようなフォック空間の時間発展を調べる．あきらかに，このような時間発展は，2.1 節で提示した量子力学の基本的枠組みでは取り扱うことができない．それにもかかわらず，異なる粒子数の状態間の遷移は，生成と消滅という二つの基本的な作用素によって記述することができる．

定義 7.3.24 $\mathcal{H}$ のそれぞれの 1 粒子の状態 $|\psi\rangle$ に対して，$\mathcal{F}_\pm(\mathcal{H})$ の $|\psi\rangle$ に付随する生成作用素 $a^\dagger(\psi)$ を，任意の $n \geq 0$ および $\mathcal{H}$ の状態 $|\psi_1\rangle, \ldots, |\psi_n\rangle$ について

$$a^\dagger(\psi)|\psi_1, \ldots, \psi_n\rangle_v = \sqrt{n+1}\,|\psi, \psi_1, \ldots, \psi_n\rangle_v \tag{7.18}$$

と線形性によって定義する．

生成作用素を定義する式 (7.18) から，生成作用素 $a^\dagger(\psi)$ は，固有の状態 $|\psi\rangle$ にある粒子を，n 個の粒子からなる量子系のそれぞれの粒子の状態を変えずに追加することが分かる．具体的には，この遷移によって状態の対称性や反対称性は保たれる．式 (7.18) の右辺に係数 $\sqrt{n+1}$ がついているのは，主として係数の正規化のためである．

定義 7.3.25 $\mathcal{H}$ のそれぞれの 1 粒子の状態 $|\psi\rangle$ に対して，$\mathcal{F}_\pm(\mathcal{H})$ の消滅作用素 $a(\psi)$ を，$a^\dagger(\psi)$ のエルミート共役

$$a(\psi) = (a^\dagger(\psi))^\dagger$$

と定義する．すなわち，任意の $|\varphi_1\rangle, \ldots, |\varphi_n\rangle, |\psi_1\rangle, \ldots, |\psi_n\rangle \in \mathcal{H}$ および $n \geq 0$ について

$$\left(a^\dagger(\psi)|\varphi_1, \ldots, \varphi_n\rangle_v, |\psi_1, \ldots, \psi_n\rangle_v\right) = \left(|\varphi_1, \ldots, \varphi_n\rangle_v, a(\psi)|\psi_1, \ldots, \psi_n\rangle_v\right) \tag{7.19}$$

が成り立つ．

次の命題は，消滅作用素の表現を与える．

命題 7.3.26

$$a(\psi)|0\rangle = 0$$

$$a(\psi)|\psi_1,\ldots,\psi_n\rangle_\pm = \frac{1}{\sqrt{n}}\sum_{i=1}^{n}(v)^i\langle\psi|\psi_i\rangle|\psi_1,\ldots,\psi_{i-1},\psi_{i+1},\ldots,\psi_n\rangle_\pm$$

消滅作用素 $a(\psi)$ は，状態の対称性を保ちながら，粒子の個数を 1 単位だけ減少させることが，この命題から明確に分かる．

練習問題 7.3.27 命題 7.3.26 を証明せよ．（ヒント：$a(\psi)$ を定義する式 (7.19) を用いよ．）

7.4 自由フォック空間における再帰式の解

7.2 節の最後で再帰的量子ウォークの例によって確認したように，量子的再帰プログラムの実行で用いる量子「コイン」の振る舞いをモデル化するためには，可変個の同種粒子からなる量子系を扱わなければならない．そこで，前節では，この目的のための数学的枠組みとして，第二量子化を導入した．実際には，第二量子化によって，量子的再帰の意味論を定義するために必要な道具立てがすべて揃った．この節と次節の目的は，量子的再帰プログラムの意味論を詳細に定義することである．これを 2 段階に分けて行う．この節では，量子「コイン」を実現するために使われる粒子の対称性や反対称性を考慮せずに，自由フォック空間において再帰式をどのようにして解くかを示す．

7.4.1 自由フォック空間の作用素の意味領域

3.4 節で調べた古典的な再帰プログラムや量子プログラムの古典的再帰の場合と同様に，まず，量子的な再帰式の解を収容することのできる意味領域を決める必要がある．ここでは，それを量子的再帰プログラムの意味論に適用することはひとまず忘れて，抽象的な数学的対象としてそのような意味領域を調べる．こうすることによって，この領域の構造をより深く理解することができる．

C を量子「コイン」の集合とする．それぞれの $c \in C$ に対して，$\mathcal{H}_c$ を「コイン」c の状態ヒルベルト空間，$\mathcal{F}(\mathcal{H}_c)$ を $\mathcal{H}_c$ 上の自由フォック空間とする．すべての「コイン」の自由フォック空間のテンソル積を

$$\mathcal{G}(\mathcal{H}_C) \triangleq \bigotimes_{c \in C} \mathcal{F}(\mathcal{H}_c)$$

と書くことにする．また，$\mathcal{H}$ を主量子系の状態ヒルベルト空間とする．このとき，主量子系と可変個の「コイン」を組み合わせた量子系の状態空間は $\mathcal{G}(\mathcal{H}_C) \otimes \mathcal{H}$ になる．

ω を非負整数の集合とする．このとき，ω^C を，C を添字とする非負整数の組，すなわち，$\overline{n} = \{n_c\}_{c \in C}$ ですべての $c \in C$ について $n_c \in \omega$ となるものの集合とする．あきらかに，

$$\mathcal{G}(\mathcal{H}_C) \otimes \mathcal{H} = \bigoplus_{\overline{n} \in \omega^C} \left[\left(\bigotimes_{c \in C} \mathcal{H}_c^{\otimes n_c} \right) \otimes \mathcal{H} \right]$$

が成り立つ．

また，$\mathcal{O}(\mathcal{G}(\mathcal{H}_C) \otimes \mathcal{H})$ を次の形の作用素全体の集合とする．

$$\mathbf{A} = \sum_{\overline{n} \in \omega^C} \mathbf{A}(\overline{n})$$

ここで，それぞれの $\overline{n} \in \omega^C$ について，$\mathbf{A}(\overline{n})$ は，$\left(\bigotimes_{c \in C} \mathcal{H}_c^{\otimes n_c} \right) \otimes \mathcal{H}$ の作用素である．このとき，$\mathcal{O}(\mathcal{G}(\mathcal{H}_C) \otimes \mathcal{H})$ は，量子的再帰式の解の空間としての役割を果たす．量子的再帰式を解くのに必要となる $\mathcal{O}(\mathcal{G}(\mathcal{H}_C) \otimes \mathcal{H})$ の半順序を説明するために，まず ω^C の半順序 $\leq$ を次のように定義する．

- $\overline{n} \leq \overline{m}$ となるのは，すべての $c \in C$ について $n_c \leq m_c$ となるとき，そしてそのときに限る．

部分集合 $\Omega \subseteq \omega^C$ は，$\overline{n} \in \Omega$ かつ $\overline{m} \leq \overline{n}$ ならば $\overline{m} \in \Omega$ であるとき，下に閉じているという．

定義 7.4.1 $\mathcal{O}(\mathcal{G}(\mathcal{H}_C) \otimes \mathcal{H})$ の関数順序 $\sqsubseteq$ を次のように定義する．$\mathcal{O}(\mathcal{G}(\mathcal{H}_C) \otimes \mathcal{H})$ の要素 $\mathbf{A} = \sum_{\overline{n} \in \omega^C} \mathbf{A}(\overline{n})$ および $\mathbf{B} = \sum_{\overline{n} \in \omega^C} \mathbf{B}(\overline{n})$ に対して，$\mathbf{A} \sqsubseteq \mathbf{B}$ となるのは，ある下に閉じた部分集合 $\Omega \subseteq \omega^C$ が存在して，

7.4 自由フォック空間における再帰式の解

- すべての $\overline{n} \in \Omega$ に対して $\mathbf{A}(\overline{n}) = \mathbf{B}(\overline{n})$, かつ
- すべての $\overline{n} \in \omega^C \setminus \Omega$ に対して $\mathbf{A}(\overline{n}) = 0$

となるとき,そしてそのときに限る.

すでに述べたように,この関数順序は単なる抽象的な数学的対象として理解することができる. しかし,量子的再帰プログラムの意味論に適用する際には,この背後にある意図を説明しなければならない. 量子的再帰プログラム P は,代入を繰り返すことで実行される. このそれぞれの代入において,7.2 節の最後の例で示したように,変数の衝突を避けるために新たな「コイン」を追加しなければならない. それぞれの $\overline{n} \in \omega^C$ において, n_c を, P の計算で用いられる「コイン」 c の複製の数を記録するために用いる. すると, $\overline{n} \le \overline{m}$ は, $\overline{m}$ で表される「コイン」(の複製) が $\overline{n}$ で表される「コイン」(の複製) よりも多いことを示している. P の実行において,使われる「コイン」が多いほど,計算された「内容」が多いことはあきらかである. したがって, $\mathbf{A}$ および $\mathbf{B}$ が, P の実行の二つの異なる段階における部分的な計算結果だとすると, $\mathbf{A} \sqsubseteq \mathbf{B}$ は, $\mathbf{A}$ の段階で計算された「内容」よりも, $\mathbf{B}$ の段階で計算された「内容」のほうが多いことを意味する. この説明は,命題 7.4.17 を理解したあとではより明確になるだろう.

この章の鍵となる次の補題は,自由フォック空間の作用素の束論的構造をあきらかにする.

補題 7.4.2 $(\mathcal{O}(\mathcal{G}(\mathcal{H}_C) \otimes \mathcal{H}), \sqsubseteq)$ は完備半順序(CPO)(定義 3.3.8)である.

証明: まず, ω^C 自体が下に閉じているので, $\sqsubseteq$ は反射的である. $\sqsubseteq$ が推移的であることを示すために, $\mathbf{A} \sqsubseteq \mathbf{B}$ および $\mathbf{B} \sqsubseteq \mathbf{C}$ とする. このとき,下に閉じた部分集合 $\Omega, \Gamma \subseteq \omega^C$ が存在して,

(i) 任意の $\overline{n} \in \Omega$ について $\mathbf{A}(\overline{n}) = \mathbf{B}(\overline{n})$, かつ,任意の $\overline{n} \in \omega^C \setminus \Omega$ について $\mathbf{A}(\overline{n}) = 0$

(ii) 任意の $\overline{n} \in \Gamma$ について $\mathbf{B}(\overline{n}) = \mathbf{C}(\overline{n})$, かつ,任意の $\overline{n} \in \omega^C \setminus \Gamma$ について $\mathbf{B}(\overline{n}) = 0$

が成り立つ. あきからに, $\Omega \cap \Gamma$ もまた下に閉じていて,すべての $\overline{n} \in \Omega \cap \Gamma$ について $\mathbf{A}(\overline{n}) = \mathbf{B}(\overline{n}) = \mathbf{C}(\overline{n})$ となる. 一方,

$$\overline{n} \in \omega^C \setminus (\Omega \cap \Gamma) = (\omega^C \setminus \Omega) \cup [\Omega \cap (\omega^C \setminus \Gamma)]$$

ならば，次の2通りの場合のいずれかが成り立つ．

- $\overline{n} \in \omega^C \setminus \Omega$ であり，これと (i) を合わせると $\mathbf{A}(\overline{n}) = 0$ となる．
- $\overline{n} \in \Omega \cap (\omega^C \setminus \Gamma)$ であり，(i) と (ii) を合わせると $\mathbf{A}(\overline{n}) = \mathbf{B}(\overline{n}) = 0$ が得られる．

したがって，$\mathbf{A} \sqsubseteq \mathbf{C}$ が成り立つ．$\sqsubseteq$ が反対称的であることも，同様にして証明できる．これで，$(\mathcal{O}(\mathcal{G}(\mathcal{H}_C) \otimes \mathcal{H}), \sqsubseteq)$ は半順序になる．

あきらかに，すべての $\overline{n} \in \omega^C$ について $\mathbf{A}(\overline{n}) = 0$（$(\bigotimes_{c \in C} \mathcal{H}_c^{\otimes n_c}) \otimes \mathcal{H}$ のゼロ作用素）となる作用素 $\mathbf{A} = \sum_{\overline{n} \in \omega^C} \mathbf{A}(\overline{n})$ は $(\mathcal{O}(\mathcal{G}(\mathcal{H}_C) \otimes \mathcal{H}), \sqsubseteq)$ の最小元である．ここで，$(\mathcal{O}(\mathcal{G}(\mathcal{H}_C) \otimes \mathcal{H}), \sqsubseteq)$ の任意の昇鎖 $\{\mathbf{A}_i\}$ が最小上界（上限）をもつことを示せば十分である．それぞれの i について，

$$\Delta_i = \{\overline{n} \in \omega^C : \mathbf{A}_i(\overline{n}) \neq 0\}$$
$$\Delta_i\downarrow = \{\overline{m} \in \omega^C : \text{ある } \overline{n} \in \Delta_i \text{ について } \overline{m} \leq \overline{n}\}$$

とする．ここで，$\Delta_i\downarrow$ は Δ_i の下方完備化である．また，作用素 $\mathbf{A} = \sum_{\overline{n} \in \omega^C} \mathbf{A}(\overline{n})$ を次のように定義する．

$$\mathbf{A}(\overline{n}) = \begin{cases} \mathbf{A}_i(\overline{n}) & (\text{ある } i \text{ について } \overline{n} \in \Delta_i\downarrow \text{ の場合}) \\ 0 & (\overline{n} \notin \bigcup_i (\Delta_i\downarrow) \text{ の場合}) \end{cases}$$

- 主張1：$\mathbf{A}$ はきちんと定義されている．すなわち，$\overline{n} \in \Delta_i\downarrow$ かつ $\overline{n} \in \Delta_j\downarrow$ ならば，$\mathbf{A}_i(\overline{n}) = \mathbf{A}_j(\overline{n})$ となる．

  実際，$\{\mathbf{A}_i\}$ は昇鎖であるから，$\mathbf{A}_i \sqsubseteq \mathbf{A}_j$ か $\mathbf{A}_j \sqsubseteq \mathbf{A}_i$ のいずれかが成り立つ．ここでは，$\mathbf{A}_i \sqsubseteq \mathbf{A}_j$ の場合だけを考える．（$\mathbf{A}_j \sqsubseteq \mathbf{A}_i$ の場合は，双対性を用いて証明することができる．）このとき，下に閉じた部分集合 $\Omega \subseteq \omega^C$ が存在して，すべての $\overline{n} \in \Omega$ について $\mathbf{A}_i(\overline{n}) = \mathbf{A}_j(\overline{n})$ となり，すべての $\overline{n} \in \omega^C \setminus \Omega$ について $\mathbf{A}_i(\overline{n}) = 0$ となる．$\overline{n} \in \Delta_i\downarrow$ であることから，$\mathbf{A}_i(\overline{m}) \neq 0$ となるある $\overline{m}$ について $\overline{n} \leq \overline{m}$ が成り立つ．$\overline{m} \notin \omega^C \setminus \Omega$，すなわち，$\overline{m} \in \Omega$ であることから，$\overline{n} \in \Omega$ が得られる．なぜなら，Ω は下に閉じているからである．これで，$\mathbf{A}_i(\overline{n}) = \mathbf{A}_j(\overline{n})$ を示すことができた．

7.4 自由フォック空間における再帰式の解

- 主張 2： $\mathbf{A} = \bigsqcup_i \mathbf{A}_i$.

実際，それぞれの i について，$\Delta_i\!\!\downarrow$ は下に閉じていて，すべての $\overline{n} \in \Delta_i\!\!\downarrow$ について $\mathbf{A}_i(\overline{n}) = \mathbf{A}(\overline{n})$ であり，すべての $\overline{n} \in \omega^C \setminus (\Delta_i\!\!\downarrow)$ について $\mathbf{A}_i(\overline{n}) = 0$ である．したがって，$\mathbf{A}_i \sqsubseteq \mathbf{A}$ であり，$\mathbf{A}$ は $\{\mathbf{A}_i\}$ の上界になる．ここで，$\mathbf{B}$ を $\{\mathbf{A}_i\}$ の上界と仮定する．これは，すべての i について，$\mathbf{A}_i \sqsubseteq \mathbf{B}$，すなわち，下に閉じた $\Omega_i \subseteq \omega^C$ で，すべての $\overline{n} \in \Omega_i$ について $\mathbf{A}_i(\overline{n}) = \mathbf{B}(\overline{n})$ であり，すべての $\overline{n} \in \omega^C \setminus \Omega_i$ について $\mathbf{A}_i(\overline{n}) = 0$ となるものが存在するということである．Δ_i の定義と Ω_i が下に閉じていることから，$\Delta_i\!\!\downarrow \subseteq \Omega_i$ であることが分かる．

$$\Omega = \bigcup_i (\Delta_i\!\!\downarrow)$$

とすると，あきらかに，Ω は下に閉じており，$\overline{n} \in \omega^C \setminus \Omega$ ならば $\mathbf{A}(\overline{n}) = 0$ となる．一方，$\overline{n} \in \Omega$ ならば，ある i について $\overline{n} \in \Delta_i\!\!\downarrow$ であり，このことから $\overline{n} \in \Omega_i$ および $\mathbf{A}(\overline{n}) = \mathbf{A}_i(\overline{n}) = \mathbf{B}(\overline{n})$ が得られる．したがって，$\mathbf{A} \sqsubseteq \mathbf{B}$ が成り立つ． □

この補題は，$\mathcal{O}(\mathcal{G}(\mathcal{H}_C) \otimes \mathcal{H})$ の束論的構造を示している．それでは，$\mathcal{O}(\mathcal{G}(\mathcal{H}_C) \otimes \mathcal{H})$ に，積とガード付き合成という二つの代数的演算を定義しよう．これらの演算は量子プログラム図式の逐次合成と量子的場合分け文の意味論を定義するために用いられる．

定義 7.4.3 $\mathcal{O}(\mathcal{G}(\mathcal{H}_C) \otimes \mathcal{H})$ に属する任意の作用素 $\mathbf{A} = \sum_{\overline{n} \in \omega^C} \mathbf{A}(\overline{n})$ および $\mathbf{B} = \sum_{\overline{n} \in \omega^C} \mathbf{B}(\overline{n})$ に対して，これらの積を次のように定義する．

$$\mathbf{A} \cdot \mathbf{B} = \sum_{\overline{n} \in \omega^C} (\mathbf{A}(\overline{n}) \cdot \mathbf{B}(\overline{n})) \tag{7.20}$$

これもまた $\mathcal{O}(\mathcal{G}(\mathcal{H}_C) \otimes \mathcal{H})$ に属する．

この定義は，通常の作用素の積を成分ごとに拡張したものである．それぞれの $\overline{n} \in \omega^C$ について，$\mathbf{A}(\overline{n}) \cdot \mathbf{B}(\overline{n})$ は，$\left(\bigotimes_{c \in C} \mathcal{H}_c^{n_c}\right) \otimes \mathcal{H}$ の作用素 $\mathbf{A}(\overline{n})$ と $\mathbf{B}(\overline{n})$ の積である．自由フォック空間の作用素のガード付き合成も，式 (7.1) を同じように単純に拡張して定義することができる．

定義 7.4.4 $c \in C$ とし，$\{|i\rangle\}$ を $\mathcal{H}_c$ の正規直交基底とする．また，それぞれの

i について,$\mathbf{A}_i = \sum_{\overline{n} \in \omega^C} \mathbf{A}_i(\overline{n})$ を $\mathcal{O}(\mathcal{G}(\mathcal{H}_C) \otimes \mathcal{H})$ に属する作用素とする.このとき,基底 $\{|i\rangle\}$ に沿った $\mathbf{A}_i$ のガード付き合成を

$$\Box(c, |i\rangle \to \mathbf{A}_i) = \sum_{\overline{n} \in \omega^C} \left(\sum_i \left(|i\rangle_c \langle i| \otimes \mathbf{A}_i(\overline{n}) \right) \right) \tag{7.21}$$

と定義する.

それぞれの $\overline{n} \in \omega^C$ について,$\sum_i \left(|i\rangle_c \langle i| \otimes \mathbf{A}_i(n) \right)$ は

$$\mathcal{H}_c^{\otimes (n_c+1)} \otimes \left(\bigotimes_{d \in C \setminus \{c\}} \mathcal{H}_d^{n_d} \right) \otimes \mathcal{H}$$

に属する作用素であり,したがって $\Box(c, |i\rangle \to \mathbf{A}_i) \in \mathcal{O}(\mathcal{G}(\mathcal{H}_C) \otimes \mathcal{H})$ となることに注意しよう.

次の補題は,自由フォック空間の作用素の積およびガード付き合成が関数順序に関して連続(定義 3.3.9)であることを示す.

補題 7.4.5 $\{\mathbf{A}_j\}$,$\{\mathbf{B}_j\}$,および,それぞれの i について $\{\mathbf{A}_{ij}\}$ を $(\mathcal{O}(\mathcal{G}(\mathcal{H}_C) \otimes \mathcal{H}), \sqsubseteq)$ の昇鎖とする.このとき,次の (i)–(ii) が成り立つ.

(i) $\bigsqcup_j (\mathbf{A}_j \cdot \mathbf{B}_j) = \left(\bigsqcup_j \mathbf{A}_j \right) \cdot \left(\bigsqcup_j \mathbf{B}_j \right)$

(ii) $\bigsqcup_j \Box(c, |i\rangle \to \mathbf{A}_{ij}) = \Box \left(c, |i\rangle \to \left(\bigsqcup_j \mathbf{A}_{ij} \right) \right)$

証明: ここでは,(ii) だけを証明する.(i) も同様にして証明することができる.それぞれの i について,

$$\bigsqcup_j \mathbf{A}_{ij} = \mathbf{A}_i = \sum_{\overline{n} \in \omega^C} \mathbf{A}_i(\overline{n})$$

であるとする.

補題 7.4.2 の証明における $(\mathcal{O}(\mathcal{G}(\mathcal{H}_C) \otimes \mathcal{H}), \sqsubseteq)$ の上限の構成の仕方から,すべての i について,ある $\Omega_{ij} \subseteq \omega^C$ で $\bigcup_j \Omega_{ij} = \omega^C$ となるものに対して

$$\mathbf{A}_{ij} = \sum_{\overline{n} \in \Omega_{ij}} \mathbf{A}_i(\overline{n})$$

と書くことができる.項が少ないほうの総和にはゼロ作用素を補うことで,すべての i について添字の集合 Ω_{ij} は同じであるとしてよいので,これを Ω_j とする.

7.4 自由フォック空間における再帰式の解

このとき，ガード付き合成の定義式 (7.21) によって

$$\bigsqcup_{j} \Box\,(c, |i\rangle \to \mathbf{A}_{ij}) = \bigsqcup_{j} \sum_{\overline{n} \in \Omega_j} \left(\sum_{i} \left(|i\rangle_c \langle i| \otimes \mathbf{A}_i(\overline{n}) \right) \right)$$

$$= \sum_{\overline{n} \in \omega^C} \left(\sum_{i} \left(|i\rangle_c \langle i| \otimes \mathbf{A}_i(\overline{n}) \right) \right) = \Box\,(c, |i\rangle \to \mathbf{A}_i)$$

が成り立つ． □

7.4.2 プログラム図式の意味汎関数

量子プログラム（すなわち，手続き識別子を含まないプログラム図式）の意味論は，すでに定義 7.1.2 で定義した．ここまでの準備によって，一般の量子プログラム図式の意味論を定義することができる．

$P = P[X_1, \ldots, X_m]$ を，手続き識別子 $X_1, \ldots, X_m$ を含むプログラム図式とする．P に現れる「コイン」の集合を C と表記する．それぞれの $c \in C$ について，$\mathcal{H}_c$ を量子「コイン」c の状態ヒルベルト空間とする．P の主量子系とは，P に現れる主量子系変数で記述される量子系の複合系を意味する．$\mathcal{H}$ をこの主量子系の状態ヒルベルト空間とする．P の意味汎関数は，7.4.1 節で記述した領域 $\mathcal{O}(\mathcal{G}(\mathcal{H}_C) \otimes \mathcal{H})$ の汎関数として定義することができる．

定義 7.4.6 プログラム図式 $P = P[X_1, \ldots, X_m]$ の意味汎関数は，写像

$$[\![P]\!] : \mathcal{O}(\mathcal{G}(\mathcal{H}_C) \otimes \mathcal{H})^m \to \mathcal{O}(\mathcal{G}(\mathcal{H}_C) \otimes \mathcal{H})$$

であり，任意の作用素 $\mathbf{A}_1, \ldots, \mathbf{A}_m \in \mathcal{O}(\mathcal{G}(\mathcal{H}_C) \otimes \mathcal{H})$ に対して，$[\![P]\!](\mathbf{A}_1, \ldots, \mathbf{A}_m)$ は次のように帰納的に定義される．

(i) $P = \mathbf{abort}$ ならば，すべての $\overline{n} \in \omega^C$ について $\mathbf{A}(\overline{n}) = 0((\bigotimes_{c \in C} \mathcal{H}_c^{\otimes n_c}) \otimes \mathcal{H}$ のゼロ作用素）として，$[\![P]\!](\mathbf{A}_1, \ldots, \mathbf{A}_m)$ はゼロ作用素

$$\mathbf{A} = \sum_{\overline{n} \in \omega^C} \mathbf{A}(\overline{n})$$

とする．

(ii) $P = \mathbf{skip}$ ならば,すべての $c \in C$ について $n_c \neq 0$ であるような $\overline{n} \in \omega^C$ について $\mathbf{A}(\overline{n}) = I$ ($(\bigotimes_{c \in C} \mathcal{H}_c^{\otimes n_c}) \otimes \mathcal{H}$ の恒等作用素) として,$[\![P]\!](\mathbf{A}_1, \ldots, \mathbf{A}_m)$ は恒等作用素

$$\mathbf{A} = \sum_{\overline{n} \in \omega^C} \mathbf{A}(\overline{n})$$

とする.

(iii) $P = U[\overline{c}, \overline{q}]$ ならば,

$$\mathbf{A}(\overline{n}) = I_1 \otimes I_2(\overline{n}) \otimes U \otimes I_3$$

として,$[\![P]\!](\mathbf{A}_1, \ldots, \mathbf{A}_m)$ は U の柱状拡張

$$\mathbf{A} = \sum_{\overline{n} \in \omega^C} \mathbf{A}(\overline{n})$$

とする.ただし,

(a) I_1 は,$\overline{c}$ に含まれない「コイン」の状態ヒルベルト空間の恒等作用素
(b) $I_2(\overline{n})$ は,$\bigotimes_{c \in \overline{c}} \mathcal{H}_c^{\otimes(n_c-1)}$ の恒等作用素
(c) I_3 は,$\overline{q}$ に含まれない主量子系変数の状態ヒルベルト空間の恒等作用素

である.

(iv) $P = X_j$ ($1 \leq j \leq m$) ならば,$[\![P]\!](\mathbf{A}_1, \ldots, \mathbf{A}_m) = \mathbf{A}_j$ とする.
(v) $P = P_1; P_2$ ならば,

$$[\![P]\!](\mathbf{A}_1, \ldots, \mathbf{A}_m) = [\![P_2]\!](\mathbf{A}_1, \ldots, \mathbf{A}_m) \cdot [\![P_1]\!](\mathbf{A}_1, \ldots, \mathbf{A}_m)$$

とする.(自由フォック空間の作用素の積の定義式 (7.20) を参照のこと.)
(vi) $P = \mathbf{qif}\ [c](\square i \cdot |i\rangle \to P_i)\ \mathbf{fiq}$ ならば,

$$[\![P]\!](\mathbf{A}_1, \ldots, \mathbf{A}_m) = \square\, (c, |i\rangle \to [\![P_i]\!](\mathbf{A}_1, \ldots, \mathbf{A}_m))$$

とする.(自由フォック空間の作用素のガード付き合成の定義式 (7.21) を参照のこと.)

$m = 0$,すなわち,P が手続き識別子を含まない場合は,この定義は退化して定義 7.1.2 になることは簡単に分かる.

3.4 節での古典的なプログラム理論から分かったように,再帰式に関する関数の連続性は,通常その式の解の存在にとって重要である.したがって,定義 7.4.6 で定義した意味汎関数の連続性を調べることにする.そのために,デカルトべき $\mathcal{O}(\mathcal{G}(\mathcal{H}_C) \otimes \mathcal{H})^m$ に,CPO $\mathcal{O}(\mathcal{G}(\mathcal{H}_C) \otimes \mathcal{H})$ の関数順序によって成分ごとに定義される順序 $\sqsubseteq$ を自然に入れる.すなわち,任意の $\mathbf{A}_1, \ldots, \mathbf{A}_m, \mathbf{B}_1, \ldots, \mathbf{B}_m \in \mathcal{O}(\mathcal{G}(\mathcal{H}_C) \otimes \mathcal{H})$ について,

- $(\mathbf{A}_1, \ldots, \mathbf{A}_m) \sqsubseteq (\mathbf{B}_1, \ldots, \mathbf{B}_m)$ となるのは,すべての $1 \leq i \leq m$ について $\mathbf{A}_i \sqsubseteq \mathbf{B}_i$ となるとき,そしてそのときに限る.

この主張に現れる二つ目の $\sqsubseteq$ は,$\mathcal{O}(\mathcal{G}(\mathcal{H}_C) \otimes \mathcal{H})$ の関数順序を表す.このとき,$(\mathcal{O}(\mathcal{G}(\mathcal{H}_C) \otimes \mathcal{H})^m, \sqsubseteq)$ もまたCPOになる.また,次の定理が成り立つ.

定理 7.4.7(意味汎関数の連続性) 任意のプログラム図式 $P = P[X_1, \ldots, X_m]$ に対して,その意味汎関数

$$[\![P]\!] : (\mathcal{O}(\mathcal{G}(\mathcal{H}_C) \otimes \mathcal{H})^m, \sqsubseteq) \to (\mathcal{O}(\mathcal{G}(\mathcal{H}_C) \otimes \mathcal{H}), \sqsubseteq)$$

は連続になる.

証明: 補題 7.4.5 を用いると,P の構造に関する数学的帰納法により簡単に証明することができる. $\square$

この章で定義した量子的再帰プログラムと 3.4 節で調べた再帰的量子プログラムには本質的な違いがある.再帰的量子プログラムの意味関数は,古典的プログラム理論において再帰を扱うのと非常に似たやり方で定義することができる.より正確には,意味汎関数の不動点としてうまく特徴づけることができる.しかしながら,意味汎関数は,ここで考えている量子的再帰プログラムの振る舞いを記述するには不完全である.量子的再帰プログラムの振る舞いを記述するためには,次のように定義される生成汎関数の概念と組み合わせなければならない.

定義 7.4.8 それぞれの「コイン」$c \in C$ に対して,その生成汎関数

$$\mathbb{K}_c : \mathcal{O}(\mathcal{G}(\mathcal{H}_C) \otimes \mathcal{H}) \to \mathcal{O}(\mathcal{G}(\mathcal{H}_C) \otimes \mathcal{H})$$

を次のように定義する.任意の $\mathbf{A} = \sum_{\overline{n} \in \omega^c} \mathbf{A}(\overline{n}) \in \mathcal{O}(\mathcal{G}(\mathcal{H}_C) \otimes \mathcal{H})$ に対して,

$$\mathbb{K}_c(\mathbf{A}) = \sum_{\overline{n} \in \omega^C} (I_c \otimes \mathbf{A}(\overline{n}))$$

とする．ここで，I_c は $\mathcal{H}_c$ の恒等作用素である．

$\mathbf{A}(\overline{n})$ は $\left(\bigotimes_{d \in C} \mathcal{H}_d^{\otimes n_d} \right) \otimes \mathcal{H}$ の作用素であるのに対して，$I_c \otimes \mathbf{A}(\overline{n})$ は

$$\mathcal{H}_c^{\otimes(n_c+1)} \otimes \left(\bigotimes_{d \in C \setminus \{c\}} \mathcal{H}_d^{\otimes n_d} \right) \otimes \mathcal{H}$$

の作用素であることが分かる．

ある意味で，生成汎関数は，領域 $\mathcal{O}(\mathcal{G}(\mathcal{H}_C) \otimes \mathcal{H})$ における生成作用素（定義 7.3.24）に対応するものとみることができる．直感的には，生成汎関数 $\mathbb{K}_c$ は $\mathcal{H}_c$ のすべての複製を右に一つだけ動かすので，すべての $i = 0, 1, 2, \ldots$ について i 番目の複製は $(i+1)$ 番目の複製になる．こうすると，$\mathcal{H}_c$ の新しい複製のための場所が左端に作られる．ほかの「コイン」d については，$\mathbb{K}_c$ では $\mathcal{H}_d$ の複製を動かさない．

任意の二つの「コイン」c, d に対応する生成汎関数 $\mathbb{K}_c$ および $\mathbb{K}_d$ は可換になる．すなわち，

$$\mathbb{K}_c \circ \mathbb{K}_d = \mathbb{K}_d \circ \mathbb{K}_c$$

が成り立つ．プログラム図式 P の「コイン」の集合 C は有限であることに注意しよう．$C = \{c_1, c_2, \ldots, c_k\}$ とすると，生成汎関数は

$$\mathbb{K}_C = \mathbb{K}_{c_1} \circ \mathbb{K}_{c_2} \circ \cdots \circ \mathbb{K}_{c_k}$$

と定義することができる．「コイン」の集合 C が空である特別な場合には，$\mathbb{K}_C$ は恒等汎関数，すなわち，すべての $\mathbf{A}$ に対して $\mathbb{K}_C(\mathbf{A}) = \mathbf{A}$ となる．

次の補題は，自由フォック空間の作用素の間の関数順序に関する生成汎関数の連続性を示す．

補題 7.4.9（生成汎関数の連続性） それぞれの $c \in C$ について，生成汎関数

$$\mathbb{K}_c, \mathbb{K}_C : (\mathcal{O}(\mathcal{G}(\mathcal{H}_C) \otimes \mathcal{H}), \sqsubseteq) \to (\mathcal{O}(\mathcal{G}(\mathcal{H}_C) \otimes \mathcal{H}), \sqsubseteq)$$

はそれぞれ連続になる．

7.4 自由フォック空間における再帰式の解

証明: 定義から素直に導くことができる. □

意味汎関数の連続性 (定理 7.4.7) と生成汎関数の連続性 (補題 7.4.9) を組み合わせると, 次の系が得られる.

系 7.4.10 $P = P[X_1, \ldots, X_m]$ をプログラム図式とし, C を P に現れる「コイン」の集合とする. 汎関数

$$\mathbb{K}_C^m \circ [\![P]\!] : (\mathcal{O}(\mathcal{G}(\mathcal{H}_C) \otimes \mathcal{H})^m, \sqsubseteq) \to (\mathcal{O}(\mathcal{G}(\mathcal{H}_C) \otimes \mathcal{H}), \sqsubseteq)$$

を, 任意の $\mathbf{A}_1, \ldots, \mathbf{A}_m \in \mathcal{O}(\mathcal{G}(\mathcal{H}_C) \otimes \mathcal{H})$ について

$$(\mathbb{K}_C^m \circ [\![P]\!])(\mathbf{A}_1, \ldots, \mathbf{A}_m) = [\![P]\!](\mathbb{K}_C(\mathbf{A}_1), \ldots, \mathbb{K}_C(\mathbf{A}_m))$$

と定義する. このとき, $\mathbb{K}_C^m \circ [\![P]\!]$ は連続になる.

7.4.3 不動点を用いた意味論

これで, 標準的な不動点の技法を用いて量子的再帰プログラムの表示的意味を定義するのに必要な道具立てはすべて揃った. 次の連立式で記述される再帰プログラム P を考えよう.

$$D : \begin{cases} X_1 \Leftarrow P_1 \\ \cdots\cdots \\ X_m \Leftarrow P_m \end{cases} \tag{7.22}$$

ここで, それぞれの $1 \leq i \leq m$ について, $P_i = P_i[X_1, \ldots, X_m]$ は手続き識別子として高々 $X_1, \ldots, X_m$ だけを含むプログラム図式である. ここまでに定義した汎関数 $[\![\cdot]\!]$ および $\mathbb{K}_C$ を用いると, 連立再帰式 D の意味汎関数

$$[\![D]\!] : \mathcal{O}(\mathcal{G}(\mathcal{H}_C) \otimes \mathcal{H})^m \to \mathcal{O}(\mathcal{G}(\mathcal{H}_C) \otimes \mathcal{H})^m$$

は, 任意の $\mathbf{A}_1, \ldots, \mathbf{A}_m \in \mathcal{O}(\mathcal{G}(\mathcal{H}_C) \otimes \mathcal{H})$ について

$$[\![D]\!](\mathbf{A}_1, \ldots, \mathbf{A}_m) = ((\mathbb{K}_C^m \circ [\![P_1]\!])(\mathbf{A}_1, \ldots, \mathbf{A}_m), \ldots,$$
$$(\mathbb{K}_C^m \circ [\![P_m]\!])(\mathbf{A}_1, \ldots, \mathbf{A}_m)) \tag{7.23}$$

と自然に定義できる．ここで，C は D，すなわち $P_1, \ldots, P_m$ のいずれかに現れる「コイン」の集合である．系7.4.10 から，

$$[\![D]\!] : (\mathcal{O}(\mathcal{G}(\mathcal{H}_C) \otimes \mathcal{H})^m, \sqsubseteq) \to (\mathcal{O}(\mathcal{G}(\mathcal{H}_C) \otimes \mathcal{H})^m, \sqsubseteq)$$

は連続であることが導かれる．このとき，ナスター–タルスキの不動点定理（定理3.3.10）によって，$[\![D]\!]$ は最小不動点 $\mu[\![D]\!]$ をもつことが分かる．これこそが，定義する必要のあった P の意味関数である．

定義 7.4.11 D によって記述された量子的再帰プログラム P の不動点（表示的）意味関数を

$$[\![P]\!]_{\text{fix}} = [\![P]\!](\mu[\![D]\!])$$

とする．すなわち，$\mu[\![D]\!] = (\mathbf{A}_1^*, \ldots, \mathbf{A}_m^*) \in \mathcal{O}(\mathcal{G}(\mathcal{H}_C) \otimes \mathcal{H})^m$ ならば，

$$[\![P]\!]_{\text{fix}} = [\![P]\!](\mathbf{A}_1^*, \ldots, \mathbf{A}_m^*)$$

が成り立つ．（定義7.4.6を参照のこと．）

7.4.4 構文的近似

前節では，不動点による量子的再帰プログラムの意味論を論じた．つぎに，量子的再帰プログラムの意味論を定義するための構文的近似の技法を調べよう．これによって定義される意味論は，不動点による意味論と等価であることが証明される．

7.2節の最後で論じたように，古典的プログラム理論には存在しない問題は，代入の概念を定義する際には量子「コイン」変数の衝突を注意深く避けなければならないということである．これを乗り越えるために，それぞれの「コイン」変数 $c \in C$ は，$c_0 = c$ として無限に多くの複製 $c_0, c_1, c_2, \ldots$ をもつと仮定した．変数 $c_1, c_2, \ldots$ は，いずれも粒子 $c_0 = c$ と同種の粒子の並びを表すものとする．このとき，7.1節で定義した量子プログラム図式の考えを，わずかばかり広げて使うことができる．量子プログラム図式は，「コイン」c だけでなく，その複製 $c_1, c_2, \ldots$ のいくつかを含むことができる．このような量子プログラム図式を，一般化量子

プログラム図式と呼ぶ．そのような一般化量子プログラム図式が手続き識別子を含まないならば，それを一般化量子プログラムと呼ぶ．この前提のもとで，代入の概念を導入することができる．

定義 7.4.12 $P = P[X_1, \ldots, X_m]$ を一般化量子プログラム図式とし，それが含む手続き識別子は高々 $X_1, \ldots, X_m$ だけであるとする．また，$Q_1, \ldots, Q_m$ を（手続き識別子をまったく含まない）一般化量子プログラムとする．このとき，$X_1, \ldots, X_m$ への $Q_1, \ldots, Q_m$ の同時代入

$$P[Q_1/X_1, \ldots, Q_m/X_m]$$

を次のように帰納的に定義する．

(i) P が **abort**, **skip** またはユニタリ変換ならば，

$$P[Q_1/X_1, \ldots, Q_m/X_m] = P$$

とする．

(ii) $P = X_i\ (1 \leq i \leq m)$ ならば，

$$P[Q_1/X_1, \ldots, Q_m/X_m] = Q_i$$

とする．

(iii) $P = P_1; P_2$ ならば

$$P[Q_1/X_1, \ldots, Q_m/X_m] = P_1[Q_1/X_1, \ldots, Q_m/X_m];$$
$$P_2[Q_1/X_1, \ldots, Q_m/X_m]$$

とする．

(iv) $P = \mathbf{qif}\ [c](\square i \cdot |i\rangle \to P_i)\ \mathbf{fiq}$ ならば，

$$P[Q_1/X_1, \ldots, Q_m/X_m] = \mathbf{qif}\ [c](\square i \cdot |i\rangle \to P'_i)\ \mathbf{fiq}$$

とする．ここで，すべての i について，P'_i は，すべての j について，$P_i[Q_1/X_1, \ldots, Q_m/X_m]$ の中の c の j 番目の複製 c_j を c の $(j+1)$ 番目の複製 c_{j+1} で置き換えることで得られる．

この定義の (iv) では，P は一般化量子プログラム図式であるから，「コイン」c はもとの「コイン」ではなくもとの「コイン」$d \in C$ のある複製 d_k である．この場合，c の j 番目の複製は，実際には d の $(k+j)$ 番目の複製，すなわち，$j \geq -d$ であるような $c_j = (d_k)_j = d_{k+j}$ である．

一般化量子プログラム P の意味関数は，「コイン」c とその複製 $c_1, c_2, \ldots$ は互いに別個の変数として扱うことで，定義 7.1.2 によって与えられる．それぞれの「コイン」c について，n_c を P に現れる複製 c_n の最大の添字 n とする．このとき，P の意味関数 $\llbracket P \rrbracket$ は，$(\bigotimes_{c \in C} \mathcal{H}_c^{\otimes n_c}) \otimes \mathcal{H}$ の作用素である．また，これは，$\mathcal{O}(\mathcal{G}(\mathcal{H}_C) \otimes \mathcal{H})$ での柱状拡張と同一視することができる．

$$\sum_{\overline{m} \in \omega^C} (I(\overline{m}) \otimes \llbracket P \rrbracket)$$

ここで，それぞれの $\overline{m} \in \omega^C$ について，$I(\overline{m})$ は $\bigotimes_{c \in C} \mathcal{H}_c^{\otimes m_c}$ の恒等作用素である．この考察にもとづいて，定義 7.4.12 で定義した代入の意味論は次のように特徴づけられる．

補題 7.4.13 任意の（一般化）量子プログラム図式 $P = P[X_1, \ldots, X_m]$ および（一般化）量子プログラム $Q_1, \ldots, Q_m$ に対して，

$$\llbracket P[Q_1/X_1, \ldots, Q_m/X_m] \rrbracket = (\mathbb{K}_C^m \circ \llbracket P \rrbracket)(\llbracket Q_1 \rrbracket, \ldots, \llbracket Q_m \rrbracket)$$
$$= \llbracket P \rrbracket(\mathbb{K}_C(\llbracket Q_1 \rrbracket), \ldots, \mathbb{K}_C(\llbracket Q_m \rrbracket))$$

が成り立つ．ここで，$\mathbb{K}_C$ は，C を P の「コイン」の集合としたときの生成汎関数である．

証明： P の構造に関する数学的帰納法によって証明する．

(i) P が **abort**, **skip** またはユニタリ変換の場合：自明である．

(ii) $P = X_j$ ($1 \leq j \leq m$) の場合：

$$P[Q_1/X_1, \ldots, Q_m/X_m] = Q_m$$

となる．一方，P の「コイン」の集合は空なので，すべての $1 \leq i \leq m$ について

$$\mathbb{K}_C(\llbracket Q_i \rrbracket) = \llbracket Q_i \rrbracket$$

7.4 自由フォック空間における再帰式の解

となる．したがって，定義7.4.6(iv) によって，

$$[\![P[Q_1/X_1,\ldots,Q_m/X_m]]\!] = [\![Q_m]\!]$$
$$= [\![P]\!]([\![Q_1]\!],\ldots,[\![Q_m]\!])$$
$$= [\![P]\!](\mathbb{K}_C([\![Q_1]\!]),\ldots,\mathbb{K}_C([\![Q_m]\!]))$$

となる．

(iii) $P = P_1; P_2$ の場合：定義7.1.2(iii)，定義7.4.6(v) および帰納法の仮定によって，

$$[\![P[Q_1/X_1,\ldots,Q_m/X_m]]\!]$$
$$= [\![P_1[Q_1/X_1,\ldots,Q_m/X_m]; P_2[Q_1/X_1,\ldots,Q_m/X_m]]\!]$$
$$= [\![P_2[Q_1/X_1,\ldots,Q_m/X_m]]\!] \cdot [\![P_1[Q_1/X_1,\ldots,Q_m/X_m]]\!]$$
$$= [\![P_2]\!](\mathbb{K}_C([\![Q_1]\!]),\ldots,\mathbb{K}_C([\![Q_m]\!])) \cdot [\![P_1]\!](\mathbb{K}_C([\![Q_1]\!]),\ldots,\mathbb{K}_C([\![Q_m]\!]))$$
$$= [\![P_1; P_2]\!](\mathbb{K}_C([\![Q_1]\!]),\ldots,\mathbb{K}_C([\![Q_m]\!]))$$
$$= [\![P]\!](\mathbb{K}_C([\![Q_1]\!]),\ldots,\mathbb{K}_C([\![Q_m]\!]))$$

が得られる．

(iv) $P = \mathbf{qif}\ [c](\square i \cdot |i\rangle \to P_i)\ \mathbf{fiq}$ の場合：

$$P[Q_1/X_1,\ldots,Q_m/X_m] = \mathbf{qif}\ [c](\square i \cdot |i\rangle \to P'_i)\ \mathbf{fiq}$$

になる．ここで，P'_i は，定義7.4.12(iv) に従って得られるものである．それぞれの i について，帰納法の仮定によって，

$$[\![P_i[Q_1/X_1,\ldots,Q_m/X_m]]\!] = [\![P_i]\!](\mathbb{K}_{C\setminus\{c\}}([\![Q_1]\!]),\ldots,\mathbb{K}_{C\setminus\{c\}}([\![Q_m]\!]))$$

が得られる．なぜなら，「コイン」c は P'_i に現れないからである．また，このことから，

$$[\![P'_i]\!] = \mathbb{K}_c([\![P_i[Q_1/X_1,\ldots,Q_m/X_m]]\!])$$
$$= \mathbb{K}_c([\![P_i]\!](\mathbb{K}_{C\setminus\{c\}}([\![Q_1]\!]),\ldots,\mathbb{K}_{C\setminus\{c\}}([\![Q_m]\!])))$$
$$= [\![P_i]\!]((\mathbb{K}_c \circ \mathbb{K}_{C\setminus\{c\}})([\![Q_1]\!]),\ldots,(\mathbb{K}_c \circ \mathbb{K}_{C\setminus\{c\}})([\![Q_m]\!]))$$

$$= [\![P_i]\!](\mathbb{K}_C([\![Q_1]\!]), \ldots, \mathbb{K}_C([\![Q_m]\!]))$$

となる．それゆえ，定義 7.1.2(iv)，定義 7.4.6(vi)，式 (7.21) によって，

$$[\![P[Q_1/X_1, \ldots, Q_m/X_m]]\!] = \sum_i (|i\rangle\langle i| \otimes [\![P'_i]\!])$$
$$= \Box(c, |i\rangle \to [\![P_i]\!](\mathbb{K}_C([\![Q_1]\!]), \ldots, \mathbb{K}_C([\![Q_m]\!])))$$
$$= [\![P]\!](\mathbb{K}_C([\![Q_1]\!]), \ldots, \mathbb{K}_C([\![Q_m]\!]))$$

が得られる． □

本質的に，この補題は，一般化量子プログラム図式の意味汎関数が生成汎関数を法とする合成であることを示している．

これで，定義 7.4.12 にもとづいて，構文的近似の概念をきちんと定義することができる．

定義 7.4.14

(i) $X_1, \ldots, X_m$ を，(7.22) の連立再帰式 D で宣言された手続き識別子とする．このとき，それぞれの $1 \leq k \leq m$ について，X_k の n 次構文的近似 $X_k^{(n)}$ を，次のように帰納的に定義する．

$$\begin{cases} X_k^{(0)} = \mathbf{abort} \\ X_k^{(n+1)} = P_k[X_1^{(n)}/X_1, \ldots, X_m^{(n)}/X_m] \quad (n \geq 0) \end{cases}$$

(ii) $P = P[X_1, \ldots, X_m]$ を，(7.22) の連立式 D で宣言された量子的再帰プログラムとする．このとき，それぞれの $n \geq 0$ について，P の n 次構文的近似 $P^{(n)}$ を，次のように帰納的に定義する．

$$\begin{cases} P^{(0)} = \mathbf{abort} \\ P^{(n+1)} = P[X_1^{(n)}/X_1, \ldots, X_m^{(n)}/X_m] \quad (n \geq 0) \end{cases}$$

構文的近似は，実際には量子的再帰プログラムの操作的意味を与える．古典的プログラム理論と同じく，代入は，次のいわゆる複製規則を適用することを表している．

7.4 自由フォック空間における再帰式の解

- 実行時において，手続き呼び出しは，その手続き本体が呼び出し位置に挿入されたように扱う．

もちろん，線形作用素の演算によって，$X_k^{(n)}$ の中で簡略化が起こることもある．たとえば，

$$CNOT[q_1, q_2]; X[q_2]; CNOT[q_1, q_2]$$

は $X[q_2]$ で置き換えることができる．ここで，q_1, q_2 は主量子系変数であり，$CNOT$ は制御 NOT ゲート，X は NOT ゲートである．表現を簡単にするために，これらの簡略化についてはあえて述べることはしない．

古典的な場合と量子的な場合の大きな違いは，後者では，構文的近似を用いて量子的再帰プログラムを展開するときに，変数の衝突を避けるために，新しい「コイン」変数を限りなく導入し続けなければならないことである．それぞれの $n \geq 0$ について，代入

$$X_k^{(n+1)} = P_k[X_1^{(n)}/X_1, \ldots, X_m^{(n)}/X_m]$$

において，P_k のそれぞれの「コイン」の新しい複製が作られる．（定義 7.4.12(iv) を参照のこと．）このように，量子的再帰プログラムは，可変個の粒子からなる量子系と考えねばならず，第二量子化による定式化で記述しなければならないのである．

すべての $1 \leq k \leq m$ および $n \geq 0$ について，構文的近似 $X_k^{(n)}$ は手続き識別子を含まない一般化量子プログラムであることに注意しよう．したがって，その意味関数 $[\![X_k^{(n)}]\!]$ では，「コイン」c とその複製 $c_1, c_2, \ldots$ は同じ（一般化量子）プログラムに現れることができ，それらは別個の変数とみなすという定義 7.1.2 をわずかばかり拡張したもので与えることができる．前と同じように，主量子系は，$P_1, \ldots, P_m$ に現れる主量子系変数で記述される部分量子系からなる複合量子系であり，その状態ヒルベルト空間を $\mathcal{H}$ で表す．また，C は，$P_1, \ldots, P_m$ に現れる「コイン」変数の集合とする．それぞれの $c \in C$ について，「コイン」c の状態ヒルベルト空間を $\mathcal{H}_c$ と表記する．このとき，$\mathcal{H}_C = \bigotimes_{c \in C} \mathcal{H}_c$ とすると，$[\![X_k^{(n)}]\!]$ は

$$\bigoplus_{j=0}^{n} \left(\mathcal{H}_C^{\otimes n_j} \otimes \mathcal{H} \right)$$

の作用素であることが簡単に分かる．したがって，$[\![X_k^{(n)}]\!] \in \mathcal{O}(\mathcal{G}(\mathcal{H}_C) \otimes \mathcal{H})$ と考えることができる．また，次の補題が成り立つ．

補題 7.4.15 それぞれの $1 \leq k \leq m$ について，$\left\{[\![X_k^{(n)}]\!]\right\}_{n=0}^{\infty}$ は関数順序に関する昇鎖であり，したがって，$(\mathcal{O}(\mathcal{G}(\mathcal{H}_C) \otimes \mathcal{H}), \sqsubseteq)$ における上限

$$[\![X_k^{(\infty)}]\!] = \lim_{n \to \infty} [\![X_k^{(n)}]\!] \triangleq \bigsqcup_{n=0}^{\infty} [\![X_k^{(n)}]\!] \tag{7.24}$$

が存在する．

証明： n に関する数学的帰納法によって

$$[\![X_k^{(n)}]\!] \sqsubseteq [\![X_k^{(n+1)}]\!]$$

を示す．$n = 0$ の場合は，

$$[\![X_k^{(0)}]\!] = [\![\mathbf{abort}]\!] = 0$$

であるから，自明である．一般に，$n - 1$ の場合の帰納法の仮定と系 7.4.10 によって，

$$[\![X_k^{(n)}]\!] = [\![P_k]\!](\mathbb{K}_C([\![X_1^{(n-1)}]\!]), \ldots, \mathbb{K}_C([\![X_m^{(n-1)}]\!]))$$
$$\sqsubseteq [\![P_k]\!](\mathbb{K}_C([\![X_1^{(n)}]\!]), \ldots, \mathbb{K}_C([\![X_m^{(n)}]\!]))$$
$$= [\![X_k^{(n+1)}]\!]$$

が成り立つ．ここで，C は，D に現れる「コイン」の集合である．このとき，補題 7.4.2 から，直ちに上限 (7.24) の存在が導かれる．□

これで，量子的再帰プログラムの操作的意味を定義する準備が整った．

定義 7.4.16 P を，(7.22) の連立式 D で宣言された量子的再帰プログラムとする．このとき，P の操作的意味を

$$[\![P]\!]_{\mathrm{op}} = [\![P]\!]([\![X_1^{(\infty)}]\!], \ldots, [\![X_m^{(\infty)}]\!])$$

と定義する．

7.4 自由フォック空間における再帰式の解

演算子 $[\![P]\!]_{\mathrm{op}}$ が操作的意味と呼ばれる理由は,それが複製規則にもとづいて定義されているからである.しかし,実際には,厳密な意味ではこれは操作的意味ではない.なぜなら,極限の概念が $[\![X_i^{(\infty)}]\!]$ $(1 \leq i \leq m)$ に含まれているからである.

量子的再帰プログラム P の操作的意味は,その(宣言 D に関する)構文的近似の極限によって特徴づけることができる.

命題 7.4.17 領域 $(\mathcal{O}(\mathcal{G}(\mathcal{H}_C) \otimes \mathcal{H}), \sqsubseteq)$ において,

$$[\![P]\!]_{\mathrm{op}} = \bigsqcup_{n=0}^{\infty} [\![P^{(n)}]\!]$$

が成り立つ.

証明: 補題 7.4.13 によって,

$$\bigsqcup_{n=0}^{\infty} [\![P^{(n)}]\!] = \bigsqcup_{n=0}^{\infty} [\![P[X_1^{(n)}/X_1, \ldots, X_m^{(n)}/X_m]]\!]$$
$$= \bigsqcup_{n=0}^{\infty} [\![P]\!](\mathbb{K}_C([\![X_1^{(n)}]\!]), \ldots, \mathbb{K}_C([\![X_m^{(n)}]\!]))$$

が成り立つ.ここで,$\mathbb{K}_C$ は,P に含まれる「コイン」C に関する生成汎関数である.しかしながら,P に含まれるすべての「コイン」C は $X_1^{(n)}, \ldots, X_m^{(n)}$ に現れない.(定義 7.1.3 の条件を参照のこと.)したがって,それぞれの $1 \leq k \leq m$ について

$$\mathbb{K}_C([\![X_k^{(n)}]\!]) = [\![X_k^{(n)}]\!]$$

となり,定理 7.4.7 によって

$$\bigsqcup_{n=0}^{\infty} [\![P^{(n)}]\!] = \bigsqcup_{n=0}^{\infty} [\![P]\!]([\![X_1^{(n)}]\!], \ldots, [\![X_m^{(n)}]\!])$$
$$= [\![P]\!]\left(\bigsqcup_{n=0}^{\infty} [\![X_1^{(n)}]\!], \ldots, \bigsqcup_{n=0}^{\infty} [\![X_m^{(n)}]\!]\right)$$
$$= [\![P]\!]([\![X_1^{\infty}]\!], \ldots, [\![X_m^{\infty}]\!])$$
$$= [\![P]\!]_{\mathrm{op}}$$

が得られる. □

直感的には，それぞれの $n \geq 0$ について，$[\![P^{(n)}]\!]$ は再帰プログラム P の第 n 段階までの部分的計算結果を表す．そうすると，命題 7.4.17 は，完全な計算結果は，部分的計算結果で近似できることを示している．

最後に，量子的再帰プログラムの表示的意味と操作的意味は等価であることが次のように示せる．

定理 7.4.18（表示的意味と操作的意味の等価性） 任意の量子的再帰プログラム P に対して

$$[\![P]\!]_{\text{fix}} = [\![P]\!]_{\text{op}}$$

が成り立つ．

証明： 定義 7.4.11 と 7.4.16 によって，D を P に含まれる手続き識別子の宣言とするとき，$([\![X_1^{(\infty)}]\!], \ldots, [\![X_m^{(\infty)}]\!])$ が意味汎関数 $[\![D]\!]$ の最小不動点であることを示せば十分である．定理 7.4.7 および補題 7.4.9，7.4.13 によって，すべての $1 \leq k \leq m$ について

$$\begin{aligned}
[\![X_k^{(\infty)}]\!] &= \bigsqcup_{n=0}^{\infty} [\![X_k^{(n)}]\!] \\
&= \bigsqcup_{n=0}^{\infty} [\![P_k[X_1^{(n)}/X_1, \ldots, X_m^{(n)}/X_m]]\!] \\
&= \bigsqcup_{n=0}^{\infty} [\![P_k]\!] \left(\mathbb{K}_C([\![X_1^{(n)}]\!]), \ldots, \mathbb{K}_C([\![X_m^{(n)}]\!]) \right) \\
&= [\![P_k]\!] \left(\mathbb{K}_C \left(\bigsqcup_{n=0}^{\infty} [\![X_1^{(n)}]\!] \right), \ldots, \mathbb{K}_C \left(\bigsqcup_{n=0}^{\infty} [\![X_m^{(n)}]\!] \right) \right) \\
&= [\![P_k]\!](\mathbb{K}_C([\![X_1^{(\infty)}]\!]), \ldots, \mathbb{K}_C([\![X_m^{(\infty)}]\!]))
\end{aligned}$$

となる．ここで，C は D の「コイン」の集合である．したがって，$([\![X_1^{(\infty)}]\!], \ldots, [\![X_m^{(\infty)}]\!])$ は，$[\![D]\!]$ の不動点になる．一方，$(\mathbf{A}_1, \ldots, \mathbf{A}_m) \in \mathcal{O}(\mathcal{G}(\mathcal{H}_C) \otimes \mathcal{H})^m$ が $[\![D]\!]$ の不動点ならば，すべての $n \geq 0$ について

$$([\![X_1^{(n)}]\!], \ldots, [\![X_m^{(n)}]\!]) \sqsubseteq (\mathbf{A}_1, \ldots, \mathbf{A}_m)$$

であることを，n に関する数学的帰納法によって証明することができる．実際，$n = 0$ の場合は自明である．一般に，$n - 1$ の場合の帰納法の仮定を用いると，

系 7.4.10 および補題 7.4.13 によって

$$\begin{aligned}(\mathbf{A}_1,\ldots,\mathbf{A}_m) &= [\![D]\!](\mathbf{A}_1,\ldots,\mathbf{A}_m)\\ &= ((\mathbb{K}_C^m \circ [\![P_1]\!])(\mathbf{A}_1,\ldots,\mathbf{A}_m),\ldots,(\mathbb{K}_C^m \circ [\![P_m]\!])(\mathbf{A}_1,\ldots,\mathbf{A}_m))\\ &\sqsupseteq ((\mathbb{K}_C^m \circ [\![P_1]\!])([\![X_1^{(n-1)}]\!],\ldots,[\![X_m^{(n-1)}]\!]),\ldots,\\ &\qquad\qquad (\mathbb{K}_C^m \circ [\![P_m]\!])([\![X_1^{(n-1)}]\!],\ldots,[\![X_m^{(n-1)}]\!]))\\ &= ([\![X_1^{(n)}]\!],\ldots,[\![X_m^{(n)}]\!])\end{aligned}$$

となる.

それゆえ,

$$([\![X_1^{(\infty)}]\!],\ldots,[\![X_m^{(\infty)}]\!]) = \bigsqcup_{n=0}^{\infty}([\![X_1^{(n)}]\!],\ldots,[\![X_m^{(n)}]\!]) \sqsubseteq (\mathbf{A}_1,\ldots,\mathbf{A}_m)$$

が成り立ち, $([\![X_1^{(\infty)}]\!],\ldots,[\![X_m^{(\infty)}]\!])$ は $[\![D]\!]$ の最小不動点になる. □

この定理を踏まえて,再帰プログラム P の表示的(不動点)意味関数と操作的意味関数をどちらも単に $[\![P]\!]$ と書くことにする.しかし,$X_1,\ldots,X_m$ についての連立式で宣言された再帰プログラム $P = P[X_1,\ldots,X_m]$ の意味関数 $[\![P]\!] \in \mathcal{O}(\mathcal{G}(\mathcal{H}_C) \otimes \mathcal{H})$ と,プログラム図式 $P = P[X_1,\ldots,X_m]$ の意味汎関数

$$[\![P]\!] : \mathcal{O}(\mathcal{G}(\mathcal{H}_C) \otimes \mathcal{H})^m \to \mathcal{O}(\mathcal{G}(\mathcal{H}_C) \otimes \mathcal{H})$$

の区別には注意すべきである.通常,これらの違いは,その文脈から判断することができる.

7.5 対称性および反対称性の回復

前節では,自由フォック空間において量子的再帰式を解くための技術を展開した.しかしながら,自由フォック空間で見つかった解は,まだ本当に必要なものではない.なぜなら,それらは,対称性や反対称性を保たないかもしれず,したがって,ボース粒子の対称フォック空間やフェルミ粒子の反対称フォック空間に直接適用できないからである.この節では,自由フォック空間のすべての解を対

称フォック空間や反対称フォック空間の解に変換することのできる対称化の技術を導入する.

7.5.1 対称化汎関数

まず, $\mathcal{O}(\mathcal{G}(\mathcal{H}_C) \otimes \mathcal{H})$ の特別な部分領域である対称作用素の領域を分離する. 7.4.1 節と同じく, $\mathcal{H}$ を主量子系の状態ヒルベルト空間とし, C を「コイン」の集合とする. また, ω を非負整数の集合, それぞれの $c \in C$ について $\mathcal{F}(\mathcal{H}_c)$ を「コイン」 c の状態ヒルベルト空間 $\mathcal{H}_c$ 上の自由フォック空間とするとき,

$$\mathcal{G}(\mathcal{H}_C) \otimes \mathcal{H} = \left(\bigotimes_{c \in C} \mathcal{F}(\mathcal{H}_c)\right) \otimes \mathcal{H} = \bigoplus_{\overline{n} \in \omega^C} \left[\left(\bigotimes_{c \in C} \mathcal{H}_c^{\otimes n_c}\right) \otimes \mathcal{H}\right]$$

とする. 定義 7.3.14 の単純な一般化として, 次のように定義する.

定義 7.5.1 作用素 $\mathbf{A} = \sum_{\overline{n} \in \omega^C} \mathbf{A}(\overline{n}) \in \mathcal{O}(\mathcal{G}(\mathcal{H}_C) \otimes \mathcal{H})$ は, それぞれの $\overline{n} \in \omega^C$, それぞれの $c \in C$ および $0, 1, \ldots, n_c - 1$ の順列 π について, P_π と $\mathbf{A}(\overline{n})$ が可換, すなわち,

$$P_\pi \mathbf{A}(\overline{n}) = \mathbf{A}(\overline{n}) P_\pi$$

であるとき, 対称であるという.

この定義において, P_π は, 実際には $\left(\bigotimes_{d \in C} \mathcal{H}_d^{\otimes n_d}\right) \otimes \mathcal{H}$ への柱状拡張

$$P_\pi \otimes \left(\bigotimes_{d \in C \setminus \{c\}} I_d\right) \otimes I$$

であることに注意しよう. ここで, すべての $d \in C \setminus \{c\}$ について, I_d は $\mathcal{H}_d^{\otimes n_d}$ の恒等作用素であり, I は $\mathcal{H}$ の恒等作用素である.

対称作用素 $\mathbf{A} \in \mathcal{O}(\mathcal{G}(\mathcal{H}_C) \otimes \mathcal{H})$ 全体の集合を $\mathcal{SO}(\mathcal{G}(\mathcal{H}_C) \otimes \mathcal{H})$ と表記する. 次の補題は, この集合の束論的構造を示す.

補題 7.5.2 $(\mathcal{SO}(\mathcal{G}(\mathcal{H}_C) \otimes \mathcal{H}), \sqsubseteq)$ は, CPO $(\mathcal{O}(\mathcal{G}(\mathcal{H}_C) \otimes \mathcal{H}), \sqsubseteq)$ の完備部分半順序である.

7.5 対称性および反対称性の回復

証明: 作用素の対称性が $(\mathcal{O}(\mathcal{G}(\mathcal{H}_C) \otimes \mathcal{H}), \sqsubseteq)$ の上限によって保たれることを示せば十分である. これは, $\mathbf{A}_i$ が対称ならば, 補題7.4.2の証明で構成したように, $\bigsqcup_i \mathbf{A}_i$ もまた対称になることから分かる. □

これで, 式(7.14)および(7.15)で定義した対称化汎関数を空間 $\mathcal{O}(\mathcal{G}(\mathcal{H}_C) \otimes \mathcal{H})$ に一般化することができる.

定義 7.5.3

(i) それぞれの $\overline{n} \in \omega^C$ に対して, 空間 $(\bigotimes_{c \in C} \mathcal{H}_c^{\otimes n_c}) \otimes \mathcal{H}$ の作用素上の対称化汎関数 $\mathbb{S}$ を, $(\bigotimes_{c \in C} \mathcal{H}_c^{\otimes n_c}) \otimes \mathcal{H}$ のすべての作用素 $\mathbf{A}$ について

$$\mathbb{S}(\mathbf{A}) = \left(\prod_{c \in C} \frac{1}{n_c!}\right) \cdot \sum_{\{\pi_c\}} \left[\left(\bigotimes_{c \in C} P_{\pi_c}\right) \mathbf{A} \left(\bigotimes_{c \in C} P_{\pi_c}^{-1}\right)\right]$$

と定義する. ここで, $\{\pi_c\}$ は, それぞれの $c \in C$ について π_c が $0, 1, \ldots, n_c-1$ の置換であるような, C を添字とする族すべてを動く.

(ii) この対称化汎関数は, 任意の $\mathbf{A} = \sum_{\overline{n} \in \omega^C} \mathbf{A}(\overline{n}) \in \mathcal{O}(\mathcal{G}(\mathcal{H}_C) \otimes \mathcal{H})$ に対して

$$\mathbb{S}(\mathbf{A}) = \sum_{\overline{n} \in \omega^C} \mathbb{S}(\mathbf{A}(\overline{n}))$$

となるように $\mathcal{O}(\mathcal{G}(\mathcal{H}_C) \otimes \mathcal{H})$ に自然に拡張することができる.

あきらかに, $\mathbb{S}(\mathbf{A}) \in \mathcal{SO}(\mathcal{G}(\mathcal{H}_C) \otimes \mathcal{H})$ である. 定義7.5.3(i)は, 式(7.15)と本質的に同じであるが, より複雑な空間 $(\bigotimes_{c \in C} \mathcal{H}_c^{\otimes n_c}) \otimes \mathcal{H}$ に適用されている. 定義7.5.3(ii)は, (i)の成分ごとの一般化になっている. また, 次の補題は, 関数順序に関して対称化汎関数が連続であることを示す.

補題 7.5.4 対称化汎関数

$$\mathbb{S}: (\mathcal{O}(\mathcal{G}(\mathcal{H}_C) \otimes \mathcal{H}), \sqsubseteq) \to (\mathcal{SO}(\mathcal{G}(\mathcal{H}_C) \otimes \mathcal{H}), \sqsubseteq)$$

は連続である.

証明: 証明しなければならないのは, $(\mathcal{O}(\mathcal{G}(\mathcal{H}_C) \otimes \mathcal{H}), \sqsubseteq)$ の任意の昇鎖 $\{\mathbf{A}_i\}$ に対して,

$$\mathbb{S}\left(\bigsqcup_i \mathbf{A}_i\right) = \bigsqcup_i \mathbb{S}(\mathbf{A}_i)$$

となることである．$\mathbf{A} = \bigsqcup_i \mathbf{A}_i$ とする．このとき，補題 7.4.2 の証明によって，ある Ω_i で $\bigcup_i \Omega_i = \omega^C$ となるものを用いると，

$$\mathbf{A} = \sum_{\overline{n} \in \omega^C} \mathbf{A}(\overline{n}) \qquad \mathbf{A}_i = \sum_{\overline{n} \in \Omega_i} \mathbf{A}(\overline{n})$$

とすることができる．したがって，

$$\bigsqcup_i \mathbb{S}(\mathbf{A}_i) = \bigsqcup_i \sum_{\overline{n} \in \Omega_i} \mathbb{S}(\mathbf{A}(\overline{n})) = \sum_{\overline{n} \in \omega^C} \mathbb{S}(\mathbf{A}(\overline{n})) = \mathbb{S}(\mathbf{A})$$

が成り立つ． □

7.5.2 量子的再帰プログラムの意味関数の対称化

ここまでの準備によって，対称フォック空間や反対称フォック空間の量子的再帰プログラムの意味関数を得るために，自由フォック空間の量子的再帰式の解に対して対称化汎関数を直接適用することができる．

定義 7.5.5 $P = P[X_1, \ldots, X_m]$ を，(7.22) の連立式 D で宣言された量子的再帰プログラムとする．このとき，対称意味関数 $[\![P]\!]_{\text{sym}}$ は，自由フォック空間の意味関数 $[\![P]\!]$ を対称化したものである．

$$[\![P]\!]_{\text{sym}} = \mathbb{S}([\![P]\!])$$

ここで，$\mathbb{S}$ は対称化汎関数である．また，C を D の「コイン」の集合，$\mathcal{H}$ を D の主量子系の状態ヒルベルト空間とするとき，

$$[\![P]\!] = [\![P]\!]_{\text{fix}} = [\![P]\!]_{\text{op}} \in \mathcal{O}(\mathcal{G}(\mathcal{H}_C) \otimes \mathcal{H})$$

（定理 7.4.18）である．

直感的には，それぞれの「コイン」$c \in C$ について，$v_c = +$ によって c がボース粒子であることを，$v_c = -$ によって c がフェルミ粒子であることを表す．また，これらの並び $\{v_c\}_{c \in C}$ を v と表記する．このとき，

$$\mathcal{G}_v(\mathcal{H}_C) \triangleq \bigotimes_{c \in C} \mathcal{F}_{v_c}(\mathcal{H}_C) \subsetneq \mathcal{G}(\mathcal{H}_C)$$

が成り立つ．対称化原理に従うと，プログラム P に対する物理的に意味のある入力は，$\mathcal{G}_v(\mathcal{H}_C) \otimes \mathcal{H}$ の状態 $|\Psi\rangle$ でなければならない．しかしながら，その出力 $[\![P]\!](|\Psi\rangle)$ は必ずしも $\mathcal{G}_v(\mathcal{H}_C) \otimes \mathcal{H}$ には含まれず意味がないかもしれない．それにもかかわらず，

$$[\![P]\!]_{\mathrm{sym}}(|\Psi\rangle) = \mathbb{S}([\![P]\!])(|\Psi\rangle) \in \mathcal{G}_v(\mathcal{H}_C) \otimes \mathcal{H}$$

が成り立つのである．

命題7.4.17の対称化によって，構文的近似を用いて対称意味関数を特徴づけることができる．

命題 7.5.6 $[\![P]\!]_{\mathrm{sym}} = \bigsqcup_{n=0}^{\infty} \mathbb{S}([\![P^{(n)}]\!])$

証明： 命題7.4.17と補題7.5.4（対称化汎関数の連続性）によって，

$$[\![P]\!]_{\mathrm{sym}} = \mathbb{S}([\![P]\!]) = \mathbb{S}\left(\bigsqcup_{n=0}^{\infty} [\![P^{(n)}]\!]\right) = \bigsqcup_{n=0}^{\infty} \mathbb{S}([\![P^{(n)}]\!])$$

が得られる． □

7.6 量子的再帰の主量子系の意味論

前節では，自由フォック空間での量子的再帰プログラムの意味関数を対称化して，対称意味関数を定義した．P を量子的再帰プログラム，$\mathcal{H}$ を P の主量子系変数の状態ヒルベルト空間，C を P の「コイン」の集合とする．このとき，意味関数 $[\![P]\!]$ は空間 $\mathcal{G}(\mathcal{H}_C) \otimes \mathcal{H}$ の作用素である．ここで，$\mathcal{G}(\mathcal{H}_C) = \bigotimes_{c \in C} \mathcal{F}(\mathcal{H}_c)$ であり，それぞれの $c \in C$ について，$\mathcal{H}_c$ は「コイン」c の状態ヒルベルト空間，$\mathcal{F}(\mathcal{H}_c)$ は $\mathcal{H}_c$ 上の自由フォック空間である．また，それぞれの $c \in C$ について，「コイン」c がボース粒子またはフェルミ粒子で実現されているならば，それぞれ $v_c = +$ または $v_c = -$ とし，v をその並び $\{v_c\}_{c \in C}$ として，

$$\mathcal{G}_v(\mathcal{H}_C) = \bigotimes_{c \in C} \mathcal{F}_{v_c}(\mathcal{H}_c)$$

とする．このとき，対称意味関数 $[\![P]\!]_{\mathrm{sym}}$ は，$\mathcal{G}_v(\mathcal{H}_C) \otimes \mathcal{H}$ の作用素である．前節での考察から分かるように，C の量子「コイン」（およびその複製）は，プロ

グラム P の実行で問題が生じないようにするためだけに導入されたもので，実際に計算に参加してはいない．本当に重要なのは，主量子系によって行われる計算である．より正確には，主量子系変数の入力 $|\psi\rangle \in \mathcal{H}$ に対する P の計算を考える．「コイン」が状態 $|\Psi\rangle \in \mathcal{G}_v(\mathcal{H}_C)$ に初期化されていると仮定しよう．このとき，プログラム P の計算は，状態 $|\Psi\rangle \otimes |\psi\rangle$ から始まる．最後には，P の計算結果は，主量子系のヒルベルト空間 $\mathcal{H}$ に格納される．この考察から次の定義につながる．

定義 7.6.1 状態 $|\Psi\rangle \in \mathcal{G}_v(\mathcal{H}_C)$ が与えられたとする．初期状態 $|\Psi\rangle$ の「コイン」に対するプログラム P の主量子系の意味関数は，$\mathcal{H}$ の純粋状態から $\mathcal{H}$ の部分密度作用素（跡が ≤ 1 となる正作用素．3.2節を参照のこと．）への写像 $[\![P, \Psi]\!]$ で，$\mathcal{H}$ のそれぞれの純粋状態 $|\psi\rangle$ について

$$[\![P, \Psi]\!](|\psi\rangle) = \mathrm{tr}_{\mathcal{G}_v(\mathcal{H}_C)}(|\Phi\rangle\langle\Phi|)$$

とする．ここで，$[\![P]\!]_{\mathrm{sym}}$ を P の対称意味関数とするとき，

$$|\Phi\rangle = [\![P]\!]_{\mathrm{sym}}(|\Psi\rangle \otimes |\psi\rangle)$$

であり，$\mathrm{tr}_{\mathcal{G}_v(\mathcal{H}_C)}$ は $\mathcal{G}_v(\mathcal{H}_C)$ 上の部分跡（定義2.1.39）である．

命題7.5.6の系として，構文的近似を用いて主量子系の意味関数を特徴づけることができる．

命題 7.6.2 任意の量子的再帰プログラム P，任意の「コイン」の初期状態 $|\Psi\rangle$，任意の主量子系の状態 $|\psi\rangle$ に対して，

$$[\![P, \Psi]\!](|\psi\rangle) = \bigsqcup_{n=0}^{\infty} \mathrm{tr}_{\bigotimes_{c \in C} \mathcal{H}_{v_c}^{\otimes n}}(|\Phi_n\rangle\langle\Phi_n|)$$

が成り立つ．ここで，C は P の「コイン」の集合，すべての $n \geq 0$ について，$P^{(n)}$ を P の n 次構文的近似として，

$$|\Phi_n\rangle = \mathbb{S}([\![P^{(n)}]\!](|\Psi\rangle \otimes |\psi\rangle))$$

である．

練習問題 7.6.3 命題7.6.2を証明せよ．

7.7 例による説明：再帰的量子ウォーク

前節までで量子的再帰プログラムの一般理論を展開した．そこで提示したアイディアを説明するために，7.2節で定義した二つの簡単な再帰的量子ウォークをもう一度考えよう．

例 7.7.1（一方向再帰的アダマールウォーク） 例7.2.1では，一方向再帰的アダマールウォークを，

$$X \Leftarrow T_L[p] \oplus_{H[d]} (T_R[p]; X)$$

で宣言された量子的再帰プログラム X として定義したことを思い出そう．

(i) それぞれの $n \geq 0$ について，この量子的アダマールウォークの n 次近似の意味関数は

$$[\![X^{(n)}]\!] = \sum_{i=0}^{n-1} \left[\left(\bigotimes_{j=0}^{i-1} |R\rangle_{d_j}\langle R| \otimes |L\rangle_{d_i}\langle L| \right) \mathbf{H}(i) \otimes T_L T_R^i \right] \quad (7.25)$$

となる．ここで，$d_0 = d$ であり，$\mathbf{H}(i)$ は式 (7.16) によりアダマール作用素 H から定義された $\mathcal{H}_d^{\otimes i}$ の作用素である．これは，式 (7.10) に示した最初の3段階の近似から始まるので，n に関する数学的帰納法により簡単に示すことができる．それゆえ，自由フォック空間 $\mathcal{F}(\mathcal{H}_d) \otimes \mathcal{H}_p$ における一方向再帰的アダマールウォークの意味関数は作用素

$$\begin{aligned}
[\![X]\!] &= \lim_{n \to \infty} [\![X^{(n)}]\!] \\
&= \sum_{i=0}^{\infty} \left[\left(\bigotimes_{j=0}^{i-1} |R\rangle_{d_j}\langle R| \otimes |L\rangle_{d_i}\langle L| \right) \mathbf{H}(i) \otimes T_L T_R^i \right] \\
&= \left[\sum_{i=0}^{\infty} \left(\bigotimes_{j=0}^{i-1} |R\rangle_{d_j}\langle R| \otimes |L\rangle_{d_i}\langle L| \right) \otimes T_L T_R^i \right] (\mathbf{H} \otimes I)
\end{aligned} \quad (7.26)$$

となる．ここで，$\mathcal{H}_d = \text{span}\{|L\rangle, |R\rangle\}$，$\mathcal{H}_p = \text{span}\{|n\rangle : n \in \mathbb{Z}\}$ であり，I は位置ヒルベルト空間 $\mathcal{H}_p$ の恒等作用素，$\mathbf{H}(i)$ は式 (7.25) と同じであり，

$$\mathbf{H} = \sum_{i=0}^{\infty} \mathbf{H}(i)$$

は，H の方向ヒルベルト空間 $\mathcal{H}_d$ 上の自由フォック空間 $\mathcal{F}(\mathcal{H}_d)$ への拡張である．

(ii) それぞれの $i \geq 0$ について，対称化を計算すると

$$\mathbb{S}\left(\bigotimes_{j=0}^{i-1} |R\rangle_{d_j}\langle R| \otimes |L\rangle_{d_i}\langle L|\right)$$

$$= \frac{1}{(i+1)!} \sum_{\pi} P_\pi \left(\bigotimes_{j=0}^{i-1} |R\rangle_{d_j}\langle R| \otimes |L\rangle_{d_i}\langle L|\right) P_\pi^{-1}$$

（π は $0, 1, \ldots, i$ の置換すべての上を動く）

$$= \frac{1}{i+1} \sum_{j=0}^{i} (|R\rangle_{d_0}\langle R| \otimes \cdots \otimes |R\rangle_{d_{j-1}}\langle R| \otimes |L\rangle_{d_j}\langle L|$$

$$\otimes |R\rangle_{d_{j+1}}\langle R| \otimes \cdots \otimes |R\rangle_{d_i}\langle R|)$$

$$\triangleq G_i$$

となる．それゆえ，一方向再帰的アダマールウォークの対称意味関数は

$$\mathbb{S}(\llbracket X \rrbracket) = \left(\sum_{i=0}^{\infty} G_i \otimes T_L T_R^i\right)(\mathbf{H} \otimes I)$$

になる．

例 7.7.2（双方向再帰的アダマールウォーク） 双方向再帰的アダマールウォークの意味関数を考える．例 7.2.1 では，このアダマールウォークは式

$$\begin{cases} X \Leftarrow T_L[p] \oplus_{H[d]} (T_R[p]; Y) \\ Y \Leftarrow (T_L[p]; X) \oplus_{H[d]} T_R[p] \end{cases} \tag{7.27}$$

により宣言されていた．説明を簡単にするために，最初にいくつかの表記を導入する．記号 L と R からなる任意の文字列 $\Sigma = \sigma_0 \sigma_1 \cdots \sigma_{n-1}$ に対して，その双対を

$$\overline{\Sigma} = \overline{\sigma}_0 \overline{\sigma}_1 \cdots \overline{\sigma}_{n-1}$$

と定義する．ここで，$\overline{L} = R$, $\overline{R} = L$ である．また，空間 $\mathcal{H}_d^{\otimes n}$ の純粋状態を

$$|\Sigma\rangle = |\sigma_0\rangle_{d_0} \otimes |\sigma_1\rangle_{d_1} \otimes \cdots \otimes |\sigma_{n-1}\rangle_{d_{n-1}}$$

7.7 例による説明：再帰的量子ウォーク

と表記する．このとき，その密度作用素の表現は

$$\rho_\Sigma = |\Sigma\rangle\langle\Sigma| = \bigotimes_{j=0}^{n-1} |\sigma_j\rangle_{d_j}\langle\sigma_j|$$

になる．また，左向き移動と右向き移動の合成を

$$T_\Sigma = T_{\sigma_{n-1}} \cdots T_{\sigma_1} T_{\sigma_0}$$

と表記する．

(i) 自由フォック空間における手続き X および Y の意味関数は，それぞれ

$$\begin{aligned}
[\![X]\!] &= \left[\sum_{n=0}^{\infty} (\rho_{\Sigma_n} \otimes T_n)\right] (\mathbf{H} \otimes I_p) \\
[\![Y]\!] &= \left[\sum_{n=0}^{\infty} \left(\rho_{\overline{\Sigma}_n} \otimes T'_n\right)\right] (\mathbf{H} \otimes I_p)
\end{aligned} \tag{7.28}$$

となる．ここで，$\mathbf{H}$ は例 7.7.1 と同じで，

$$\Sigma_n = \begin{cases} (RL)^k L & (n = 2k+1 \text{の場合}) \\ (RL)^k RR & (n = 2k+2 \text{の場合}) \end{cases}$$

$$T_n = T_{\Sigma_n} = \begin{cases} T_L & (n \text{が奇数の場合}) \\ T_R^2 & (n \text{が偶数の場合}) \end{cases}$$

$$T'_n = T_{\overline{\Sigma}_n} = \begin{cases} T_R & (n \text{が奇数の場合}) \\ T_L^2 & (n \text{が偶数の場合}) \end{cases}$$

である．

式 (7.26) および (7.28) から，一方向と双方向の再帰的アダマールウォークの振る舞いはまったく異なることは明らかである．前者は $-1, 0, 1, 2, \ldots$ の位置のいずれにも移動できるが，後者では，X は -1 か 2 だけしか移動できず，Y は 1 か -2 だけしか移動できない．

(ii) 式 (7.27) で規定された双方向再帰的アダマールウォークの対称意味関数は

$$[\![X]\!] = \left[\sum_{n=0}^{\infty} (\gamma_n \otimes T_n)\right] (\mathbf{H} \otimes I_p)$$

$$[\![Y]\!] = \left[\sum_{n=0}^{\infty}(\delta_n \otimes T_n)\right](\mathbf{H} \otimes I_p)$$

となる．ここで，

$$\gamma_{2k+1} = \frac{1}{\binom{2k+1}{k}} \sum_{\Gamma} \rho_\Gamma$$

$$\delta_{2k+1} = \frac{1}{\binom{2k+1}{k}} \sum_{\Delta} \rho_\Delta$$

であり，Γ は $(k+1)$ 個の L と k 個の R からなる文字列すべての上を動き，Δ は k 個の L と $(k+1)$ 個の R からなる文字列すべての上を動く．また，

$$\gamma_{2k+2} = \frac{1}{\binom{2k+2}{k}} \sum_{\Gamma} \rho_\Gamma$$

$$\sigma_{2k+2} = \frac{1}{\binom{2k+2}{k}} \sum_{\Delta} \rho_\Delta$$

であり，Γ は k 個の L と $(k+2)$ 個の R からなる文字列すべての上を動き，Δ は $(k+2)$ 個の L と k 個の R からなる文字列すべての上を動く．

(iii) 最後に，この双方向再帰的アダマールウォークの主量子系の意味関数を考える．移動点は，位置 0 から始めるものと仮定する．

(a) 「コイン」がボース粒子で，その初期状態が

$$|\Psi\rangle = |L, L, \ldots, L\rangle_+ = |L\rangle_{d_0} \otimes |L\rangle_{d_1} \otimes \cdots \otimes |L\rangle_{d_{n-1}}$$

ならば，

$$[\![X]\!]_{\mathrm{sym}}(|\Psi\rangle \otimes |0\rangle) = \begin{cases} \dfrac{1}{\sqrt{2^n}\binom{2k+1}{k}} \sum_{\Gamma} |\Gamma\rangle \otimes |-1\rangle & (n = 2k+1 \text{ の場合}) \\ \dfrac{1}{\sqrt{2^n}\binom{2k+2}{k}} \sum_{\Delta} |\Delta\rangle \otimes |2\rangle & (n = 2k+2 \text{ の場合}) \end{cases}$$

となる．ここで，Γ は $(k+1)$ 個の L と k 個の R からなる文字列すべての上を動き，Δ は k 個の L と $(k+2)$ 個の R からなる文字列す

7.7 例による説明：再帰的量子ウォーク

べての上を動く．それゆえ，「コイン」が $|\Psi\rangle$ に初期化された主量子系の意味関数は

$$[\![X, \Psi]\!](|0\rangle) = \begin{cases} \dfrac{1}{2^n} |-1\rangle\langle -1| & (n \text{ が奇数の場合}) \\ \dfrac{1}{2^n} |2\rangle\langle 2| & (n \text{ が偶数の場合}) \end{cases}$$

となる．

(b) $\mathcal{H}_d$ のそれぞれの1粒子状態 $|\psi\rangle$ について，$\mathcal{H}_d$ 上の対称フォック空間 $\mathcal{F}_+(\mathcal{H}_d)$ における対応するボース粒子のコヒーレント状態は

$$|\psi\rangle_{\mathrm{coh}} = \exp\left(-\frac{1}{2}\langle\psi|\psi\rangle\right) \sum_{n=0}^{\infty} \frac{[a^\dagger(\psi)]^n}{n!} |0\rangle$$

と定義される．ここで，$|0\rangle$ は真空状態で，$a^\dagger(\cdot)$ は生成作用素である．「コイン」が，$|L\rangle$ に対応するボース粒子のコヒーレント状態 $|L\rangle_{\mathrm{coh}}$ に初期化されるならば，

$$[\![X]\!]_{\mathrm{sym}}(|L\rangle_{\mathrm{coh}} \otimes |0\rangle)$$

$$= \frac{1}{\sqrt{e}} \sum_{k=0}^{\infty} \left(\frac{1}{\sqrt{2^{2k+1}\binom{2k+1}{k}}} \sum_{\Gamma_k} |\Gamma_k\rangle \right) \otimes |-1\rangle$$

$$+ \frac{1}{\sqrt{e}} \sum_{k=0}^{\infty} \left(\frac{1}{\sqrt{2^{2k+2}\binom{2k+2}{k}}} \sum_{\Delta_k} |\Delta_k\rangle \right) \otimes |2\rangle$$

となる．ここで，Γ_k は $(k+1)$ 個の L と k 個の R からなるすべての文字列上を動き，Δ_k は k 個の L と $(k+2)$ 個の R からなるすべての文字列上を動く．したがって，「コイン」が $|L\rangle_{\mathrm{coh}}$ に初期化された主量子系の意味関数は，

$$[\![X, L_{\mathrm{coh}}]\!](|0\rangle) = \frac{1}{\sqrt{e}} \left(\sum_{k=0}^{\infty} \frac{1}{2^{2k+1}} |-1\rangle\langle -1| + \sum_{k=0}^{\infty} \frac{1}{2^{2k+2}} |2\rangle\langle 2| \right)$$

$$= \frac{1}{\sqrt{e}} \left(\frac{2}{3} |-1\rangle\langle -1| + \frac{1}{3} |2\rangle\langle 2| \right)$$

となる．

例7.7.2(iii)の(a)と(b)の停止性を比較してみると興味深いことが分かる．(a)の場合は，「コイン」はn粒子状態から始まるので，量子的再帰プログラムXは，n回の再帰のうちに停止する．すなわち，n回の再帰のうちに停止する確率は$p_\mathrm{T}^{(\leq n)}=1$である．しかし，(b)の場合には，「コイン」はコヒーレント状態から始まり，プログラムXは概停止するものの有限回の再帰では停止しない．すなわち，すべてのnについて$p_\mathrm{T}^{(\leq n)}<1$であり，$\lim_{n\to\infty} p_\mathrm{T}^{(\leq n)}=1$である．

この節を終えるにあたって，ここでは7.2節で定義した再帰的量子ウォークのうちのもっとも単純な二つの振る舞いだけを調べたことを指摘しておく．そのほかの量子ウォーク，とくに式(7.7)や(7.9)で定義される再帰的量子ウォークの振る舞いを調べるのは非常に困難であるように思われる．これらについては，今後の研究課題とする．

7.8 （量子的制御をもつ）量子的 while ループ

ここまでで，量子的再帰の一般形式を詳しく調べた．この節では，ここまでに展開した理論の応用として，量子的制御フローをもつ量子的ループという量子的再帰プログラムの特別なクラスを考える．

while ループは，ほぼ間違いなく，さまざまなプログラミング言語で使われているもっとも単純でもっとも一般的な再帰の形式である．古典的プログラミングでは，while ループ

$$\text{while } b \text{ do } S \text{ od} \tag{7.29}$$

は，次の式で宣言された再帰プログラムXとみることができる．

$$X \Leftarrow \text{if } b \text{ then } S; X \text{ else skip fi} \tag{7.30}$$

ここで，bはブール式である．第3章では，ループ(7.29)の量子的拡張として，測定にもとづく while ループ

$$\text{while } M[\overline{q}] = 1 \text{ do } P \text{ od} \tag{7.31}$$

を定義した．ここで，Mは量子測定である．前にも指摘したように，測定Mの結果によって決まるまでのこのループの制御フローは古典的である．

7.8 （量子的制御をもつ）量子的 while ループ

ループ (7.31) が，量子プログラミングにおける古典的場合分け文を含む再帰式

$$X \Leftarrow \textbf{if } M[\bar{q}] = 0 \rightarrow \textbf{skip} \\ \square \qquad 1 \rightarrow P; X \qquad (7.32) \\ \textbf{fi}$$

の解になることは示した．第 6 章の量子的な状況では，場合分け文の概念は，式 (7.32) で使われている場合分け文と量子的制御をもつ量子的場合分け文の 2 通りに分かれることを指摘した．また，量子的場合分け文を用いて，量子選択の概念を定義した．式 (7.30) や (7.32) の古典的場合分け文 **if** ... **then** ... **else** ... **fi** の代わりに，量子的場合分け文および量子選択を用いて量子的 while ループの一種を定義することができる．この新しい量子的ループの制御フローは，量子的場合分け文や量子選択の制御フローを引き継ぐので，真に量子的である．

例 7.8.1（量子的制御をもつ量子的 while ループ）

(i) 量子的制御をもつ量子的 while ループの一つ目の形式

$$\textbf{qwhile } [c] = |1\rangle \textbf{ do } U[q] \textbf{ od} \qquad (7.33)$$

は，次の式で宣言された量子的再帰プログラム X として定義される．

$$X \Leftarrow \textbf{qif } [c]\,|0\rangle \rightarrow \textbf{skip} \\ \square \qquad |1\rangle \rightarrow U[q]; X \qquad (7.34) \\ \textbf{fiq}$$

ここで，c は 1 量子ビットを表す量子「コイン」変数，q は主量子系変数，U は量子系 q の状態ヒルベルト空間 $\mathcal{H}_q$ のユニタリ作用素である．

(ii) 量子的制御をもつ量子的 while ループの二つ目の形式

$$\textbf{qwhile } V[c] = |1\rangle \textbf{ do } U[q] \textbf{ od} \qquad (7.35)$$

は，次の式で宣言された量子的再帰プログラム X として定義される．

$$X \Leftarrow \textbf{skip} \oplus_{V[c]} (U[q]; X) \\ \equiv V[c]; \textbf{qif } [c]\,|0\rangle \rightarrow \textbf{skip} \\ \square \qquad |1\rangle \rightarrow U[q]; X \qquad (7.36) \\ \textbf{fiq}$$

量子的な再帰式 (7.36) は，式 (7.34) の量子的場合分け文 **qif** ... **fiq** を量子選択 $\oplus_{V[c]}$ で置き換えて得られることに注意せよ．

(iii) 実際には，量子的ループ (7.33) や (7.35) はそれほどおもしろくない．なぜなら，この量子「コイン」c と主量子系 q の間に相互作用はまったくないからである．この状況は，古典的ループ (7.30) で，ループガード b がループ本体 S と無関係な自明な場合に対応している．古典的ループ (7.30) は，ループガード b とループ本体 S があるプログラム変数を共有している場合が本当に興味深くなるのである．同じように，量子的制御をもつ量子的 **while** ループのさらに興味深い形式として

$$\textbf{qwhile } W[c;q] = |1\rangle \textbf{ do } U[q] \textbf{ od} \tag{7.37}$$

は，次の量子的な再帰式で宣言されたプログラム X として定義される．

$$\begin{aligned} X \Leftarrow W[c,q]; \textbf{qif } [c] \, &|0\rangle \to \textbf{skip} \\ \square \quad &|1\rangle \to U[q]; X \\ \textbf{fiq} \end{aligned}$$

ここで，W は量子「コイン」c と主量子系 q の複合量子系の状態ヒルベルト空間 $\mathcal{H}_c \otimes \mathcal{H}_q$ のユニタリ作用素である．作用素 W は，「コイン」c と主量子系 q の間の相互作用を記述する．I を $\mathcal{H}_q$ の恒等作用素とするとき，$W = V \otimes I$ の場合には，あきらかにループ (7.37) は退化してループ (7.35) になる．

例 7.8.1 の量子的ループを測定にもとづく **while** ループ (7.31) と比較すると興味深いことが分かる．最初に，前者の制御フローは量子「コイン」によって定義され，それゆえ量子的であり，それに対して，後者の制御フローは測定の結果によって決められて，それゆえ古典的であることは，もう一度強調しておく．ループ (7.31) と (7.37) の違いをさらに深く理解するために，ループ (7.37) の意味関数を詳しくみてみよう．

- 機械的な計算によって，自由フォック空間におけるループ (7.37) の意味関数は，作用素

7.8 （量子的制御をもつ）量子的 while ループ

$$[\![X]\!] = \sum_{k=1}^{\infty} (|1\rangle_{c_0}\langle 1| \otimes (|1\rangle_{c_1}\langle 1| \otimes \cdots (|1\rangle_{c_{k-2}}\langle 1| \otimes (|0\rangle_{c_{k-1}}\langle 0| \otimes U^{k-1}[q])$$
$$W[c_{k-1},q])W[c_{k-2},q]\cdots)W[c_1,q])W[c_0,q]$$
$$= \sum_{k=1}^{\infty} \left[\left(\bigotimes_{j=0}^{k-2} |1\rangle_{c_j}\langle 1| \otimes |0\rangle_{c_{k-1}}\langle 0| \otimes U^{k-1}[q] \right) \prod_{j=0}^{k-1} W[c_j,q] \right]$$

になる．

- また，このループの対称意味関数は

$$[\![X]\!]_{\mathrm{sym}} = \sum_{k=1}^{\infty} \left[\left(\mathbf{A}(k) \otimes U^{k-1}[q] \right) \prod_{j=0}^{k-1} W[c_j,q] \right]$$

になる．ここで，

$$\mathbf{A}(k) = \frac{1}{k} \sum_{j=0}^{k-1} |1\rangle_{c_0}\langle 1| \otimes \cdots \otimes |1\rangle_{c_{j-1}}\langle 1| \otimes |0\rangle_{c_j}\langle 0|$$
$$\otimes |1\rangle_{c_{j+1}}\langle 1| \otimes \cdots \otimes |1\rangle_{c_{k-1}}\langle 1|$$

である．

- 特別な場合として，ループ (7.37) の主量子系の意味関数を考える．q を量子ビット，$U = H$（アダマールゲート），そして $W = CNOT$（制御 NOT ゲート）とする．「コイン」が n 個のボース粒子の状態

$$|\Psi_n\rangle = |0,1,\ldots,1\rangle_+ = \frac{1}{n}\sum_{j=0}^{n-1} |1\rangle_{c_0}\cdots|1\rangle_{c_{j-1}}|0\rangle_{c_j}|1\rangle_{c_{j+1}}\cdots|1\rangle_{c_{n-1}}$$

に初期化され，主量子系 q が状態 $|-\rangle = \frac{1}{\sqrt{2}}(|0\rangle - |1\rangle)$ から始まるとすると，

$$|\Phi_n\rangle \triangleq [\![X]\!]_{\mathrm{sym}}(|\Psi_n\rangle \otimes |-\rangle) = (-1)^n \frac{1}{n} |\Psi_n\rangle \otimes |\psi_n\rangle$$

となる．ここで，

$$|\psi_n\rangle = \begin{cases} |+\rangle & (n \text{ が偶数の場合}) \\ |-\rangle & (n \text{ が奇数の場合}) \end{cases}$$

である．この結果，主量子系の意味関数は

$$[\![X,\Psi_n]\!](|-\rangle) = \mathrm{tr}_{\mathcal{F}_T(\mathcal{H}_v)}(|\Phi_n\rangle\langle\Phi_n|) = \frac{1}{n^3}|\psi_n\rangle\langle\psi_n|$$

になる．

この章の締めくくりとして，今後の研究課題を挙げておく．

研究課題 7.8.2 この章では，量子的再帰のいくつかの例を提示したが，どのような種類の計算であれば量子的再帰を用いてうまく解くことができるかは，まだよく分かっていない．また別の重要な問いは，新しい「コイン」を限りなく作り続けなければならない量子再帰を実現するのに用いることのできる物理システムはどのようなものか，である．

研究課題 7.8.3 さらに，量子的再帰がその計算過程において「コイン」をどのように使うべきかは，完全には分かっていない．再帰プログラムの主量子系の意味関数（定義7.6.1）において，「コイン」のフォック空間の状態 $|\Psi\rangle$ は，天下り的に与えられている．これは，「コイン」およびその複製の状態は，一まとめにして与えられていることを意味する．また別の可能性として，「コイン」の複製の状態は，一つずつ作られると考えることもできる．例として，

$$X \Leftarrow a_c^\dagger(|0\rangle); R_y[c,p]; \mathbf{qif}\ [c]\ |0\rangle \to \mathbf{skip}$$
$$\square \qquad |1\rangle \to T_R[p]; X$$
$$\mathbf{fiq}$$

で宣言された再帰プログラム X を考えてみよう．ここで，$a^\dagger$ は生成作用素，c は状態空間 $\mathcal{H}_c = \mathrm{span}\{|0\rangle, |1\rangle\}$ をもつ「コイン」変数，変数 p および作用素 T_R はアダマールウォークのものと同じとする．また，$R_y(\theta)$ をブロッホ球の y 軸まわりの量子ビットの回転（例2.2.8を参照のこと）として，

$$R_y[c,p] = \sum_{n=0}^{\infty} \left[R_y\left(\frac{\pi}{2^{n+1}}\right) \otimes |n\rangle_p \langle n| \right]$$

とする．直感的には，$R_y[c,p]$ は，p の位置によって回転角が決まる制御付き回転である．このプログラム X は，式 (7.37) で定義された量子的ループであるが，最初に生成作用素が追加されている点が異なることに注意しよう．「コイン」c を真空状態 $|0\rangle$ として，位置 0 から始めたときの振る舞いの最初の段階は，次のような状態遷移になる．

$$|0\rangle |0\rangle_p \xrightarrow{a_c^\dagger(|0\rangle)} |0\rangle |0\rangle_p \xrightarrow{R_y[c,p]} \frac{1}{\sqrt{2}} (|0\rangle + |1\rangle) |0\rangle_p$$
$$\xrightarrow{\mathbf{qif}\ldots\mathbf{fiq}} \frac{1}{\sqrt{2}} \left[\left\langle E, |0\rangle |0\rangle_p \right\rangle + \left\langle X, |1\rangle |1\rangle_p \right\rangle \right]$$

この式の最後の状態の一つ目の項は停止するが，二つ目の項は次のように計算が続く．

$$|1\rangle\,|1\rangle_p \xrightarrow{a_c^\dagger(|0\rangle)} |0,1\rangle_v\,|0\rangle_p \xrightarrow{R_y[c,p]} \cdots$$

この例では，あきらかに，生成作用素を含む再帰プログラムの計算は，生成作用素を含まないプログラムの計算と大きく異なる．その構文に生成作用素を許す量子的再帰を詳しく調べることは，間違いなく興味深い．

研究課題 7.8.4 この章の量子的再帰プログラムの理論は，フォック空間の言語によって展開した．第二量子化の手法は，占有数表示を用いて等価に表現することができる．（占有数表示については，[163], 2.1.7 節を参照のこと．また，これに関連する概念である個数作用素については定義 7.3.20 を参照のこと．）量子的再帰の理論を占有数を用いて言い換えよ．

研究課題 7.8.5 第 4 章では，古典的制御フローをもつ量子プログラムのフロイド–ホーア論理を提示した．前章およびこの章で定義した量子的制御フローをもつ量子プログラムのフロイド–ホーア論理はどのように展開できるだろうか．

7.9 文献等についての補足

3.4 節では，（データ重ね合わせパラダイムにおける）古典的制御フローをもつ量子的再帰を論じた．この章は，量子的制御フローをもつ量子的再帰を扱い，プログラム重ね合わせパラダイムによって 3.4 節と相対しているとみることもできる．この章の内容は，[222] にもとづいている．

3.4 節とこの章で調べた量子的再帰は，命令型プログラミングにおける古典的再帰の量子的一般化である．古典的再帰プログラム理論のよい参考書として [21]（第 4 章および第 5 章）や [158]（第 5 章）がある．[162] は，再帰プログラムの多くの例を含んでいる．これらの例の量子版を調べてみることも非常に興味深い．

ラムダ計算は，再帰や高階計算を扱うのに適した定式化であり，関数型プログラミングの確固とした基盤を与える．ラムダ計算および関数型プログラミングは量子的な設定にまで拡張されている．これについては，8.3 節およびそこに挙げ

た文献を参照されたい．しかし，今までのところ，関数型量子プログラミングでは，古典的制御をもつ量子的再帰だけしか考えられていない．

　この章で用いた数学的道具立ての中心は，第二量子化の手法である．7.3節の第二量子化の題材は標準的なものであり，量子力学の専門的な教科書の多くで取り上げられている．7.3節での説明の大部分は，[163] に沿っている．

IV

今後の展望

8

今後の展望

　前章までで，データの重ね合わせからプログラムの重ね合わせへと進める形で，量子プログラミングの基礎を系統的に調べた．これまでの章では，古典的プログラミングのさまざまな方法論や技術が量子計算機をプログラムするために拡張あるいは適用できることをみてきた．一方，量子プログラミングの分野は，古典的プログラミングでそれに対応するものの単純で素直な一般化ではない．そして，古典的なプログラミングでは生じないであろうが量子的な領域では生じるまったく新しい多くの現象を扱わなければならない．これらの問題は，量子系の「奇妙」な本質に由来する．たとえば，量子データは複製できないことや，観測量の非可換性，古典的制御フローと量子的制御フローの共存などである．こうしたことによって，量子プログラミングは豊かで刺激的な研究対象になっているのだ．

　この最終章では，量子プログラミングの今後の発展や見通しを概観する．具体的には，次の二つを目標とする．

- 本書の本文では取り扱わなかった，量子プログラミングに対する重要ないくつかのアプローチと関連する問題を簡単に論じる．
- この研究対象の今後の発展にとって重要と思われるが，これまでの章では言及しなかった，将来のいくつかの研究テーマを述べる．

8.1 量子プログラムと量子機械

アルゴリズム，プログラム，計算機械とそれらの関係性を理解することは，計算機科学の出発点である．これらの基本的な概念は，いずれも量子計算の枠組みの中で一般化されてきた．2.2節では，量子回路について調べた．本書で提示した量子プログラミングの研究は，主として量子計算の回路モデルにもとづいている．この節では，そのほかの量子計算モデルと量子プログラムとの関係を述べる．

量子プログラムと量子チューリング機械：

[35]は，チューリング機械の量子力学モデルを構成した．この構成は，計算機の最初の量子力学的記述であるが，現実の量子計算機ではない．なぜなら，この機械は，計算のそれぞれの段階では本質的に量子的状態にあるとしても，それぞれの段階の最後には機械のテープは常に古典的状態に戻されるからである．真に量子的なチューリング機械は，1985年に[69]によって初めて記述された．この機械では，テープも量子的状態になることができる．量子チューリング機械の完全な説明は[38]により与えられた．[218]は，量子回路モデルと量子チューリング機械が，互いに多項式時間でシミュレートできるという意味で等価であることを示した．

プログラムとチューリング機械の関係は十分に解明されている．たとえば，[41, 127]を参照のこと．しかし，今日まで，量子プログラムと量子チューリング機械の関係に関する研究は，[38]の興味深い議論を除いては，それほど行われていない．たとえば，量子計算におけるデータとしてのプログラムは，まだよく理解されていない基本的な問題である．この問題は，本書の第II部で調べたデータ重ね合わせパラダイムや，第III部で調べたプログラム重ね合わせパラダイムにまったく異なる意味合いをもたせるように思われる．

量子プログラミングと量子計算の非標準モデル：

量子回路と量子チューリング機械は，古典的な回路やチューリング機械を量子的に一般化したものである．しかしながら，明白な古典的な類似物はない，量子計算のこれまでにないいくつかのモデルも提案されている．

(i) **断熱量子計算**：このモデルは，[80] で提案された．これは，量子計算の連続時間モデルであり，量子レジスタの時間発展はゆっくりと変化するハミルトニアンに従う．この系の最初の状態は，初期ハミルトニアンの基底状態として用意される．そして，計算問題の解は，最終的なハミルトニアンの基底状態として符号化される．量子力学の断熱定理は，系のハミルトニアンが十分にゆっくりと変化するならば，系の最終状態は最終的なハミルトニアンの基底状態と無視できる量しか違わないことを保証する．したがって，最終状態を測定することで，非常に高い確率で解を得ることができる．[10] によって，断熱量子計算は，従来の回路モデルの量子計算と多項式時間同級であることが示された．これは，量子焼き鈍し [136] の特別な場合とみることもできる．

(ii) **測定にもとづく量子計算**：量子チューリング機械と量子回路において，測定は，主として，最後に量子状態から計算結果を取り出すために用いられる．しかしながら，[183] は，一方向量子計算機を提案し，[175] と [151] ではテレポーテーションによる量子計算を導入した．これらは，量子計算において測定がより重要な役割を担いうることを示唆している．一方向量子計算機では，万能性は，1 量子ビットの測定と，クラスタ状態と呼ばれる多数の量子ビットの特別な量子もつれ状態を組み合わせて実現されている．テレポーテーションによる量子計算は，量子ゲートをテレポートさせるというアイディア [104] にもとづいていて，射影測定，量子メモリー，$|0\rangle$ 状態の設定だけを用いた量子計算により万能性を実現することができる．

(iii) **トポロジカル量子計算**：大規模な量子計算機を構築する上で解決しなければならない重要な問題は量子デコヒーレンスである．トポロジカル量子計算は，非常に安定した量子計算機を構築するための革新的戦略が採用された量子計算モデルとして [134] で提案された．このモデルは，エニオンと呼ばれる 2 次元の準粒子を用いる．エニオンの世界線は組み紐を構成し，これを用いて量子計算機の論理ゲートが作られる．鍵となるのは，小さな摂動ではこの組み紐の位相的性質は変わらないということである．これによって，トポロジカル量子計算機では，量子デコヒーレンスは単純に無視できるのである．

量子計算のこれらの非標準モデルにおけるプログラミングについての研究論文はまだわずかしかない．[187]は，量子焼き鈍し機をプログラムするいくつかの技術を展開した．[63]は，測定にもとづく量子計算（のプログラム）に関する形式的推論のための算法を提案した．[138]では，トポロジカル量子計算のコンパイルが検討された．

これらのモデルのどれかの物理的実装が可能になれば，この方向での研究は活発になるだろう．一方，これらの非標準モデルと量子回路との根本的な差異に起因する問題を解決しなければならない．たとえば，トポロジカル量子計算は，トポロジカル量子場の理論，結び目理論，低次元位相幾何学を用いて数学的に記述される．トポロジカル量子計算のプログラミング方法論の研究（たとえば，再帰プログラムの不動点意味論など）は，数学の主流であるこれらの領域においても，興味深い未解決問題になりさえするかもしれない．

8.2　量子プログラミング言語の実装

本書は，量子プログラミングの抽象的概念の説明に特化している．実用上の観点からは，量子プログラミング言語の実装と量子コンパイラの設計は非常に重要である．この方向でのいくつかの研究は，初期の文献ですでに報告されている．たとえば，[207]は，高水準言語による量子プログラムを，中間の量子アセンブラ言語を介して，量子装置に変換するための4段階の設計フローである階層型量子ソフトウェアアーキテクチャを提案している．また，[242]は，qGCLのためのコンパイラを設計した．このコンパイルは，qGCLプログラムから，対象機械で直接実行できる正規形への代数的変換によって実現されている．[176]は，古典的計算機と量子計算機のハイブリッドアーキテクチャであるSQRAM（逐次量子ランダムアクセスメモリ機械）を定義した．これは，QRAMにもとづいていて，量子アセンブラの雛形一式を示し，QPLの部分的なコンパイラを開発した．[228]では，本書の第3章で定義したwhile言語の量子的拡張と古典的フローチャート言語の量子的拡張の間の変換が与えられた．これらの研究はすべて，量子計算では一般的な回路モデルにもとづいている．これに対して，[63]は，前節で述べたように，これまでになく有望な量子計算の物理実装モデルである測定にもとづく

一方向量子計算機にもとづいた洗練された低水準言語を提示した.

近年，量子回路の最適化を含む量子コンパイルが集中的に研究されている．Quipper[106]，LIQ$Ui|\rangle$[215]，Scaffold[3, 126]，QuaFL[150] といった最近の言語プロジェクトでは，一連のコンパイル技法が開発されてきた．とくに，この2, 3年の間に，量子回路の合成と最適化において大幅な進展があった．これについては，たとえば，[20, 44, 45, 99, 137, 188, 237, 239] を参照のこと．

現時点では，量子プログラミング言語の実装に関する研究の主流は，量子回路最適化に集中している．[242] を除いては，明らかに重要な問題（たとえば [13], 第9章）である量子的ループのような高水準の言語構成要素の変換や最適化に関する研究は論文として報告されていない．とくに，古典的コンパイラの最適化でうまく使えていた，ループ融合やループ交換の技術が量子プログラムに使えるかどうかを確かめる必要がある．一方では，本書の第5章で展開した解析技法は，たとえば，量子プログラムのデータフロー解析や冗長性除去に使えるかもしれない．

今後の研究のまた別の重要なテーマとして，本書の第6章および第7章で定義した量子的制御をもつ量子プログラムのコンパイルがある．

8.3 関数型量子プログラミング

本書は命令型量子プログラミングに焦点を当てたが，ここ10年の間に，関数型量子プログラミングも活発な研究領域になってきた．

ラムダ計算は，高階関数の定式化であり，LISP，Scheme，ML，Haskell などの重要ないくつかの古典的な関数型プログラミング言語の論理的基盤である．関数型量子プログラミングの研究は，[165] や [212] によるラムダ計算の量子的拡張を定義する試みから始まった．一連の論文 [196, 197, 199] では，きちんと定義された操作的意味論，強い型づけ，実用的な型推論アルゴリズムをもつ量子ラムダ計算が系統的に展開された．1.1.1節ですでに述べたように，量子ラムダ計算の表示的意味論は，近年，[115] や [178] によってきちんと定義された．量子データの複製ができない性質によって，量子ラムダ計算は，線型論理の研究者らが発展させた線型ラムダ計算と密接に関連している．量子ラムダ計算は，量子フロー

チャート言語 QFC[194] に高階関数を追加して得られる量子関数型プログラミング言語の線形部分の完全な抽象モデルを与えるために [198] で用いられた．

関数型量子プログラミングのもっとも初期の提案の一つである [173] では，モナド風の量子プログラミングを導入し，ドイチュ–ジョザのアルゴリズムを Haskell で実装した．[14] は，関数型量子プログラミングを体系的に研究する方向に進めている．これは，本書の 1.1.1 節で述べたように，量子計算のために関数型言語 QML を提案している．[105] は，Haskell による QML の実装をコンパイラとして提示した．[15] では，QML の等式理論が展開された．とりわけ，QML は量子制御をもつ最初の量子プログラミング言語であるが，本書の第 6 章および第 7 章で提示したものとはかなり違ったやり方で定義された．関数型量子プログラミングの近年の目玉は，Quipper[106, 107] や LIQ$Ui|\rangle$[215] といった言語の実装である．前者は Haskell に埋め込まれた言語であり，後者は F# に埋め込まれた言語である．

文献中で定義されたすべての量子ラムダ計算は，(QML を除く) 関数型量子プログラミング言語と同様，古典的制御フローをもつ．したがって，本書の第 6 章および第 7 章で導入した量子制御 (量子的場合分け文，量子選択，量子的再帰) を量子ラムダ計算や関数型量子プログラミングに組み込むことは，今後の研究での興味深いテーマである．

8.4 量子プログラムの圏論的意味論

本書では，量子プログラミング言語の意味論は，量子力学のヒルベルト空間による標準的な定式化によって定義した．[5] は，量子力学の圏論的公理化を提案した．この今までになかった公理化は，量子的な基礎と量子情報の一連の問題に対処するためにうまく使われた．とくに，テレポーテーション，論理ゲートテレポーテーション，量子もつれの入れ替えを含め，量子通信プロトコルの高水準の記述や検証のための効果的な手法を与えた．さらに，[6] は，圏論的量子論理として，プルーフネット計算の形をした双積をもつ強コンパクト閉圏の論理を展開した．これは，とくに量子プロセスについての高水準推論に適している．

[117] は，圏論的論理の観点から量子論理を調べ，ダガーカーネル圏のカーネル部分圏が，直モジュラー構造を正確に捉えていることを示した．[123] は，圏論的方法により，量子プログラミング言語にブロック構成要素を導入した．また，近年，[124] は，量子測定を観測されている系に副作用を及ぼしうる装置として定義した量子系の定量的論理の圏論的公理化を提案した．さらに，これを用いて，量子プログラムや量子プロトコルに関する推論に非常に有効なテスト作用素をもつ動的論理を定義した．

圏論的技法の量子プログラミングへのさらなる応用は，研究の方向としてたしかに意義深いものであろう．とくに，本書の第 6 章で定義した量子的場合分け文および量子選択や，第 7 章で定義した第二量子化にもとづく量子的再帰を圏論的に特徴づけることが期待される．

8.5 並列量子プログラムから量子的並列性へ

本書では，逐次量子プログラムだけを考えたが，文献中では並列および分散量子計算が広範囲に研究されている．

量子プロセス代数：

並列システムの定式化として，プロセス代数は一般的なモデルである．プロセス代数は，プロセス間の相互作用，通信，同期を記述するための数学的道具立てであり，さまざまな代数的規則を証明することでプロセス間の振る舞いの等価性について推論する形式的手法を提供する．何人かの研究者によって，プロセス代数の量子的一般化が提案されてきた．[93, 94] では，量子通信プロトコルのモデル化，解析，検証の形式的技術を提供するために，量子状態の変換および測定をするための基本要素を追加し，π 計算で量子データを送受信できるようにして，CQP 言語を定義した．[128, 147] では，並列量子計算をモデル化するために，量子状態の間の通信とユニタリ変換と量子測定を表す基本要素を CCS（Calculus of Communicating Systems）に似た古典的プロセス代数に追加して，QPAlg 言語を定義した．[83, 229, 84] は，並列量子計算のモデル qCCS を提案した．qCCS は，古典的な値渡しの CCS を自然に量子的に拡張したものであり，量子状態の

入出力や量子系のユニタリ変換および測定を扱うことができる．とくに，量子プロセスの間の双模倣性の概念が導入され，量子プロセスが合同になるという性質が確立された．さらに，量子プロセス代数の記号的双模倣性および近似双模倣性（双模倣性指標）が，それぞれ [81, 229, 85] で提案された．近似双模倣性は，いくつか（通常は有限個）の特殊な量子ゲートによる量子プロセスの実装を記述するために用いることができる．耐障害量子計算におけるもっとも注目に値する結果は，閾値定理である．閾値定理は，個々の量子ゲートでのノイズがある一定値以下であれば，いくらでも大きな量子計算の効率的な実行が可能であることを示している．この定理は，逐次量子計算の場合だけを考えている．これを並列量子計算に一般化するのは，かなりの難問であろう．近似双模倣性の概念は，基本的なゲートの実装における不確実性に対する並列量子計算の頑健性を測る形式的道具を提供する．これを用いると，（耐障害量子計算の）閾値定理を並列計算に一般化できると思われる．

量子プロセス代数は，すでに量子暗号プロトコル，量子誤り訂正符号，線形光量子計算の正当性および安全性の検証に使われている [24, 25, 68, 67, 89, 90, 98, 141, 143, 219]．

量子的並列性：

量子プロセス代数の研究は，主として量子通信プロトコルの仕様と検証に応用することを動機づけとしている．実際，量子プログラミングの並列性にはまた別の重要性がある．説得力のある量子計算装置の実演にもかかわらず，その規模を大きくすることは，現在の技術の力量を超えている．したがって，大規模な量子計算システムを構成するためには，2 台以上の小規模の量子計算機の物理的資源を使うことが考えられていた．そして，近年，分散量子計算の物理的実装についてさまざまな実験結果が報告されている．そして，並列性は，このような分散量子計算システムのプログラミングには避けられない問題である．

並列かつ量子的なシステムの組み合わせに生じる奇妙な振る舞いを理解することは極めて難しい．この方向での存在するほとんどすべての研究成果は，量子的並列プログラミングではなく，並列量子プログラミングと呼ぶのが適切であろう．たとえば，[238] は，量子プロセスの集まりと，関連するプロセスの実行をスケジュールするために使われる古典的な公平性を合わせて，並列量子プログラム

を定義した．しかしながら，量子的並列プログラムの振る舞いは，これよりも格段に複雑である．その実行モデルを非常に注意深く定義する必要がある．なぜなら，量子的な状況からは，次に挙げる一連の新たな問題が生じるからである．

(i) 古典的並列プログラムの解析では，相互差し込みによる抽象化が広く使われてきた．しかし，異なる量子プロセスの間の量子もつれによって，その応用に制限が課せられる．本書の第6章および第7章で定義したプログラムの重ね合わせは，この問題にまた別次元の難しさを追加する．たとえば，量子プロセス代数の総和演算子をどうすれば量子選択で置き換えうるだろうか．

(ii) 物理学による研究によって，量子的な枠組みにおいて，たとえば，同期におけるある種の古典的な制限を乗り越えるために量子もつれを使うことができる [100] などの，新しいある種の同期の仕組みが可能であることがあきらかになった．このような新しい同期の仕組みを量子的並列プログラムに組み込むためにはどうすればよいかは，興味深い問題である．

(iii) どうすれば，並列処理に参加しているプロセスの量子的特徴とそれらの間の量子もつれをうまく統合することのできる公平性の概念を定義できるか分かっていない．そうするためには，量子的並列プログラムにおけるプロセスを制御するのに，「量子コイン」の考えをさらに一般化させて，量子ゲーム [168, 77] からのアイディアを持ち込むことも考えられる．

8.6 量子プログラミングにおける量子もつれ

量子計算の研究が始まったときから，量子もつれは量子計算機が古典的計算機を凌駕するためのもっとも重要な資質の一つだということは認識されていた．しかしながら，量子プログラミングにおける量子もつれは，前章まででまったく論じることはなかった．その理由は，この方向での研究が，今に至るまではほとんど存在しないからである．ここでは，量子プログラミングと直接または潜在的に結びつく量子もつれに関する研究で存在するいくつかの部品を紹介しよう．

逐次量子計算における量子もつれの役割は，たとえば，[130] など，多くの研究者によって詳しく解析されてきた．[129] や [118] では，本書の第3章で定義した量子的 while 言語と同じような言語で書かれた量子プログラミングでの量子もつれの時間発展を解析するために，抽象解釈技術が用いられた．量子プログラミング言語 Scaffold[3] のコンパイラ [126] は，量子もつれの保守的解析を支援する．[230] は，量子もつれによって情報漏洩が生じること，したがって，トロイの木馬が，機微な情報をもつ利用者との量子もつれを秘密の通信路として悪用するかもしれないことに気づいた．これは，量子計算におけるプログラミング言語にもとづく情報流通のセキュリティに対する課題を示している．

量子もつれは，逐次量子計算よりも並列および分散量子計算において，より本質的であるように思われる [58, 51]．[226] は，分散量子計算回路と絡み合う資源のための代数的言語を定義した．また，[83, 229, 84, 85] では，量子もつれは量子プロセス代数において並列合成によって保たれる双模倣性を定義する際に特別な困難を生じると指摘された．逆に，量子プロセス代数は，並行量子計算において量子もつれの役割を調べるための形式的枠組みを提供してくれる．量子的並行プログラムの実行モデルにおける，相互差し込みによる抽象化への量子もつれの影響の可能性については，すでに前節で述べた．

量子プログラミング，とくに並行および分散計算の方式における量子もつれの研究は有意義なものになると期待する．

8.7　量子系のモデル検査

（古典的制御をもつ）量子プログラムの解析・検証技術については本書の第4章および第5章で調べた．この方向での研究は，量子プログラムや通信プロトコルのモデル検査へと自然に拡張できる．実際，過去10年間の間に，量子プログラムだけでなく一般の量子系に対するいくつかのモデル検査技術が開発されてきた．

初期の研究は，主として量子通信プロトコルの検査を対象としていた．[95] は，BB84[36] を含むいくつかの量子プロトコルの正当性を検証するために，確率的モデル検査器 PRISM[146] を用いた．さらに，[97] では，自動検査ツール QMC（量子モデル検査器）を開発した．QMC は，系のモデル化を固定部分群 [174] を

用いて定式化しており，QMC により検査される性質は量子計算木論理 [31] で表現される．

しかしながら，量子プログラムを含む一般の量子系のモデル検査技術を開発するには，少なくとも次の二つの問題をきちんと解決しなければならない．

- 量子系の形式的モデルおよび検査される量子系の性質を定式化するのに適した記述言語を含めて，量子系についてきちんと推論することのできる概念的な枠組みを明確に定義する必要がある．
- モデル検査技術を適用することのできる古典的な系の状態空間は，通常有限か可算無限である．しかし，量子系の状態空間は，有限次元であっても，本質的に連続であるので，有限個（あるいは高々可算無限個）の代表元，すなわち正規直交基底に含まれる元だけを調べればよいような状態空間の数学的構造を探さなければならない．

現在の量子的モデル検査の文献において考慮されている量子系のモデルは，量子オートマトンか，量子マルコフ連鎖および量子マルコフ決定過程のいずれかである．量子オートマトンの作用は，ユニタリ変換によって記述される．量子マルコフモデルは，作用が一般の量子操作（または超作用素）で表現された量子オートマトンの一般化とみることができる．

モデル検査におけるいくつかの重要な課題は到達可能性問題に帰着できるから，5.3 節で提示した量子マルコフ連鎖の到達可能性解析は，量子モデル検査の基盤を与える．量子系の線形時間の性質を検査するという問題は [231] で検討された．そこでは，線形時間の性質は，状態ヒルベルト空間の閉部分空間によりモデル化された原子命題の集合の無限列と定義された．しかし，一般の時間的性質をモデル検査するのは，まったく手つかずである．実際には，この問題は物理学者によって極めて長い間研究されてきたが，一般の量子系のための時制論理をきちんと定義するやり方さえ分かっていない．（たとえば，[125] を参照のこと．）

[111] や [88] では，また別の種類の量子マルコフ連鎖を導入した．これは，超作用素値マルコフ連鎖とでも呼ぶべきものである．なぜなら，古典的マルコフ連鎖の遷移確率を超作用素で置き換えて定義されているからである．[88] では，超作用素値マルコフ連鎖は，とくに量子プログラムや量子プロトコルを高水準で記述するのに便利であると述べ，これらのためのモデル検査技術を開発した．ここ

では，PCTL（確率的計算木論理）の確率を超作用素で置き換えて，QCTL ([31] とは異なる量子計算木論理）と呼ばれる論理が定義された． [88] にもとづくモデル検査器は，[86] で実装された．さらに，[87] では，再帰的超作用素値マルコフ連鎖の到達可能性問題が調べられた．

8.8　物理学への量子プログラミングの適用

　もちろん，量子プログラミングの研究領域は，主に将来の量子計算機のプログラミングを目的として発展してきた．しかしながら，量子プログラミングのいくつかのアイディア，方法論，技術は，量子力学や量子工学にも応用できるかもしれない．

　何人かの一流の物理学者によって，宇宙が量子計算機であるという仮説が提案された [211, 155]．この見方に同意するならば，神（あるいは自然）は量子プログラマーであると主張したい．また，プログラム理論のさまざまなアイディアを量子物理に持ち込むことによって，新たな洞察を生むことになると考える．たとえば，本書の 4.1.1 節で定義した量子最弱事前条件の考え方は，物理的な系に対する後ろ向き解析の新しい方法を提供する．近年，フロイド–ホーア論理は，微分方程式により記述された連続的な時間発展をもつ動的な系について推論するように拡張された [46, 180]．この研究にもとづく論理や本書の 4.2 節で提示した量子的フロイド–ホーア論理を，シュレーディンガー方程式に従う連続時間の量子系の推論にも使えるように発展させることは興味深い．

　[71] で指摘されたように，今，我々は量子理論から量子工学への移行という第二の量子革命の真っ只中にいる．量子理論の目的は，自然界にすでに存在する物理的な系を統べる基本法則を見つけることである．しかし，量子工学は，量子理論にもとづいたある望ましい任務を遂行するために，これまでに存在することはなかった新しい系（機械，装置など）を設計および実装することを目的としている．

　今日の工学についての実体験から分かるのは，人間の設計者は彼が設計したシステムの振る舞いについて完全に理解していることを保証しておらず，その設計に含まれる不具合が重大な問題や，場合によっては大惨事を引き起こすかもしれ

8.8 物理学への量子プログラミングの適用

ないということである．したがって，さまざまな工学の分野において，複雑な工学的システムの正当性，安全性，信頼性は，重要な課題である．たしかに，それは，今日の工学においてよりも量子工学においてはより深刻になるであろう．なぜなら，システムの設計者が量子系の振る舞いを理解することはさらに難しくなるからである．量子プログラムの検証と解析の技術は，量子工学的なシステムの正当性や安全性検証のための自動ツールを設計し実装するために使えるかもしれない．さらに，前節で論じた量子系のモデル検査の技術（の連続時間への拡張）は，あきらかに量子工学でも有用である．量子シミュレーションと組み合わせたこの方向の研究 [154, 59] が有意義であることは間違いない．

参考文献

[1] S. Aaronson, Quantum lower bound for recursive Fourier sampling, *arXiv:quant-ph/0209060*.

[2] S. Aaronson, Read the fine print, *Nature Physics*, 11(2015) 291-293.

[3] A. J. Abhari, A. Faruque, M. Dousti, L. Svec, O. Catu, A. Chakrabati, C.-F. Chiang, S. Vanderwilt, J. Black, F. Chong, M. Martonosi, M. Suchara, K. Brown, M. Pedram and T.Brun, *Scaffold: Quantum Programming Language*, Technical Report TR-934-12, Dept. of Computer Science, Princeton University, 2012.

[4] S. Abramsky, High-Level Methods for Quantum Computation and Information. In: *Proceedings of the 19th Annual IEEE Symposium on Logic in Computer Science (LICS)*, 2004, IEEE Computer Society, 410–414, 2004.

[5] S. Abramsky and B. Coecke, A categorical semantics of quantum protocols. In: *Proceedings of the 19th Annual IEEE Symposium on Logic in Computer Science (LICS)*, 2004, pp. 415-425.

[6] S. Abramsky and R. Duncan, A categorical quantum logic, *Mathematical Structures in Computer Science*, 16(2006) 469-489.

[7] S. Abramsky, E. Haghverdi and P. Scott, Geometry of interaction and linear combinatory algebras, *Mathematical Structures in Computer Science*, 12(2002) 625-665.

[8] R. Adams, QPEL: Quantum program and effect language. In: *Proceedings of the 11th workshop on Quantum Physics and Logic (QPL)*, EPTCS 172, 2014, pp. 133-153.

[9] D. Aharonov, A. Ambainis, J. Kempe and U. Vazirani, Quantum walks on graphs. In: *Proceedings of the 33rd ACM Symposium on Theory of Computing (STOC)*, 2001, pp. 50-59.

[10] D. Aharonov, W. van Dam, J. Kempe, Z. Landau, S. Lloyd and O. Regev, Adiabatic quantum computation is equivalent to standard quantum computation. In: *Proceedings of the 45th Symposium on Foundations of Computer Science (FOCS)*, 2004, pp. 42-51.

[11] Y. Aharonov, J. Anandan, S. Popescu and L. Vaidman, Superpositions of

time evolutions of a quantum system and quantum time-translation machine, *Physical Review Letters*, 64(1990) 2965-2968.
[12] Y. Aharonov, L. Davidovich and N. Zagury, Quantum random walks, *Physical Review A*, 48(1993), 1687-1690.
[13] A. V. Aho, M. S. Lam, R. Sethi and J. D. Ullman, *Compilers: Principles, Techniques, and Tools* (second edition), Addison-Wesley, 2007. （邦訳：原田賢一訳『コンパイラ：原理・技法・ツール』サイエンス社, 2009）
[14] T. Altenkirch and J. Grattage, A functional quantum programming language. In: *Proc. of the 20th Annual IEEE Symposium on Logic in Computer Science (LICS)*, 2005, pp. 249-258.
[15] T. Altenkirch, J. Grattage, J. K. Vizzotto and A. Sabry, An algebra of pure quantum programming, *Electronic Notes in Theoretical Computer Science*, 170(2007) 23-47.
[16] T. Altenkirch and A. S. Green, The quantum IO monad. In: *Semantic Techniques in Quantum Computation* I. Mackie and S. Gay, eds., Cambridge University Press 2010, pp. 173-205.
[17] A. Ambainis, Quantum walk algorithm for Element Distinctness, *SIAM Journal on Computing*, 37(2007) 210-239.
[18] A. Ambainis, Quantum walks and their algorithmic applications, *International Journal of Quantum Information*, 1(2004) 507-518.
[19] A. Ambainis, E. Bach, A. Nayak, A. Vishwanath and J. Watrous, One-dimensional quantum walks. In: *Proceedings of the 33rd ACM Symposium on Theory of Computing (STOC)*, 2001, pp. 37-49.
[20] M. Amy, D. Maslov, M. Mosca and M. Rötteler, A meet-in-the-middle algorithm for fast synthesis of depth-optimal quantum circuits, *IEEE Transactions on Computer-Aided Design of Integrated Circuits and Systems*, 32(2013) 818-830.
[21] K. R. Apt, F. S. de Boer and E. -R. Olderog, *Verification of Sequential and Concurrent Programs*, Springer, London 2009.
[22] M. Araújo, A. Feix, F. Costa and Č. Brukner, Quantum circuits cannot control unknown operations, *New Journal of Physics*, 16(2004) art. no. 093026.
[23] M. Araújo, F. Costa and Č. Brukner, Computational advantage from quantum-controlled ordering of gates, *Physical Review Letters*, 113(2014) art. no. 250402.
[24] E. Ardeshir-Larijani, S. J. Gay and R. Nagarajan, Equivalence checking of quantum protocols, In: *Proceedings of the 19th International Conference on Tools and Algorithms for the Construction and Analysis of Systems (TACAS)*, 2013, pp. 478-492.
[25] E. Ardeshir-Larijani, S. J. Gay and R. Nagarajan, Verification of concurrent quantum protocols by equivalence checking. In: *Proceedings of the 20th Inter-*

national Conference on Tools and Algorithms for the Construction and Analysis of Systems (TACAS), 2014, pp. 500-514.
[26] S. Attal, Fock spaces, http://math.univ-lyon1.fr/~attal/Mescours/fock.pdf.
[27] R. -J. Back and J. von Wright, *Refinement Calculus: A Systematic Introduction*, Springer, New York, 1998.
[28] C. Bădescu and P. Panangaden, Quantum alternation: prospects and problems. In: *Proceedings of the 12th International Workshop on Quantum Physics and Logic (QPL)*, 2015.
[29] C. Baier and J. -P. Katoen, *Principles of Model Checking*, MIT Press, Cambridge, Massachusetts, 2008.
[30] A. Baltag and S. Smets, LQP: the dynamic logic of quantum information, *Mathematical Structures in Computer Science*, 16(2006) 491-525.
[31] P. Baltazar, R. Chadha and P. Mateus, Quantum computation tree logic – model checking and complete calculus, *International Journal of Quantum Information*, 6(2008) 219-236.
[32] P. Baltazar, R. Chadha, P. Mateus and A. Sernadas, Towards model-checking quantum security protocols. In: P. Dini et al. (eds.), *Proceedings of the 1st Workshop on Quantum Security (QSec07)*, IEEE Press, 2007.
[33] J. Bang-Jensen and G. Gutin, *Digraphs: Theory, Algorithms and Applications*, Springer, Berlin, 2007.
[34] A. Barenco, C. H. Bennett, R. Cleve, D. P. DiVincenzo, N. Margolus, P. Shor, T. Sleator, J. A. Smolin and H. Weinfurter, Elementary gates for quantum computation, *Physical Review A*, 52(1995) 3457-3467.
[35] P. A. Benioff, The computer as a physical system: a microscopic quantum mechanical Hamiltonian model of computers as represented by Turing machines, *Journal of Statistical Physics*, 22(1980) 563-591.
[36] C. H. Bennett and G. Brassard, Quantum cryptography: public key distribution and coin tossing. In: *Proceedings of International Conference on Computers, Systems and Signal Processing*, 1984.
[37] E. Bernstein and U. Vazirani, Quantum complexity theory. In: *Proc. of the 25th Annual ACM Symposium on Theory of Computing (STOC)*, 1993, pp. 11-20.
[38] E. Bernstein and U. Vazirani, Quantum complexity theory, *SIAM Journal on Computing*, 26(1997) 1411-1473.
[39] S. Bettelli, T. Calarco and L. Serafini, Toward an architecture for quantum programming, *The European Physical Journal D*, 25(2003) 181-200.
[40] R. Bhatia, *Matrix Analysis*, Springer Verlag, Berlin, 1991.
[41] R. Bird, *Programs and Machines: An Introduction to the Theory of Computation*, John Wiley & Sons, 1976. （邦訳：土居範久訳『プログラム理論入門』培風館, 1981）
[42] G. Birkhoff and J. von Neumann, The logic of quantum mechanics, *Annals of*

Mathematics, 37(1936) 823-843.
[43] R. F. Blute, P. Panangaden and R. A. G. Seely, Holomorphic models of exponential types in linear logic. In: *Proceedings of the 9th Conference on Mathematical Foundations of Programming Semantics (MFPS)*, Springer LNCS 802, 1994, pp. 474-512.
[44] A. Bocharov, M. Rötteler and K. M. Svore, Efficient synthesis of universal Repeat-Until-Success circuits, *Physical Review Letters*, 114(2015) art. no. 080502.
[45] A. Bocharov and K. M. Svore, Resource-optimal single-qubit quantum circuits, *Physical Review Letters*, 109(2012) art. no. 190501.
[46] R. J. Boulton, R. Hardy and U. Martin, Hoare logic for single-input single-output continuous-time control systems. In: *Proceeding of the 6th International Workshop on Hybrid Systems: Computation and Control (HSCC 2003)*, Springer LNCS 2623, pp. 113-125.
[47] H. -P. Breuer and F. Petruccione, *The Theory of Open Quantum Systems*, Oxford University Press, Oxford, 2002.
[48] T. Brun, A simple model of quantum trajectories, *American Journal of Physics*, 70(2002) 719-737.
[49] T. A. Brun, H. A. Carteret and A. Ambainis, Quantum walks driven by many coins, *Physical Review A*, 67(2003) art. no. 052317.
[50] O. Brunet and P. Jorrand, Dynamic quantum logic for quantum programs, *International Journal of Quantum Information*, 2(2004) 45-54.
[51] H. Buhrman and H. Röhrig, Distributed quantum computing. In: *Proceedings of the 28th International Symposium on Mathematical Foundations of Computer Science (MFCS)*, 2003, Springer LNCS 2747, pp. 1-20.
[52] R. Chadha, P. Mateus and A. Sernadas, Reasoning about imperative quantum programs, *Electronic Notes in Theoretical Computer Science*, 158(2006) 19-39.
[53] A. M. Childs, R. Cleve, E. Deotto, E. Farhi, S. Gutmann and D. A. Spielman, Exponential algorithmic speedup by quantum walk. In: *Proceedings of the 35th ACM Symposium on Theory of Computing (STOC)*, 2003, pp. 59-68.
[54] A. M. Childs, Universal computation by quantum walk, *Physical Review Letters*, 102(2009) art. no. 180501.
[55] G. Chiribella, Perfect discrimination of no-signalling channels via quantum superposition of causal structures, *Physical Review A*, 86(2012) art. no. 040301.
[56] G. Chiribella, G. M. D'Ariano, P. Perinotti and B. Valiron, Quantum computations without definite causal structure, *Physical Review A*, 88(2013), art. no. 022318.
[57] K. Cho, Semantics for a quantum programming language by operator algebras. In: *Proceedings 11th workshop on Quantum Physics and Logic (QPL)*, EPTCS 172, 2014, pp. 165-190.

[58] J.I. Cirac, A.K. Ekert, S.F. Huelga and C. Macchiavello, Distributed quantum computation over noisy channels, *Physical Review A*, 59(1999) 4249-4254.

[59] J. I. Cirac and P. Zoller, Goals and opportunities in quantum simulation, *Nature Physics*, 8(2012) 264-266.

[60] D. Copsey, M. Oskin, F. Impens, T. Metodiev, A. Cross, F. T. Chong, I. L. Chuang and J. Kubiatowicz, Toward a Scalable, Silicon-Based Quantum Computing Architecture (invited paper), *IEEE Journal of Selected Topics in Quantum Electronics*, 9(2003) 1552-1569.

[61] T. H. Cormen, C. E. Leiserson, R. L. Rivest and C. Stein, *Introduction to Algorithms*, The MIT Press, 2009 (Third Edition). (邦訳：浅野哲夫／岩野和生／梅尾博司／山下雅史／和田幸一共訳『アルゴリズムイントロダクション 第3版 総合版』近代科学社, 2013)

[62] M. Dalla Chiara, R. Giuntini and R. Greechie, *Reasoning in Quantum Theory: Sharp and Unsharp Quantum Logics*, Kluwer, Dordrecht, 2004.

[63] V. Danos, E. Kashefi and P. Panangaden, The measurement calculus, *Journal of the ACM*, 54(2007) 8.

[64] V. Danos, E. Kashefi, P. Panangaden and S. Perdrix, Extended measurement calculus. In: *Semantic Techniques in Quantum Computation* I. Mackie and S. Gay, eds., Cambridge University Press 2010, pp. 235-310.

[65] T. A. S. Davidson, *Formal Verification Techniques Using Quantum Process Calculus*, PhD Thesis, University of Warwick, 2012.

[66] T. A. S. Davidson, S. J. Gay, H. Mlnarik, R. Nagarajan and N. Papanikolaou, Model checking for communicating quantum processes, *International Journal of Unconventional Computing*, 8(2012) 73-98.

[67] T. A. S. Davidson, S. J. Gay and R. Nagarajan, Formal analysis of quantum systems using process calculus, *Electronic Proceedings in Theoretical Computer Science 59 (ICE 2011)*, pp. 104-110.

[68] T. A. S. Davidson, S. J. Gay, R. Nagarajan and I. V. Puthoor, Analysis of a quantum error correcting code using quantum process calculus, *Electronic Proceedings in Theoretical Computer Science* 95, pp. 67-80.

[69] D. Deutsch, Quantum theory, the Church-Turing principle and the universal quantum computer, *Proceedings of The Royal Society of London* A400(1985) 97-117.

[70] E. D'Hondt and P. Panangaden, Quantum weakest preconditions. *Mathematical Structures in Computer Science*, 16(2006) 429-451.

[71] J. P. Dowling and G. J. Milburn, Quantum technology: the second quantum revolution, *Philosophical Transactions of the Royal Society London A*, 361(2003) 1655-1674.

[72] Y. X. Deng and Y. Feng, Open bisimulation for quantum processes. In: *Proceedings of IFIP Theoretical Computer Science*, Springer Lecture Notes in

Computer Science 7604, pp. 119-133.

[73] D. Deutsch and R. Jozsa, Rapid solutions of problems by quantum computation, *Proceedings of the Royal Society of London*, A439(1992) 553-558.

[74] E. W. Dijkstra, Guarded commands, nondeterminacy and formal derivation of programs, *Communications of the ACM*, 18(1975) 453-457.

[75] E. W. Dijkstra, *A Discipline of Programming*, Prentice-Hall, 1976. (邦訳：浦昭二ほか共訳『プログラミング原論：いかにしてプログラムをつくるか』サイエンス社, 1983)

[76] R. Y. Duan, S Severini and A Winter, Zero-error communication via quantum channels, noncommutative graphs, and a quantum Lovasz theta function, *IEEE Transactions on Information Theory*, 59(2013) 1164-1174.

[77] J. Eisert, M. Wilkens and M. Lewenstein, Quantum games and quantum strategies, *Physical Review Letters*, 83(1999) 3077-3080.

[78] J. Esparza and S. Schwoon, A BDD-based model checker for recursive programs. In: *Proceedings of the 13th International Conference on Computer Aided Verification (CAV)*, 2001, Springer LNCS 2102, pp. 324-336.

[79] K. Etessami and M. Yannakakis, Recursive Markov chains, stochastic grammars, and monotone systems of nonlinear equations, *Journal of the ACM*, 56(2009) art. no. 1.

[80] E. Farhi, J. Goldstone, S. Gutmann, and M. Sipser, Quantum computation by adiabatic evolution, *arXiv:quant-ph/0001106*.

[81] Y. Feng, Y. X. Deng and M. S. Ying, Symbolic bisimulation for quantum processes, *ACM Transactions on Computational Logic*, 15(2014) art. no. 14.

[82] Y. Feng, R. Y. Duan, Z. F. Ji and M. S. Ying, Proof rules for the correctness of quantum programs, *Theoretical Computer Science*, 386(2007), 151-166.

[83] Y. Feng, R. Y. Duan, Z. F. Ji and M. S. Ying, Probabilistic bisimulations for quantum processes, *Information and Computation*, 205(2007) 1608-1639.

[84] Y. Feng, R. Y. Duan and M. S. Ying, Bisimulation for quantum processes. In: *Proceedings of the 38th ACM Symposium on Principles of Programming Languages (POPL)*, 2011, pp. 523-534.

[85] Y. Feng, R. Y. Duan and M. S. Ying, Bisimulation for quantum processes, *ACM Transactions on Programming Languages and Systems*, 34(2012) art. no: 17.

[86] Y. Feng, E. M. Hahn, A. Turrini and L. J. Zhang, QPMC: a model checker for quantum programs and protocols. In: *Proceedings of the 20th International Symposium on Formal Methods (FM 2015)*, Springer LNCS 9109, pp. 265-272.

[87] Y. Feng, N. K. Yu and M. S. Ying, Reachability analysis of recursive quantum Markov chains. In: *Proceedings of the 38th International Symposium on Mathematical Foundations of Computer Science (MFCS)*, 2013, pp. 385-396.

[88] Y. Feng, N. K. Yu and M. S. Ying, Model checking quantum Markov chains,

Journal of Computer and System Sciences, 79(2013) 1181-1198.

[89] S. Franke-Arnold, S. J. Gay and I. V. Puthoor, Quantum process calculus for linear optical quantum computing. In: *Proceedings of the 5th International Conference on Reversible Computation (RC)*, 2013, Proceedings. Lecture Notes in Computer Science 7948, Springer, pp. 234-246.

[90] S. Franke-Arnold, S. J. Gay and I. V. Puthoor, Verification of linear optical quantum computing using quantum process calculus, *Electronic Proceedings in Theoretical Computer Science 160 (EXPRESS/SOS 2014)*, pp. 111-129.

[91] N. Friis, V. Dunjko, W. Dür and H. J. Briegel, Implementing quantum control for unknown subroutines, *Physical Review A*, 89(2014), art. no. 030303.

[92] S. J. Gay, Quantum programming languages: survey and bibliography, *Mathematical Structures in Computer Science* 16(2006) 581-600.

[93] S. J. Gay and R. Nagarajan, Communicating Quantum Processes. In: *Proceedings of the 32nd ACM Symposium on Principles of Programming Languages (POPL)*, 2005, pp. 145-157.

[94] S. J. Gay and R. Nagarajan, Types and typechecking for communicating quantum processes, *Mathematical Structures in Computer Science*, 16(2006) 375-406.

[95] S. J. Gay, R. Nagarajan and N. Papanikolaou, Probabilistic model-checking of quantum protocols. In: *Proceedings of the 2nd International Workshop on Developments in Computational Models (DCM)*, 2006. *arXiv:quant-ph/0504007*.

[96] S. J. Gay, R. Nagarajan and N. Papanikolaou, Specification and verification of quantum protocols, *Semantic Techniques in Quantum Computation* (S. J. Gay and I. Mackie, eds.), Cambridge University Press, 2010, pp. 414-472.

[97] S. J. Gay, N. Papanikolaou and R. Nagarajan, QMC: a model checker for quantum systems. In: *Proceedings of the 20th International Conference on Computer Aided Verification (CAV)*, 2008, Springer LNCS 5123, pp. 543-547.

[98] S. J. Gay and I. V. Puthoor, Application of quantum process calculus to higher dimensional quantum protocols, *Electronic Proceedings in Theoretical Computer Science 158 (QPL 2014)*, pp. 15-28.

[99] B. Giles and P. Selinger, Exact synthesis of multiqubit Clifford+T circuits, *Physical Review A*, 87(2013), art. no. 032332.

[100] V. Giovannetti, S. Lloyd and L. Maccone, Quantum-enhanced positioning and clock synchronisation, *Nature*, 412(2001) 417-419.

[101] J.-Y. Girard, Geometry of interaction I: Interpretation of system F. In: *Logic Colloquium 88*, North Holland, 1989, pp. 221-260.

[102] A. M. Gleason, Measures on the closed subspaces of a Hilbert space, *Journal of Mathematics and Mechanics*, 6(1957) 885-893.

[103] M. Golovkins, Quantum pushdown automata. In: *Proceedings of the 27th Conference on Current Trends in Theory and Practice of Informatics (SOFSEM)*,

[104] D. Gottesman and I. Chuang, Quantum teleportation as a universal computational primitive, *Nature*, 402(1999) 390-393.

[105] J. Grattage, An overview of QML with a concrete implementation in Haskell, *Electronic Notes in Theoretical Computer Science*, 270(2011) 165-174.

[106] A. S. Green, P. L. Lumsdaine, N. J. Ross, P. Selinger and B. Valiron, Quipper: A scalable quantum programming language. In: *Proceedings of the 34th ACM Conference on Programming Language Design and Implementation (PLDI)*, 2013, pp. 333-342.

[107] A. S. Green, P. L. Lumsdaine, N. J. Ross, P. Selinger and B. Valiron, An introduction to quantum programming in Quipper, *arXiv:1304.5485*.

[108] R. B. Griffiths, Consistent histories and quantum reasoning, *Physical Review A*, 54(1996) 2759-2774.

[109] L. K. Grover, Fixed-point quantum search, *Physical Review Letters*, 95(2005), art. no. 150501.

[110] S. Gudder, Lattice properties of quantum effects, *Journal of Mathematical Physics*, 37(1996) 2637-2642.

[111] S. Gudder, Quantum Markov chains, *Journal of Mathematical Physics*, 49(2008), art. no. 072105.

[112] A. W. Harrow, A. Hassidim and S. Lloyd, Quantum algorithm for linear systems of equations, *Physical Review Letters*, 103(2009) art. no. 150502.

[113] S. Hart, M. Sharir and A. Pnueli, Termination of probabilistic concurrent programs, *ACM Transactions on Programming Languages and Systems*, 5(1983) 356-380.

[114] J. D. Hartog and E. P. de Vink, Verifying probabilistic programs using a Hoare like logic, *International Journal of Foundations of Computer Science*, 13(2003) 315-340.

[115] I. Hasuo and N. Hoshino, Semantics of higher-order quantum computation via Geometry of Interaction. In: *Proceedings of the 26th Annual IEEE Symposium on Logic in Computer Science (LICS)*, 2011, pp. 237-246.

[116] B. Hayes, Programming your quantum computer, *American Scientist*, 102(2014) 22-25.

[117] C. Heunen and B. Jacobs, Quantum logic in dagger kernel categories. In: *Proceedings of Quantum Physics and Logic 2009*.

[118] K. Honda, Analysis of quantum entanglement in quantum programs using stabiliser formalism. In: *Proceedings of the 12th International Workshop on Quantum Physics and Logic (QPL)*, 2015. *arXiv:1511.01181*.

[119] C. A. R. Hoare, Procedures and parameters: an axiomatic approach. In: *Symposium on Semantics of Algorithmic Languages*, Springer Lecture Notes in Mathematics 188, 1971, pp. 102-116.

[120] T. Hoare and R. Milner (eds.), *Grand Challenges in Computing Research* (organised by BCS, CPHC, EPSRC, IEE, etc.), 2004, http://www.ukcrc.org.uk/grand-challenges/index.cfm.

[121] P. Hoyer, J. Neerbek and Y. Shi, Quantum complexities of ordered searching, sorting and element distinctness. In: *Proceedings of the 28th International Colloquium on Automata, Languages, and Programming (ICALP)*, 2001, pp. 62-73.

[122] N. Inui, N. Konno and E. Segawa, One-dimensional three-state quantum walk, *Physical Review E*, 72(2005) art. no. 056112.

[123] B. Jacobs, On block structures in quantum computation, *Electronic Notes in Theoretical Computer Science*, 298(2013) 233-255.

[124] B. Jacobs, New directions in categorical logic, for classical, probabilistic and quantum Logic, *Logical Methods in Computer Science*, 2015.

[125] C. J. Isham and N. Linden, Quantum temporal logic and decoherence functionals in the histories approach to generalized quantum theory, *Journal of Mathematical Physics*, 35(1994) 5452-5476

[126] A. JavadiAbhari, S. Patil, D. Kudrow, J. Heckey, A. Lvov, F. T. Chong and M. Martonosi, ScaffCC: Scalable compilation and analysis of quantum programs, *Parallel Computing*, 45(2015) 2-17.

[127] N. D. Jones, *Computability and Complexity: From a Programming Perspective*, The MIT Press, 1997.

[128] P. Jorrand and M. Lalire, Toward a quantum process algebra. In: *Proceedings of the 1st ACM Conference on Computing Frontier*, 2004, pp. 111-119.

[129] P. Jorrand and S. Perdrix, Abstract interpretation techniques for quantum computation. In: *Semantic Techniques in Quantum Computation* I. Mackie and S. Gay, eds., Cambridge University Press 2010, pp. 206-234.

[130] R. Jozsa and N. Linden, On the role of entanglement in quantum computational speed-up, *Proceedings of the Royal Society of London, Series A Mathematical, Physical and Engineering Sciences*, 459(2003) 2011-2032.

[131] R. Kadison, Order properties of bounded self-adjoint operators, *Proceedings of American Mathematical Society*, 34(1951) 505-510.

[132] Y. Kakutani, A logic for formal verification of quantum programs. In: *Proceedings of the 13th Asian Computing Science Conference (ASIAN)*, 2009, Springer LNCS 5913, pp. 79-93.

[133] E. Kashefi, Quantum domain theory – Definitions and applications, *arXiv:quant-ph/0306077*.

[134] A. Kitaev, Fault-tolerant quantum computation by anyons, *arXiv:quant-ph/9707021*.

[135] A. Kitaev, A. H. Shen and M. N. Vyalyi, *Classical and Quantum Computation*, American Mathematical Society, Providence 2002.

[136] T. Kadowaki and H. Nishimori, Quantum annealing in the transverse Ising model, *Physical Review E*, 58(1998) 5355.

[137] V. Kliuchnikov, D. Maslov and M. Mosca, Fast and efficient exact synthesis of single qubit unitaries generated by Clifford and T gates, *Quantum Information & Computation*, 13(2013) 607-630.

[138] V. Kliuchnikov, A. Bocharov and K. M. Svore, Asymptotically optimal topological quantum compiling, *Physical Review Letters*, 112(2014) art. no. 140504.

[139] E.H. Knill, *Conventions for Quantum Pseudo-code*, Technical Report, Los Alamos National Laboratory, 1996.

[140] A. Kondacs and J. Watrous, On the power of quantum finite state automata. In: *Proc. 38th Symposium on Foundation of Computer Science*, 1997, pp. 66-75.

[141] T. Kubota, *Verification of Quantum Cryptographic Protocols using Quantum Process Algebras*, PhD Thesis, Department of Computer Science, University of Tokyo, 2014.

[142] T. Kubota, Y. Kakutani, G. Kato, Y. Kawano and H. Sakurada, Application of a process calculus to security proofs of quantum protocols. In: *Proceedings of Foundations of Computer Science in WORLDCOMP*, 2012, pp. 141-147.

[143] T. Kubota, Y. Kakutani, G. Kato, Y. Kawano and H. Sakurada, Semi-automated verification of security proofs of quantum cryptographic protocols, *Journal of Symbolic Computation*, 2015.

[144] D. Kudrow, K. Bier, Z. Deng, D. Franklin, Y. Tomita, K. R. Brown and F. T. Chong, Quantum rotation: A case study in static and dynamic machine-code generation for quantum computer. In: *Proceedings of the 40th ACM/IEEE International Symposium on Computer Architecture (ISCA)*, 2013, pp. 166-176.

[145] P. Kurzyński and A. Wójcik, Quantum walk as a generalized measure device, *Physical Review Letters*, 110(2013) art. no. 200404.

[146] M. Kwiatkowska, G. Norman and P. Parker, Probabilistic symbolic model-checking with PRISM: a hybrid approach, *International Journal on Software Tools for Technology Transfer*, 6(2004) 128-142.

[147] M. Lalire, Relations among quantum processes: bisimilarity and congruence, *Mathematical Structures in Computer Science*, 16(2006) 407-428.

[148] M. Lampis, K. G. Ginis, M. A. Papakyriakou and N. S. Papaspyrou, Quantum data and control made easier, *Electronic Notes in Theoretical Computer Science* 210(2008) 85-105.

[149] A. Lapets and M. Rötteler, Abstract resource cost derivation for logical quantum circuit description. In: *Proceedings of the ACM Workshop on Functional Programming Concepts in Domain-Specific Languages (FPCDSL)*, 2013, pp. 35-42.

[150] A. Lapets, M. P. da Silva, M. Thome, A. Adler, J. Beal and M. Rötteler, QuaFL: A typed DSL for quantum programming. In: *Proceedings of the ACM Workshop on Functional Programming Concepts in Domain-Specific Languages (FPCDSL)*, 2013, pp. 19-27.

[151] D. W. Leung, Quantum computation by measurements, *International Journal of Quantum Information*, 2(2004) 33-43.

[152] Y. J. Li, N. K. Yu and M. S. Ying, Termination of nondeterministic quantum programs, *Acta Informatica*, 51(2014) 1-24.

[153] Y. J. Li and M. S. Ying, (Un)decidable problems about reachability of quantum systems. In: *Proceedings of the 25th International Conference on Concurrency Theory (CONCUR)*, 2014, pp. 482-496.

[154] S. Lloyd, Universal quantum simulators, *Science*, 273(1996) 1073-1078.

[155] S. Lloyd, A theory of quantum gravity based on quantum computation, *arXiv:quant-ph/0501135*.

[156] S. Lloyd, M. Mohseni and P. Rebentrost, Quantum principal component analysis, *Nature Physics*, 10(2014) 631-633.

[157] S. Lloyd, M. Mohseni and P. Rebentrost, Quantum algorithms for supervised and unsupervised machine learning, *arXiv:1307.0411v2*.

[158] J. Loeckx and K. Sieber, *The Foundations of Program Verification* (second edition), John Wiley & Sons, Chichester, 1987.

[159] N. B. Lovett, S. Cooper, M. Everitt, M. Trevers and V. Kendon, Universal quantum computation using the discrete-time quantum walk, *Physical Review A*, 81(2010) art. no. 042330.

[160] I. Mackie and S. Gay (eds.), *Semantic Techniques in Quantum Computation*, Cambridge University Press, 2010.

[161] F. Magniez, M. Santha and M. Szegedy, Quantum algorithms for the triangle problem, *SIAM Journal of Computing*, 37(2007) 413-427.

[162] Z. Manna, *Mathematical Theory of Computation*, McGraw-Hill, 1974.（邦訳：五十嵐滋訳『プログラムの理論』日本コンピュータ協会，1975)

[163] Ph. A. Martin and F. Rothen, *Many-Body Problems and Quantum Field Theory: An Introduction*, Springer, Berlin, 2004.

[164] P. Mateus, J. Ramos, A. Sernadas and C. Sernadas, Temporal logics for reasoning about quantum systems. In: *Semantic Techniques in Quantum Computation* I. Mackie and S. Gay, eds., Cambridge University Press 2010, pp. 389-413.

[165] P. Maymin, Extending the lambda calculus to express randomized and quantumized algorithms, *arXiv:quant-ph/9612052*.

[166] A. McIver and C. Morgan, *Abstraction, Refinement and Proof for Probabilistic Systems*, Springer, New York, 2005.

[167] T. S. Metodi and F. T. Chong, Quantum Computing for Computer Architects, Synthesis Lectures in Computer Architecture # 1, Morgan & Claypool

Publishers, 2011 (Second Edition).

[168] D. A. Meyer, Quantum strategies, *Physical Review Letters*, 82(1999) 1052-1055.

[169] J. A. Miszczak, Models of quantum computation and quantum programming languages, *Bulletion of the Polish Academy of Science: Technical Sciences*, 59(2011) 305-324.

[170] J. A. Miszczak, *High-level Structures for Quantum Computing*, Morgan & Claypool Publishers, 2012.

[171] M. Montero, Unidirectional quantum walks: Evolution and exit times, *Physical Review A*, 88(2013) art. no. 012333.

[172] C. Morgan, *Programming from Specifications*, Prentice Hall, Hertfordshire, 1988.

[173] S. -C. Mu and R. Bird, Functional quantum programming. In: *Proceedings of the 2nd Asian Workshop on Programming Languages and Systems (APLAS)*, 2001, pp. 75-88.

[174] M. A. Nielsen and I. L. Chuang, *Quantum Computation and Quantum Information*, Cambridge University Press, 2000. (邦訳：木村達也訳『量子コンピュータと量子通信 I〜III』オーム社, 2004〜2005)

[175] M. A. Nielsen, Quantum computation by measurement and quantum memory, *Physical Letters A*, 308(2003) 96-100.

[176] R. Nagarajan, N. Papanikolaou and D. Williams, Simulating and compiling code for the Sequential Quantum Random Access Machine, *Electronic Notes in Theoretical Computer Science*, 170(2007) 101-124.

[177] B. Ömer, *Structured Quantum Programming*, Ph.D thesis, Technical University of Vienna, 2003.

[178] M. Pagani, P. Selinger and B. Valiron, Applying quantitative semantics to higher-order quantum computing. In: *Proceedings of the 41st ACM Symposium on Principles of Programming Languages (POPL)*, 2014, pp. 647-658.

[179] N. K. Papanikolaou, *Model Checking Quantum Protocols*, PhD Thesis, Department of Computer Science, University of Warwick, 2008.

[180] A. Platzer, Differential dynamic logic for hybrid systems, *Journal of Automated Reasoning*, 41(2008) 143-189, 2008.

[181] L. M. Procopio, A. Moqanaki, M. Araújo, F. Costa, I. A. Calafell, E. G. Dowd, D. R. Hamel, L. A. Rozema, C. Brukner and P. Walther, Experimental superposition of orders of quantum gates, *Nature Communications*, 2015, Art. no. 7913.

[182] E. Prugovečki, *Quantum Mechanics in Hilbert Space*, Academic Press, New York, 1981.

[183] R. Raussendorf and H. J. Briegel, A one-way quantum computer, *Physical Review Letters*, 86(2001) 5188-5191.

[184] P. Rebentrost, M. Mohseni and S. Lloyd, Quantum support vector machine for big data classification, *Physical Review Letters*, 113(2014) art. no. 130501.

[185] M. Rennela, Towards a quantum domain theory: order-enrichment and fixpoints in W*-algebras. In: *Proceedings of the 30th Conference on the Mathematical Foundations of Programming Semantics (MFPS)*, 2014.

[186] T. Reps, S. Horwitz and M. Sagiv, Precise interprocedural dataflow analysis via graph reachability. In: *Proceedings of the 22nd ACM Symposium on Principles of Programming Languages (POPL)*, 1995, pp. 49-61.

[187] E. G. Rieffel, D. Venturelli, B. O'Gorman, M. B. Do, E. M. Prystay and V. N. Smelyanskiy, A case study in programming a quantum annealer for hard operational planning problems, *Quantum Information Processing*, 14(2015) 1-36.

[188] N. J. Ross and P. Selinger, Optimal ancilla-free Clifford+T approximation of z-rotations, *arXiv:1403.2975*

[189] Y. Rouselakis, N. S. Papaspyrou, Y. Tsiouris and E. N. Todoran, Compilation to quantum circuits for a language with quantum data and control. In: *Proceedings of the 2013 Federated Conference on Computer Science and Information Systems (FedCSIS)* 2013, pp. 1537-1544.

[190] R. Rüdiger, Quantum programming languages: an introductory overview, *The Computer Journal*, 50(2007) 134-150.

[191] J. W. Sanders and P. Zuliani, Quantum programming. In: *Proceedings of 5th International Conference on Mathematics of Program Construction (MPC)*, Springer LNCS 1837, Springer 2000, pp. 88-99.

[192] M. Santha, Quantum walk based search algorithms. In: *Proceedings of the 5th International Conference on Theory and Applications of Models of Computation (TAMC 2008)*, Springer LNCS 4978, pp. 31-46.

[193] F. Schwabl, *Advanced Quantum Mechanics* (Fourth edition), Springer, 2008.

[194] P. Selinger, Towards a quantum programming language, *Mathematical Structures in Computer Science*, 14(2004), 527-586.

[195] P. Selinger, A brief survey of quantum programming languages. In: *Proceedings of the 7th International Symposium on Functional and Logic Programming*, LNCS 2998, Springer, 2004, pp. 1-6.

[196] P. Selinger, Toward a semantics for higher-order quantum computation. In: *Proceedings of QPL'2004*, TUCS General Publications No. 33, pp. 127-143.

[197] P. Selinger and B. Valiron, A lambda calculus for quantum computation with classical control, *Mathematical Structures in Computer Science*, 16(2006) 527-55.

[198] P. Selinger and B. Valiron, On a fully abstract model for a quantum linear functional language, *Electronic Notes in Theoretical Computer Science* 210(2008) 123-137.

[199] P. Selinger and B. Valiron, Quantum lambda calculus, in: S. Gay and I. Mackie (eds.), *Semantic Techniques in Quantum Computation*, Cambridge University Press 2010, pp. 135-172.

[200] R. Sethi, *Programming Languages: Concepts and Constructs*, Addison-Wesley (2002). (邦訳：神林靖訳『プログラミング言語の概念と構造』ピアソン・エデュケーション, 2002)

[201] V. V. Shende, S. S. Bullock and I. L. Markov, Synthesis of quantum-logic circuits, *IEEE Transactions on CAD of Integrated Circuits and Systems* 25(2006) 1000-1010.

[202] M. Sharir, A. Pnueli and S. Hart, Verification of probabilistic programs, *SIAM Journal of Computing*, 13(1984) 292-314.

[203] N. Shenvi, J. Kempe and K. B. Whaley, Quantum random-walk search algorithm, *Physical Review A*, 67(2003) art. no. 052307.

[204] P. W. Shor, Algorithms for quantum computation: discrete logarithms and factoring. In: *Proceedings of the 35th IEEE Annual Symposium on Foundations of Computer Science (FOCS)*, 1994, 124-134.

[205] P. W. Shor, Why haven't more quantum algorithms been discovered? *Journal of the ACM*, 50(2003) 87-90.

[206] S. Staton, Algebraic effects, linearity, and quantum programming languages. In: *Proceedings of the 42nd ACM Symposium on Principles of Programming Languages (POPL)*, 2015, pp. 395-406.

[207] K. M. Svore, A. V. Aho, A. W. Cross, I. L. Chuang and I. L. Markov, A layered software architecture for quantum computing design tools, *IEEE Computer*, 39(2006) 74-83.

[208] A. Tafliovich and E. C. R. Hehner, Quantum predicative programming. In: *Proceedings of the 8th International Conference on Mathematics of Program Construction (MPC)*, LNCS 4014, Springer, pp. 433-454.

[209] A.Tafliovich and E.C.R.Hehner, Programming with quantum communication, *Electronic Notes in Theoretical Computer Science*, 253(2009) 99-118.

[210] G. Takeuti, Quantum set theory, in: E. Beltrametti and B. C. van Fraassen (eds.), *Current Issues in Quantum Logics*, Plenum, New Rork, 1981, pp. 303-322.

[211] G. 't Hooft, The cellular automaton interpretation of quantum mechanics – A view on the quantum nature of our universe, compulsory or impossible?, *arXiv:1405.1548v2*.

[212] A. van Tonder, A lambda calculus for quantum computation, *SIAM Journal on Computing*, 33(2004) 1109-1135.

[213] V. S. Varadarajan, *Geometry of Quantum Theory*, Springer-Verlag, New York, 1985.

[214] S. E. Venegas-Andraca, Quantum walks: a comprehensive review, *Quantum*

Information Processing, 11(2012) 1015-1106.
[215] D. Wecker and K. M. Svore, LIQ$Ui|\rangle$: A software design architecture and domain-specific language for quantum computing, http://research.microsoft.com/pubs/209634/1402.4467.pdf.
[216] M. M. Wolf, *Quantum Channels and Operators: Guided Tour*, unpublished lecture notes (2012).
[217] P. Xue and B. C. Sanders, Two quantum walkers sharing coins, *Physical Review A*, 85(2011) art. no. 022307.
[218] A. C. Yao, Quantum circuit complexity. In: *Proceedings of the 34th Annual IEEE Symposium on Foundations of Computer Science (FOCS)*, 1993, pp. 352-361.
[219] K. Yasuda, T. Kubota and Y. Kakutani, Observational equivalence using schedulers for quantum processes, *Electronic Proceedings in Theoretical Computer Science 172 (QPL 2014)*, pp. 191-203.
[220] M. S. Ying, Reasoning about probabilistic sequential programs in a probabilistic logic, *Acta Informatica*, 39(2003) 315-389.
[221] M. S. Ying, Floyd-Hoare logic for quantum programs, *ACM Transactions on Programming Languages and Systems*, 39(2011), art. no. 19.
[222] M. S. Ying, Quantum recursion and second quantisation, (2014) *arXiv:1405.4443*.
[223] M. S. Ying, Foundations of quantum programming. In: Kazunori Ueda (Ed.), *Proc. of the 8th Asian Symposium on Programming Languages and Systems (APLAS 2010)*, Lecture Notes in Computer Science 6461, Springer 2010, pp. 16-20.
[224] M. S. Ying, J. X. Chen, Y. Feng and R. Y. Duan, Commutativity of quantum weakest preconditions, *Information Processing Letters*, 104(2007) 152-158.
[225] M. S. Ying, R. Y. Duan, Y. Feng and Z. F. Ji, Predicate transformer semantics of quantum programs. In: *Semantic Techniques in Quantum Computation*, I. Mackie and S. Gay, eds., Cambridge University Press 2010, 311-360.
[226] M. S. Ying and Y. Feng, An algebraic language for distributed quantum computing, *IEEE Transactions on Computers* 58(2009) 728-743.
[227] M. S. Ying and Y. Feng, Quantum loop programs, *Acta Informatica*, 47(2010), 221-250.
[228] M. S. Ying and Y. Feng, A flowchart language for quantum programming, *IEEE Transactions on Software Engineering*, 37(2011) 466-485.
[229] M. S. Ying, Y. Feng, R. Y. Duan and Z. F. Ji, An algebra of quantum processes, *ACM Transactions on Computational Logic*, 10(2009), art. no. 19.
[230] M. S. Ying, Y. Feng and N. K. Yu, Quantum information-flow security: Noninterference and access control. In: *Proceedings of the IEEE 26th Computer Security Foundations Symposium (CSF'2013)*, pp. 130-144.

[231] M. S. Ying, Y. J. Li, N. K. Yu and Y. Feng, Model-checking linear-time properties of quantum systems, *ACM Transactions on Computational Logic*, 15(2014), art. no. 22.

[232] M. S. Ying, N. K. Yu and Y. Feng, Defining quantum control flows of programs, *arXiv:1209.4379*.

[233] M. S. Ying, N. K. Yu and Y. Feng, Alternation in quantum programming: from superposition of data to superposition of programs, *arXiv:1402.5172*. http://xxx.lanl.gov/abs/1402.5172.

[234] M. S. Ying, N. K. Yu, Y. Feng and R. Y. Duan, Verification of quantum programs, *Science of Computer Programming*, 78(2013) 1679-1700.

[235] S. G. Ying, Y. Feng, N. K. Yu and M. S. Ying, Reachability analysis of quantum Markov chains. In: *Proceedings of the 24th International Conference on Concurrency Theory (CONCUR)*, 2013, pp. 334-348.

[236] S. G. Ying and M. S. Ying, Reachability analysis of quantum Markov decision processes, *arXiv:1406.6146*.

[237] N. K. Yu, R. Y. Duan and M. S. Ying, Five two-qubit gates are necessary for implementing Toffoli gate, *Physical Review A*, 88(2013) art. no. 010304.

[238] N. K. Yu and M. S. Ying, Reachability and termination analysis of concurrent quantum programs. In: *Proceedings of the 23th International Conference on Concurrency Theory (CONCUR)*, 2012, pp. 69-83.

[239] N. K. Yu and M. S. Ying, Optimal simulation of Deutsch gates and the Fredkin gate, *Physical Review A*, 91(2015) art. no. 032302.

[240] X. Q. Zhou, T. C. Ralph, P. Kalasuwan, M. Zhang, A. Peruzzo, B. P. Lanyon and J. L. O'Brien, Adding control to arbitrary unknown quantum operations, *Nature Communications*, 2(2011) 413.1-8.

[241] P. Zuliani, *Quantum Programming*, D.Phil. Thesis, University of Oxford, 2001.

[242] P. Zuliani, Compiling quantum programs, *Acta Informatica*, 41(2005) 435-473.

[243] P. Zuliani, Quantum programming with mixed states. In: *Proceedings of the 3rd International Workshop on Quantum Programming Languages*, 2005.

[244] P. Zuliani, Reasoning about faulty quantum programs, *Acta Informatica*, 46(2009) 403-432.

訳者あとがき

　本書は Mingsheng Ying 著 *Foundations of Quantum Programming*（モーガン・カウフマン，2016年）の全訳である．著者のミンシェン・イン（応明生）は，シドニー工科大学の特別教授（distinguished professor）および同大学量子計算・知能システムセンターの研究部長である．また，清華大学計算機科学・技術系においてチェンコン寄付講座の教授である．

　本書は，量子プログラミング分野について詳細かつ体系的な解説を与えることを意図している．量子力学と量子計算の基本的知識から始めて，さまざまな量子プログラムの構成要素や一連の量子プログラミングモデルを詳しく紹介し，さらに量子プログラムの意味論や論理，検証解析技術までを可能な限り自己完結するように論じている．

　どのような計算機でもプログラミングをするためには，そのプログラミング言語が取り扱うモデル（データモデルや制御モデル）を理解しなければならない．しかし，それが物理的にどのような仕組みによって実現されているかは知らなくてもプログラムを書くことはできる．これが，階層的なアーキテクチャで実現されたシステムの利点であり，量子計算機も例外ではない．本書を読み進めてもらえば分かるように，現時点で広く採用されている量子プログラムのモデルは古典的プログラムのモデルとかなり異なるものの非常に単純であり，量子計算機を物理的に実現する技術を知らなくても量子プログラムを書くことができる．しかし，単純であることが，プログラムを簡単に作れることと直結しない．また，量子的な特性によって，古典的なソフトウェアのために開発された技法やツールが使えないこともある．このため，量子プログラミングのための新たな技術開発が必要であり，本書はそのための基礎となる概念の定式化に重点をおいている．一方，概念的な対象を取り扱うために形式的な議論に終始しがちになるところで，

随所に書き添えられている具体的なイメージは，読者にとってこの上なく理解の助けとなるだろう．

　本書の翻訳にあたって，量子プログラミングの研究分野におけるサーベイの一環として本書を翻訳する機会を与えてくれた日本ユニシス（株）総合技術研究所の今道正博技術開発室長をはじめとする研究員の方々には感謝したい．本書の翻訳を通じて，量子プログラミング研究の現状を概観することができ，今後の研究に対する方向性を考える上で大いに参考になった．

　原著者のイン教授には，日本語への翻訳に際して訳者の理解の足りない点について電子メールで丁寧に説明していただいた．また，日本ユニシス（株）のOBの山崎利治氏にはプログラム理論の用語についてご教示いただいた．日本ユニシス・エクセリューションズ（株）の中邨博之氏，日本ユニシス（株）の天野雅章氏，青木善貴氏には，草稿の段階で翻訳に目を通していただき，貴重な助言をいただいた．そして，日本語版の編集にあたっては，共立出版の石井徹也・大谷早紀の両氏には大変お世話になった．これらの方々に感謝の意を表したい．

　量子計算機の実用化に向けて解決しなければならない課題はまだまだあるが，本書が量子ソフトウェア工学の整備・普及の一助となれば幸いである．

$$2017年春\quad 訳者$$

索引

【英数字】

∨ 217
⊩ 136
$\Vdash_{par}$ 140
$\vdash_{qPD}$ 153
$\vdash_{qTD}$ 164
$\Vdash_{tot}$ 140
⊥ 17
⊥ 14
⊕ 17
⊗ 27
$|\Phi\rangle$ 202
ω 364
$|0\rangle$ 353
1量子ビットゲート 40

BSCC
　　—分解 229–235
　　量子マルコフ連鎖の— ⇒ 底強連結成分

$\mathbb{C}$ 13
CPO ⇒ 完備半順序

$\mathcal{D}(\mathcal{H})$ 82
det 352

ERP対 29

$\mathbb{F}(\mathcal{E})$ 274
$\mathcal{F}(\mathcal{H})$ 353
$\mathcal{F}_{-}(\mathcal{H})$ 353
$\mathcal{F}_{+}(\mathcal{H})$ 353

GCL 333
$\mathcal{G}(\mathcal{H}_C)$ 364

$\mathcal{H}_2$ 17
$\mathcal{H}_\infty$ 18
$\mathcal{H}_{\text{all}}$ 82

$\mathcal{L}(\mathcal{H})$ 20
LIQ$Ui|\rangle$ 4, 407, 408

mQC ⇒ 測定付き量子回路

N 360

$\mathcal{O}(\mathcal{G}(\mathcal{H}_C) \otimes \mathcal{H})$ 364

$\mathcal{P}(\mathcal{H})$ 130
P_π 349
PCTL 414
per 352
pGCL 333
PRISM 412

QCL 4

QCTL 414
QFC 408
qGCL 4, 333, 406
QMC 412
QML 4, 408
QMUX ⇒ 量子マルチプレクサ
$\mathcal{QO}(\mathcal{H})$ 97
qPD 152–160
　　完全性 159
　　健全性 153
QPL 4, 406
QRAM 4
qTD 160–169
　　完全性 167
　　健全性 164
QuaFL 4, 407
QuGCL 266–270, 333
　　意味論 281–293
　　最弱事前条件 289–290
　　準古典的意味 283–286
　　純粋量子的意味 286–289
Quipper 4, 407, 408

$\mathbb{S}$ 385
S_- 349
S_+ 349
Scaffold 4, 407, 412
skip 78, 80
$\mathcal{SO}(\mathcal{G}(\mathcal{H}_C) \otimes \mathcal{H})$ 384
span 16
spec 26
SQRAM 406
supp 217

tr 31

while 言語
　　古典的— 78
　　量子的— 79, 80
while ループ 79
　　量子的— 81, 394–398
wlp 143
wp 132, 143

【ア行】

アダマール
　　一方向再帰的—ウォーク 341, 389
　　—ウォーク 60–62, 304
　　—ゲート 40, 51, 54, 67, 69
　　—作用素 307
　　双方向再帰的—ウォーク 342, 345, 390
　　—変換 23
アンサンブル ⇒ 混合状態
アンシラ系 30

位相キックバック 53, 56
位相推定 69–73
　　量子— 308–310
位相反転 176
意味関数 93–95
　　while ループ 97–100
　　再帰的量子プログラムの— 111–113
　　主量子系の 388
　　対称— 386
　　量子操作 104–106
　　量子プログラム図式 109
　　量子プログラムの— 91, 92
意味汎関数
　　量子プログラム図式の— 114, 369–373
意味領域
　　量子プログラムの— 95–97

永久式 352

永続性確率
　　量子マルコフ連鎖の— 242–245
エルミート作用素 25
エンタングルメント ⇒ 量子もつれ

【カ行】

ガード 79
　　ループ— 79
ガード付き合成
　　作用素値関数の— 274–278
　　自由フォック空間の作用素の— 368
　　ユニタリ作用素の— 270–272
　　量子操作の— 278–280, 310–314
外積 19
概停止
　　量子的ループの— 188, 201
概停止的
　　量子的ループ 188, 201
可換
　　(A, B, C)— 180
　　共役— 181
　　線形作用素 180
可換性
　　最弱事前条件の— 175–182
　　量子操作と観測量 179
　　量子操作と量子述語 179
拡大性
　　量子マルチプレクサ 46
確率振幅 17
確率的混合
　　測定の— 298
確率的選択 294, 297–300
重ね合わせ 17, 28
関数順序 364
完全集合 27
完全正値性 35
観測量 ⇒ エルミート作用素

1体— 358
2体— 358
k体— 358
フォック空間の— 357–360
包括的— 359
帰納的
　　—半順序 222
逆元
　　線形空間 13
キュートリット 343
キュービット ⇒ 量子ビット
強正当性 ⇒ 全正当性
共役
　　複素数の— 13
共役可換 181
共役作用素 22
行列表現
　　作用素の— 21–22
強連結性
　　量子マルコフ連鎖の— 222
強連結成分
　　量子マルコフ連鎖の— 223
極限 15
極小不動点状態
　　量子操作の— 225
極大量子もつれ状態 202
距離 20
均斉 53

空状態 282
クラウス表現 36, 202, 273
　　量子操作の— 178
グラフ構造
　　量子マルコフ連鎖の— 227–235
グローバー回転 56–58

計算基底 17, 37

索 引   437

計算状況　83, 108, 343
経路
　　量子マルコフ連鎖の—　219
結合則
　　ベクトル和の—　13
　　量子選択の—　303
　　量子的場合分け文の—　301
限度関数　161
圏論的意味
　　量子プログラミングの—　408–409

コイン投げ作用素　63, 65
交換則
　　ベクトル和の—　13
　　量子選択の—　303
　　量子的場合分け文の—　301
合成
　　作用素の—　20
　　量子回路の—　39
恒等作用素　19
構文的近似　98, 112, 374–383
コーシー列　14
古典的再帰　106–118
古典的状態　281–283
古典的選択　294
固有空間　26
固有値　26
固有ベクトル　26
混合状態　31

【サ行】

再帰的フーリエ標本抽出　118
再帰的量子プログラム　107, 108, 339
最小元　95
最小上界　⇒ 上限
最小不動点　96
最大非再帰的部分空間
　　量子マルコフ連鎖の—　229

作用素
　　エルミート—　25
　　共役—　22
　　コイン投げ—　63, 65
　　恒等—　19
　　個数—　360
　　シフト—　65
　　射影—　19
　　自由フォック空間の—　355
　　消滅—　362
　　随伴—　⇒ 共役作用素
　　正—　20
　　制御NOT—　29
　　生成—　362
　　ゼロ—　19
　　線形—　19
　　測定—　24
　　対称—　356, 384
　　置換—　349
　　超—　34
　　ヒルベルト空間の直和の—　355
　　並進—　23
　　密度—　31
　　有界—　20
　　ユニタリ—　273
作用素値関数　272–274
　　全—　273
作用素和表現　⇒ クラウス表現

時間発展
　　フォック空間の—　361
次元　15
事後条件
　　正当性論理式の—　139
事前条件　132
　　最弱—　132, 143, 182
　　最弱自由—　143
　　正当性論理式の—　139

索引

射影 19
射影作用素 19
射影測定 26, 27
弱正当性 ⇒ 部分正当性
充足性
 量子述語の— 130–134
縮約密度作用素 33
主量子系 369
シュレーディンガー方程式 22
準古典的意味
 QuGCL の— 283–286
純粋状態 17
純粋量子的意味
 QuGCL の— 286–289
上界関数 ⇒ 限度関数
上限 95
条件文 78
詳細化
 QuGCL プログラムの— 290
状態空間 17
証明系
 全正当性の— 160–169
 部分正当性の— 152–160
初期化文 80
ジョルダン細胞 193
ジョルダン標準形 192
真空状態 353

推移性
 到達可能性の— 219
推移則
 半順序 95
随伴作用素 ⇒ 共役作用素
スカラー積 13
 フォック空間 354
スペクトル 26
スペクトル分解 26

正規直交基底 15
制御 NOT 作用素 29
制御ゲート 42–44, 67, 69
制御制御 NOT ゲート 44
制御フロー
 古典的— 81
制御ユニタリ変換ゲート 42
正作用素 20
生成汎関数 371
 連続性 372
正当性
 全— 139
 部分— 139
 —論理式 139
正否測定 81
積
 自由フォック空間の作用素の— 367
跡 31
積状態 28
摂動 65
 量子プログラムの— 257
ゼロ作用素 19
漸近的平均
 量子操作の— 228
線形空間 13
線形作用素 19
線形順序集合 222
宣言
 手続き識別子の— 107

像
 量子操作の— 217
操作的意味
 量子的 while 言語の— 82–91
 量子プログラム図式の— 108–109
相対位相シフト 40
双対

索 引   439

　　量子操作の—　135
双対性
　　シュレーディンガー–ハイゼンベ
　　　ルク—　135–138
測定器　⇒ アンシラ系
測定後状態　30
測定作用素　24

【タ行】

台
　　部分密度作用素の—　217
大域位相シフト　40
対称化原理　350
対称化汎関数　356, 385
対称状態　351
代数的規則
　　量子選択の—　302
　　量子的場合分け文の—　301
代入　375
代入文　78
第二量子化　347–363
多重集合　92
多粒子状態　348–352
単位元
　　線形空間　13
単位ベクトル　14
探索アルゴリズム
　　グローバーの—　55–60, 118–126,
　　　169–175

遅延測定の原理　48
置換作用素　349
逐次合成　78, 80
　　量子操作の—　280
柱状拡張　82, 281, 358
チューリング機械
　　量子—　404
超作用素　34

超作用素値マルコフ連鎖　413
超立方体　64
直和
　　ヒルベルト空間の—　352
直交
　　部分空間　16
　　ベクトル　14
直交補空間　16
直交和　17

底強連結成分
　　量子マルコフ連鎖の—　224–227
停止
　　量子的ループの—　187, 201
停止確率　101–104
停止性
　　量子的whileループの—　185–214
停止的
　　量子的ループ　188, 201
ディラック
　　—記法　13
手続き識別子　107
　　宣言　107
テンソル積　27, 28
　　n重対称—　351
　　n重反対称—　351
　　作用素の—　29
転置共役　22

ドイチュ–ジョザのアルゴリズム　53–55
ドイチュの問題　53
到達可能空間
　　量子マルコフ連鎖の—　219
到達可能性
　　量子マルコフ連鎖の—　219
到達可能性確率
　　量子マルコフ連鎖の—　235–237

同値性
　　QuGCL プログラムの— 288
　　「コイン状態を無視した」— 288
　　量子回路の— 39
トフォリゲート 44

【ナ行】

内積 14
　　$\mathcal{H}_2$ の— 17
　　$\mathcal{H}_\infty$ の— 18
　　フォック空間 354
内積空間 14
　　完備— 15
長さ
　　ベクトルの— 14
ナスター–タルスキの定理 96

【ハ行】

場合分け文 78
　　パラメータ付き量子的— 313
　　量子的— 80
排他原理
　　パウリの— 351
パウリ
　　—行列 176
　　—の排他原理 351
パウリ行列 41
発散確率 101–104
パラダイム
　　データ重ね合わせ— 7–8
　　プログラム重ね合わせ— 8–9, 296
反射則
　　半順序 95
半順序 95
　　完備— 96
反対称状態 351
反対称則
　　半順序 95

万能性 44, 47
　　近似的— 47
　　量子ゲート 46–48
反復到達可能性確率
　　量子マルコフ連鎖の— 237–242, 244–245
非再帰的部分空間
　　量子マルコフ連鎖の— 228
ビット反転 176
非標準モデル
　　量子計算の— 404–406
表示的意味
　　量子的 while 言語の— 91–106
　　量子的再帰プログラムの— 373–374
　　量子プログラム図式の— 109–111
ヒルベルト空間 15
　　無限次元— 15
フーリエ変換
　　離散— 67
　　量子— 66–68
フェルミ粒子 350
フォック空間 352–363
　　自由— 353
　　全— ⇒ 自由フォック空間
　　対称— 353
　　反対称— 353
　　フェルミオン— ⇒ 反対称—
　　ボソン— ⇒ 対称—
複合量子系 27
複製規則 378
不動点状態
　　量子操作の— 225
不動点量子探索 118
部分空間 16
部分跡 33

不変部分空間
 量子マルコフ連鎖の— 223
プログラミング・パラダイム 296
プログラム図式
 量子— 107
ブロック命令 105, 298
ブロッホ球 41
分配則
 量子選択の— 303
 量子的場合分け文の— 301

平均値
 包括的観測量の— 359
並進作用素 23
閉部分空間 16
閉包 16
 反射的推移— 91
平方総和可能列 18
べき等則
 量子選択の— 302
 量子的場合分け文の— 301
ベクトル和 13
ベル状態 29
変数
 「コイン」— 336
 主量子— 336
 量子ビット— 37

ホーア式 139
ホーアの三つ組 ⇒ ホーア式
ボース粒子 350
ボルンの規則 24

【マ行】

密度作用素 31
 縮約— 33

モデル検査

 量子系の— 412–414

【ヤ行】

有界作用素 20
ユニタリ変換 22–24

【ラ行】

量子アルゴリズム 50–73
量子ウォーク 60–66, 304–307
 1次元— 60–62, 73
 3状態「コイン」 306
 アダマールウォーク 60–62, 304
 一方向— 305
 グラフ上の— 62–64, 73
 再帰的— 340–347, 389–394
 探索アルゴリズム 64–66
量子オラクル 53, 55, 65
量子回路 38, 73
 —最適化 407
 測定付き— 49
量子干渉 52–53
量子機械学習 74
量子系・環境モデル 36
 量子操作の— 180
量子計算
 測定にもとづく— 405
 断熱— 405
 トポロジカル— 405
量子ゲート 38
量子ゲーム 411
量子述語 130, 182
量子条件分岐 44
量子選択 294–300
 結合則 303
 交換則 303
 代数的規則 302
 パラメータ付き— 313
 分配則 303

べき等則 302
量子操作 34
量子測定 24, 273
量子チューリング機械 404
量子的while言語
　操作的意味 82–91
　表示的意味 91–106
量子の再帰
　量子プログラムの— 335–400
量子的再帰プログラム 107, 339
　構文 336–340
　表示的意味 373–374
量子的場合分け文
　結合則 301
　交換則 301
　代数的規則 301
　部分空間をガードとする— 314–317
　分配則 301
　べき等則 301
量子的並列性 410–411
量子ビット 17
　選択— 45
　データ— 45
量子プログラミング
　関数型— 407
　圏論的意味論 408–409
量子プログラム
　一般化— 375
量子プログラム図式 107
　一般化— 375
　操作的意味 108–109
　表示的意味 109–111
量子プロセス代数 409–410, 412
量子並行性 50–52
量子変数 79, 82, 100–101
　局所— 297
量子マルコフ連鎖 216

BSCC ⇒ 底強連結成分
永続性確率 242–245
強連結性 222
強連結成分 223
　グラフ構造 227–235
　経路 219
　最大非再帰的部分空間 229
　底強連結成分 224–227
　到達可能空間 219
　到達可能性 219
　到達可能性確率 235–237
　反復到達可能性確率 237–242, 244–245
　非再帰的部分空間 228
　不変部分空間 223
量子マルチプレクサ 44–46, 73, 334
量子もつれ 28, 411–412
　極大— 202
量子レジスタ 37, 79
量子論理 182

零ベクトル 13
レヴナー順序 20, 97
連続 96
連続性
　生成汎関数の— 372

【ワ行】
和
　直交— 17
　フォック空間 354
　部分空間の— 17

訳者紹介

川辺 治之
（かわべ はるゆき）

1985年：東京大学理学部卒業
現　在：日本ユニシス（株）総合技術研究所　上席研究員
主　著：『Common Lisp 第2版』，共立出版（共訳）

『Common Lisp オブジェクトシステム―CLOSとその周辺―』，共立出版（共著）
『スマリヤン先生のブール代数入門―嘘つきパズル・パラドックス・論理の花咲く庭園―』，
　共立出版（翻訳）
『群論の味わい―置換群で解き明かすルービックキューブと15パズル―』，共立出版（翻訳）
『組合せゲーム理論入門―勝利の方程式―』，共立出版（翻訳）
『数学で織りなす力　ドマジックのからくり』，共立出版（翻訳）
『記号論理学　一般化と記号化―』，丸善出版（翻訳）
『この本の名は？　嘘つきと正直者をめぐる不思議な論理パズル―』，日本評論社（翻訳）
『箱詰めパズル　ポリオミノの宇宙』，日本評論社（翻訳）
『スマリヤンのゲーデル・パズル―論理パズルから不完全性定理へ―』，日本評論社（翻訳）
『数学探検コレクション　迷路の中のウシ』，共立出版（翻訳）
『ひとけたの数に魅せられて』，岩波書店（翻訳）
『ENIAC―現代計算技術のフロンティア―』，共立出版（共訳）
『Aha! ひらめきの幾何学―アルキメデスも驚くマミコンの定理―』，共立出版（翻訳）
『100人の囚人と1個の電球―知識と推論にまつわる論理パズル―』，日本評論社（翻訳）

量子プログラミングの基礎	訳　者　川辺治之　© 2017
原題：*Foundations of Quantum Programming*	原著者　Mingsheng Ying（ミンシェン・イン）
	発行者　南條光章
2017年3月31日　初版1刷発行	発行所　**共立出版株式会社** 東京都文京区小日向 4-6-19 電話　03-3947-2511（代表） 〒112-0006／振替口座 00110-2-57035 http://www.kyoritsu-pub.co.jp/
	印　刷　啓文堂
	製　本　ブロケード
検印廃止 NDC 007.64 ISBN 978-4-320-12405-9	一般社団法人 自然科学書協会 会員 Printed in Japan

---

JCOPY　〈出版者著作権管理機構委託出版物〉
本書の無断複製は著作権法上での例外を除き禁じられています．複製される場合は，そのつど事前に，
出版者著作権管理機構（TEL：03-3513-6969，FAX：03-3513-6979，e-mail：info@jcopy.or.jp）の
許諾を得てください．

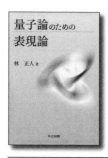

量子論のための表現論

林 正人著 非純粋数学者の不満を解消すべく，物理的な意味を入れながらきちんと解説した表現論の入門書。数学としてはよく知られている表現論の知識を，量子論の立場から量子論のテーマに応用しやすいよう再構成。群論的対称性がよく分かる！
【目次】量子系の数学的基礎／群の表現論／Lie群とLie環の表現論の基礎／簡単なLie群とLie環の表現／一般のLie群とLie環の表現／Bose粒子系／Bose粒子系の離散化
【A5判・260頁・定価（本体3,800円+税）ISBN978-4-320-11078-6】

量子情報への表現論的アプローチ

林 正人著 今後一層の発展が期待される「量子情報」を，群論を通じてその背後にある数学的構造を明らかにする構成をとりながら解説した野心作。「量子論のための表現論」の姉妹書。
【目次】量子系の数学的基礎／量子通信路，情報量とその数学的構造／エンタングルメントとその定量化／他
【A5判・238頁・定価（本体4,000円+税）ISBN978-4-320-11079-3】

量子情報の物理
―量子暗号，量子テレポーテーション，量子計算―

D.Bouwmeester・A.Ekert・A.Zeilinger編
西野哲朗監訳／小芦雅斗・清水 薫・三原孝志・竹内繁樹・伊藤公平・松本啓史・川畑史郎・森越文明訳

「量子情報科学」とでも呼べる新たな学問分野について，物理的手段に視点をおいて最先端の話題を横断的に紹介。
【A5判・400頁・定価（本体5,300円+税）ISBN978-4-320-03431-0】

量子暗号と量子テレポーテーション
―新たな情報通信プロトコル―

大矢雅則・渡邉 昇著 情報通信理論（量子情報理論）において最も注目される量子暗号と量子テレポーテーション理論を，数学的側面を重視し論理的にわかりやすく解説した初の書。
【A5判・256頁・定価（本体3,600円+税）ISBN978-4-320-12155-3】

（価格は変更される場合がございます）　共立出版　http://www.kyoritsu-pub.co.jp/
https://www.facebook.com/kyoritsu.pub